AF733774

La coévolution transport, mobilité, territoire

First published 2026 in Great Britain by ISTE Editions Ltd.

Apart from any fair dealing for the purposes of research or private study, or criticism or review, as permitted under the Copyright, Designs and Patents Act 1988, this publication may only be reproduced, stored or transmitted, in any form or by any means, with the prior permission in writing of the publishers, or in the case of reprographic reproduction in accordance with the terms and licenses issued by the CLA. Enquiries concerning reproduction outside these terms should be sent to the publishers at the undermentioned address:

© ISTE Editions Ltd 2026
The rights of the authors of this work have been asserted by them in accordance with the Copyright, Designs and Patents Act 1988.

ISTE Editions Ltd
27-37 St George's Road
London SW19 4EU
UK

Any opinions, findings, and conclusions or recommendations expressed in this material are those of the author(s), contributor(s) or editor(s) and do not necessarily reflect the views of ISTE Group.

British Library Cataloguing-in-Publication Data
A CIP record for this book is available from the British Library
ISBN: 978-1-78948-234-8 (print)
ISBN: 978-1-78949-234-7 (e-book)

ERC code:
SH7 Human Mobility, Environment, and Space
SH7_9 Energy, transportation and mobility
SH7_10 GIS, spatial analysis; digital geography

FSC
www.fsc.org
MIX
Paper | Supporting responsible forestry
FSC® C013604

Printed and bound in Great Britain by CPI Group (UK) Ltd., Croydon, Surrey CR0 4YY, January 2026

Encyclopédie SCIENCES

Géographie et démographie, domaine dirigé par Denise Pumain

Géographie des réseaux d'infrastructure et des mobilités,
thème dirigé par Hadrien Commenges et Florent Le Néchet

La coévolution transport, mobilité, territoire

échelles et modèles

sous la direction de

Florent Le Néchet

iSTE editions

Table des matières

Introduction

Florent Le Néchet
LVMT, Université Gustave Eiffel, Champs-sur-Marne, France

I.1. Une coévolution à plusieurs échelles entre réseaux, flux et territoires

Comment évoluent transport, territoires et mobilité sur le temps long ? Dray *et al.* (2022) se projettent en 2050 avec une demande de transport aérien possiblement multipliée par deux ou trois (et une baisse drastique des émissions de CO_2 du fait de progrès technologiques) lorsque Barles *et al.* (2023) étudient en 2050 le métabolisme d'un Bassin parisien dont la population aura diminué d'un quart et la consommation d'énergie finale par habitant aura été divisée par cinq !

Comment concilier des visions de l'avenir aussi dissemblables ? Certes, ce ne sont pas des prédictions, mais des scénarios, dépendant d'hypothèses parfois fortes en matière de changement technologique et de changements sociaux et politiques. Certes, ces deux visions du futur ne sont pas formellement incompatibles. Toutefois, cette dissemblance interroge.

Le champ de la modélisation territoriale est bousculé par les changements de modes de vie (organisation du travail, organisation du temps) et les enjeux écologiques (nécessité de réduire les émissions de gaz à effet de serre, pollution de l'air, adaptation des territoires aux multiples changements de l'environnement en cours). En particulier, les interactions spatiales, les mobilités et les réseaux jouent un rôle structurant dans certaines approches de modélisation, renouvelant progressivement les cadres d'analyse, à différentes échelles d'espace et de temps.

La coévolution transport, mobilité, territoire,
coordonné par Florent Le Néchet. © ISTE Editions 2026.

Quelques oppositions classiques structurent les champs scientifiques à l'intersection de la géographie économique, de la géographie des transports et de la socioéconomie de la mobilité : 1) spécialisation *versus* autonomie : les trajectoires de territoires spécialisés économiquement, en lien avec des territoires distants, seraient de nature différente de celles de territoires plus autonomes ; 2) accessibilité *versus* enclavement : les territoires bien desservis par des infrastructures de transport rapides connaîtraient des dynamiques plus fortes que les territoires enclavés ; 3) mobilité *versus* ancrage : à l'échelle individuelle, les modes de vie évolueraient vers une mobilité accrue, à la fois au sens de plus grandes distances parcourues, plus fréquemment, mais aussi d'ancrages résidentiels plus divers, moins stables dans le temps, et enfin d'un besoin accru de s'adapter à diverses « injonctions à la mobilité » (Fol et Gallez 2017 ; Gallez 2024). De ces oppositions découlent des politiques publiques s'appuyant sur des référentiels où l'accessibilité, la mobilité et la mise en système occupent une place prépondérante (Gallez 2024). Dans ce cadre, les infrastructures de transport jouent un rôle prépondérant, à la fois comme supports de ces mobilités en croissance, mais aussi comme vecteurs de changement, dans l'objectif par exemple de favoriser le report modal ou des développements urbains orientés vers les transports collectifs.

De nombreux travaux ont abordé la question générale des interactions entre les transports et les territoires (Bavoux *et al.* 2005 ; Brocard 2009 ; Baron et Messulam 2017 ; Desjardins 2022 ; Libourel *et al.* 2022). En particulier, la question classique des effets dits « structurants » du transport a fait l'objet d'un numéro spécial dans la revue *L'Espace géographique* en 2014 (Bretagnolle 2014), qui aborde de façon très complète ces questions méthodologiques et épistémologiques : non-automaticité des impacts territoriaux d'une infrastructure, réflexion préalable nécessaire sur l'échelle spatiale et temporelle pour étudier les trajectoires, rôle de l'action publique, notamment en articulant transport et aménagement (Laterrasse 2019). Toutefois la question des liens complexes entre interactions spatiales, réseaux de transport et territoires est moins souvent abordée, surtout dans une perspective de temps long (Bonnafous 1996 ; Gravier 2020) (voir chapitre 10).

L'objectif de l'ouvrage est de rendre compte de questionnements récents en matière de modélisation de cette interaction systémique au croisement de plusieurs disciplines scientifiques. Il s'agit de montrer comment la géographie s'approprie le rôle des réseaux (de transport, de villes, notamment) dans une perspective descriptive, explicative, voire d'aide à la décision concernant les formes spatiales des flux d'une part (hiérarchisation, concentration) et les trajectoires territoriales d'autre part (taille, spécialisation, autonomie). Comment également la présence de flux reconfigure à la fois les réseaux de transport (orientant le choix d'infrastructures à construire ou à supprimer) et les dynamiques territoriales futures. Ce champ d'études est un terrain d'exploration très riche pour les sciences de la complexité (Batty et Milton 2021). Les interactions spatiales sont ici appréhendées à différentes échelles de temps et d'espace, en s'inscrivant largement dans le cadre de la théorie évolutive des villes proposée par Pumain (1997) : des territoires en interaction, qui échangent des biens, des informations, des flux quotidiens de navetteurs, des migrations résidentielles, notamment.

Nous souhaitons montrer dans cet ouvrage comment, dans la littérature scientifique, les catégorisations spatiales et les modèles de dynamique spatiale ont évolué et se sont enrichis, en intégrant notamment les réseaux de transport et les interactions spatiales. De façon générale, c'est la question de l'intégration des connaissances récentes en sciences sociales sur la mobilité aux cadres d'analyse et de modélisation sur les dynamiques territoriales qui est ainsi posée (voir chapitre 10), ainsi que les nécessaires réflexions sur l'usage des modèles qui peut être fait au sein des processus de décision publique (voir chapitre 11). De fait, les données disponibles, en très grand nombre désormais et avec une très grande précision spatiale et temporelle, ne peuvent encore aider pleinement les acteurs à des prises de décisions éminemment complexes, faute d'ontologies dédiées et de profondeur historique (voir chapitres 8 et 9). C'est notamment le cas lorsque l'on pense à la transition écologique, certains dilemmes d'action publique ayant une portée spatiale manifeste : à titre d'exemple, s'il est décidé politiquement d'infléchir ou d'arrêter la dynamique d'artificialisation des sols, où l'arrêter d'abord et pourquoi ? Que faire du patrimoine d'autoroutes et de routes rapides construites dans le cours du XXe siècle ? Dans quels espaces favoriser en priorité la réhabilitation thermique des bâtiments anciens ? De fait, une période stimulante de réflexion s'ouvre aux chercheurs : de quels modèles a-t-on besoin, et pour quoi faire, s'interroge Guivarch (2024), à propos des modèles qui « représentent les interactions entre les systèmes socio-économiques, techniques et climatiques » ?

> « Et si, précisément, il s'agissait de transformer les modèles ? À la fois les modèles numériques que l'on développe, les hypothèses qu'ils embarquent pour construire des scénarios et leurs rôles pour interroger nos modèles de société et de développement. Il faudra pour cela s'atteler à rouvrir l'espace des possibles, alimenter les délibérations sur les futurs possibles et souhaitables plutôt que de les restreindre, et questionner les dimensions épistémiques, politiques et éthiques des modèles et des scénarios. » (Guivarch 2024, p. 17)

Regroupant onze chapitres traitant, par une démarche de modélisation ou par une démarche empirique, des échelles de temps et d'espace impliquées dans la compréhension de la coévolution réseaux/territoires/mobilité, l'ouvrage suggère les opportunités et le besoin de mieux collaborer entre disciplines (géographie, aménagement, transport, sociologie, économie, sciences de l'ingénieur, informatique, sciences physiques, archéologie parmi les disciplines évoquées dans cet ouvrage). Nous interrogerons dans cet ouvrage les évolutions récentes dans les modèles d'interaction spatiale macroscopique (modèles de coévolution réseau/territoire, modèles de dynamique de réseau de villes, techniques de simulation et de calibration pour les modèles gravitaires et les modèles

LUTI). Depuis l'ouvrage très complet d'Antoni *et al.* (2011) sur les différents modèles de simulation de dynamique urbaine issus de la communauté de recherche francophone (modèles LUTI, modèles multi-agents, automates cellulaires), plusieurs éléments de contexte ont changé, justifiant de porter un nouveau regard sur les cadres d'analyse et sur les modèles de coévolution entre réseaux et territoires. La prégnance des enjeux climatiques n'a fait que se renforcer, interrogeant les hypothèses implicites de croissance démographique et d'infrastructures qui sous-tendent la plupart des modèles (voir chapitre 10) ; les modes de vie des individus, l'organisation du travail ont continué à se complexifier et les frontières spatiales entre villes ont continué à se brouiller (voir chapitre 4) ; les données disponibles pour modéliser les villes, les transports et les mobilités se sont énormément développées depuis quelques années, mais pas forcément dans une direction qui permet des progrès significatifs au vu des enjeux de temps longs et de transition systémique évoqués. En ce sens, l'ouvrage se propose de montrer les besoins d'adaptation d'outils existants, que ce soit en matière d'ontologie de modèle, de données et de techniques de calibration, de dispositifs d'usage des modèles.

I.2. Une recherche fragmentée

Les cadres de modélisation quantitative des interactions spatiales datant de la fin du XIXe siècle et du début du XXe siècle, en géographie puis en quelque sorte par hybridation avec les sciences de l'ingénieur, les sciences économiques et d'autres disciplines scientifiques, conservent aujourd'hui une place importante dans le champ de la recherche et dans le monde opérationnel. Les premiers modèles d'interaction spatiale reposent sur des distances à vol d'oiseau et se placent à une échelle agrégée (Ullman 1954 ; Haggett 1965). Ils ont aujourd'hui été considérablement précisés et sophistiqués (prise en compte des distances réseaux, des coûts économiques), mais n'ont pas véritablement été transformés et restent utilisés dans une forme très proche. Ainsi, le modèle gravitaire, qui est la pierre angulaire de ces modèles depuis les années 1960, reste un enjeu actuel de connaissance, comme l'atteste le chapitre 1. Le cadre d'analyse de la *time geography* (Hägerstrand 1970) vient compléter ces travaux, ce qui s'est concrétisé dans le champ opérationnel par des outils comme le « Mobiliscope » (Lecomte *et al.* 2018) et les modèles à base d'activité (Zargayouna 2021). Des variations ou raffinements du modèle gravitaire ont été proposés et discutés comme le modèle de radiation (Simini *et al.* 2012 ; Commenges 2016) ou un modèle de fréquence de déplacement (Schläpfer *et al.* 2021) sans que la « première loi » de Tobler (1970) soit à ce stade remise en cause : « Toutes les entités spatiales sont reliées entre elles, mais les entités proches les unes des autres sont davantage en lien que les entités éloignées les unes des autres. »[1]

1. « Everything is related to everything else, but near things are more related than distant things. »

Ainsi, les approches par la théorie des graphes concernant les réseaux de transport, les approches économétriques à partir d'enquêtes de mobilité dédiées et plus récemment les approches par modèles de simulation à base d'agents, les approches par automates cellulaires à partir d'images satellites constituent les cadres d'analyse principaux de compréhension de la géographie des flux, des réseaux et des dynamiques territoriales (voir chapitres 1 et 2). À titre d'exemple, les approches multi-agents présentent l'avantage de pouvoir intégrer des stratégies d'acteurs. Les travaux formalisant des interactions spatiales entre entités au sein de réseaux de villes (la famille des modèles Simpop, notamment) (Sanders *et al.* 1997) (voir chapitre 2) se déroulent ainsi dans le cadre de modélisation dynamique sur plusieurs décennies.

Ce cadre d'analyse est régulièrement remis en cause, à la fois par les avancées conceptuelles dans le champ des sciences sociales (le modèle gravitaire seul ne permet pas d'expliquer toute la complexité des comportements de mobilité ; voir (Drevon et Kaufmann 2022)) et par les avancées techniques (avec des données très fines dans l'espace et dans le temps, ce cadre statistique très simple peut sembler perdre de son intérêt). De fait, les outils opérationnels disponibles, notamment les modèles à quatre étapes de demande de transport (Commenges 2013) et les modèles LUTI (Wegener 2004) (voir chapitre 3) restent utilisés en recherche et dans les bureaux d'études transport/mobilité, car ils donnent à voir des aspects importants pour la décision publique (charge des réseaux de transport, pollution de l'air localisée finement dans l'espace et dans le temps, par exemple (Gallez et Coutard 2023)). Le rôle des modèles d'interactions spatiales est toutefois interrogé par l'usage qui en est fait, qu'il s'agisse du dimensionnement d'infrastructures de transport dans une logique *top-down* de type *predict and provide*[2] (question abordée au chapitre 11) ou d'un modèle d'intermédiation entre acteurs (Banos *et al.* 2020). À titre d'exemple, les travaux sur la dépendance à la mobilité de Gallez (2015, 2024) montrent bien les défis posés à l'aménagement par un référentiel d'action publique qui présuppose une mobilité des citoyens, au risque de creuser les inégalités sociospatiales de desserte en équipement (Baudet-Michel 2015). En affichant des potentiels de mobilité plutôt qu'en prenant en compte les mobilités effectives dans leur complexité, les modèles existants ne permettent pas à l'action publique d'agir finement sur certaines problématiques.

Dans ce contexte, il semble utile de revisiter une littérature fragmentée par ses objets (des villes ou des systèmes de villes, des réseaux de transport ou des matrices de frein à la distance, des flux ou des interactions potentielles) comme par ses hypothèses implicites (une indifférenciation de la mobilité par catégorie sociale, une croissance des

2. « Le principe *predict and provide* (prévoir et satisfaire les besoins de déplacements) [...], dont l'objectif était d'adapter l'offre d'infrastructures – principalement routières – à la croissance urbaine » (Gallez *et al.* 2015).

réseaux, une stabilité des coûts de l'énergie ou des modes d'organisation sociale et politique). Dans ce champ de recherche pluridisciplinaire par construction, ce sont les usages des modèles qui conditionnent leurs dynamiques, et des expertises propres se sont développées à différentes échelles de temps et d'espace, qui dialoguent assez peu.

I.3. Transformation des échelles de temps et d'espace

Les processus liant réseaux et dynamiques territoriales ont fait l'objet de formalisations diverses, par exemple : 1) processus de diffusion (Barthélémy 2023), d'innovation dans un réseau de villes (Rozenblat 2015) ; 2) processus d'accumulation, économies d'agglomération (Le Néchet *et al.* 2012), attachement préférentiel (Bouba-Olga *et al.* 2022) ; 3) processus de croissance urbaine, notamment sous l'influence des réseaux (Le Néchet 2020) (voir chapitre 4) processus de formation des pratiques de mobilité sous l'influence de l'organisation spatiale – les trois D (« densité », « diversité fonctionnelle », « design urbain ») de Cervero et Kockelman (1997) – ; 5) processus de croissance, saturation et rétraction des réseaux de transport (voir chapitre 7).

Le chapitre 4 montre bien la transformation des entités géographiques au fil du temps, notamment par l'entremise des réseaux de transport qui créent des connexions nouvelles pouvant être réalisées fréquemment au-delà des périmètres urbains classiques. C'est notamment le cas de la mobilité interurbaine (Aguilera *et al.* 2025), approche dessinant des systèmes de villes reliant tous les niveaux de la hiérarchie urbaine. Ces jeux d'échelles ne sont pas sans conséquence du point de vue opérationnel, ce qui est par exemple illustré par l'article de Thomas *et al.* (2018) qui montre des effets de bord importants dans les prédictions des modèles LUTI, en fonction du périmètre géographique pris en compte au départ.

Dans le même ordre d'idée, le chapitre 6 montre que les circulations de personnes et les circulations de revenus liées rendent encore plus complexe la compréhension des interactions économiques entre territoires, étant donné que les apports de salaire d'un territoire à un autre pourront être compensés par des échanges dans l'autre sens. Le chapitre 5 montre quant à lui la porosité entre espaces dits « ruraux » et espaces dits « urbains » au sein des systèmes de villes, et surtout la diversité nationale de cette porosité, c'est-à-dire au fond les limites des catégorisations spatiales exclusivement fondées sur une hypothèse monocentrique, encore en vigueur aujourd'hui (voir chapitre 5).

Les échelles de temps apparaissent tout aussi entremêlées que les échelles d'espace. Pour en revenir aux deux scénarios liminaires (Dray *et al.* 2022 ; Barles 2023), l'année 2050 est 25 ans après 2025, mais il semble s'agir d'années très différentes dans ces espaces abstraits. Cela ne signifie pas que les différents auteurs concernés ont fait des erreurs de raisonnement. Dans une période de transition (Sanders 2018), les changements sont rapides et les différents processus se combinent d'une façon non seulement difficile à prédire, mais surtout difficile à comprendre. C'est sans doute sur le temps long qu'il faut puiser des sources de compréhension des formes possibles à venir de la coévolution entre réseaux, interactions spatiales et territoires.

D'après le chapitre 7, des cycles de temps long (développement, saturation, maturation) marquent l'interaction transport/territoire. Les dynamiques territoriales sont impactées par ces temporalités et ces dynamiques réticulaires influencent en retour le développement de la technologie de transport suivante. Les chapitres 8 et 9 offrent quant à eux un cadre de recueil de données historiques et un cadre d'analyse systémique pour étudier ces processus à l'articulation entre transport et territoires sur le temps long. Ces contributions plaident pour un renouvellement des catégories d'analyses (Commenges et Le Néchet 2024) des ontologies de modélisation (voir chapitre 10) et des dispositifs d'usage des modèles (voir chapitre 11).

I.4. Ontologies et dispositifs d'usage des modèles

Les réflexions qu'ouvrent ce travail doivent notamment permettre un renouvellement théorique des approches de modélisation, donnant un rôle plus important à la mobilité au sein de modèles de temps long, amenant à reconsidérer les données qui sont nécessaires à des modèles de simulation de temps long et à dessiner des perspectives de modèles modulaires (Cottineau *et al.* 2015 ; Cottineau 2024), pouvant au mieux s'intégrer à des contextes différents, vu les nombreuses incertitudes pesant sur les évolutions à moyen et long terme des systèmes territoriaux. Cette modularité doit en particulier permettre de mieux appréhender des effets rebond (Gallez 2024) qui sont souvent mal captés par les modèles, car le champ des possibles en matière de « boucles de rétroaction » entre processus est très vaste *a priori*.

Les contraintes énergétiques, écologiques, politiques et techniques font peu l'objet de simulations systémiques en sciences sociales. Il semble important d'insister sur ce point : au stade actuel de notre compréhension des interactions climat/environnement/énergie/société, l'incertitude n'est pas que locale, et traverse toutes les échelles d'espace. À titre d'exemple, la mutation de l'organisation territoriale induite par des modifications très significatives des coûts de la mobilité n'est que très peu étudiée par la modélisation par une approche systématique, au-delà de modèles de prospective (Maizia 2010 ; Barles *et al.* 2023).

Dans ce contexte, il conviendrait par exemple d'adapter les modèles LUTI aux enjeux environnementaux et au contexte de décroissance démographique, voire des réseaux (voir chapitre 3) ; de travailler particulièrement l'échelle des systèmes de villes locaux, permettant de sortir du cadre de pensée monocentrique tout en fournissant une certaine unité d'espace dans les mobilités étudiées ; d'intégrer les inégalités sociales aux enjeux techniques de calibration des modèles, tant les effets du réchauffement climatique semblent avoir des conséquences dont l'intensité dépend, entre autres, de la capacité à mobiliser un capital économique, humain, technique, social pour y faire face ; de construire des bases de données internationales, harmonisées sur le temps long, permettant de reconstruire des processus de coévolution entre dynamiques territoriales, accessibilité, réseaux de transport et mobilité (Le Néchet 2020) à différentes échelles et d'étudier les conditions de leur transposition dans d'autres contextes ; de continuer à développer les outils computationnels permettant de travailler des données spatiales massives en explorant par exemple l'espace des paramètres des modèles de simulation systémique (Reuillon *et al.* 2013) (voir chapitre 2).

Les conséquences déjà tangibles du réchauffement climatique et les enjeux associés de transition énergétique et de transformations démographiques invitent à modifier les questions qui peuvent être explorées par des modèles, non plus seulement en matière de croissance d'infrastructures ou de population, mais en matière de meilleure répartition dans l'espace et de préservation des populations des risques actuels ou à venir, de réduction des inégalités sociales. Face à toutes ces évolutions, l'arsenal méthodologique n'est pas sans ressources, notamment en posant la question de la réversibilité des processus (Brotchie 1984 ; Yerra et Levinson 2005), même si cela reste assez marginal dans la recherche scientifique.

Enfin, il semble judicieux de diversifier les registres d'usage des modèles et de travailler les ontologies des modèles dans cette perspective (Banos *et al.* 2020 ; Laatabi *et al.* 2022). Nous sommes actuellement dans une situation où une multiplicité d'acteurs sont en position d'objectiver, de financer et de décider pour partie la pertinence des projets coûteux comme les infrastructures de transport. L'expertise technique demeure dans ce champ des interactions réseaux/mobilité/territoires toujours relativement peu diffusée, participant des fonctions de « démarcation » des modèles (voir chapitre 11). À l'invitation de Guivarch (2024), qui rappelle que « les modèles servent d'interface entre science et politique », et dans le contexte d'incertitudes multiples, y compris sur les ordres de grandeur structurants à moyen terme des dynamiques territoriales (énergie, matériaux), ne faudrait-il pas ouvrir la boîte à outils technique de ces modèles à l'ensemble de la société, au-delà des données qui commencent à être plus facilement accessibles dans le sillage du mouvement *open data* ?

Les villes font face à une diversité d'enjeux et de transitions en cours, qui nécessitent des adaptations, voire des transformations des modèles variées visant à les comprendre. En parlant spécifiquement des réseaux, Coutard (2024) évoque quatre évolutions nécessaires des réseaux structurants pour s'adapter au changement climatique : dématérialiser, ralentir, définanciariser, autonomiser. Les modèles sont-ils prêts à appréhender ces changements et tous les autres que nous ne parvenons qu'à entrevoir à ce stade de la connaissance scientifique ?

I.5. Bibliographie

Aguilera, A., Conti, B., Duroudier, S., Le Néchet, F. (2024). De villes en villes : Atlas des déplacements domicile-travail interurbains. Thèse de doctorat, Université Gustave Eiffel, Paris.

Antoni, J.-P. (dir.) (2011). Modéliser la ville : formes urbaines et politiques de transport. Rapport.

Banos, A., Cottet, F., Debrie, J. (2020). Jouer et modéliser un territoire sans voiture : retour d'expérience sur le projet post-car Île-de-France. Netcom. *Réseaux : communication et territoires*, 34(3/4).

Barles, S., Barataud, F., Billen, G., Esculier, F., Garnier, J., Lumbroso, S., Poux, X. (2023). Un autre monde est-il possible ? Deux scénarios alternatifs pour le bassin de la Seine à l'horizon 2050. Dans *Transitions. Les nouvelles Annales des Ponts et Chaussées*, Lelièvre, T., Picard, D. (dir.). Presses des Ponts, Paris, 98–103.

Baron, N., Messulam, P. (2017). *Réseaux ferrés et territoires. La géographie du chemin de fer, un retour aux sources*. Presses des Ponts, Paris.

Barthelemy, M. (2023). *Le monde des réseaux*. Odile Jacob, Paris.

Batty, M., Milton, R. (2021). A new framework for very large-scale urban modelling. *Urban Studies*, 58(15), 3071–3094.

Baudet-Michel, S. (2015). Explorer la rétraction dans l'espace : les services de soins dans le système urbain français. *Espace Géographique*, 44(4), 369–380.

Bavoux, J.-J., Beaucire, F., Chapelon, L., Zembri, P. (2005). *Géographie des transports*. Armand Colin, Paris.

Bonnafous, A. (1996). Le système des transports urbains. *Économie et Statistique*, 294(295), 99–108.

Bouba-Olga, O., Grossetti, M., Pumain, D. (2022). Les métropoles sont-elles les villes les plus performantes ? *Espaces et sociétés*, 186(3/4), 219–247.

Bretagnolle, A. (2014). Les effets structurants des transports, une question d'échelles ? *Espace Géographique*, 43(1), 63–65.

Brocard, M. (2009). *Transports et territoires. Enjeux et Débats*. Ellipses, Paris.

Brotchie, J.F. (1984). Technological change and urban form. *Environment and Planning A*, 16(5), 583–596.

Cervero, R., Kockelman, K. (1997). Travel demand and the 3Ds: Density, diversity, and design. *Transportation research part D: Transport and environment*, 2(3), 199–219.

Commenges, H. (2013). L'invention de la mobilité quotidienne. Aspects performatifs des instruments de la socioéconomie des transports. Thèse de doctorat, Université Paris-Diderot-Paris VII, Paris.

Commenges, H. (2016). Modèle de radiation et modèle gravitaire : du formalisme à l'usage. *Revue Internationale de Géomatique*, 26(1), 79–95.

Commenges, H., Le Néchet, F. (2024). Categorical Pitfalls for Analyzing Urban Mobility. Dans *Urban Mobility Systems in the World*, Lesteven, G. (dir.). ISTE Editions, Londres, 203–241.

Cottineau, C. (2024). Accommodating a durable community. *Environment and Planning B: Urban Analytics and City Science*, 51(5), 1059–1062.

Cottineau, C., Reuillon, R., Chapron, P., Rey-Coyrehourcq, S., Pumain, D. (2015). A modular modelling framework for hypotheses testing in the simulation of urbanisation. *Systems*, 3(4), 348–377.

Coutard, O. (2024). Les grands réseaux dans et pour la transition socio-écologique : un nouvel âge des infrastructures. Dans *Transitions. Les nouvelles Annales des Ponts et Chaussées*, Lelièvre, T., Picard, D. (dir.). Presses des Ponts, Paris, 30–34.

Desjardins, X. (2022). *Urbanisme et mobilité : De nouvelles pistes pour l'action*. Éditions de la Sorbonne, Paris.

Dray, L., Schäfer, A.W., Grobler, C., Falter, C., Allroggen, F., Stettler, M.E., Barrett, S.R. (2022). Cost and emissions pathways towards net-zero climate impacts in aviation. *Nature Climate Change*, 12(10), 956–962.

Drevon, G., Kaufmann, V. (2022). *Échelles spatiales et temporelles de la mobilité*. ISTE Editions, Londres.

Fol, S., Gallez, C. (2017). Evaluer les inégalités sociales d'accès aux ressources Intérêt d'une approche fondée sur l'accessibilité. *Revue internationale d'urbanisme*, 4.

Gallez, C. (2024). Sobriété et justice. Quelles transformations socio-environnementales des mobilités ? Dans *Transitions. Les nouvelles Annales des Ponts et Chaussées*, Lelièvre, T., Picard, D. (dir.). Presses des Ponts, Paris, 79–82.

Gallez, C., Coutard, O. (2023). *Vers une Île-de-France post carbone ? Freins et leviers d'une transition énergétique régionale*. L'Oeil d'Or, Paris.

Gallez, C., Maulat, J., Roy-Baillargeon, O., Thébert, M. (2015). Le rôle des outils de coordination urbanisme-transports collectifs dans la fabrique politique urbaine. *Flux*, 3, 5–15.

Gravier, J. (2020). Représenter et analyser les positions relatives des villes sur 2 000 ans. *Mappemonde*, 129.

Guivarch, C. (2024). Modéliser les transformations, transformer les modèles ? Dans *Transitions. Les nouvelles Annales des Ponts et Chaussées*, Lelièvre, T., Picard, D. (dir.). Presses des Ponts, Paris, 14–17.

Hägerstrand, T. (1970) What about people in regional science. *Regional Science Association Papers*, XXIV, 7–21.

Haggett, P. (1965). *Locational analysis in human geography*. Edward Arnold, Londres.

Laatabi, A., Becu, N., Marilleau, N., Amalric, M., Pignon-Mussaud, C., Anselme, B., Beck, E., Bertin, X., Monfort, A., Hayoun, C., Rousseaux, F. (2022). LittoSIM-GEN: A generic platform of coastal flooding management for participatory simulation. *Environmental Modelling & Software*, 149, 105319.

Laterrasse, J. (2019). *Transport et urbanisme : la ville en quête de développement soutenable*. ISTE Editions, Londres.

Le Néchet, F. (2020). Le grand contournement de Paris, trop loin et trop proche de Paris ? Jeux d'échelles et diversité des dynamiques du polycentrisme du bassin parisien (1982–2015). *Flux*, 4, 26–52.

Le Néchet, F., Melo, P.C., Graham, D.J. (2012). Transportation-induced agglomeration effects and productivity of firms in megacity region of Paris Basin. *Transportation research record*, 2307(1), 21–30.

Lecomte, C., Vallée, J., Le Roux, G., Commenges, H. (2018). Le Mobiliscope, un outil de géovisualisation des rythmes quotidiens des métropoles. *Mappemonde*, 123.

Libourel, E., Schorung, M., Zembri, P. (2022). *Géographie des transports : territoires, échelles, acteurs*. Armand Colin, Paris.

Maïzia, M. (2010). Prospective à l'horizon 2050 du développement urbain en France et implications énergétiques et spatiales des secteurs de l'habitat et de la mobilité quotidienne. La dimension territoriale des politiques énergétiques et de réduction des gaz à effet de serre. Rapport, 71.

Pumain, D. (1997). Pour une théorie évolutive des villes. *Espace Géographique*, 119–134.

Reuillon, R., Leclaire, M., Rey-Coyrehourcq, S. (2013). OpenMOLE, a workflow engine specifically tailored for the distributed exploration of simulation models. *Future Generation Computer Systems*, 29(8), 1981–1990.

Rozenblat, C. (2015). Approches multiplexes des systèmes de villes dans les réseaux d'entreprises multinationales. *Revue d'économie régionale et urbaine*, 3, 393–424.

Sanders, L. (dir.) (2018). *Peupler la terre : de la préhistoire à l'ère des métropoles*. Presses universitaires François-Rabelais, Tours.

Sanders, L., Pumain, D., Mathian, H., Guérin-Pace, F., Bura, S. (1997). Simpop: a multiagent system for the study of urbanism. *Environment and Planning B: Planning and design*, 24(2), 287–305.

Schläpfer, M., Dong, L., O'Keeffe, K., Santi, P., Szell, M., Salat, H. *et al.* (2021). The universal visitation law of human mobility. *Nature*, 593(7860), 522–527.

Simini, F., González, M.C., Maritan, A., Barabási, A.L. (2012). A universal model for mobility and migration patterns. *Nature*, 484(7392), 96–100.

Thomas, I., Jones, J., Caruso, G., Gerber, P. (2018). City delineation in European applications of LUTI models: review and tests. *Transport Reviews*, 38(1), 6–32.

Tobler Waldo, R. (1970). A Computer Movie Simulating Urban Growth in the Detroit Region. *Economic Geography, Supplement: Proceedings, International Geographical Union. Commission on Quantitative Methods*, 46, 234–240.

Ullman, E. (1954). *Geography as spatial interaction.* McGraw-Hill, New York, 29–39.

Wegener, M. (2004). Overview of land use transport models. Dans *Handbook of transport geography and spatial systems*. Emerald Group Publishing Limited, Bradford, 127–146.

Yerra, B.M., Levinson, D.M. (2005). The emergence of hierarchy in transportation networks. *The Annals of Regional Science*, 39, 541–553.

Zargayouna, M. (2021). Modèles multi-agents de déplacement à base d'activités : État de l'art. Rapport d'expertise de l'Université Gustave Eiffel à l'attention de Ville de Paris, Direction de la voirie et des déplacements [En ligne]. Disponible à l'adresse : https://hal.science/hal-03535180/document.

PARTIE 1

Enjeux et perspectives des modèles d'interaction spatiale

1

Les modèles d'interaction spatiale : formes, estimation, simulation

Marion LE TEXIER[1], Rémi LEMOY[2] et Claude GRASLAND[3]

[1] *LAGAM, Université Paul Valéry, Montpellier, France*

[2] *IDEES, Université de Rouen Normandie, France*

[3] *Géographie-Cités, Université Paris Cité, Aubervilliers, France*

1.1. Introduction

Le terme d'« interaction spatiale » désigne généralement un mouvement entre deux lieux, exercé par des personnes, des biens matériels ou immatériels, ou même des services. Il est également utilisé pour qualifier un ensemble de méthodes spécifiques à la modélisation de ces flux dans une optique de reproduction, de prédiction ou d'explication (Wilson et Rihll 1987).

Ce domaine d'études a, de longue date, pris une place importante dans les sciences humaines, notamment pour la géographie, mais aussi pour l'économie et la sociologie. On en situe généralement les débuts à la fin du XIXe siècle, lorsque le géographe d'origine allemande Ernest George Ravenstein, travaillant à la Société royale de géographie anglaise, définit empiriquement les premières « lois de la migration » à partir des données du recensement de la population de 1881 (Ravenstein 1885). Il observa en effet que les migrants s'établissaient selon une relation proportionnelle à la capacité d'accueil des centres d'« absorption » et de « dispersion » et inversement proportionnelle à la distance les séparant de leur lieu d'origine. Ces lois ont été étayées au cours du temps par de nouvelles observations et par l'établissement de l'analogie gravitaire en ayant permis la première modélisation avec (Zipf 1949) ou (Stewart 1948). Il faudra néanmoins

La coévolution transport, mobilité, territoire,
coordonné par Florent LE NÉCHET. © ISTE Editions 2026.

attendre la publication d'Ullman (1954) *Geography as Spatial Interaction*, inspirée, entre autres, par l'article de Stouffer (1940) intitulé « Intervening Opportunities: A Theory Relating Mobility and Distance », pour que le terme d'interaction spatiale soit utilisé.

Parmi les nombreuses évolutions qu'a connues la modélisation de l'interaction spatiale depuis ses origines, synthétisées par l'ouvrage de Roy (2004), le travail de Reilly (1929) est certainement le plus notable. Son utilisation des concepts du modèle gravitaire pour identifier des aires de marché constitue un fondement de la modélisation des activités humaines à diverses échelles. Deux postulats principaux fondent l'analogie avec la loi universelle de la gravitation de Newton portant sur l'attraction entre les astres :

– la masse importe : l'interaction entre deux lieux est proportionnelle au produit de la taille des lieux d'origine et de destination (population, PIB, etc.) ;

– la distance importe : il y a une diminution de la probabilité d'interaction avec la distance. On parle de « friction de la distance ».

La transposition en géographie de la formule de Newton en une *law of retail gravitation* par Reilly a ainsi donné naissance au modèle gravitaire. À la différence des modèles en physique qui ont, comme pour la loi de l'attraction universelle, un domaine d'adéquation circonscrit, le modèle gravitaire est utilisé dans des contextes variés, avec des formats très différents : migrations, mobilités, transport de marchandises, échanges monétaires, conversations téléphoniques, circulations épidémiques ou encore diffusion d'une innovation. De même, la première loi de géographie invoquée par Waldo Tobler en 1970 (Tobler 1970) selon laquelle « tout interagit avec tout, mais deux choses proches ont plus de chances d'interagir que deux choses éloignées »[1], et qui reprend donc l'idée centrale de l'interaction spatiale, doit être comprise comme une règle empirique basée sur l'observation régulière et répétée de l'impact de la distance sur le volume des interactions. On part ainsi du postulat que l'énergie et les ressources nécessaires pour parcourir l'espace constituent un frein aux mouvements, que les individus cherchent à minimiser suivant un « principe du moindre effort » (Zipf 1949). Cette prise en compte de l'énergie dans les modèles d'interaction spatiale peut modifier sensiblement les hypothèses et conduire à modéliser non pas le flux, mais le mouvement, c'est-à-dire le produit du flux par la distance. Cette idée de contraindre le modèle par l'énergie disponible se retrouvera à la fois dans les modèles à double contrainte de Wilson (1971) et de Dorigo et Tobler (1983).

D'autres auteurs comme le sociologue Samuel Stouffer ont mis en question la validité scientifique du modèle gravitaire. Stouffer considère en effet que la distance n'exerce aucun effet mécanique sur la mobilité des populations et propose un modèle fondé sur les *opportunités interposées* (Stouffer 1940). Pour cet auteur, ce qui limite par exemple les échanges entre une ville *i* et une ville *j*, ce n'est pas la distance, mais le nombre

1. « Everything is related to everything else, but near things are more related than distant things. »

de possibilités alternatives de mobilité situées entre i et j ou, plus généralement, situées à une distance plus courte. La distance ne servirait donc qu'à *ordonner* les opportunités qui seront choisies. Si deux villes i et j sont séparées par un désert, il n'y a aucun obstacle à leurs échanges. En revanche, si une grande ville k est située à mi-chemin entre i et j, elle en limitera fortement les échanges.

L'utilisation des modèles d'interaction spatiale en géographie peut se faire soit dans un cadre explicatif, c'est-à-dire visant à comprendre quels facteurs permettent d'expliquer les différentiels de flux observés entre des couples de lieux, soit dans un cadre prédictif, c'est-à-dire visant à estimer des flux entre des couples de lieux, voire à en prévoir la fréquence (Schläpfer *et al.* 2021). Le modèle peut constituer le cœur de l'analyse, ou être utilisé comme une composante d'une étude plus large, comme c'est par exemple le cas pour les modèles à quatre étapes ou les modèles d'interaction reliant l'utilisation du sol et le transport (*Land Use and Transport Integrated*, LUTI). Dans ce chapitre, nous proposerons deux exemples d'analyses illustrant la variété des cas d'utilisation des modèles d'interaction spatiale : une modélisation statistique d'interactions agrégées à l'échelle de territoires (*démarche explicative*) et une simulation d'interactions définies à l'échelle des individus dans un système multi-agents (*démarche prédictive*).

Ce chapitre se veut un guide pratique vers la maîtrise des modèles d'interaction spatiale de type gravitaire. Il alterne points théoriques et applications empiriques, dans l'esprit des ressources pédagogiques sur l'analyse spatiale et la modélisation des phénomènes géographiques proposés par Grasland (2000). La section 1.2 propose une présentation pas à pas du formalisme mathématique d'un modèle d'interaction spatiale. La section 1.3 présente un exemple de mise en œuvre d'une analyse des flux à partir d'un modèle statistique d'interaction spatiale. Enfin, la section 1.4 illustre comment intégrer à un modèle de simulation individu-centré des comportements de mobilité dérivés d'un modèle d'interaction spatiale.

1.2. Modélisation mathématique de l'interaction spatiale

1.2.1. *Forme générale*

Les modèles d'interaction spatiale dérivés du modèle gravitaire résument les échanges F_{ij} entre deux lieux i et j par une fonction f (voir équation [1.1]) tenant compte de l'effet de leurs tailles respectives et de la friction de la distance les séparant. Ils prennent généralement la forme suivante :

$$F_{ij} = f(m_i, m_j, d_{ij}) = f_1(m_i, m_j) f_2(d_{ij}) \qquad [1.1]$$

où :

– F_{ij} est une mesure de l'interaction entre un lieu i et un lieu j ;

– m_i (respectivement m_j) est une mesure de l'effet de taille associé au lieu i (respectivement j) ;

– d_{ij} est une mesure de la distance entre les lieux i et j, c'est-à-dire de son coût de franchissement ;

– $f_1(m_i, m_j)$ est une fonction décrivant les effets d'attractivité et d'émissivité respectivement associés aux lieux i et j ;

– $f_2(d)$ est une fonction décrivant l'effet d'impédance, c'est-à-dire la réduction des interactions imputable à la distance d.

On trouve de nombreuses variantes de ce modèle, parmi lesquelles le modèle gravitaire simple – qui reprend la formulation de la loi de la gravitation universelle en physique – a pendant longtemps été le plus usité (voir équation [1.2]). Il décrit le volume d'interaction spatiale entre deux lieux (F_{ij}) comme le rapport entre le produit de leurs masses (respectivement m_i et m_j) et le carré de la distance d_{ij} les séparant :

$$F_{ij} = k\frac{m_i \cdot m_j}{{d_{ij}}^2} \quad [1.2]$$

où k est un facteur d'échelle constant, c'est-à-dire qui s'applique à l'ensemble des origines et des destinations. L'intégration d'une constante de proportionnalité permet d'assurer que la somme des flux estimés est égale à la somme des flux observés (voir équations [1.3] et [1.4]) :

$$F_{ij} = k \cdot m_i \cdot m_j \cdot f(d_{ij}) \quad [1.3]$$

et :

$$k = \frac{\Sigma F_{ij}}{\Sigma m_i \cdot m_j \cdot f(d_{ij})} \quad [1.4]$$

Ce modèle, décrit pour la première fois par Reilly (1931) et Stewart (1948) a par la suite été généralisé (Isard 1960 ; Huff 1964) afin de proposer une friction de la distance qui ne soit pas forcément quadratique, mais dont l'exposant est un paramètre du modèle, noté α. Il s'exprime alors sous la forme (voir équation [1.5]) :

$$F_{ij} = k\frac{m_i \cdot m_j}{{d_{ij}}^{\alpha}} \quad [1.5]$$

Notons que l'équation [1.5] peut facilement être transformée afin d'estimer l'effet de la distance une fois l'effet des masses sur les flux pris en compte (voir équation [1.6]) :

$$k\frac{F_{ij}}{m_i \cdot m_j} = {d_{ij}}^{-\alpha} \quad [1.6]$$

Pour rappel, le signe associé au paramètre α est ici négatif, puisque : $\frac{1}{{d_{ij}}^{\alpha}} = {d_{ij}}^{-\alpha}$.

Quelques années plus tard, Wilson (1967) proposa une formulation introduisant une friction de la distance sous la forme d'une fonction exponentielle. Un tel modèle prend la forme générale suivante (voir équation [1.7]) :

$$F_{ij} = k\frac{m_i \cdot m_j}{exp(\gamma d_{ij})} \quad [1.7]$$

où $1/\gamma$ est une échelle caractéristique de décroissance des échanges avec la distance (voir figure 1.2).

Enfin, Waldo Tobler proposera en 1983 avec Guido Dorigo (Dorigo et Tobler 1983) un modèle *additif* d'interaction spatiale à double contrainte qui se fonde sur le concept de mouvement entre un lieu d'origine et un lieu d'arrivée, dont l'ampleur dépend des facteurs d'émission du lieu de départ (énergie disponible à l'origine), des facteurs d'attraction du lieu d'arrivée (énergie disponible à destination) et de la distance les séparant (voir équation [1.8]) :

$$F_{ij} = \frac{A_i + B_j}{D_{ij}} \quad [1.8]$$

Si ce modèle est demeuré peu utilisé en raison des difficultés statistiques que pose l'ajustement des trois paramètres qui le composent et de sa forme additive, il permet de définir deux variantes théoriques fondamentales. Tout d'abord un modèle de mouvement où l'énergie de déplacement M_{ij} dépend de l'énergie disponible au lieu de départ A_i et au lieu d'arrivée B_j, ce qui donne (voir équation [1.9]) :

$$M_{ij} = F_{ij} \cdot D_{ij} = A_i + B_j \quad [1.9]$$

Et ensuite un modèle gravitaire inversé où la variable inconnue est la distance fonctionnelle séparant les lieux compte tenu des flux qu'ils échangent (voir équation [1.10]) :

$$D_{ij} = \frac{A_i + B_j}{F_{ij}} \quad [1.10]$$

Ce dernier modèle, qui n'est pas sans analogie avec les méthodes de *multidimensional scaling* (Cliff *et al.* 1995), permet donc de déduire une distance entre lieux en ne connaissant que les flux qu'ils échangent, celle-ci étant éventuellement associée à leur masse. Tobler a utilisé ce procédé d'inversion du modèle gravitaire pour reconstituer la position de villes assyriennes antiques dont on connaissait les échanges grâce aux tablettes d'argile des marchands (Tobler et Wineburg 1971). Grasland a repris la méthode pour déduire la distance fonctionnelle des villes du monde en 2000 à l'aide de leurs flux aériens (Grasland 2009).

Ces quelques exemples illustrent les nombreuses variantes du modèle gravitaire composant la grande « famille de modèles d'interaction spatiale » (Wilson 1971). Plus récemment, Simini *et al.* (2012) ont proposé un modèle de radiation, non paramétrique (voir équation [1.11]), permettant de prédire précisément des flux empiriques, mais seulement dans certaines conditions (Lenormand *et al.* 2012 ; Masucci *et al.* 2013 ; Commenges 2016) :

$$F_{ij} = F_i \cdot \frac{m_i \cdot m_j}{(m_i+s_{ij})(m_i+m_j+s_{ij})} \qquad [1.11]$$

avec :

– F_i le nombre d'éléments mobiles à l'origine du lieu i ;

– s_{ij} le nombre d'éléments localisés dans un radiant de centre i et de rayon égal à la distance entre i et j.

On retrouve dans ce modèle de radiation une variante des hypothèses de Samuel Stouffer (1940), qui visait à démystifier le rôle « physique » de la distance et à en faire une mesure de l'effet de la « masse sociale » interposée.

Notons que le modèle de radiation n'a pas pénétré la communauté des géographes, qui considère toujours la distance comme un élément explicatif de premier ordre des interactions. Par ailleurs, l'estimation de paramètres et le choix des variables décrivant les effets de distance et de taille constituent toujours des objets de recherche en géographie. L'estimation du frein aux échanges exercé par la distance peut par exemple permettre des comparaisons géographiques, sectorielles ou historiques (Jin *et al.* 2004 ; van Bergeijk 2010 ; Stillwell *et al.* 2016). L'observation répétée dans le temps de la valeur du paramètre de friction de la distance peut également être utilisée à des fins de prédiction, en déterminant la fonction sous-jacente, comme le recommande par exemple Roy (2004). En géographie des transports plus spécifiquement, ces valeurs ont par exemple pu être utilisées afin de comparer l'effet de friction de la distance sur l'utilisation de différents modes de transport en commun (voir par exemple (Manout *et al.* 2018)) ou pour étudier les interactions entre usage du sol et transport dans une aire urbaine (voir par exemple (Wegener 2021)).

1.2.2. *Friction de la distance*

La description de la friction de la distance ($f_2(d)$; voir équation [1.1]) constitue un premier objet de questionnement lors de la mise en œuvre d'un modèle d'interaction spatiale. Le choix de l'unité de mesure de la distance varie en fonction de l'échelle et des flux étudiés. Il faut distinguer la nature de la distance (vol d'oiseau, temps, coût, etc.) et le choix de son unité de mesure (par exemple heures, jours, kilomètres, etc.).

Notons ici que des projets collaboratifs tels qu'Openrouteservice ou OpenStreetMap permettent aujourd'hui d'estimer des distances routières à petite comme à grande échelle à travers le monde et d'en dériver une durée de déplacement selon différents modes de transport (piéton, vélo et automobile, notamment). Par ailleurs, de nombreuses librairies (ensemble de fonctionnalités) sont développées par la communauté afin de faciliter le calcul de tels itinéraires dans des environnements comme QGIS, GRASS, R, ou Python, par exemple.

Plusieurs auteurs (voir par exemple (Grasland 2009)) proposent également d'appréhender la proximité ou l'éloignement entre les lieux par le biais de mesures discrètes comme la distance topologique (qui rend compte de la contiguïté entre les lieux) ou encore l'appartenance à un même ensemble territorial (unité linguistique, relations historiques, etc.). Grasland (2009) suggère ainsi de compléter la première loi de la géographie de Tobler, qui porte sur l'espace et la distance (« tout est relié à tout, mais les lieux proches sont davantage reliés que les lieux éloignés »), par une seconde loi de la géographie qui porterait sur les territoires et l'appartenance (« tout est relié à tout, mais les lieux faisant partie d'un même territoire sont davantage reliés que les lieux séparés par une frontière »).

Selon les hypothèses formulées, ces différentes distances peuvent être cumulées dans un modèle d'interaction spatiale, afin de rendre compte de mécanismes variés agissant sur les échanges.

Le choix de la forme de la fonction décrivant la friction de la distance demande généralement la mise en place d'une méthode d'essais et d'erreurs par laquelle on cherche à minimiser les écarts entre des flux observés et des flux estimés. Depuis Huff (1964) et Wilson (1967), deux formes sont généralement préférées pour décrire $f_2(d)$ (voir équation [1.1]) :

– $f_2(d) = \frac{1}{d^\alpha} = d^{-\alpha}$ (loi de puissance, d'après Huff (1964)) ;

– $f_2(d) = \exp(-\gamma d)$ (loi exponentielle, d'après Wilson (1967)).

L'estimation de la valeur du paramètre α (respectivement γ) constitue une dernière étape dans la recherche de la fonction résumant la friction de la distance. Dans le cadre d'un modèle de loi de puissance ($f_2(d) = d^{-\alpha}$), celui-ci s'interprète de la façon suivante :

– $\alpha = 0$: pas d'effet de la distance sur le niveau d'interaction ;

– $\alpha > 0$: le niveau d'interaction décroît avec la distance. Plus la valeur de l'exposant α est élevée, plus le rôle de frein exercé par la distance sur les interactions est important (voir figure 1.1) ;

– $\alpha < 0$: le niveau d'interaction croît avec la distance. Cette situation, relativement rare, a par exemple pu être observée dans le cas d'échanges commerciaux internationaux, de la localisation d'entrepôts logistiques ou encore de vols aériens court-courriers (Fotheringham 1981 ; Russon et Bowers 1990).

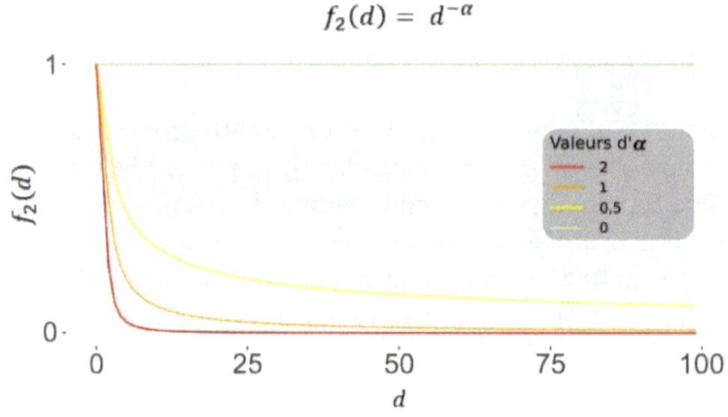

Figure 1.1. *Illustrations de l'effet de la valeur du paramètre α sur le niveau d'interaction*

Dans un modèle exponentiel $f_2(d) = \exp(-\gamma d)$, le paramètre γ varie *a priori* dans $]-\infty ; +\infty[$, et $1/\gamma$ donne une mesure caractéristique de décroissance des échanges avec la distance (voir figure 1.2). L'interprétation du signe du paramètre est la même pour les deux modèles. Mais le modèle exponentiel présente l'inconvénient de dépendre de l'unité de mesure initiale de la distance et se modifie si on la change, ce qui n'est pas le cas pour le modèle puissance, dont le paramètre est invariant d'échelle (*scale-free*).

1.2.3. *Origines et destinations*

La description des effets d'attractivité et d'émissivité ($f_1(m_i, m_j)$, équation [1.1]) constitue également un terrain de recherche pour les géographes. Historiquement, l'usage de la population pour rendre compte de l'effet de taille dans les échanges (m_i la population du lieu i, m_j la population du lieu j) a été prépondérant, du fait de la plus grande disponibilité de cette donnée et de sa relativement bonne capacité à déterminer les flux migratoires qui ont fait l'objet des premiers travaux (Haynes et Fotheringham 2020). Des mesures directes des forces d'attraction et d'émission permettent toutefois de raffiner les estimations des flux : le nombre de travailleurs se rendant dans une ville donnée dépend de l'offre d'emploi que l'on y trouve, la richesse et les spécialisations industrielles influent sur les flux commerciaux entre pays, etc.

À partir du milieu du XXe siècle, la mise en œuvre d'enquêtes origine/destination par les grands centres de statistiques nationaux (aux États-Unis, d'abord, puis dans d'autres pays comme la France à partir des années 1950) a ainsi permis de mieux saisir les comportements de mobilité des ménages et d'en rendre compte sous la forme de matrices directement mobilisables dans des modèles de prévision des déplacements (Commenges 2013), notamment à l'échelle communale. La disponibilité grandissante de données à l'échelle individuelle (enquêtes en ligne ((Feuillet *et al.* 2018) par exemple), téléphonie mobile ((Prestby *et al.* 2020) par exemple), etc.) permet désormais aux chercheurs de proposer des analyses désagrégées de l'interaction spatiale.

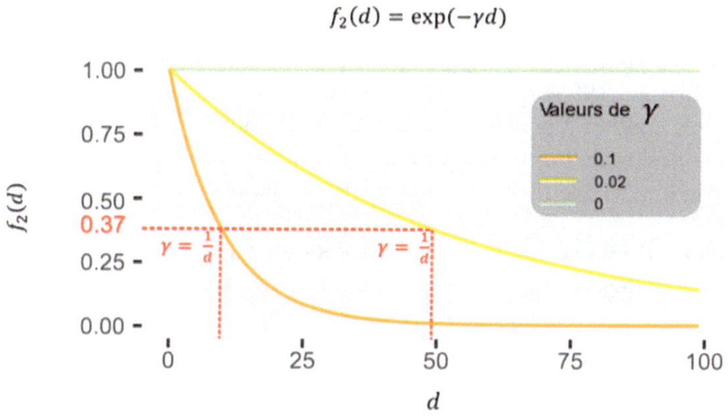

Figure 1.2. *Effet de la valeur du paramètre γ sur le niveau d'interaction $f_2(d)$*

Notons que la mise en œuvre d'un modèle d'interaction spatiale à partir de données agrégées requiert de tenir compte du *Modifiable Areal Unit Problem* ou MAUP (Openshaw 1981) lors du choix des entités spatiales considérées. En effet, le plus ou moins grand nombre d'entités sélectionnées pour étudier l'interaction spatiale dans un ensemble géographique impacte la valeur des indicateurs et l'estimation des paramètres (*effet de taille*). Concrètement, le chercheur se retrouve face au choix suivant : plus j'agrège, plus je perds les effets locaux, moins j'agrège, plus je perds les effets de structure. De même, la configuration spatiale des entités impacte elle aussi ces mesures, même lorsque le nombre d'entités reste équivalent (*effet de zonage*) : le découpage spatial peut segmenter des agrégats ponctuels, mais il peut aussi regrouper des entités ponctuelles pourtant géographiquement éloignées (Openshaw 1977).

Il est donc tout à fait probable que l'estimation de navettes domicile-travail à partir de données agrégées à l'échelle de quartiers IRIS (infracommunaux) conduise à des résultats différents de ceux obtenus à partir de données agrégées à l'échelle de communes, ou encore à partir de données carroyées. Les résultats obtenus pour une échelle géographique et un découpage territorial donnés ne peuvent donc pas conduire à des interprétations hors de ce cadre spatial. Il est en revanche conseillé de « multiplier les points de vue » lorsque cela est possible, afin d'affiner la compréhension du système de mobilité. Le MAUP constitue donc une dimension intégrante de l'étude de l'interaction spa-tiale à partir de données agrégées (voir par exemple (Jones *et al.* 2017 ; Stepniak et Jacobs-Crisioni 2017) pour des cas d'étude issus de la géographie du transport (Flowerdew *et al.* 2007) pour un cas d'étude en géographie de la santé, ou encore (Chen et Cottrell 2016) pour un cas d'étude en géographie politique, parmi de nombreux exemples).

L'usage de données individuelles rend possible l'estimation du coût de déplacement à l'intérieur d'une zone géographique et permet de surmonter le problème d'*autopotentiel* (Frost et Spence 1995) qui émerge lorsque l'agrégation *a priori* des données au sein de zonages conduit à considérer que la distance entre un lieu d'origine et un lieu de destination au sein de l'unité géographique est nulle, alors que celle-ci peut compter pour une partie importante de la mobilité totale (Melhorado *et al.* 2016).

L'association d'un exposant aux variables décrivant la taille des lieux d'origine et de destination des flux permet d'altérer l'effet de la variable utilisée pour en décrire le poids relatif (voir équation [1.12]) :

$$f^1(mi, mj) = m^{ia} \cdot m^{jb} \qquad [1.12]$$

où a et b représentent les exposants permettant de calibrer l'effet des variables de taille choisies pour décrire l'attractivité et l'émissivité des lieux. Normalement égaux à 1 dans le cas d'une stricte proportionnalité, ils peuvent être supérieurs ou inférieurs et jouent le rôle de facteurs d'élasticité.

Associé à une variable décrivant, par exemple, la population de lieux d'origine ou de destination, l'exposant permet d'ajuster la mesure de l'effet de taille. Son estimation dans une étude empirique peut également être associée à une démarche comparative : pour quels types de biens la distribution de la population est-elle un facteur plus ou moins déterminant des échanges ? Observe-t-on un renforcement de l'attraction des grands centres urbains sur les travailleurs au cours du temps ? Etc. De même que pour la description du rôle de frein exercé par la distance, l'effet de taille respectivement associé aux lieux d'origine et aux lieux de destination peut être décrit par le biais d'une loi de puissance ou d'une loi exponentielle, bien que cette dernière solution reste moins usitée (Haynes et Fotheringham 2020).

1.3. Calibration d'un modèle d'interaction spatiale

Dans cette section, nous illustrerons comment modéliser empiriquement l'interaction spatiale à partir de données statistiques. Nous nous intéresserons plus particulièrement à l'estimation du poids relatif d'une série de facteurs explicatifs dans la détermination des flux observés. Cette étape de calibration est tout à fait importante dans l'analyse géographique, puisque la valeur des paramètres est spécifique à l'espace d'étude et des données utilisées dans le modèle. L'estimation des paramètres du modèle d'interaction spatiale permet donc de caractériser le système spatial étudié à partir des mouvements qui s'y opèrent (Fotheringham et Webber 1980). Les différences de valeurs de paramètres d'un système à l'autre intéressent le géographe, qui cherchera à comprendre quelles sont les raisons de ces différences (Fotheringham 1981) : perception de la distance comme facteur dissuasif de l'interaction, forme et taille du système spatial, échelle d'analyse, etc. Il est ainsi rare que l'on utilise les valeurs calibrées (forme du modèle, exposants de masse et de distance) dans un cadre spatio-temporel donné pour estimer des flux dans un autre, même s'il s'agit d'une possibilité offerte lorsque le géographe ne dispose pas des données nécessaires à sa recherche et qu'il considère que les deux systèmes sont assez proches pour permettre cet artefact.

1.3.1. *Méthode*

Afin d'estimer la valeur des paramètres d'un modèle d'interaction spatiale de type gravitaire, nous utiliserons une régression de Poisson, une technique statistique permettant d'estimer une variable quantitative de stock positive, comme c'est le cas pour le recensement des flux et des déplacements entre une série de lieux (personnes, véhicules, marchandises, appels téléphoniques, etc.). Flowerdew et Aitkin (1982) expliquent pourquoi l'usage d'une régression de Poisson doit être préféré à celui d'une régression log-linéaire pour l'estimation des paramètres d'un modèle d'interaction spatiale : le modèle log-linéaire ne permet pas de tenir compte des couples de lieux pour lesquels on observe une absence de flux[2] et produit une moins bonne qualité d'ajustement aux valeurs observées, notamment pour les plus fortes d'entre elles (Poulain 1980). En effet, le passage en logarithmes rend aussi important un écart entre valeurs observées et estimées de 1 à 2 qu'un écart de 100 à 200. Il pénalise ainsi les flux les plus importants, qui sont pourtant les plus fiables.

La régression de Poisson est un modèle linéaire généralisé utilisant une fonction de lien de forme logarithmique. Elle présuppose que la distribution de la variable de comptage suit une distribution de Poisson et que le logarithme des valeurs estimées $log(F_{ij})$ peut être modélisé par une combinaison linéaire de variables explicatives. L'estimation d'un modèle gravitaire de forme puissance par le biais d'une régression de Poisson (voir équation [1.13]) prend ainsi la forme :

$$F_{ij} = exp(\beta_0) {d_{ij}}^{\alpha} \cdot {m_i}^{\beta_1} \cdot {m_j}^{\beta_2} \quad [1.13]$$

$$log(F_{ij}) = \beta_0 + \alpha log(d_{ij}) + \beta_1 log(m_i) + \beta_2 log(m_j) + \varepsilon \quad [1.14]$$

2. Les utilisateurs d'un modèle de régression log-linéaire font alors le choix d'exclure les flux nuls de l'étape de calibration du modèle ou bien de leur attribuer une valeur minimale *ad hoc*.

avec :

– β_0 paramètre de calibrage assurant la conservation du total des flux ;

– α, β_1, β_2, etc., les paramètres associés aux variables explicatives ;

– ε un terme d'erreur suivant une distribution non normale (de Poisson, binomiale, ou autre).

La régression de Poisson permet d'estimer les valeurs des coefficients associés à chacune des variables explicatives sélectionnées qui maximisent la vraisemblance du modèle[3]. Notons que la somme des flux estimés par une régression de Poisson équivaut toujours à la somme des flux observés.

La qualité d'ajustement d'une régression de Poisson se mesure par la déviance D prise en compte par le modèle (voir équation [1.15]) :

$$D = 2(L_S - L_C) \qquad [1.15]$$

avec :

– L_S valeur maximale de la log-vraisemblance obtenue pour le modèle saturé (c'est-à-dire un modèle qui compterait autant de variables explicatives que d'observations et qui estimerait donc parfaitement les données) ;

– L_C valeur maximale de la log-vraisemblance obtenue pour le modèle estimé.

D suit approximativement une loi du chi-2 à $n - p$ degrés de liberté, où n décrit le nombre d'observations et p le nombre de variables dans le modèle. On peut alors utiliser un test du chi-2 associé à une probabilité critique d'obtenir la déviance résiduelle (risque d'erreur accepté) pour apprécier la qualité d'ajustement du modèle en comparant les valeurs observées aux valeurs estimées[4].

Enfin, il est possible de calculer un pseudo-R^2 comme le rapport entre la déviance obtenue avec le modèle explicatif proposé et la déviance observée pour le modèle nul (modèle avec la constante seule), c'est-à-dire le degré d'amélioration du modèle par rapport au pire modèle observé (un modèle dans lequel aucune variable explicative n'est intégrée). La valeur du pseudo-R^2 varie alors entre 0 (le modèle ne permet d'expliquer

3. Les logiciels font ce calcul de manière itérative. L'algorithme le plus populaire utilisé pour l'estimation des paramètres d'une régression de Poisson est le *Fisher scoring*. Cet algorithme cherche à maximiser la vraisemblance à chaque nouvelle itération. Il considère avoir trouvé la solution la plus satisfaisante lorsque le passage à une nouvelle itération ne permet plus d'améliorer la vraisemblance du modèle. C'est cet algorithme qui sera utilisé dans la suite du chapitre.

4. Nous renvoyons le lecteur à l'article de (Knudsen et Fotheringham 1986) pour une discussion plus complète sur la qualité d'ajustement d'un modèle d'interaction spatiale.

aucune (c'est-à-dire 0 %) des variations de flux F_{ij} observées) et 1 (le modèle permet d'expliquer la totalité (c'est-à-dire 100 %) des variations de flux F_{ij} observées).

1.3.2. *Exemple des navettes domicile-travail*

Afin d'illustrer les étapes de calibration d'un modèle d'interaction spatiale de forme puissance dans un modèle de régression de Poisson, nous utiliserons des données décrivant les navettes domicile-travail entre les 71 communes de la métropole Rouen Normandie (France). Ces données sont issues du recensement de la population française de 2015, agrégées à la commune de résidence et d'emploi. Elles sont disponibles en libre accès depuis le site de l'Institut national de la statistique et des études économiques[5]. Les analyses sont réalisées avec le langage de programmation R, dont nous exposerons les lignes de commande et les résultats associés. Notons ici que les résultats obtenus à l'échelle de la métropole différeront forcément de ceux que l'on obtiendrait à l'échelle de l'aire urbaine, qui délimite la zone de polarisation de l'emploi par un ou plusieurs pôles urbains[6].

Le tableau de données utilisé dans la suite du chapitre rend compte, pour chaque couple de communes $i\,j$ (avec $i \neq j$), du nombre F_{ij} de travailleurs résidant en i et travaillant en j, ainsi que de la population P_i résidant en i, de la population P_j résidant en j et de la distance euclidienne D_{ij} (en km) séparant les centroïdes (centres géographiques) des deux communes. Les déplacements domicile-travail intracommunaux ne sont pas intégrés à l'analyse.

```
# Afficher les premières lignes du tableau de données "Data"
head(Data)

i     j     Fij       Dij    Pi   Pj
76056 76001   1 21.617501   660 1191
76498 76005  10  2.511306 22820 3212
76410 76005   1  7.160386 11170 3212
76212 76005   3  2.163472  9652 3212
76429 76005   1  0.001000  8345 3212
76313 76005   1  1.849238   837 3212
```

Nous obtenons la valeur des paramètres du modèle d'interaction spatiale en estimant une régression de Poisson par la méthode du maximum de vraisemblance.

5. Voir : https://www.insee.fr/fr/statistiques/3561174?sommaire=3561215.

6. Rouen métropole comprend 71 communes pour un peu moins de 500 000 habitants, contre 663 000 pour l'aire urbaine, qui englobe 277 communes, ces deux entités incluent les 50 communes composant l'agglomération urbaine de Rouen avec 475 000 habitants.

```
# Estimation par modèle de Poisson avec maximum de vraisemblance
# Forme du modèle
mod <- glm(Fij~log(Dij)+log(Pi)+log(Pj),
+          data=Data,
+          family = poisson)
```

L'usage de la fonction glm() (pour *generalized linear model*) permet ici d'associer au prédicteur linéaire une fonction de lien log et une structure d'erreurs de type Poisson. On modélise donc le log de la moyenne des F_{ij} et non pas directement F_{ij} comme cela apparaît dans la formule.

```
> # Paramètres
> summary(mod)

Call:
glm(formula = Fij ~ log(Dij) + log(Pi) + log(Pj), family = poisson,
    data = Data)

Deviance Residuals:
     Min        1Q    Median        3Q       Max
-12.4955   -1.4404   -0.2627    0.7858   22.5278

Coefficients:
              Estimate Std. Error z value Pr(>|z|)
(Intercept) -14.809916   0.083263 -177.87   <2e-16 ***
log(Dij)     -0.127202   0.001533  -82.96   <2e-16 ***
log(Pi)       0.815833   0.005182  157.43   <2e-16 ***
log(Pj)       1.071415   0.005406  198.21   <2e-16 ***
---
Signif. codes:  0 '***' 0.001 '**' 0.01 '*' 0.05 '.' 0.1 '␣' 1

(Dispersion parameter for poisson family taken to be 1)

    Null deviance: 106912  on 1822  degrees of freedom
Residual deviance:  11713  on 1819  degrees of freedom
AIC: 17733

Number of Fisher Scoring iterations: 5
```

Dans le cas des navettes domicile-travail réalisées entre communes de la métropole Rouen Normandie (France) en 2015, on obtient les estimations suivantes :

$$log(\hat{F}_{ij}) = -14{,}8099 - 0{,}1272log(d_{ij}) + 0{,}8158log(m_i) + 1{,}0714log(m_j)$$

Ou encore, sous une autre forme :

$$\hat{F}_{ij} = exp(-14{,}8099)d_{ij}^{-0{,}1272}m_i^{0{,}8158}m_j^{1{,}0714} + \varepsilon$$

On observe ainsi que la distance exerce un rôle de frein significatif sur les interactions (valeur du coefficient négative et risque d'erreur inférieur à 0,0001). Une multiplication par 2 de la distance est associée à une diminution de $0{,}1272 \times \ln 2 \simeq 0{,}0882$ du logarithme du nombre moyen de navetteurs. Autrement dit, le nombre de navetteurs est divisé par $2^{0{,}1272} \simeq 1{,}0922$ lorsque la distance est doublée, c'est-à-dire qu'il diminue d'environ 9 %.

La taille des populations des communes d'origine et de destination impacte elle aussi l'importance des flux de navetteurs : celle-ci décroît avec la taille de la ville d'origine. Une ville *i* donnée n'enverra pas deux fois plus de navetteurs qu'une ville *j* deux fois plus petite, mais seulement $2^{0{,}8158} = 1{,}7603$ fois plus. Le nombre de navetteurs ne double donc pas avec la taille de la population du lieu de vie, les grandes villes offrant, relativement, une meilleure opportunité d'emploi pour leurs résidents. La relation entre la taille de la population et l'attractivité des villes est, quant à elle, quasi linéaire : toutes choses égales par ailleurs quant à la distance la séparant d'une ville *i* donnée, une ville *j* recevra un peu plus de deux fois plus ($2^{1{,}0714} = 2{,}1015$) de navetteurs de *i* qu'une ville deux fois plus petite. Le facteur d'attractivité a donc une importance bien plus élevée sur la répartition des navetteurs que le facteur d'émissivité.

```
# Analyse de la variance
anova(mod, test="Chisq")

Analysis of Deviance Table

Model: poisson, link: log

Response: Fij

Terms added sequentially (first to last)


         Df Deviance Resid. Df Resid. Dev  Pr(>Chi)
NULL                      1822     106912
log(Dij)  1    25558      1821      81354 < 2.2e-16 ***
log(Pi)   1    25876      1820      55478 < 2.2e-16 ***
log(Pj)   1    43764      1819      11713 < 2.2e-16 ***
---
Signif. codes:  0 '***' 0.001 '**' 0.01 '*' 0.05 '.' 0.1 ' ' 1

# Pseudo R carré
expl <- round(100*(1-(mod$deviance/mod$null.deviance)),2)
print(paste("Deviance␣explained␣:",expl,"%"))

[1] "Deviance explained : 89.04 %"
```

Le modèle ainsi défini permet d'expliquer 89,04 % de la déviance (c'est-à-dire de la différence de log-vraisemblance entre le modèle ajusté et le modèle saturé, qui capterait l'ensemble des valeurs observées). Afin d'en améliorer la qualité d'ajustement, il est possible de modifier la forme des effets de la friction de la distance ou des masses sur l'intensité des interactions et/ou d'ajouter de nouvelles variables explicatives (tout en gardant en tête un principe de parcimonie afin de ne pas multiplier les paramètres et perdre en qualité d'explication). Une des manières de guider le géographe dans le raffinement et l'analyse d'un modèle d'interaction spatiale réside dans l'étude de la localisation des résidus (écarts au modèle). Les résidus absolus mesurent la différence entre la valeur observée y_i et la valeur estimée $\hat{y}_i$: $r_i = y_i - \hat{y}_i$.

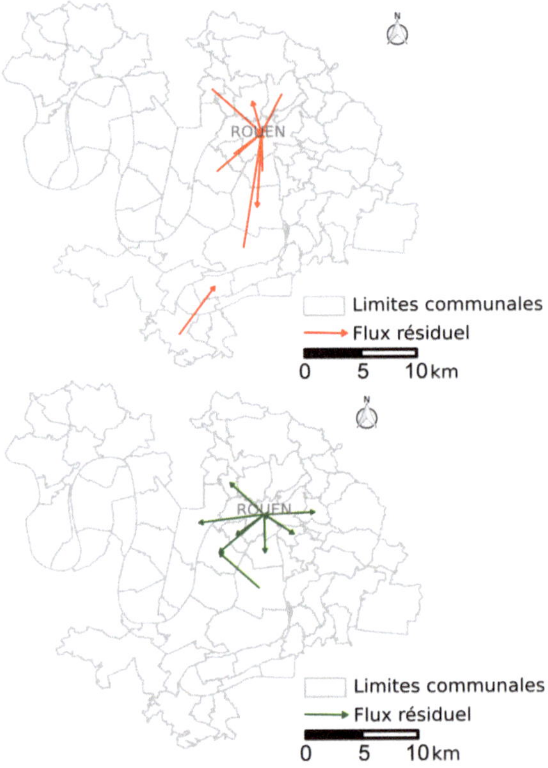

Figure 1.3. *Localisation des dix principaux résidus absolus positifs (en haut) et des dix principaux résidus absolus négatifs (en bas)*

La cartographie (voir figure 1.3) des dix principaux résidus absolus (différences entre valeurs observées et estimées) positifs (valeurs observées supérieures aux valeurs estimées) du modèle représente par le biais de flèches (de la commune de résidence vers la commune d'emploi) les sous-estimations de flux les plus fortes par le modèle de régression : on observe ainsi que les navettes domicile-travail sont plus importantes que prévu à destination de la commune de Rouen (en gris clair sur la carte), depuis les communes voisines. Les communes de Mont-Saint-Aignan et de Saint-Étienne-du-Rouvray, qui accueillent chacune un campus universitaire, voient, elles aussi, un nombre de navetteurs plus élevé que celui prévu par le modèle arriver chaque jour sur leurs territoires. On remarque également que les travailleurs résidant à Rouen travaillent moins fréquemment dans les communes limitrophes que ce qui était prévu par le modèle : la commune centre semble donc fortement capter ses résidents (voir figure 1.3).

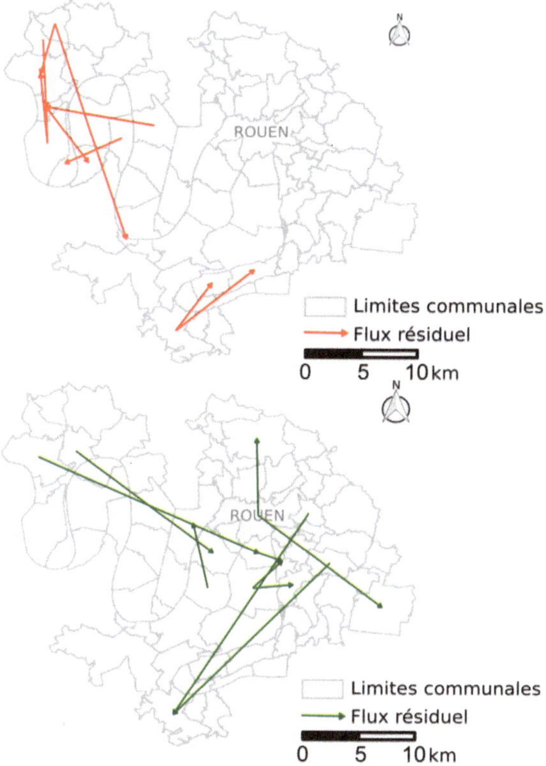

Figure 1.4. *Localisation des dix résidus relatifs les plus élevés (en haut) et des dix résidus relatifs les plus faibles (en bas)*

La carte de la figure 1.4 localise les dix principaux résidus relatifs (rapports entre les valeurs observées et les valeurs estimées). Elle permet de s'extraire des effets de masse des grandes villes de la métropole et de mettre à jour des relations préférentielles centrées sur la partie ouest du territoire, qui constitue un espace très bien intégré du point de vue des mobilités domicile-travail. *A contrario*, l'on remarque que ces mobilités sont moins importantes que prévu entre certains couples de communes très éloignées ou entre communes proches à vol d'oiseau, mais séparées par la Seine, laquelle constitue une barrière naturelle encore difficilement franchissable lorsque l'on s'éloigne de la ville-centre, où se concentrent les ponts (voir figure 1.4). Notons toutefois que ces valeurs sont à interpréter avec précaution : être deux fois plus petit (respectivement plus grand) n'a pas la même signification pour un flux observé de 2, 20, 200 ou 2 000 personnes.

L'ajout d'une variable catégorielle rendant compte de la localisation des couples de communes i et j par rapport à une même rive de la Seine de façon binaire n'augmente cependant que très faiblement le pouvoir explicatif du modèle (pseudo-R^2 de 89,37 %), même si le coefficient de – 0,2985 associé au fait d'être localisé sur deux rives différentes est significatif et rend donc compte de l'effet de barrière du fleuve sur les navettes domicile-travail. Ce résultat fait plus généralement écho au caractère anisotrope de l'espace : la topographie, les réseaux d'infrastructures de transport et de communication, les frontières politiques ou symboliques, sont autant d'exemples d'éléments pouvant renforcer des proximités ou créer des séparations.

1.3.3. *Modèle à double contrainte*

L'usage d'un modèle d'interaction spatiale à double contrainte permet de capturer de façon précise l'effet de la distance entre communes sur les variations de flux. Ces modèles intègrent un facteur lié à l'attractivité des lieux d'origine et un facteur lié à l'émissivité des lieux de destination en lieu et place de la contrainte de proportionnalité k (voir équation [1.3]). Lorsque la matrice des flux est disponible, il est en effet possible d'utiliser la somme des flux à l'origine et la somme des flux à destination afin de contraindre le modèle (voir équation [1.16]) :

$$F_{ij} = A_i\, O_i\, B_j\, D_j\, d_{ij}^{-\alpha} \qquad [1.16]$$

avec :

– A_i un vecteur de paramètres associés à chaque origine i, qui assure que les flux estimés à chaque origine totalisent le nombre de flux observés O_i : $A_i = 1 / \sum_j B_j\, D_j\, d_{ij}^{-\alpha}$;

– B_j un vecteur de paramètres associés à chaque destination j, qui assure que les flux estimés à chaque destination totalisent le nombre de flux observés D_j : $B_j = 1 / \sum_i A_i\, O_i\, d_{ij}^{-\alpha}$;

– $d_{ij}^{-\alpha}$ la fonction d'impédance de la distance.

On remarque ainsi que pour connaître A_i, nous avons besoin de B_j et inversement. Pour résoudre ce problème, les algorithmes informatiques (tels que ceux implémentés dans R) procèdent à des estimations itératives des deux valeurs. Une autre solution consiste à utiliser, là encore, une régression de Poisson afin de calibrer le modèle d'interaction spatiale à double contrainte et de prédire les flux. Dans ce cas, le modèle assume que la variable F_{ij} suit une loi de Poisson et que le logarithme de son espérance peut être modélisé par une combinaison linéaire des facteurs d'émissivité O_i, d'attractivité D_j et de distance entre les lieux d_{ij}.

Sous R, la calibration du modèle se fait de la façon suivante :

```
> mod <- glm(Fij~log(Dij)+i+j,
+            data=Data,
+            family = poisson)
> # parameters
> summary(mod)
```

```
Call:
glm(formula = Fij ~ log(Dij) + i + j, family = poisson, data = Data)

Deviance Residuals:
    Min       1Q   Median       3Q      Max
-7.1503  -1.1235  -0.1605   0.8319  10.4088

Coefficients:
             Estimate Std. Error z value Pr(>|z|)
(Intercept) -0.474171   0.139852  -3.391 0.000698 ***
log(Dij)    -0.139846   0.001683 -83.073  < 2e-16 ***
i76020      -0.982152   0.147859  -6.642 3.08e-11 ***
i76039      -0.793565   0.126480  -6.274 3.51e-10 ***
...
j76753       0.843668   0.170674   4.943 7.69e-07 ***
j76759      -0.892406   0.427455  -2.088 0.036823 *
---
Signif. codes:
0    ***   0.001    **    0.01    *    0.05    .    0.1         1

(Dispersion parameter for poisson family taken to be 1)

    Null deviance: 106911.5  on 1822  degrees of freedom
Residual deviance:   5951.4  on 1683  degrees of freedom

AIC: 12243

Number of Fisher Scoring iterations: 5
```

Le modèle à double contrainte explique 94,43 % de la déviance. On obtient donc naturellement une bien meilleure prédiction que celle obtenue par le modèle non contraint. L'amélioration de la prévision s'explique aussi par le fait que les marges prennent indirectement en compte le nombre d'emplois occupés dans chaque commune grâce à la somme en colonne. Le modèle gravitaire aurait donc été plus performant si P_i avait été le nombre d'actifs au lieu de domicile et P_j le nombre d'actifs au lieu de travail plutôt que la population totale. L'exposant de friction de la distance estimé ($\alpha \simeq -0{,}1398$) est quant à lui assez semblable à celui estimé par le modèle non contraint ($\alpha \simeq -0{,}1272$).

La calibration d'un modèle d'interaction spatiale permet donc d'obtenir une modélisation empirique et des indicateurs chiffrés des principaux phénomènes affectant l'intensité des échanges entre des lieux. Elle rend compte de la forme générale du système étudié, mais permet aussi d'identifier les situations pour lesquelles ce modèle générique est moins adapté. Ces résultats offrent à la fois une comparaison interne à l'espace d'étude par l'analyse des résidus, mais aussi une comparaison géographique, sectorielle et temporelle, comme nous le notions en introduction de section.

1.4. Simulation multi-agents et modèle gravitaire

Nous avons vu que les modèles d'interaction spatiale peuvent être utilisés pour comprendre et analyser des données empiriques. Notons que cette utilisation du modèle gravitaire, qui est d'ailleurs la plus fréquente en géographie, correspond plutôt à ce que les sciences dites « dures », notamment la physique statistique, appellent un « problème inverse ». En effet, dans un modèle de physique (un modèle « direct »), on définit habituellement des lois du mouvement qui régissent l'évolution du système étudié, on résout les équations mathématiques correspondant à cette évolution ou on simule cette évolution par informatique et on étudie les résultats obtenus concernant l'évolution temporelle du système. On retrouve ce type de démarche en géographie lorsque l'on utilise des automates cellulaires ou des systèmes multi-agents pour représenter et comprendre des phénomènes sociospatiaux ((Tobler 1970 ; Bura *et al.* 1996 ; Batty *et al.* 1997 ; Sanders *et al.* 1997) par exemple).

Cette démarche « directe » des automates cellulaires et modèles multi-agents est peut-être plus récente en géographie (permise par l'évolution des outils informatiques lors des dernières décennies) que la démarche « inverse », décrite dans les sections 1.2 et 1.3 pour le modèle gravitaire. En effet, ce domaine des problèmes inverses utilise une approche différente. À partir de données empiriques concernant l'évolution temporelle d'un système, on cherche quelles valeurs des paramètres d'un modèle générique (ici, le modèle gravitaire) permettraient de représenter au mieux l'évolution du système étudié. Ce sont ces valeurs optimales de paramètres qui nous renseignent alors sur le système. Le modèle d'Ising, qui a une place assez centrale en physique statistique, a par exemple été utilisé dans ce sens pour décrire des réseaux de neurones (Schneidman *et al.* 2006 ; Shlens *et al.* 2006) ou des données de finance (Bury 2013 ; Zeng *et al.* 2014). On pourrait donc également considérer le modèle gravitaire tel que nous l'avons présenté dans les sections 1.2 et 1.3 comme faisant partie de ce domaine des problèmes inverses.

Dans cette section, nous nous proposons de transformer en quelque sorte ce modèle inverse, au sens de la physique statistique, en modèle « direct », en proposant des règles dynamiques qui permettent, depuis une situation initiale quelconque, d'atteindre un équilibre correspondant au modèle gravitaire. Ce modèle d'équilibre illustre ainsi une autre utilisation possible des modèles d'interaction spatiale, dans une démarche de simulation.

1.4.1. *Simuler des interactions spatiales*

En effet, de nombreux modèles de simulation en géographie font intervenir des entités en interaction (Bura *et al.* 1996). Ces entités sont localisées dans un espace, et l'interaction entre deux entités données est influencée par la distance qui les sépare et d'autres caractéristiques de ces entités, comme des variables liées à leur taille ou leur attractivité. Par exemple, les flux de voyageurs ou de marchandises entre deux villes voisines sont d'autant plus importants que la distance entre ces villes est faible et que ces villes ont une population importante. C'est ce qui nous a permis d'utiliser un modèle gravitaire dans la section précédente pour modéliser les mobilités domicile-travail empiriques entre différentes communes. On pourrait imaginer d'autres exemples : des échanges commerciaux entre pays, des migrations – en fait, toutes les situations dans lesquelles le modèle gravitaire a été appliqué avec succès de la manière habituelle, c'est-à-dire pour l'analyse de données empiriques grâce à un modèle générique, comme dans le domaine des problèmes inverses.

Dans ces exemples, tous les éléments des modèles d'interaction spatiale sont ainsi réunis, et il paraît alors naturel de faire appel à ces modèles, et notamment au modèle gravitaire, pour représenter les interactions entre entités. Seulement, nous allons représenter ces interactions ici de manière « directe », inductive, sans faire appel à des données empiriques : nous proposons plutôt un ingrédient générique à intégrer dans un modèle multi-agents, par exemple un module de mobilité domiciletravail à l'intérieur d'un modèle plus vaste des dynamiques urbaines. Notons par ailleurs que d'autres travaux ont proposé des fondations « microscopiques » pour le modèle gravitaire en modélisant le comportement d'agents, par exemple grâce à l'utilisation de modèles d'équilibre en économie (Bröcker 1989).

Nous illustrons donc la démarche de modélisation « directe » ici grâce à un système multi-agents stochastique, qui simule l'évolution d'entités dont les flux sont régis par le modèle gravitaire. Ce modèle est théorique : il donne un exemple de simulation du modèle gravitaire. En effet, cette section a surtout un but d'illustration : elle montre comment construire un modèle dynamique simple, dont l'évolution dynamique correspond au modèle gravitaire. Cette approche est cependant très générale, ce qui peut permettre son utilisation dans de multiples applications pratiques. Nous présentons maintenant ce modèle gravitaire « direct » de manière formelle.

1.4.2. *Un modèle gravitaire multi-agents*

Supposons un ensemble de N_a entités spatialisées fixes, que nous allons appeler « attracteurs ». Ces attracteurs sont ponctuels et localisés de manière aléatoire dans un espace bidimensionnel : ce sont donc un ensemble de points dans cet espace. Chaque attracteur i ($i = 1, \ldots, N_a$) est caractérisé par une variable de masse m_i fixée également, qui donne une mesure de sa taille ou de son attractivité (la population résidentielle totale de chaque ville dans l'exemple utilisé dans la section 1.3).

Par ailleurs, on veut modéliser de manière dynamique et stochastique, par un modèle gravitaire, les flux entre ces attracteurs. Nous créons donc des agents mobiles, que nous appelons personnes par commodité et en pensant à l'exemple des flux de voyageurs (mais on peut bien sûr considérer de la même manière d'autres types de flux, de marchandises par exemple). Il y a N_p personnes, qui se localisent au niveau d'un des attracteurs et peuvent se déplacer d'un attracteur à l'autre.

La dynamique de ce modèle est asynchrone, ce qui veut dire que les agents mobiles vont avoir l'un après l'autre la possibilité de se déplacer de l'attracteur i au niveau duquel ils sont localisés vers un autre attracteur $j \neq i$. À chaque pas de temps de la simulation, une personne et un attracteur j (qui n'est pas l'attracteur i où se trouve la personne), de masse m_j, sont choisis au hasard de manière uniforme, et on propose à la personne de se déplacer vers cet attracteur.

Ce déplacement va avoir lieu avec une probabilité p_{ij} proportionnelle à la loi de Reilly ou au modèle de Huff qui supposent l'existence d'un tirage au sort entre un ensemble d'opportunités O_{ij} (Grasland 2000) :

$$p_{ij} \propto \frac{m_j}{d_{ij}^{\alpha}} \qquad [1.17]$$

où d_{ij} est la distance entre les attracteurs i et j, et α l'exposant qui contrôle l'influence de la distance. Notons que la valeur de 2 pour cet exposant α, qui est celle à laquelle la loi de Reilly se restreint à l'origine, joue un rôle important en physique : elle apparaît par exemple pour les forces de gravitation et d'électrostatique. Pour définir complètement la probabilité p_{ij}, il faut déterminer la constante multiplicative λ manquante dans l'équation [1.17]. Cette constante permet de prendre en compte les unités de mesure de distance et de masse, et d'assurer que p_{ij} ne dépasse pas 1. Pour cela, on peut la prendre égale à l'inverse d'une borne supérieure de l'équation [1.17] :

$$d_{min}^{\alpha}/m_{max} \leq 1/\left(max_{i,j}\, m_j/d_{ij}^{\alpha}\right)$$

où $m_{\max}$ est la masse maximale des attracteurs et d_{min} la distance minimale entre eux. On précise ainsi l'équation [1.17] en : $p_{ij} = \lambda m_j \;/\; d_{ij}^{\alpha} \leq 1$. On a cherché ici à proposer le modèle le plus simple possible qui reproduise le modèle gravitaire de manière « directe ». Il n'y a que cette seule équation dans ce modèle, et nous l'avons ainsi décrit complètement, ce qui permet de le reproduire.

Ce modèle simple simule un système où les flux, une fois équilibrés, sont (en moyenne) proportionnels à ceux donnés par le modèle gravitaire (voir équation [1.5]), tandis que les populations sont (en moyenne) proportionnelles aux masses des attracteurs. Il peut paraître surprenant que l'on obtienne de tels flux alors que la masse m_i de l'attracteur émetteur n'apparaît pas dans l'équation [1.17], qui nous a permis de définir ce modèle. Mais cet effet de la masse émettrice apparaît grâce à la dynamique choisie : à l'équilibre, les populations des attracteurs sont proportionnelles à leurs masses (en moyenne). Comme pour chaque déplacement les personnes sont choisies de manière aléatoire et uniforme parmi les N_p personnes, les attracteurs plus massifs voient leurs « résidents » choisis souvent et ont la possibilité d'émettre souvent, proportionnellement à leur population et donc à leur masse.

Nous allons ainsi mesurer, dans les simulations de ce modèle, les populations de chaque attracteur ainsi que les flux entre attracteurs, par simple comptage des personnes concernées. Puis nous vérifierons que les populations et les flux correspondent bien, en moyenne, au modèle gravitaire.

1.4.3. *Implémentation NetLogo*

Nous proposons une mise en œuvre du modèle que nous venons de décrire grâce au logiciel langage NetLogo. Ce modèle peut ainsi être réutilisé pour différents travaux de modélisation utilisant NetLogo, ou être transposé dans d'autres langages adaptés aux systèmes multi-agents.

Ce modèle NetLogo permet de choisir les nombres d'attracteurs N_a et de personnes N_p ainsi que l'exposant α (respectivement 20, 2 000 et 0,5 par défaut). L'initialisation choisie est aléatoire : la masse et la localisation des attracteurs sont choisies de manière aléatoire et les personnes choisissent au début de la simulation un attracteur au hasard de manière uniforme, puis se déplacent selon une dynamique stochastique. Au départ, les personnes sont donc réparties également entre les différents attracteurs. Après une phase transitoire, les populations moyennes de chaque attracteur sont proportionnelles à la masse de ces attracteurs. Notons que nous aurions pu éviter cette phase transitoire (hors équilibre) au début de la simulation en initialisant convenablement les populations de chaque attracteur. Nous ne l'avons pas fait, car on illustre ainsi la possibilité d'atteindre l'équilibre (qui correspond à une dynamique « directe » du modèle gravitaire) de manière robuste, à partir de n'importe quelle initialisation aléatoire.

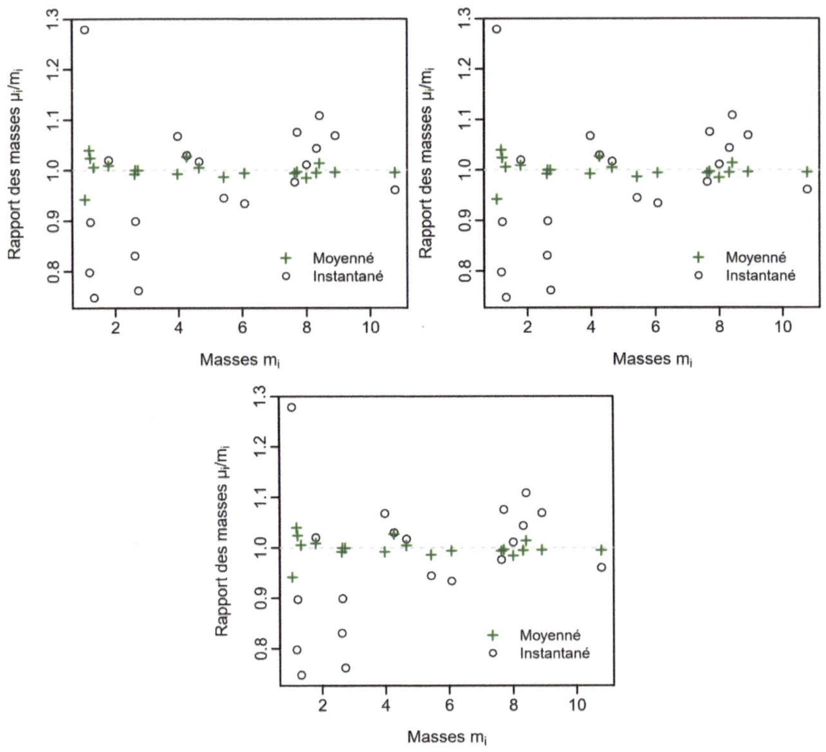

a)

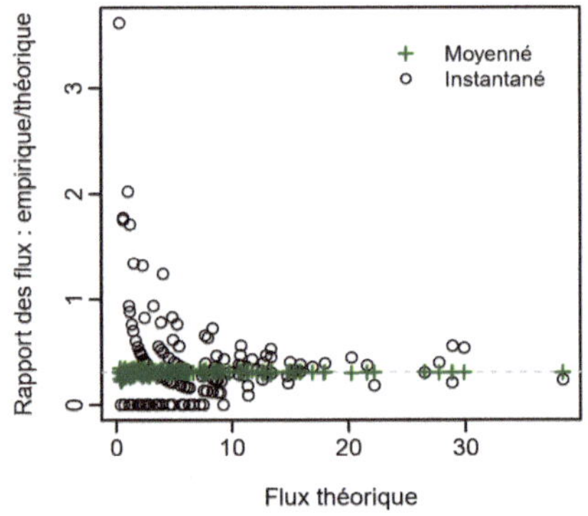

b)

Figure 1.5. *Comparaison des résultats des simulations aux attentes théoriques : a) pour les masses ; b) pour les flux. Les résultats instantanés correspondent à N_p = 2 000 itérations, tandis que les résultats moyennés correspondent à $500N_p = 10^6$ itérations. Les fluctuations sont alors bien plus faibles.*

Nous décrivons maintenant plus précisément la situation d'équilibre : la population n_i de chaque attracteur i, de masse m_i, doit être donnée en moyenne à l'équilibre par $\langle n_i \rangle = N_p m_i / M$, où $M = \sum_{i=1}^{Na} m_i$ est la masse totale. Pour comparer cette grandeur, qui peut être mesurée dans les simulations, à la masse m_i de chaque attracteur, on définit une « masse de personnes » $\mu_i = n_i M / N_p$. La partie gauche de la figure 1.5 montre que cette « masse de personnes » est égale à la masse des attracteurs, en moyenne à l'équilibre.

Notons que l'équilibre se met en place après une phase transitoire qui est hors équilibre. Durant cette phase transitoire, les valeurs moyennes des grandeurs qui caractérisent le système (les populations n_i présentes à chaque attracteur i) peuvent évoluer, alors qu'elles sont stables à l'équilibre, malgré les flux toujours existants, qui se contrebalancent en moyenne (ce que la physique statistique appelle « bilan détaillé »).

À l'équilibre, les flux moyens $\hat{F}_{ij}$ de personnes entre attracteurs dans les simulations sont proportionnels aux flux F_{ij} donnés par le modèle gravitaire (voir l'équation [1.5]), comme l'illustre la figure 1.5b. Proportionnels et non pas égaux, $\hat{F}_{ij} = kF_{ij}$, car il reste une constante multiplicative k à déterminer liée aux unités de distance, masse et temps[7]. Nous n'allons pas essayer de la calculer ici, mais elle peut également être déterminée numériquement par les simulations : elle correspond à la moyenne du rapport des flux $\hat{F}_{ij}/F_{ij}$, indiquée par une ligne horizontale de tirets verts dans la figure 1.5b ($k \simeq 0,3$ dans notre exemple). Notons que les fluctuations sont plus importantes sur cette figure pour les petits flux, comme pour les petites masses sur la figure 1.5a. Un certain nombre de flux restent d'ailleurs nuls lorsqu'ils sont comptabilisés sur $N_p = 2\,000$ itérations, alors qu'ils ne le sont clairement pas lorsque le moyennage se fait sur une durée plus longue. Plus généralement, la forme particulière de cette figure pour les petits flux est le fait de la discrétisation : on ne peut avoir que des flux empiriques entiers (0, 1, 2, ... personnes) donc discrets, et ces petits flux apparaissent sous forme d'une droite horizontale (flux nul), puis de courbes successives (flux de 1, 2, ... personnes).

Ce modèle multi-agents fournit ainsi une illustration d'une utilisation possible du modèle gravitaire pour la simulation dynamique de flux à l'échelle individuelle, comme le représente la figure 1.6, où les tailles des attracteurs et des flux sont proportionnelles à leur masse et à leur importance. On y observe bien entendu que les flux sont d'autant plus importants que les attracteurs sont de masse importante et que la distance entre eux est faible, comme l'impose l'équation [1.5]. Ce modèle multi-agents fournit donc tout à la fois une illustration dynamique du modèle gravitaire et un ingrédient générique à intégrer à un modèle de simulation plus vaste. Le modèle proposé pourra aisément être modifié pour être intégré dans d'autres espaces de simulation, ou pour reproduire plus

7. Par exemple, si l'unité de temps des simulations est choisie deux fois plus longue, alors le flux empirique est deux fois plus important.

fidèlement le phénomène étudié. Ainsi, pour le cas des mobilités domicile-travail étudiées dans la section précédente, ce sont des trajets aller-retour répétés quotidiennement qu'il faudrait modéliser, et les changements de domicile ou de lieu d'emploi ont une dynamique temporelle plus lente qui pourrait également être intégrée.

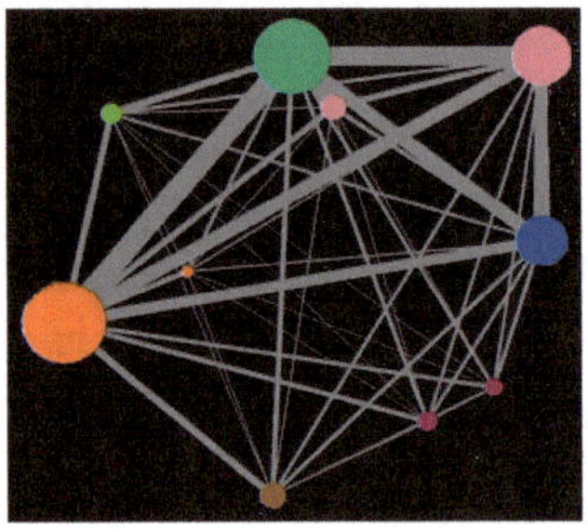

Figure 1.6. *Illustration du modèle multi-agents : 10 attracteurs (en couleurs aléatoires) et les flux de personnes entre eux, en accord avec le modèle gravitaire. L'épaisseur du lien traduit le flux de personnes, la taille des attracteurs traduit leur masse*

1.5. Conclusion

Dans ce chapitre, nous avons proposé deux applications d'un modèle d'interaction spatiale de type gravitaire :

– une calibration statistique, prenant l'exemple des navettes domicile-travail recensées à l'échelle communale ;

– une simulation informatique, reproduisant des mobilités individuelles au sein d'un système de lieux.

Ces deux exemples ont permis de mettre l'accent sur l'importance des choix préalables à l'utilisation d'un modèle d'interaction spatiale dans une recherche géographique :

– la forme du modèle doit rendre compte au mieux du fonctionnement du système spatial étudié ;

– la modélisation statistique permet de renforcer ou d'infirmer certaines hypothèses, de prendre la mesure du poids et des interactions entre les facteurs influençant les comportements de mobilité ;

– alors que l'introduction d'un modèle d'interaction spatiale dans un modèle de simulation permet à la fois de reproduire de façon probabiliste des comportements de mobilité au sein d'un laboratoire virtuel et d'étudier les dynamiques du système (spatialisation, historicité, rétroaction, relations multiniveaux, notamment), ou encore d'étudier différents scénarios.

Que l'on mobilise un modèle à quatre étapes dans l'optique d'évaluer des projets d'infrastructures ou des plans de transport ou encore que l'on définisse un modèle LUTI afin d'étudier la relation entre infrastructures de transport et localisations des activités résidentielles, commerciales ou industrielles, la définition du modèle d'interaction spatiale permettant de générer les flux entrants et sortants doit donc être réalisée avec attention, afin de s'assurer que le modèle utilisé soit le plus pertinent pour le système étudié.

1.6. Bibliographie

Batty, M., Couclelis, H., Eichen, M. (1997). Urban systems as cellular automata. *Environment and Planning B: Planning and Design*, 24(2), 159–164.

van Bergeijk, P.A. (2010). *The Gravity Model in International Trade: Advances and Applications*. Cambridge University Press, Cambridge.

Bröcker, J. (1989). Partial equilibrium theory of interregional trade and the gravity model. *Papers of the Regional Science Association*, 66, 7–18.

Bura, S., Guérin-Pace, F., Mathian, H., Pumain, D., Sanders, L. (1996). Multi-agent systems and the dynamics of a settlement system. *Geographical Analysis*, 28(2), 161–178.

Bury, T. (2013). Statistical pairwise interaction model of stock market. *The European Physical Journal B*, 86(3), 89.

Chen, J., Cottrell, D. (2016). Evaluating partisan gains from congressional gerrymandering: Using computer simulations to estimate the effect of gerrymandering in the U.S. house. *Electoral Studies*, 44, 329–340.

Cliff, A., Haggett, P., Smallman-Raynor, M., Stroup, D., Williamson, G. (1995). The application of multidimensional scaling methods to epidemiological data. *Statistical Methods in Medical Research*, 4(2), 102–123.

Commenges, H. (2013). Socio-économie des transports : une lecture conjointe des instruments et des concepts. *Cybergeo : European Journal of Geography*, 633.

Commenges, H. (2016). Modèle de radiation et modèle gravitaire : du formalisme à l'usage. *Revue Internationale de Géomatique*, 26(1), 79–95.

Dorigo, G., Tobler, W. (1983). Push-pull migration laws. *Annals of the Association of American Geographers*, 73(1), 1–17.

Feuillet, T., Commenges, H., Menai, M., Salze, P., Perchoux, C., Reuillon, R., Kesse-Guyot, E., Enaux, C., Nazare, J.-A., Hercberg, S., Simon, C., Charreire, H., Oppert, J. (2018). A massive geographically weighted regression model of walking-environment relationships. *Journal of Transport Geography*, 68, 118–129.

Flowerdew, R., Aitkin, M. (1982). A method of fitting the gravity model based on the poisson distribution. *Journal of Regional Science*, 22(2), 191–202.

Flowerdew, R., Manley, D., Sabel, C. (2007). Neighbourhood effects on health: does it matter where you draw the boundaries? *Social Science and Medecine*, 66, 1241–1255.

Fotheringham, A.S. (1981). Spatial structure and distance-decay parameters. *Annals of the Association of American Geographers*, 71, 425–436.

Fotheringham, A.S., Webber, M.J. (1980). Spatial structure and the parameters of spatial interaction models. *Geographical Analysis*, 12(1), 33–46.

Frost, M.E., Spence, N.A. (1995). The rediscovery of accessibility and economic potential: The critical issue of self-potential. *Environment and Planning A: Economy and Space*, 27(11), 1833–1848.

Grasland, C. (2000). Les modèles d'interaction spatiale. Document de cours, Université Paris Cité, Paris.

Grasland, C. (2009). Spatial analysis of social facts. Dans *Handbook of Theoretical and Quantitative Geography*, Bavaud, F., Mager, C. (dir.). FGSE, Lausanne, 117–174.

Haynes, K.E., Fotheringham, A.S. (2020). Gravity and Spatial Interaction Models. *Web Book of Regional Science*, 16.

Huff, D.L. (1964). Defining and estimating a trading area. *Journal of Marketing*, 28(3), 34–38.

Isard, W. (1960). *Methods of Regional Analysis*. MIT Press, Cambridge.

Jin, F., Wang, F., Liu, Y. (2004). Geographic patterns of air passenger transport in China 1980–1998: Imprints of economic growth, regional inequality, and network development. *The Professional Geographer*, 56(4), 471–487.

Jones, J., Peeters, D., Thomas, I. (2017). Scale effect in a luti model of Brussels: challenges for policy evaluation. *European Journal of Transport and Infrastructure Research*, 17(1).

Knudsen, D.C., Fotheringham, A.S. (1986). Matrix comparison, goodness-of-fit and spatial interaction modeling. *International Regional Science Review*, 10(2), 127–147.

Lenormand, M., Huet, S., Gargiulo, F., Deffuant, G. (2012). A universal model of commuting networks. *PlosONE*, 7, 1–7.

Manout, O., Bonnel, P., Bouzouina, L. (2018). Transit accessibility: A new definition of transit connectors. *Transportation Research Part A: Policy and Practice*, 113, 88–100.

Masucci, A.P., Serras, J., Johansson, A., Batty, M. (2013). Ravity versus radiation models: onthe importance of scale and heterogeneity in commuting flows. *Physical Review E*, 88(2).

Melhorado, A.M., Demirel, H., Kompil, M., Navajas, E., Christidis, P. (2016). The impact of measuring internal travel distances on self-potentials and accessibility. *European Journal of Transport and Infrastructure Research*, 16(2).

Openshaw, S. (1977). Optimal zoning systems for spatial interaction models. *Environment and Planning A: Economy and Space*, 9(2), 169–184.

Openshaw, S. (1981). The modifiable areal unit problem. *Quantitative geography: a British view*, 60–69.

Poulain, M. (1980). Contribution à l'analyse spatiale d'une matrice de migration interne. Thèse de doctorat, UCL-Université Catholique, Louvain.

Prestby, T., App, J., Kang, Y., Gao, S. (2020). Understanding neighborhood isolation through spatial interaction network analysis using location big data. *Environment and Planning A: Economy and Space*, 52(6), 1027–1031.

Ravenstein, E.G. (1885). The laws of migration. *Journal of the Statistical Society of London*, 48(2), 167–235.

Reilly, W.J. (1929). Methods for the study of retail relationships. *University of Texas Bulletin*, 4(2944).

Reilly, W.J. (1931). *The Law of Retail Gravitation*. W.J. Reilly, New York.

Roy, J.R. (2004). *Spatial Interaction Modelling: A Regional Science Context*. Springer-Verlag, Berlin Heidelberg.

Russon, M.G., Bowers, J.P. (1990). Convenience, distance decay, and capacity of service in a short-haul market for air transportation. *Transportation Journal*, 30(1), 36–43.

Sanders, L., Pumain, D., Mathian, H., Guérin-Pace, F., Bura, S. (1997). SIMPOP: a multi-agent system for the study of urbanism. *Environment and Planning B*, 24, 287–305.

Schläpfer, M., Dong, L., O'Keeffe, K., Santi, P., Szell, M., Salat, H., Anklesaria, S., Vazifeh, M., Ratti, C., West, G.B. (2021). The universal visitation law of human mobility. *Nature*, 593, 522–527.

Schneidman, E., Berry, M.J., Segev, R., Bialek, W. (2006). Weak pairwise correlations imply strongly correlated network states in a neural population. *Nature*, 440(7087), 1007–1012.

Shlens, J., Field, G.D., Gauthier, J.L., Grivich, M.I., Petrusca, D., Sher, A., Litke, A.M., Chichilnisky, E. (2006). The structure of multi-neuron firing patterns in primate retina. *Journal of Neuroscience*, 26(32), 8254–8266.

Simini, F., Gonzalez, M., Maritan, A., Barabasi, A.L. (2012). A universal model for mobility and migration patterns. *Nature*, 484, 96–100.

Stepniak, M., Jacobs-Crisioni, C. (2017). Reducing the uncertainty induced by spatial aggregation in accessibility and spatial interaction applications. *Journal of Transport Geography*, 61, 17–29.

Stewart, J.Q. (1948). Demographic gravitation: Evidence and applications. *Sociometry*, 11, 31–58.

Stillwell, J., Bell, M., Ueffing, P., Daras, K., Charles Edwards, E., Kupiszewski, M., Kupiszewska, D. (2016). Internal migration around the world: comparing distance travelled and its frictional effect. *Environment and Planning A: Economy and Space*, 48(8), 1657–1675.

Stouffer, S.A. (1940). Intervening opportunities: A theory relating mobility and distance. *American Sociological Review*, 5(6), 845–867.

Tobler, W.R. (1970). A computer movie simulating urban growth in the detroit region. *Economic Geography*, 46(1), 234–240.

Tobler, W.R., Wineburg, S. (1971). A cappadocian speculation. *Nature*, 231(5297), 39–41.

Ullman, E.L. (1954). *Geography as spatial interaction*. University of Washington Press, Seattle.

Wegener, M. (2021). *Land-Use Transport Interaction Models*. Springer, Berlin, 229–246.

Wilson, A.G. (1967). A statistical theory of spatial distribution models. *Transportation Research*, 1(3), 253–269.

Wilson, A.G. (1971). A family of spatial interaction models, and associated developments. *Environment and Planning A: Economy and Space*, 3(1), 1–32.

Wilson, A.G., Rihll, T.E. (1987). Spatial interaction and structural models in historical analysis: Some possibilities and an example. Rapport.

Zeng, H.-L., Lemoy, R., Alava, M. (2014). Financial interaction networks are inferred from traded volumes. *Journal of Statistical Mechanics: Theory and Experiment*, 2014(7), P07008.

Zipf, G.K. (1949). *Human behavior and the principle of least effort*. Addison-Wesley, Cambridge.

2

Modèles de dynamiques de réseaux de villes : enjeux et perspectives

Clémentine COTTINEAU[1,2] et Denise PUMAIN[3]
[1] *CMH, CNRS, Paris, France*
[2] *TU Delft, Pays-Bas*
[3] *Géographie-Cités, Université Paris 1 Panthéon-Sorbonne, Aubervilliers, France*

2.1. Introduction

Les régularités de l'organisation spatiale et hiérarchique des villes qui forment des réseaux dans les territoires et la grande persistance de ces structures ont été observées depuis très longtemps ((Pred 1977 ; Pumain 2006 ; Bretagnolle *et al.* 2009), voir (Peris *et al.* 2018) pour une revue de la littérature). Selon Pumain et Robic (1996), la littérature scientifique en a donné trois grandes formes explicatives complémentaires. La première décrit le rôle des villes dans la couverture d'un territoire, organisant des relations de proximité, qu'il s'agisse d'un réseau de places fortes pour sa défense, d'un réseau de centres urbains offrant à la population des services hiérarchisés selon leur degré de rareté ou encore pour la gestion administrative du territoire, comme dans la théorie des lieux centraux du géographe Walter Christaller (1933). La deuxième forme d'explication insiste sur l'importance des relations à longue distance dans la genèse des villes, souvent localisées dans des lieux de passage obligé (ports, carrefours de vallées, zones de contrôle ou de contact entre régions complémentaires, etc.), mais aussi qui constituent des étapes sur des routes d'échanges, assez régulièrement espacées en fonction des temps de parcours (espacement d'une journée de marche) à chaque époque (Reclus 1895). Les villes sont ainsi des relais sur des itinéraires de circulation où s'échangent les biens et

La coévolution transport, mobilité, territoire,
coordonné par Florent LE NÉCHET. © ISTE Editions 2026.

se propage l'information. Des historiens ont souvent affirmé l'importance de la participation aux échanges de longue portée dans la genèse et le développement des villes, comme Henri Pirenne (1925) pour les villes européennes au Moyen Âge, Fernand Braudel (1967) pour celles de la Méditerranée ou plus récemment Peter Frankopan (2015) pour celles des routes de la soie en Asie centrale, tandis que le géographe James Vance (1970) démontrait l'importance du commerce national et international dans la croissance des villes, notamment états-uniennes. La troisième grande forme explicative insiste sur les interdépendances évolutives entre les villes, dont la dynamique solidaire rend compte de la grande persistance des positions relatives des villes en matière de dimension et de spécialisations fonctionnelles, parfois pour plusieurs décennies, voire plusieurs siècles. Les géographes ont exploré cette piste interprétative en recourant d'abord à des analogies organicistes (Mackinder 1870 ; Maunier 1910), puis en théorisant l'évolution des ensembles de villes en termes de système adaptatif qui permet les transformations territoriales et se construit par la captation et/ou l'imposition puis la diffusion des innovations (Pumain 1997, 2018). Ces deux dernières formes explicatives sont aussi mentionnées dans la *central flow theory* de Taylor *et al.* (2010).

Ces trois formes explicatives sont propres à la géographie urbaine, car elles ont la particularité de prendre en considération, pour construire des théories, non pas seulement « la » ville, mais les « réseaux de villes », structurés par les relations qu'elles ont toujours entre elles. Ces trois explications sont complémentaires, d'abord parce que chacune peut avoir plus ou moins de pertinence selon les moments de l'histoire et les régions du monde. Elles entrent à tour de rôle dans l'explication de la géohistoire des villes. Ces explications sont aussi complémentaires en ce sens qu'elles rendent compte toutes ensemble du caractère en partie intentionnel et en partie auto-organisé de l'organisation des villes en réseaux. Toutefois, la démarche scientifique qui consiste à tester la pertinence de ces théories avec des modèles soulève de nombreux défis, dont beaucoup sont liés à la difficulté de définir précisément les réseaux de villes et de mesurer les interactions entre les villes.

La notion de réseau de villes est le plus souvent nécessairement métaphorique, puisqu'il est impossible, en théorie et en pratique, d'énumérer et de représenter l'intensité quantitative et la diversité qualitative des interactions entre les personnes humaines qui sont intervenues au cours de l'histoire pour façonner les inégalités et les différences observées entre les villes à une époque donnée. Cette richesse conceptuelle peut difficilement se réduire à la représentation d'un graphe qui connecterait les villes d'un territoire par un simple réseau de communication physique, même si cette image beaucoup trop simplifiée peut faire sens, compte tenu de l'assez grande stabilité des positions et des tailles relatives des villes au cours du temps. La métaphore du réseau a été très tôt appliquée aux ensembles de villes d'un territoire. Après la mention isolée d'un « système général des villes » par le saint-simonien Jean Reynaud (1841, cité par Robic (1982)), de nombreux travaux sur l'organisation spatiale des réseaux de villes ont jalonné le XIXe siècle européen, tels ceux de l'ingénieur Lalanne (1863) ou du géographe allemand Kohl (1841). Après l'*aggiornamento* déclaré par Pierre George (1952) (« ce n'est plus la région qui fait la ville, mais la ville qui fait la région »), la géographie francophone a beaucoup parlé dans les années 1960 de l'objet « réseau urbain » observé à l'échelle régionale, dans des perspectives d'abord relativement statiques, allant parfois jusqu'à rigidifier l'image du réseau en tant qu'« armature urbaine » d'un territoire. La littérature anglo-américaine a peu employé l'expression de *city network* en s'intéressant davantage aux rapports entre villes et régions (Dickinson 1964) et en développant un concept de *city system* (Pred 1977) ou de *system of cities* (Berry 1964). Pour éviter une confusion possible avec les réseaux techniques urbains (par exemple réseau d'électricité, égouts, métro) et pour mettre davantage l'accent sur la complexité des interdépendances entre les villes, l'expression de « systèmes de villes » s'est d'ailleurs peu à peu imposée en France à la place de « réseau urbain ». Les systèmes de villes répondent à des objectifs fonctionnels pour spatialiser la vie sociale et l'économie dans les territoires, mais ont aussi acquis une dynamique propre, qui s'apparente en partie à celle observée pour d'autres systèmes complexes. Celle-ci peut être modélisée, car des fonctionnements semblables des rapports entre villes sont observés dans toutes les régions du monde et à toutes les périodes historiques, quels que soient les choix effectués par les sociétés concernant leurs formes d'organisation politique et économique.

L'objectif de ce chapitre est de montrer comment cette dynamique des réseaux de villes peut être modélisée. Nous restreignons ici la focale aux seuls modèles dynamiques, au sens de modèles simulant le passage du temps et son impact sur l'évolution des réseaux de villes. Ce choix exclut de fait d'autres types de modèles par ailleurs pertinents dans l'analyse empirique et la compréhension théorique de l'émergence des réseaux de villes, tels que les modèles statistiques ou génératifs, qui d'ailleurs ont été utilisés pour mettre au point les modèles dynamiques. Certains sont abordés dans le reste de l'ouvrage.

On définit d'abord quelles sont les interactions qui forment les liens du réseau et les formes possibles de la dynamique de ces réseaux. On s'intéresse ensuite aux différentes sources d'inspiration qui ont pu aider à la construction de modèles pour explorer ces dynamiques, en développant plus particulièrement le cas des modèles multi-agents. Une dernière section rappelle les difficultés de ces exercices, qu'elles soient de nature théorique, ou qu'elles proviennent de notre insuffisante capacité à obtenir et à construire des données empiriques pertinentes ou à maîtriser les instruments de calcul. Les enjeux de la modélisation sont importants pour parvenir à une meilleure évaluation de ce qui est réalisable si l'on souhaite infléchir l'évolution des villes vers un fonctionnement plus sobre en ressources planétaires et porteur d'une bonne qualité de vie pour le plus grand nombre de citoyens urbains.

2.2. Interactions urbaines au centre de la dynamique des réseaux de villes

2.2.1. *Villes et interactions : nœuds et liens de réseaux dynamiques*

Tandis qu'un réseau est un objet relativement précis dans sa définition (un ensemble de nœuds dotés d'attributs reliés entre eux par des liens dotés d'attributs), la notion de ville est aussi évidente dans l'expérience que sa définition est fuyante. Différents auteurs s'accordent toutefois sur les caractères d'agglomération dense et diverse de personnes et d'activités. La délimitation des contours d'une ville est un problème classique. Comme évoqué au chapitre 4, au moins trois types de principes coexistent pour approcher ce problème de manière systématique dans les villes du monde (Pumain *et al.* 1992 ; Parr 2007 ; Rozenblat 2020 ; Dong *et al.* 2024 ; Rogromel et Rozenblat 2024) :

– les définitions juridiques : la ville comme municipalité urbaine dont le statut est attribué par une entité administrative, telle que la Ville de Paris (*intra-muros*) ou *Greater London* au Royaume-Uni. Les villes ainsi délimitées varient considérablement en matière de surface et de population prises en compte et leur statut est rarement réévalué au cours du temps ;

– les définitions morphologiques : la ville comme agglomération dont les limites proviennent de la disposition dense de bâtiments ou d'activités. Les limites des villes ainsi identifiées varient avec l'expansion physique de la ville ;

– les définitions fonctionnelles : la ville comme système cohérent de personnes participant au fonctionnement urbain quotidien, quelle que soit la morphologie de leur lieu de résidence. Les villes ainsi définies peuvent s'étendre aussi loin que les infrastructures de transport et de communication le permettent, et changer de limites au gré des aléas économiques et sociaux.

Dans ce chapitre, nous considérerons autant que possible des entités fonctionnelles métropolitaines et nous les appellerons « villes ». Elles contiennent donc déjà des réseaux de communes, des réseaux d'infrastructures de transport intra-urbain, des réseaux économiques, des réseaux d'acteurs, etc. Le concept d'un réseau de villes est défini en général à un niveau géographique plus vaste que celui, d'échelle locale, de la ville, il correspond à une échelle régionale ou nationale, voire mondiale. Le réseau de villes est donc ici entendu comme un réseau interurbain formé par les interactions entre les villes. En principe, il comprend un ensemble de villes ayant plus de relations entre elles qu'avec d'autres villes. Mais dans la pratique, sa délimitation est bien plus difficile à préciser que celle de la ville, à un moment donné, et encore plus dans le temps, pour au moins deux raisons. D'une part, les relations entre les villes sont extrêmement diverses, fluctuantes, et malaisées à mesurer. Selon la nature des relations prises en compte et les méthodes de mesure, les réseaux de villes identifiés ont des limites très variables. D'autre part, la portée des relations entre les villes a tendance à s'accroître au cours du temps avec la vitesse et la capacité des réseaux de communication, et de plus, les réseaux de villes étant toujours fortement hiérarchisés, l'étendue spatiale des relations des villes varie énormément selon leur dimension et la diversité de leurs activités. Une très grande ville a une portée générale de relations qui dépasse en moyenne très largement celle des villes plus petites, les limites du réseau de plus fortes interactions ne sont donc pas identiques selon la taille des villes considérées dans une région donnée.

« L'interaction dans l'espace géographique est d'abord un phénomène social, régi par la définition des rôles et des positions que les acteurs ont acquis. Le terme implique une action réciproque (action et réaction), dont l'observation peut être élargie, à différentes échelles, des acteurs aux lieux et aux unités géographiques qui les rassemblent » (Pumain et Saint-Julien 2010, p. 5). Les interactions interurbaines peuvent être de nature, d'intensité et de temporalité variées. On distingue notamment les interactions matérielles comme les flux de biens et de personnes, qui nécessitent une infrastructure de transport interurbain, et les interactions immatérielles comme les transferts d'information ou de capitaux, qui utilisent d'autres infrastructures de communication. L'intensité des interactions dans un réseau de villes varie d'abord en fonction de l'importance des nœuds dans le réseau. Selon la première loi de la géographie de W. Tobler, elles sont d'autant plus intenses que deux villes sont proches et peuplées. La temporalité de ces interactions est aussi variable. En effet, certaines villes reçoivent des flux saisonniers, à l'image des villes balnéaires accueillant la majorité de leurs visiteurs durant l'été, ou des stations de sports d'hiver. Certaines interactions interurbaines ont une fréquence très importante. Ainsi, on compte habituellement plusieurs vols par jour entre Londres et New York ou entre Shanghai et Singapour. Au contraire, certaines interactions dépendent d'événements annuels ou pluriannuels (Jeux olympiques, conférences scientifiques). Enfin, certaines interactions interurbaines évoluent selon une temporalité encore plus longue. C'est le cas notamment des interactions entre villes des anciens blocs de la guerre froide, des routes de la soie ou des anciens empires coloniaux. La nature, le sens et la fréquence de ces interactions ont changé considérablement au cours du dernier siècle notamment. Enfin, certaines interactions interurbaines témoignent moins de la configuration présente d'un réseau de villes que de celle d'organisations territoriales ou linguistiques passées (Cattan et Grasland 1994 ; Rozenblat 1995 ; Cottineau 2014 ; Jones *et al.* 2016 ; Maisonobe *et al.* 2016 ; Zdanowska *et al.* 2020). La superposition de ces réseaux d'interaction divers et changeants entre villes produit une structure multiplexe des réseaux de villes, souvent admise conceptuellement, mais difficile à implémenter analytiquement. L'analyse de Berroir *et al.* (2017) est cependant un exemple d'une telle approche, « multidimensionnelle et multi-échelle », puisqu'elle combine cinq canaux différents d'échanges (mobilité de personnes, filiations d'entreprises, offre de transport, partenariats scientifiques et lien résidence principale/résidence secondaire), dont le cumul permet de tracer vingt-six systèmes régionaux de villes en réseau ainsi qu'une douzaine de relations transversales à plus longue distance et un système parisien d'ampleur nationale et au-delà. Faute de données suffisantes, la dynamique d'une telle organisation reste toutefois difficile à suivre dans le temps.

2.2.2. *Coévolution des nœuds par leurs interactions au cours du temps*

La dynamique des villes n'est pas aisée à observer. En effet, les données disponibles à l'échelle de la ville (ou plutôt à l'échelle d'entités locales agrégées en fonction de critères fonctionnels) sont rudimentaires. Selon les époques et les pays, ce que l'on connaît des villes se limite à ce que les recensements pluriannuels de la population dénombrent, c'est-à-dire leur population, leurs emplois, leurs bâtiments et leurs infrastructures. La valeur ajoutée n'est souvent connue qu'à l'échelle régionale tandis que les questions sanitaires, sociales, climatiques, financières et juridiques sont le plus souvent difficilement comparables entre villes et dans le temps. Toutefois, avec les données disponibles, et notamment la population qui résume un grand nombre d'autres dimensions socio-économiques (Pumain 1997), on peut donner une image relativement fidèle de la dynamique des villes sur une période de quelques décennies. Ainsi, Pumain (1982a) montre, avec des données démographiques limitées, l'évolution des villes françaises vers la métropolisation des grandes villes et la dévitalisation des plus petites. Pumain et Saint-Julien (1978) montrent le parallélisme de l'évolution des structures d'emploi vers la tertiarisation et la désindustrialisation, avec un temps d'avance pour Paris, mais un rattrapage plus rapide des autres villes au cours du temps.

La dynamique des interactions, quant à elle, est très difficile à observer. Les deux principaux flux recensés par les offices statistiques sont les navettes domicile-travail et les migrations résidentielles. Toutefois, ces informations sont généralement imprécises (les lieux de travail pouvant être multiples, changeants ou inexacts) et ne sont actualisées que tous les 5 à 10 ans seulement. Pour les autres types d'interactions interurbaines, de nouvelles sources de données sont apparues au cours des dernières décennies, permettant de mieux appréhender, à court terme et à des niveaux individuels (microgéographiques), les échanges et relations entre villes. Les changements d'emploi d'utilisateurs LinkedIn (Park *et al.* 2019) renseignent ainsi sur les interactions liées à la main-d'œuvre urbaine. Les traces laissées par la téléphonie mobile peuvent renseigner sur les réseaux sociaux et les mobilités interurbaines (Gonzalez *et al.* 2008). L'analyse des biens immobiliers détenus par des ménages multipropriétaires donnent une image des lieux perçus comme sûrs pour l'investissement locatif et l'accumulation de patrimoine, en l'occurrence les zones proches de la résidence des ménages et les centres métropolitains (Hochstenbach 2024 ; Peris et Casanova Enault 2024). Enfin, les filiations d'entreprises renseignent dans une certaine mesure sur les investissements croisés et les flux de capitaux privés circulant entre villes et créant un réseau interurbain d'entreprises (Rozenblat 1992, 2018 ; Rozenblat et Pumain 2007). Faute de mesure directe des flux entre les villes, certains auteurs dessinent les flux potentiels entre villes en projetant le graphe bipartite des coprésences entre filiales d'entreprises ou d'organisations (gouvernementales ou non), à la manière des travaux de Derruder et Taylor (2018).

La dynamique des nœuds et la dynamique des liens d'un réseau sont liées entre elles, sans qu'il soit toujours possible de connaître le sens de la causalité. La dynamique des villes, plus facile à observer, est donc souvent prise comme une mesure indirecte de la dynamique des interactions interurbaines. L'approche modélisatrice des réseaux de villes a donc ici un avantage intéressant, puisqu'elle permet de simuler, de comparer et d'évaluer l'impact de différentes dynamiques des interactions sur la dynamique des villes lorsque les données empiriques ne le permettent pas ou pas encore.

2.2.3. *Typologie de la dynamique des réseaux de villes*

Si l'on souhaite produire un modèle de la dynamique des réseaux de villes, il est nécessaire d'introduire deux types d'éléments. D'une part, et c'est l'objet de la section 2.3 de ce chapitre, il convient d'introduire en entrée un « moteur » de la dynamique sous la forme de mécanisme(s) d'évolution du réseau. D'autre part, il convient de définir en sortie des motifs (*patterns*) permettant d'évaluer si le modèle décrit ou non la dynamique de réseau recherchée (Grimm et Railsback 2012). Ces motifs peuvent être quantitatifs (le nombre de nouveaux liens, la croissance moyenne des nœuds) ou qualitatifs (centralisation du réseau, décroissance des interactions).

Pour qualifier la dynamique des réseaux de villes, on peut ainsi s'appuyer sur l'évolution d'indicateurs quantitatifs (Santoro *et al.* 2011), comme l'évolution temporelle des indices de densité du réseau (rapport entre le nombre de nœuds et de liens), de *clustering* (mesurant l'importance des « cliques », c'est-à-dire des sous-graphes complets dans le réseau), de modularité (la présence de parties du réseau très connectées en interne et peu connectées avec les autres parties, à l'instar des « petits mondes »), la distribution des degrés des nœuds, leurs indices de centralité et de pouvoir (Neal 2011 ; Neal et Rozenblat 2021), etc. De manière qualitative et spatialisée, nous proposons dans la figure 2.1 une typologie de dynamique des réseaux de villes qui prend en compte deux dimensions : le niveau de croissance/décroissance des éléments du réseau (motifs A à H) et la croissance/décroissance du réseau lui-même (motifs I à P). L'indépendance entre croissance des nœuds et croissance du réseau est supposée par simplification. En réalité, les phénomènes de coévolution villes/réseaux suggèrent que les deux dynamiques sont liées (voir sections 2.2 et 4.1 (Raimbault 2018)) et qu'il n'est alors pas possible de distinguer aussi nettement la dynamique des nœuds de celle de leurs interactions. Ces motifs ne prétendent pas non plus à l'exhaustivité, mais aident à comprendre et à comparer certaines de leurs illustrations empiriques.

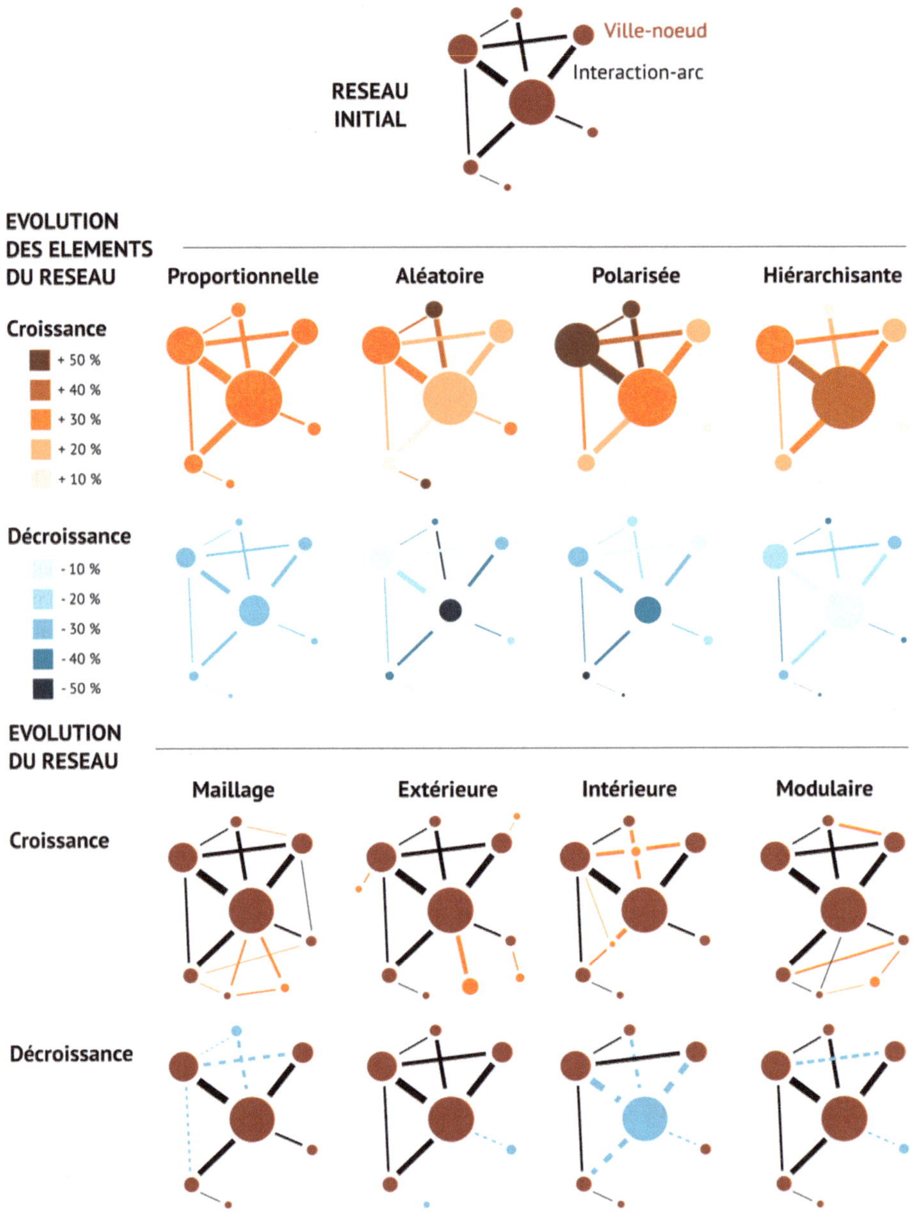

Figure 2.1. *Motifs d'évolution de réseau de villes*

La dynamique du réseau de villes suggérée par Pumain (1997) dans sa théorie évolutive des villes renvoie au type D d'une croissance hiérarchisante du réseau. La diffusion interurbaine des innovations (en matière de transport, de moyens de communication, de secteurs économiques, etc.) favorise en effet la croissance relative des villes les plus grandes et les mieux connectées. Tout le système bénéficie à terme de l'innovation, mais ce sont les villes connectées les premières qui en tirent les avantages les plus significatifs, renforçant ainsi leur position dominante sur le réseau. Au contraire, certains réseaux de villes présentent une (dé)croissance polarisée (types C et G) lorsque la dynamique de tout ou partie des villes d'une même région se détache de la dynamique du reste du réseau. C'est le cas des régions minières, qui croissent ensemble disproportionnément au début du cycle d'extraction (les villes du nord de l'Angleterre au XIXe siècle, le Donbass dans les années 1930), puis déclinent ensemble quelques décennies plus tard (bassins miniers du nord de la France et du sud de la Belgique, villes de Silésie, de la Ruhr). Les types d'évolution A et E peuvent exister théoriquement lors de l'introduction ou du retrait ubiquiste d'une innovation dans un réseau de villes. L'arrivée des smartphones a pu créer un réseau d'interaction de type A en quelques années dans le réseau des villes de pays du Nord. Au contraire, la dynamique du réseau interurbain par Minitel quelques années avant son retrait a pu ressembler au type E, c'est-à-dire déclinant partout à la même vitesse en moyenne.

Concernant la dynamique du réseau lui-même, la dualité des réseaux de pénétration liés à l'exploitation des ressources dans certains territoires colonisés, mise en valeur par Taaffe *et al.* (1963), correspond au type J d'une croissance extérieure, contrairement au maillage observé pour les mêmes réseaux de villes dans des contextes non prédateurs (type I). Cette absence de maillage au profit d'une croissance « en arbre » du réseau ferré interurbain a été révélée et mesurée dans le réseau de villes sud-africaines par Baffi (2018). La croissance du réseau interurbain des routes de poste mis en valeur par Bretagnolle *et al.* (2010) peut se rapprocher au XVIIIe siècle d'une croissance modulaire de type L, notamment dans l'est de la France actuelle. Enfin, le réseau de villes indien a subi une évolution de type O lors de la période coloniale, avec l'essor des villes portuaires dominées par des empires européens et l'affaiblissement des villes centrales.

2.3. Modèles dynamiques générateurs de réseaux de villes

Les réseaux de villes et leur dynamique sont de plus en plus fréquemment abordés par des champs disciplinaires variés, de la physique statistique à l'informatique, aux mathématiques et aux sciences de la complexité, comme évoqué au chapitre 10 à propos des interactions spatiales. En effet, au développement d'une « science des réseaux » au cours des décennies récentes fait écho l'annonce d'une nouvelle « science des villes ». Cette science des villes résulte selon Batty (2013) d'une considération des alternatives dynamiques à l'idée d'équilibre auparavant prédominante. Elle intègre aussi les effets de système de villes en réseau et les représente dans des modèles, qu'elle emprunte souvent à la physique statistique, à la science des réseaux et aux sciences de la complexité. Ces emprunts, reformulations et contributions extradisciplinaires ont fourni dans un premier temps l'arsenal des indicateurs descripteurs de réseaux que le modèle est censé reproduire : les indices de centralité, d'intermédiarité, de connectivité et de connexité étant les plus utilisés par les géographes (Bretagnolle 2009 ; Derruder *et al.* 2010 ; Ducruet *et al.* 2010 ; Baffi 2016 ; Zdanowska *et al.* 2020), mais aussi les petits mondes (Watts et Strogatz 1998) ou la distribution en forme de fonction puissance des degrés des nœuds (Barabasi et Albert 1999) pour les réseaux typiques. Dans un deuxième temps, ce sont les modèles dynamiques de la science des réseaux qui ont fourni des pistes pour simuler l'évolution des villes en réseaux. La plupart des modèles d'évolution de réseau reproduisant ces caractéristiques sont issus de processus stochastiques (*random models* (Erdős et Rényi 1960)) avec attachement local préférentiel (Newman 2001). Toutefois, certains auteurs raffinent ce mécanisme en l'appliquant à des réseaux spécifiquement spatiaux (Barthelemy 2011) ou valués (Barrat *et al.* 2004). Dans cette section, nous proposons un tour d'horizon de différents types de modèles appliqués à la dynamique des réseaux de villes, des plus génériques empruntés directement aux sciences physiques aux plus complexes comme les modèles de géosimulation. Plus récemment, la physique théorique et statistique a produit un ensemble de méthodes complexes (voir par exemple (Iacopini *et al.* 2019 ; Tarrés-Deulofeu *et al.* 2019)) dont l'application aux données urbaines peut permettre de représenter de manière renouvelée l'évolution des réseaux de villes, en considérant notamment leur imbrication multiplexe et multi-échelle (Byrne 2001 ; Johnson 2005 ; Burger *et al.* 2014 ; Zhang *et al.* 2021). Ces développements se situent encore largement hors du champ des études urbaines du fait du manque de ressources et de compétences pour interpréter leurs mécanismes et leurs résultats en termes de connaissances thématiques sur les villes.

2.3.1. *Transfert de modèles dynamiques génériques*

2.3.1.1. *Variantes du modèle gravitaire*

Depuis Ravenstein (1885) et Reilly (1931), le modèle gravitaire (voir chapitre 1) est fréquemment utilisé pour modéliser l'évolution des flux de déplacements interurbains. Cette estimation tend à être statique et univoque : connaissant la population des villes à une date donnée, on estime les flux en dyades urbaines en multipliant leurs masses, une constante et la distance qui les sépare à une puissance β.

Blumenfeld-Lieberthal et Portugali (2010) ont toutefois couplé ce modèle avec un automate cellulaire, le transformant de fait en modèle dynamique de rétroaction entre le développement du réseau et l'urbanisation des centres urbains. Implémenté dans le logiciel NetLogo, ce modèle est composé de nœuds urbains correspondant à des centres d'activité et de liens représentant des flux de navetteurs. Les nœuds sont disposés aléatoirement dans l'espace et leur population initiale est elle aussi aléatoire. Les nœuds sont tirés au hasard un par un et leurs liens potentiels avec les autres villes estimés par une variante de modèle gravitaire (de constante 1 et d'exposant β). Si le lien potentiel le plus important dépasse un seuil fixé par un paramètre du modèle, alors le lien est créé et une partie de la population du plus petit centre urbain de la dyade est transférée vers le plus grand centre de la dyade. Les auteurs montrent que le modèle parvient à générer des réseaux de villes très divers après un certain nombre de pas de temps. Notamment, trois types de courbes rang-taille sont simulées (macrocéphale, log-linéaire et microcéphale). Enfin, les auteurs simulent le modèle quelques fois avec plusieurs valeurs pour les trois paramètres et montrent que le seuil minimal de création des liens influe sur la distribution rang-taille des centres : « Les résultats suggèrent que le niveau d'interaction entre villes est lié à la distribution statistique des tailles de villes. Cela implique qu'à des distributions statistiques non homogènes (qui peuvent être décomposées en sous-distributions) correspondent des systèmes avec moins d'interactions et que les systèmes qui obéissent à la loi de Zipf sont ceux pour lesquels les interactions spatiales sont les plus intenses »[1] (Blumenfeld-Lieberthal et Portugali 2010, p. 9). Par ailleurs, l'exposant lié à la distance fait peu varier la forme de cette distribution, tandis que la part de population transférée change fondamentalement l'aspect du réseau, en créant des systèmes totalement macrocéphales ou plus équilibrés.

Ce modèle permet de simuler différentes distributions de taille des nœuds et des liens dans un réseau dont les nœuds sont définis à l'initialisation du modèle. Il opère cependant uniquement des redistributions de population dans un jeu à somme nulle qui ne permettent donc de simuler ni une croissance/décroissance du réseau telle que nous l'avons schématisée dans la figure 2.1 ni une modification du réseau lui-même.

2.3.1.2. *Attachement préférentiel*

> « Bien sûr, pour décrire des situations empiriques, il conviendrait de remplacer l'hypothèse d'équiprobabilité de tous les liens par des hypothèses plus réalistes. »[2] (Erdős et Rényi 1960, p. 19)

Les mécanismes d'attachement préférentiel correspondent à des dynamiques selon lesquelles une ressource est distribuée entre des entités, en proportion de la quantité de ressources qu'elles possèdent déjà. À l'instar du processus de Yule (1925), des modèles de Gibrat (1931) ou de Simon (1955), ces mécanismes reproduisent des dynamiques d'avantages cumulatifs, et peuvent donc aboutir à des distributions log-normales ou

1. « [It] suggests that the level of urban interactions might be related to the size distribution of the urban components. It implies that non-homogenous size distributions (*i.e.* distributions that can be divided into sub-distributions) correspond to systems which are less interactive, and that size distributions that obey Zipf's law are resulted by a highly interactive system. »

2. « Of course, if one aims at describing such a real situation, one should replace the hypothesis of equiprobability of all connections by some more realistic hypothesis. »

puissance, une propriété dite d'« invariance d'échelle » recherchée dans l'évolution des réseaux. L'attachement préférentiel dans un réseau consiste à considérer le nombre de connexions existantes des nœuds du réseau lors de la connexion d'un nouveau nœud, en l'attachant préférentiellement aux nœuds les plus connectés. Barabasi et Albert (1999) ont ainsi montré que : « La probabilité qu'un nœud devienne connecté avec des nœuds existants n'est pas uniforme ; la probabilité est plus forte si la connexion s'effectue avec un nœud ayant déjà beaucoup de connexions. Nous montrons ensuite qu'un modèle fondé sur ces deux règles conduit naturellement à la distribution invariante d'échelle observée »[3] (Barabasi et Albert 1999, p. 510). Cette version topologique de la croissance des réseaux a été adaptée aux réseaux valués par Barrat *et al.* (2004). En l'occurrence, ils considèrent à la fois l'intensité et la présence de liens entre nœuds dans l'attachement préférentiel des nouveaux nœuds. « Contrairement à la connectivité par attachement préférentiel du type "les riches deviennent plus riches", le mécanisme employé ici dépend de l'importance des flux et serait plus exactement défini comme "les lieux les plus fréquentés deviennent encore plus fréquentés" »[4] (Barrat *et al.* 2004, p. 4). Leur analyse du modèle valué conclut que la propriété d'invariance d'échelle est conservée, mais que les valeurs d'exposant varient avec la dynamique microscopique liée aux poids des liens (c'est-à-dire à leur valeur ou leur intensité).

Anderson *et al.* (2003) utilisent un algorithme générant des réseaux « invariants d'échelle ». Dans leur modèle, les nœuds du réseau représentent des parcelles de terrain qui, au fil du temps, deviennent de plus en plus reliées par des arêtes représentant des échanges de biens et de services (le résultat de ces échanges est en fait simulé par un bénéfice commercial ou un investissement financier dirigé d'un nœud à l'autre). Le modèle procède par l'ajout de nouvelles liaisons entre des nœuds déjà développés, avec une probabilité proportionnelle à la taille relative du nœud dans le nombre total de nœuds, et par la sélection de nouveaux nœuds. La probabilité moyenne de développer des nœuds existants est sensiblement plus élevée que celle relative au développement de nouveaux nœuds. Des règles spatiales sont ajoutées pour spécifier ce processus de sélection, selon un modèle d'interaction décroissant avec la distance. Il n'est pas tout à fait clair si ce modèle est conçu pour simuler le processus d'urbanisation à l'échelle intra-urbaine, ou la formation de hiérarchies urbaines, ou les deux. En tout état de cause, le concept de réseaux « sans échelle », ou de « petits mondes », semble bien adapté à la simulation de systèmes urbains, puisqu'ils révèlent la structure hiérarchique qui émerge dans les réseaux construits progressivement.

---

3. « The probability with which a new vertex connects to the existing vertices is not uniform; there is a higher probability that it will be linked to a vertex that already has a large number of connections. We next show that a model based on these two ingredients naturally leads to the observed scale-invariant distribution. »

4. « In contrast to the connectivity preferential attachment of the "rich get richer" type, the mechanism here relies on the importance of the traffic and could be more adequately described as "busy get busier". »

Semboloni (2008) propose un modèle dynamique de réseau de villes basé sur des principes économiques, dans lequel l'attachement des villes est doublement préférentiel vers les villes de plus grande taille et, parmi elles, vers les villes proches en minimisant la distance des liens. La population des villes croît en fonction de la demande qui lui est adressée et d'un taux de croissance commun. Le modèle produit trois résultats principaux : « La structure hiérarchique peut apparaître du fait de processus *bottom-up*, comme un phénomène émergeant de l'interaction entre les villes ; à chaque échelle spatiale la quantité de biens produits est proportionnelle à la demande des centres connectés ; le coefficient de proportionnalité est aussi un exposant de la loi de Zipf, c'est-à-dire qu'un lien fort peut être établi entre le fonctionnement du système de villes et la distribution de la taille des villes. En conclusion, il existe un lien très fort entre la structure hiérarchique et la distribution statistique de la taille des villes, qui résultent de la dynamique du système de villes »[5] (Semboloni 2008, p. 7).

Vinciguerra *et al.* (2010) simulent plus particulièrement le réseau internet entre villes à partir du modèle de Barabasi et Albert. En l'occurrence, la probabilité P qu'un nouveau nœud I soit attaché à un nœud j préexistant dépend de la connectivité de j (c'est-à-dire des liens de j avec d'autres nœuds). Les auteurs introduisent toutefois quelques variantes spécifiques aux villes et au réseau internet, notamment le fait que d'une part la création d'une connexion entre villes est coûteuse et dépend de la longueur de câbles nécessaire et d'autre part que le trafic internet domestique est surreprésenté entre villes situées à une distance donnée. Ainsi, la probabilité P d'attachement est modulée par la distance entre i et j à la puissance α (à l'instar du modèle gravitaire) et par un paramètre d'appartenance nationale commune. Enfin, les auteurs modifient le modèle de Barabasi et Albert en autorisant l'attachement d'un nouveau nœud à un nœud préexistant non connecté. Leurs simulations montrent qu'un tel modèle est capable de reproduire une grande partie du réseau d'infrastructure existant : « Les résultats montrent qu'une partie importante de la structure du réseau découle de la localisation des villes et des frontières entre pays »[6] (Vinciguerra *et al.* 2010, p. 1978).

Enfin, Liu *et al.* (2013) simulent un réseau bipartite de villes mondiales et d'entreprises globales de services avancés (dans la lignée des travaux du groupe *Globalisation*

5. « The hierarchical structure may grow with a bottom-up dynamics, resulting as an emergent phenomenon from the interaction among cities, second, at each scale the quantity of produced goods in each city is proportional to the demand of the linked centers, and third, the proportionality factor is also the exponent in the Zipf's law, so that a strong link is established between the functioning of the system of cities, and the power law distribution. In conclusion, the hierarchical structure and power law distribution are strictly tied, and are the result of the dynamics of the system of cities. »

6. « What the results indicate is that a large part of network structure is caused by the location of cities and country borders alone. »

and World Cities ou GaWC). Les entreprises modifient leurs stratégies de localisation de manière stochastique en fonction de la popularité des villes (et donc de leur centralité de degré) et de leur propre dynamique d'expansion. Le modèle aboutit à une hiérarchisation du réseau interurbain des firmes (*intercity corporate network*). Un calibrage du modèle est mené sur les réseaux de 53 entreprises présentes dans 107 villes différentes, produits par le GaWC en 2000, 2004 et 2010. Les auteurs montrent la capacité de leur modèle à reproduire les changements observés dans le réseau empirique et confirment ainsi la plausibilité de leurs deux hypothèses : l'activité expansionniste des entreprises et l'attrait de la popularité des villes dans leurs stratégies de localisation contribueraient à accroître la hiérarchie du réseau.

Ces modèles d'attachement préférentiel permettent de simuler de manière dynamique la hiérarchisation des nœuds et de redéfinir les liens dans un réseau, à l'instar du motif D de la figure 2.1. Ils prennent cependant appui sur une distribution fixe des nœuds qui ne permet pas au réseau lui-même de s'étendre ou de se contracter.

2.3.1.3. *Modèles stochastiques (*random networks*)*

Les modèles stochastiques tels que ceux à base de marche aléatoire (*random walk*) sont aussi utilisés pour simuler des dynamiques de réseaux de villes. Vazquez (2003) montre pour le cas général que ces modèles à règles d'évolution locales mènent de fait à un processus d'attachement préférentiel linéaire. Toutefois les règles en physique et en géographie urbaine peuvent prendre un sens différent.

Dans les modèles de Batty (2005), le processus de marche aléatoire est utilisé à différentes échelles géographiques comme une façon d'explorer l'espace dans un paysage régulier de cellules contenant des ressources distribuées de manière hétérogène dans l'espace. Dans le modèle d'échelle interurbaine, les « marcheurs » sont des « migrants » et les « ressources » des « emplois ». Deux « paysages » (*landscapes*) décrivent le modèle : celui qui lie les migrants aux emplois par le biais d'infrastructures de transport et celui qui représente la variation du potentiel de ressources dans l'espace permettant aux nouveaux entrants dans le modèle de se diriger vers les emplois.

> « La façon dont le modèle fonctionne est la suivante : des agents se déplacent aléatoirement dans l'espace, depuis leur lieu d'origine, vers des ressources à destination. Lorsqu'un agent trouve une ressource, il souhaite en informer les autres agents. Mais la plupart des autres agents ne se trouvent pas à proximité, il faut trouver un moyen pour que l'information leur parvienne. Pour ce faire, l'agent parvenu à destination retourne à son lieu d'origine (là où il pourra consommer la ressource, par exemple) et laisse en chemin des traces que les autres agents pourront percevoir. Au bout d'un certain temps, si les autres agents suivent la même

logique, tous les agents suivent un chemin direct depuis l'origine vers cette destination. »[7] (Batty 2005, p. 1387)

L'application de ce modèle permet de produire des réseaux spatiaux valués et croissants ressemblant après de nombreuses itérations aux réseaux d'interaction entre villes empiriques, en termes visuels comme d'indicateurs de physique sociale.

Ce modèle peut simuler une diversité d'évolution des éléments du réseau à partir d'une distribution fixe des nœuds. Il ne permet donc pas non plus au réseau de s'étendre ou de se contracter. Cette propriété demande une modélisation spécifique que l'on rencontre dans un autre type de simulation : la modélisation multi-agents.

2.3.2. *Modélisation géographique multi-agents*

Modéliser la genèse et l'évolution d'un réseau de villes relève de la résolution d'un « problème inverse » selon le vocabulaire utilisé par les spécialistes de la dynamique des systèmes complexes. On part de l'observation à échelle macrogéographique des trajectoires temporelles de quantités agrégées, retraçant par exemple l'évolution de la population d'un grand nombre de villes interconnectées, et on doit imaginer (estimer au moyen de modèles de simulation) quelles interactions intervenant à un niveau méso- (entre villes) ou microgéographique (entre individus) expliquent ces évolutions. Des analyses statistiques préalables ont permis de sélectionner, parmi les observables, les attributs des villes susceptibles d'intervenir dans l'explication et de hiérarchiser l'étendue de leurs effets. Par exemple, l'innovation, la création de nouvelles formes d'organisation sociale ou de types de production économique et les modalités de leur diffusion parmi elles sont des facteurs importants pour expliquer les variations de la croissance des villes. La théorie de la diffusion spatiale des innovations du géographe suédois Torsten Hägerstrand (1952) donne des bases intéressantes en stipulant une propagation hiérarchique de ces innovations, qui se développent d'abord dans les villes les plus grandes et les mieux connectées avant de percoler dans les villes moyennes puis petites du réseau, en se combinant à des règles de proximité ou de connexité selon des modèles de type gravitaire. La localisation de ressources spécifiques (minières ou touristiques) est un autre facteur de croissance urbaine qui intervient à certains moments de l'histoire des technologies et qui s'appuie sur des modalités de diffusion beaucoup plus sélectives

7. « The way the model works is by letting walkers move randomly through space, starting from their origins in search of resources at the given destinations. When a walker discovers a resource, essentially it tells other walkers of its discovery. But most of these walkers will not be in the same vicinity and thus the walker has to have some means of communicating this information. The walker does this by returning to its origin with the resource – back home to consume the food, if you like – and in making this trip, it lays down a path that other walkers can observe. [...] Ultimately, everybody will be travelling on a route that takes them directly from their origin to a resource destination. »

et concentrées dans l'espace, en étant moins contraintes par la distance et en utilisant un réseau de villes spécialisées. Enfin, le fonctionnement politico-administratif des territoires (prélèvements fiscaux ou subventions) s'affranchit des contraintes de proximité et de taille des villes en s'inscrivant dans des limites précises de circonscriptions territoriales. Ces trois exemples de grandes formes d'interaction spatiale dans les réseaux de villes (voir figure 2.2) peuvent être représentés dans des modèles permettant de les différencier précisément grâce à la programmation par objets, dans des modèles multi-agents (Ferber 1997) qui autorisent une modulation des attributs, des règles et des paramétrages pour des agents hétérogènes dans un même modèle. Ce type de modèle informatique permet de représenter les interactions spatiales dans des réseaux de façon plus souple que des modèles mathématiques d'équations différentielles, tout en intégrant des processus aussi bien qualitatifs que quantitatifs (Pumain et Sanders 2013).

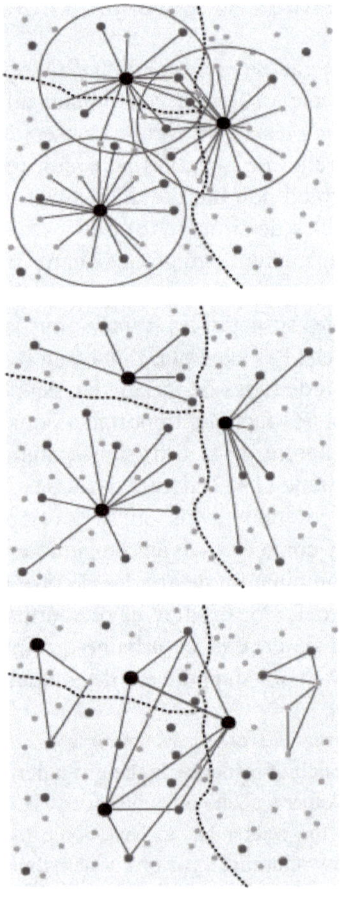

Figure 2.2. *Réseaux d'interaction spécifiés selon les fonctions des villes (Sanders et al. 1997)*

2.3.2.1. *Modèle Simpop*

Le modèle Simpop (Bura *et al.* 1996 ; Sanders *et al.* 1997) applique pour la première fois en géographie un modèle multi-agents pour simuler l'émergence d'un système fonctionnellement différencié de villes à partir d'un système initial de peuplement rural plus ou moins homogène, sur une durée de quelque 2 000 ans. Ce modèle diffère de la plupart des modèles à base d'agents sous deux aspects : premièrement, ses agents sont immobiles, car ils représentent des lieux dans l'espace géographique. Deuxièmement, comme Simpop est un modèle d'interactions entre territoires (objets géographiques agrégés), le « comportement » de ces agents n'est pas réductible au comportement des personnes ou des entreprises individuelles.

Simpop est conçu pour simuler l'émergence, la structuration et l'évolution d'un système de villes, à partir d'une répartition spatiale initiale de villages dans une grande région, un État ou un ensemble d'États, d'une répartition des ressources, qui peut être donnée de manière aléatoire ou exogène, et de règles définissant comment les villes interagissent, se développent et se spécialisent. Dans ce modèle, l'environnement territorial est représenté par des cellules ayant différents types de ressources, pour la production agricole ou à des fins industrielles (exploitées seulement à partir de l'année 1800), et divers réseaux de communication ou obstacles à la circulation. Les villes apparaissent comme des centres d'accumulation de population et de richesse, d'abord par l'échange de surplus agricoles dans leurs cellules environnantes, puis par leur concurrence pour l'acquisition d'autres fonctions urbaines ou de rôles administratifs. Une fonction permet à une ville de fournir un type de produit ou de service à d'autres villes, qui lui rapporte plus ou moins en matière de croissance économique et d'attractivité sur la population, selon le niveau de productivité de cette fonction. Les spécialisations pertinentes pour la définition des principales fonctions urbaines sont identifiées selon une perspective évolutive, sous l'hypothèse principale qu'il existe une connexion étroite entre la dynamique relative d'une entité urbaine dans le système de villes et les cycles d'innovation que la ville a adoptés (ou auxquels elle s'est mieux adaptée). On détermine, pour l'ensemble du système de villes, quels cycles d'innovation ont produit une spécialisation urbaine notable, affectant de manière durable l'évolution relative des villes spécialisées, et pour chaque ville, quelles sont les spécialisations qui correspondent au mieux à sa trajectoire réelle et potentielle. Un nombre limité de fonctions urbaines a été sélectionné dans le modèle comme étant représentatif des grands cycles économiques qui ont donné lieu à une croissance urbaine et à une spécialisation des villes différentes au cours des derniers siècles. Les simulations produisent différents modèles de réseaux de villes en matière de répartition spatiale et hiérarchique et de différenciation fonctionnelle. Les règles qui définissent la capacité d'une ville à adopter des innovations sont en partie déterministes, afin de reproduire la puissante tendance à la diffusion hiérarchique de l'innovation urbaine (c'est le cas pour la plupart des fonctions centrales, un niveau donné ne peut être acquis si les autres n'existent pas encore), et en partie aléatoires : lorsque de nouvelles spécialisations urbaines apparaissent, elles peuvent sélectionner des lieux qui ne correspondent pas nécessairement aux plus grandes villes. Sont parfois implémentées dans le modèle des « semences » nécessaires à cette localisation d'activités spécialisées, comme les ressources minérales pour les industries manufacturières du XIXe siècle, ou la connaissance (capital humain) dans le cas des technopoles du XXe siècle.

Le modèle Simpop est évolutionnaire, car sa principale hypothèse est que les caractéristiques structurelles omniprésentes des réseaux de villes sont produites par une évolution historique. Cette évolution inclut des changements systématiques comme les transitions démographiques et urbaines, l'augmentation de la richesse économique, l'augmentation tendancielle de la vitesse des moyens de transport ainsi que l'apparition récurrente d'innovations techniques, économiques et culturelles. Ainsi, c'est cette évolution sociale, historique, qui soutient la dynamique des systèmes urbains, même si de façon concrète elle s'effectue par le mécanisme des interactions interurbaines. Ces interactions entre villes sont les processus *bottom-up* qui conduisent à l'émergence de la structure du système, alors que les tendances évolutives peuvent être considérées comme des tendances émergentes, produites comme des effets de rétroaction par le système de villes lui-même, et qui deviennent de nouvelles contraintes sur la dynamique des villes individuelles.

2.3.2.2. *Famille de modèles pour simuler l'évolution des réseaux de villes*

Plusieurs générations de modèles Simpop ont pu être réalisées entre 1996 et 2020 au fur et à mesure de l'amélioration des algorithmes de simulation.

Le premier modèle Simpop simulait l'émergence d'un réseau urbain fictif dont les propriétés étaient inspirées par l'évolution des villes de la vallée du Rhône sur 2 000 ans. Les principales conclusions de cette expérience sont d'abord qu'une hiérarchie urbaine ne peut pas émerger s'il n'y a pas d'interactions spatiales. Dans ce cadre, un système de villes hiérarchisé polycentrique peut émerger à partir d'un processus stochastique d'échanges interurbains, même si l'on part de conditions initiales homogènes. Cependant, un flux d'innovation renouvelé est nécessaire pour maintenir les propriétés structurelles du système de villes dans le temps. Cette première application a été limitée par la capacité des systèmes de calcul (400 lieux seulement et une centaine de simulations). Ce premier modèle Simpop permettait de simuler certaines évolutions des éléments du réseau (au sens de la figure 2.1), mais pas encore de modifier sa structure.

Le modèle Eurosim (Sanders *et al.* 2007), dérivé de Simpop, a été conçu pour simuler l'évolution d'un réseau de villes non plus à partir de son émergence, mais à partir d'un moment précis de son évolution, en l'occurrence les villes européennes au cours de la seconde moitié du XXe siècle.

Figure 2.3. *Réseaux d'interaction simulés au moyen du modèle Eurosim entre les villes européennes spécialisées dans les nouvelles technologies (Sanders et al. 2007)*

Un second modèle Simpop, construit par Benoît Glisse, a permis d'éclairer certains des processus qui génèrent la diversité des systèmes de villes, en comparant leur évolution sur plusieurs siècles en Europe et aux États-Unis (Bretagnolle et Pumain 2010). Ce second modèle Simpop permettait de simuler certaines évolutions des éléments du réseau (au sens de la figure 2.1) et contenait une fonction d'activation des villes à certaines périodes, suggérant une évolution du réseau lui-même, bien que de manière prédéterminée. Cette application a mis en évidence, par rapport à la dynamique des villes européennes, la plus grande dépendance du développement du réseau urbain états-unien aux réseaux de relations extérieurs au territoire (commerce international). En outre, certaines villes européennes, qui se sont trouvées à la tête de vastes réseaux de relations dépassant les limites de leur territoire, ont eu la capacité d'accumuler un développement urbain sans commune mesure avec celui de leur propre réseau. À travers les siècles, les trajectoires de ces rares « villes-monde » s'individualisent nettement lors des simulations de l'évolution des hiérarchies.

2.3.2.3. *SimpopNet*

Le modèle SimpopNet (Schmitt 2014) s'intéresse spécifiquement à la coévolution des réseaux de transport et des villes. Le modèle simule en parallèle la construction d'un réseau de transport et d'un réseau de villes à partir de différentes hypothèses quant à leurs logiques de développement. Raimbault (2018, 2020) a testé la capacité du modèle à reproduire la variété des différents « régimes de coévolution » identifiés sur des données empiriques historiques concernant les villes françaises et européennes. Ces régimes de coévolution correspondent à des corrélations qui s'établissent, avec des décalages dans le temps plus ou moins longs, entre le développement d'un réseau et la croissance des villes. La diversité des régimes indique que la croissance des villes tantôt précède et tantôt suit celle des réseaux de transport, tout en concernant plutôt les grandes villes ou plutôt les petites, mais ces épisodes ne sont pas totalement aléatoires, ils révèlent des phases d'un processus général de diffusion hiérarchique et de substitution des réseaux anciens par des réseaux plus rapides. La démarche permet d'évaluer les effets en retour de chaque réseau sur le développement de l'autre. Il s'agit du seul modèle présenté dans ce chapitre qui parvienne à simuler à la fois la dynamique du réseau et celle de ses éléments.

Certains modèles, tel celui de Bida et Rozenblat (2020), inspirés des théories microéconomiques simulent quant à eux l'entrée et la sortie d'entreprises sur un marché urbain, mais la distribution des villes accueillant ces entreprises au niveau mésogéographique est elle-même fixe. Certaines villes « disparaissent » alors du réseau de villes simulé, par sortie de toutes leurs entreprises, mais aucune entreprise ne peut émerger dans une ville nouvelle.

2.4. Théories, modèles et données empiriques : des sources de défi

2.4.1. *Sens de la causalité dans la coévolution ville/réseau : défi théorique*

Les modèles viennent ici en appui de la résolution de questions théoriques. En effet, la question de la relation entre développement urbain et développement des réseaux de communication fait encore l'objet de controverses scientifiques rappelées dans le chapitre 7 de cet ouvrage au sujet du réseau ferroviaire. Importante pour la théorie urbaine, la question l'est aussi pour la planification territoriale, où elle est plus connue sous l'expression d'« effet structurant des réseaux de transport ». Les recherches récentes invitent à considérer non plus une causalité à sens unique que suggère cette expression d'effet structurant, mais une causalité circulaire entre les croissances de ces deux réseaux. Après avoir documenté la « coévolution » des villes à partir de la comparaison de leurs trajectoires démographiques et socio-économiques (Paulus 2004 ; Cura *et al.*

2017), la modélisation a permis en outre de mieux interpréter la diversité spatio-temporelle des « régimes de coévolution » entre réseaux de villes et réseaux de transport (Raimbault 2020).

L'argument selon lequel la construction de nouveaux réseaux de communication ou l'amélioration des anciens auraient un effet déterminant sur la croissance des villes était déjà avancé par les bourgeois du XVIIIe siècle souhaitant faire paver les routes d'accès à leur domaine ou disposer d'une route de poste (Verdier 2007). L'hypothèse est alors que le surcroît d'accessibilité conféré à des villes par le nouveau réseau leur permet d'augmenter la portée de leurs activités et retentit à terme sur l'importance relative de leur accumulation en tant que nœud du réseau des villes, autrement dit, augmente le niveau de leur centralité. L'argument a été repris par Pierre George, expliquant le déclin relatif de villes comme Tours ou Orléans au XXe siècle par leur refus d'accueillir le chemin de fer au siècle précédent. D'autres chercheurs procédant par une modélisation statistique très simple d'un grand nombre de villes ont prétendu que, certes, les villes privées du chemin de fer avaient crû moins vite que les autres, mais que l'établissement des gares et des voies nouvelles avait d'abord favorisé les villes qui étaient auparavant les plus en croissance (Pumain 1982b). Plutôt que « le réseau faisant les villes », la thèse était que « les villes font le réseau ». Des études plus poussées devaient cependant infirmer cette vue en soulignant le rôle déterminant du rattachement aux réseaux de transport pour la croissance des villes (Bretagnolle 1999), avant que de nouvelles analyses ne reviennent à la première hypothèse en contestant l'impact local du réseau de transport sur le développement urbain (Mimeur *et al.* 2018). En fait, les théoriciens des villes s'accordent sur l'idée d'une boucle de rétroaction positive entre l'accessibilité des villes dans les réseaux de transport et la puissance de leur centralité, qui fait jouer la causalité de croissance tantôt dans un sens et tantôt dans l'autre. Dans les territoires, les villes et les réseaux se cocréent en permanence, sous l'effet des représentations et des anticipations croisées des acteurs. Des travaux récents en économie continuent cependant à rechercher le sens des causalités (Ahlfeldt *et al.* 2015), par exemple à propos de l'impact des réseaux de chemin de fer et des réseaux routiers sur la forme et le développement des réseaux de villes, en Europe (Burger *et al.* 2014) ou encore en Chine (Baum-Snow *et al.* 2017, 2020).

Au passage, la théorie urbaine qui prend appui pour les économistes et les spécialistes de science régionale sur les « économies d'agglomération » procurées par « la » ville à tous ses acteurs est enrichie par la géographie, qui stipule des « économies de réseau » engendrées par les capacités d'interaction que procurent non seulement les réseaux physiques pour les échanges d'une ville à l'autre, mais aussi les habitus des échanges d'information entre toutes sortes de réseaux d'acteurs liés dans l'évolution des réseaux de villes, à l'intérieur des villes et entre les villes (Pflieger et Rozenblat 2010 ; Rozenblat 2018, 2021).

2.4.2. *Données insuffisantes pour valider ces théories : défi empirique*

Les interactions interurbaines mises en œuvre dans les modèles Simpop ou Eurosim ne sont pas représentées par de « véritables » flux de biens, de personnes ou d'informations échangés. Les interactions qui sont simulées dans le modèle ne sont pas ces échanges interurbains « de premier ordre », mais des interactions plus abstraites, « de second ordre », qui représentent une interprétation de l'effet des flux concrets sur la dynamique relative des villes (Pumain 2008). Les « fonctions urbaines » dans le modèle sont des attributs essentiels de la dynamique des villes, mais elles ne donnent pas une représentation exhaustive de leurs profils économiques. Elles ne sont attribuées qu'aux villes ayant développé une spécialisation majeure dans un secteur d'activité particulier au cours du cycle d'innovation correspondant. Le « portefeuille » de fonctions des villes représente donc dans le modèle l'effet de *path dependence* qui leur donne une capacité à développer de nouvelles relations susceptibles d'entretenir leur croissance. De même, l'échange de produits et de ressources entre les villes sur la « place de marché » (les villes vendant et achetant en fonction de leur niveau d'offre et de demande) ne reflète pas la totalité de l'économie urbaine, mais seulement la partie spécialisée du marché interurbain, celle qui est susceptible de donner lieu à des différentiels de croissance urbaine.

Un grand nombre d'études qualitatives permettant d'identifier les processus sociaux intervenant dans la construction des réseaux et d'analyses statistiques des sources disponibles sont donc nécessaires avant de modéliser, pour aboutir à une meilleure connaissance des effets probables de telle ou telle politique sur l'évolution des villes et de leurs réseaux. « Même si les données concernant la structure des réseaux sont abondantes, les données concernant leur croissance sont plus difficiles à obtenir »[8] (Newman 2001, p. 25102-1). Cette citation du début du siècle n'est pas contredite douze ans plus tard dans le domaine des réseaux de villes mondiales : « Analyser la formation des réseaux [...] nécessite des analyses longitudinales permettant d'explorer l'émergence et l'évolution des réseaux au fil du temps, du fait du comportement des acteurs individuels. En raison du manque de données systématiques concernant les villes et les grandes entreprises à différentes échelles de temps, seul un petit nombre de travaux ont cherché à mesurer la composante temporelle des liens économiques entre villes »[9] (Liu *et al.* 2013, p. 9). Une exception notable est le travail de Céline Rozenblat (2021) qui analyse l'évolution de la construction des réseaux d'entreprises multinationales, à l'intérieur des villes et entre elles, pour une décennie entre 2010 et 2019 à partir des liens financiers

8. « Although data on the structure of networks are quite plentiful, data on how they grow have proved harder to come by. »

9. « Analysing network formation, however, necessitates longitudinal analyses that explore how networks emerge and evolve over time based on the behaviour of individual actors. Due to the lack of consistent observations of cities and corporations at different time horizons, only a few studies have attempted to measure the temporal dimension of intercity corporate networks. »

effectifs entre filiales (et non plus supposés comme dans la méthodologie de Taylor et Derruder). L'analyse de l'évolution des liens financiers entre les entreprises à l'intérieur de Londres et de Pékin montre des contrastes importants qui sont mis en regard des modifications des positions de ces villes dans les processus de mondialisation (Rozenblat 2021).

La plus grande disponibilité de données à des échelles fines de temps et d'espace permet d'espérer à moyen terme des avancées. Par exemple, grâce à la mise en commun de données à l'échelle mondiale, certains modélisateurs ont pu analyser la propagation spatio-temporelle de l'épidémie de Covid-19 en la simulant au moyen de modèles fractals de réseaux spatialisés d'interactions individuelles et interurbaines (Abbasi *et al.* 2020). Mais quand serons-nous à même d'obtenir les informations nécessaires pour modéliser, à l'échelle des relations entre villes, les effets de la circulation des capitaux financiers à travers le monde ?

2.4.3. *Défi de modélisation : spatialiser l'évolution des réseaux de villes*

Un défi que nous avons soulevé au cours de la présentation des modèles est celui de la spatialisation de l'évolution des réseaux de villes. En effet, bien que les réseaux empiriques évoluent par la création et la destruction de villes et de liens, les modèles qui les représentent tendent à fixer la localisation des villes modélisées et à s'occuper de la variation de leur population et des liens qui les connectent. Les mécanismes de création/destruction de villes font partie d'un autre registre rarement mis en œuvre dans les modèles. Ils font en effet intervenir un nombre plus important de dimensions : combien de nouvelles villes sont créées ? Où se localisent-elles ? Sont-elles connectées au réseau immédiatement et par quels liens ? Nous pensons cependant qu'il s'agit d'un développement important des futurs travaux de modélisation interurbaine.

2.4.4. *Défis computationnels de la modélisation de réseaux de villes*

Bien que la simulation permette de dépasser pour partie la faible disponibilité en données et les incertitudes théoriques concernant l'évolution des réseaux de villes et leurs causes, l'approche computationnelle présente plusieurs défis en propre : la masse d'information résultant de la simulation de différents mécanismes candidats, l'inadéquation entre cette masse de données et la faiblesse du nombre d'éléments empiriques disponibles pour son évaluation, et enfin le défi lié à l'influence des conditions spatiales initiales sur les dynamiques de réseau de villes.

Le premier défi, computationnel, dépend directement du défi théorique. En effet, plus le nombre de mécanismes alternatifs à l'explication de l'évolution du réseau des villes est grand et plus leur importance relative est incertaine, plus le nombre de modèles possibles pour représenter la dynamique du réseau est grand. En effet, si l'on considère d'une part n modèles faisant évoluer les villes avec une évolution causale du réseau, d'autre part m modèles faisant évoluer le réseau avec une évolution causale des villes, et enfin la possibilité de leurs interactions dans des modèles de coévolution, on aboutit à $n \times m$ modèles possibles, qu'il faut intégrer puis simuler dans le temps et répliquer de nombreuses fois pour analyser leur distribution de résultats, calibrer la valeur de leurs paramètres, estimer leur sensibilité, comparer les résultats avec des motifs génériques ou des cas d'étude empiriques. Ce processus engendre un nombre très important de simulations à analyser, à comparer et à évaluer.

Le modèle MARIUS conçu par Clémentine Cottineau et Paul Chapron (Cottineau 2014) a pour objectif de reconstruire les trajectoires des villes à l'intérieur des limites du système territorial de l'ex-URSS. Une nouvelle modélisation géographique est proposée, qui permet d'ajuster le contenu en mécanismes du modèle au degré de spécificité de l'évolution urbaine à simuler, entre une évolution particulière (celle de l'ex-URSS par exemple) et une dynamique générique : la hiérarchisation d'un système de villes en général (Cottineau *et al.* 2019). La création de villes nouvelles dans le système urbain, en fonction de la localisation des autres villes et des bassins de ressources, fut envisagée comme perspective de modélisation, mais non implémentée. Ceci signifie que MARIUS reste dans une simulation de l'évolution des éléments du réseau, mais non du réseau lui-même (au sens de la figure 2.1). Dans le cas des simulations effectuées avec ce modèle MARIUS (Cottineau *et al.* 2015), l'exploration de seulement cinq mécanismes alternatifs pour deux périodes historiques distinctes a produit environ 72 millions d'instances d'évaluation disponibles sous 64 structures de modèle différentes (une structure correspond à un assemblage unique de mécanismes pour une période). Ce développement est donc très coûteux en temps et en infrastructure informatique.

Par ailleurs, le second défi résultant de cette masse de données générée par un modèle de simulation et de sa confrontation avec des données empiriques clairsemées est celui de la sous-détermination. En mathématiques, cette expression rend compte de systèmes d'équations dans lesquels il existe plus d'inconnues que d'équations, ce qui engendre un nombre de solutions soit nul, soit infini. L'analogie avec la simulation de réseaux de villes rend compte ici de l'incapacité à sélectionner le « bon » modèle et la direction de causalité la plus probable du fait de la faiblesse des données empiriques servant à la sélection. En effet, plus les données empiriques sont limitées (en nombre et en diversité, notamment des données liées à la dynamique des villes ainsi qu'à la dynamique du réseau), plus il est probable que différentes formes de modèle soient capables de les simuler. Tout au plus, la simulation peut alors raisonner par élimination, en démontrant par exemple qu'une forme de modèle est toujours incapable ou toujours capable de simuler le motif ou la dynamique attendus. Avec la méthode algorithmique des profils de calibrage, Reuillon *et al.* (2015) éliminent ainsi un mécanisme de leur modèle, en démontrant que la limitation de la durée de vie d'une innovation se diffusant dans un réseau de villes n'est pas utile pour reproduire trois motifs de dynamique de ce réseau, contrairement aux autres mécanismes régis par les cinq paramètres restant dans le modèle.

Enfin, un troisième défi lié à la modélisation générative des réseaux de villes abordée dans ce chapitre concerne l'effet de l'agencement spatial des villes et de leurs liens dans la dynamique subséquente du réseau. S'il existe désormais une méthode d'évaluation de l'impact des conditions spatiales initiales sur les résultats d'un modèle de simulation urbaine (Raimbault *et al.* 2019), elle ne s'applique pour le moment qu'à des grilles régulières de densité et non à des réseaux de villes localisées selon leurs sites. La part de la dynamique des réseaux de villes est donc encore difficile à distinguer de celle de la disposition initiale des villes dans l'évaluation de résultats de simulation. Cette distinction est pourtant importante dans la sélection de modèles et de théories alternatives. L'intégration de la méthode *space matters* dans l'outil OpenMOLE par Raimbault est toutefois prometteuse de développements futurs vers la génération systématique de différents réseaux initiaux. Comme pour les grilles de densité urbaine, la simulation conjointe de différents réseaux et de différents jeux de valeurs de paramètres permettra alors de comparer les espaces de phases obtenus pour différentes configurations spatiales initiales du réseau par rapport aux variations possibles en changeant les valeurs des paramètres du modèle.

À nouveau, ces développements posent le défi de la gestion computationnelle de grandes masses de données simulées et de leur confrontation avec des données empiriques clairsemées.

2.5. Conclusion

Depuis longtemps, diverses opérations de planification territoriale ont fait référence à des « modèles » de disposition de villes dans un territoire, par exemple lors des mouvements de colonisation ou de révolution (Starr 1977), en ne réussissant d'ailleurs pas toujours à produire des implantations urbaines qui soient longtemps viables. Le plus souvent, ces opérations se sont appuyées sur le dessin des réseaux de communication.

Il n'est donc pas surprenant que les chercheurs aient proposé diverses formes de modélisation destinées à engendrer des réseaux de villes, ou à coupler l'évolution des réseaux de villes et de leurs réseaux de communication. Les modèles de réseaux de villes qui ont été proposés jusqu'ici ont surtout servi à tester des hypothèses théoriques, quant aux processus susceptibles d'engendrer des réseaux de villes ou quant aux principaux moteurs de leur évolution. Ils ont aussi permis de reproduire une diversité de trajectoires de villes de façon plausible.

Enrichis à l'avenir par des données de plus en plus variées décrivant plus précisément les interactions entre acteurs urbains, des modèles devraient permettre une prévision plus précise des futures transformations attendues pour les réseaux de villes. Il s'agit notamment de vérifier si la tendance historique à la concentration dans des villes de plus en plus grandes est amenée à se poursuivre, ou bien si les villes petites et moyennes pourront retourner la tendance qui prédit actuellement leur déclin. Bien des médias font valoir un certain revirement des préférences des citadins, que la pandémie de la Covid-19 aurait modifiées en faveur des villes moyennes, mais cela ne se traduit pas vraiment dans les tendances observées jusqu'ici pour le rythme de la construction ou les variations des prix immobiliers. Les choix géopolitiques qui seront faits en matière énergétique ou pour la régulation de la finance auront sans doute une influence encore plus déterminante que les seuls paramètres techniques des réseaux qui mettent les villes en permanente communication.

2.6. Bibliographie

Abbasi, M., Bollini, A.L., Castillo, J.L., Deppman, A., Guidio, J.P., Matuoka, P.T., Meirelles, J.M.P., Policarpo Ramos, A.A.G.F., Simionatto, S., Varona A.R.P., Andrade-II, E., Panjeh, H., Trevisan, L.A. (2020). Fractal Signatures of the COVID-19 spread. *Chaos, Solitons & Fractals*, 110–119.

Ahlfeldt, G.M., Moeller, K., Wendland, N. (2015). Chicken or egg? The PVAR econometrics of transportation. *Journal of Economic Geography*, 15(6), 1169–1193.

Albert, R., Barabási, A.L. (2002). Statistical mechanics of complex networks. *Reviews of modern physics*, 74(1), 47.

Anderson, C., Hellervik, A., Lindgren, K., Hagson, A., Tornberg, J. (2003). The urban economy as a scale-free network. *ArXiv.cond-mat/030355 v2.*

Barabási, A.L., Albert, R. (1999). Emergence of scaling in random networks. *Science*, 286(5439), 509–512.

Barrat, A., Barthelemy, M., Vespignani, A. (2004). Modeling the evolution of weighted networks. *Physical review E*, 70(6), 066149.

Barthelemy, M. (2011). Spatial networks. *Physics Reports*, 499(1/3), 1–101.

Batty, M. (2005). Agents, cells, and cities: new representational models for simulating multiscale urban dynamics. *Environment and Planning A*, 37(8), 1373–1394.

Batty, M. (2012). Building a science of cities. *Cities*, 29, S9-S16.

Batty, M. (2013). *The new science of cities*. MIT Press, New York.

Baum-Snow, N., Brandt, L., Henderson, J.V., Turner, M.A., Zhang, Q. (2017). Roads, railroads, and decentralization of Chinese cities. *Review of Economics and Statistics*, 99(3), 435–448.

Baum-Snow, N., Henderson, J.V., Turner, M.A., Zhang, Q., Brandt, L. (2020). Does investment in national highways help or hurt hinterland city growth? *Journal of Urban Economics*, 115, 103124.

Berger, T., Enflo, K. (2017). Locomotives of local growth: The short-and long-term impact of railroads in Sweden. *Journal of Urban Economics*, 98, 124–138.

Berroir, S., Cattan, N., Dobruszkes, F., Guérois, M., Paulus, F., Vacchiani-Marcuzzo, C. (2017). French urban systems: a relational approach. *Cybergeo, European Journal of Geography*, 807.

Bida, M., Rozenblat, C. (2020). Modelling hierarchy and specialization of a system of cities from an evolutionary perspective on firms' interactions. Dans *Theories and Models of Urbanization*, Pumain, D. (dir.). Springer, Berlin, 279–302.

Blumenfeld-Lieberthal, E., Portugali, J. (2010). Network cities: A complexity-network approach to urban dynamics and development. Dans *Geospatial Analysis and Modelling of Urban Structure and Dynamics*, Jiang, B. (dir.). Springer, Berlin, 77–90.

Bretagnolle, A. (2009). Villes et réseaux de transport : des interactions dans la longue durée (France, Europe, Etats-Unis). Thèse d'habilitation à diriger des recherches, Université Paris 1 Panthéon-Sorbonne, Paris.

Bretagnolle, A., Pumain, D. (2010). Simulating urban networks through multiscalar space-time dynamics (Europe and United States, 17th -20th centuries). *Urban Studies*, 47(13), 2819–2839.

Bretagnolle, A., Pumain, D., Vacchiani-Marcuzzo, C. (2009). The organization of urban systems. Dans *Complexity perspectives in innovation and social change*, Lane, D. (dir.). Springer, Berlin, 197–220.

Bretagnolle, A., Giraud, T., Verdier, N. (2010). Modéliser l'efficacité d'un réseau. *Espace Géographique*, 39(2), 117–131.

Bura, S., Guerin-Pace, F., Mathian, H., Pumain, D., Sanders, L. (1996). Multi-agents systems and the dynamics of a settlement system. *Geographical Analysis*, 28(2).

Burger, M.J., Van Der Knaap, B., Wall, R.S. (2014). Polycentricity and the multiplexity of urban networks. *European Planning Studies*, 22(4), 816–840.

Byrne, D. (2001). *Understanding the urban*. Palgrave Macmillan, Londres.

Cattan, N., Grasland, C. (1994). Dynamiques migratoires et recompositions territoriales en Tchécoslovaquie de 1960 à 1992. Rapport final de recherche, Ministère de la Recherche et de la Technologie, Programme PECO/Intelligence de l'Europe, 92V0604.

Cottineau, C. (2014). L'évolution des villes dans l'espace post-soviétique. Observation et modélisations. Thèse de doctorat, Université Paris 1 Panthéon-Sorbonne, Paris.

Cottineau, C., Reuillon, R., Chapron, P., Rey-Coyrehourcq, S., Pumain, D. (2015). A modular modelling framework for hypotheses testing in the simulation of urbanisation. *Systems*, 3(4), 348–377.

Cottineau, C., Chapron, P., Le Texier, M., Rey-Coyrehourcq, S. (2019). Incremental territorial modeling. *Geographical Modeling: Cities and territories*, 2, 95–123.

Derudder, B., Taylor, P., Ni, P., De Vos, A., Hoyler, M., Hanssens, H. *et al.* (2010). Pathways of change: Shifting connectivities in the world city network, 2000-08. *Urban studies*, 47(9), 1861–1877.

Dickinson, R.E. (1964). *City and Region: A Geographical Interpretation.* Routledge & Kegan Paul, Londres.

Dong, L., Duarte, F., Duranton, G., Santi, P., Barthelemy, M., Batty, M., Bettencourt, L., Goodchild, M., Hack, G., Liu, Y., Pumain, D., Shi, W., Verbavatz, V., West, G.B., Yeh, A., Ratti, C. (2024). Defining a city – delineating urban areas using cell-phone data. *Nature Cities*, 1–9.

Ducruet, C., Rozenblat, C., Zaidi, F. (2010). Ports in multi-level maritime networks: evidence from the Atlantic (1996–2006). *Journal of Transport geography*, 18(4), 508–518.

Erdős, P., Rényi, A. (1960). On the evolution of random graphs. *Publ. Math. Inst. Hung. Acad. Sci*, 5(1), 17–60.

Ferber, J. (1997). *Les systèmes multi-agents : vers une intelligence collective.* Dunod, Paris.

Frankopan, P. (2015). *The silk roads: A new history of the world.* Bloomsbury Publishing, Londres.

George, P. (1952). *La ville, le fait urbain à travers le monde.* PUF, Paris.

Gibrat, R. (1931). *Les inégalités économiques.* Sirey, Paris.

Gonzalez, M.C., Hidalgo, C.A., Barabasi, A.L. (2008). Understanding individual human mobility patterns. *Nature*, 453(7196), 779–782.

Grimm, V., Railsback, S.F. (2012). Pattern-oriented modelling: a 'multi-scope' for predictive systems ecology. *Philosophical Transactions of the Royal Society B: Biological Sciences*, 367(1586), 298–310.

Hägerstrand, T. (1952). Innovation Diffusion as a Spatial Process. *Lund Studies in Geography.*

Hochstenbach, C. (2024). Networked geographies of private landlordism: mapping flows of capital accumulation and rent extraction. *Housing studies*, 39(9), 2234–2259.

Iacopini, I., Petri, G., Barrat, A., Latora, V. (2019). Simplicial models of social contagion. *Nature communications*, 10(1), 1–9.

Johnson, J.H. (2005). *The multilevel multidimensional networks of complex urban systems*. CASA, Londres.

Jones, J., Cloquet, C., Adam, A., Decuyper, A., Thomas, I. (2016). Belgium through the lens of rail travel requests: does geography still matter? *ISPRS International journal of geo-information*, 5(11), 216.

Kohl, J.G. (1841). *Der Verkehr und die Ansiedelungen der Menschen in ihrer Abhängigkeit des Gestaltung der Erdoberfläche*. Arnold Dresden, Leipzig.

Lalanne, L. (1863). Essai d'une théorie des réseaux de chemin de fer, fondée sur l'observation des faits et sur les lois primordiales qui président au groupement des populations. *Comptes rendus des séances de l'Académie des sciences*, 57, 206–210.

Liu, X., Derudder, B., Liu, Y., Witlox, F., Shen, W. (2013). A stochastic actor-based modelling of the evolution of an intercity corporate network. *Environment and Planning A*, 45(4), 947–966.

Mackinder, H.J. (1890). The physical basis of political geography. *Scottish geographical magazine*, VI, 78–84.

Maisonobe, M., Eckert, D., Grossetti, M., Jégou, L., Milard, B. (2016). The world network of scientific collaborations between cities: domestic or international dynamics? *Journal of Infometrics*, 10(4), 1025–1036.

Maunier, R. (1910). Théories sur la formation des villes. *Revue d'économie politique*, XXIV, 638–649.

Mimeur, C., Queyroi, F., Banos, A., Thévenin, T. (2018). Revisiting the structuring effect of transportation infrastructure: an empirical approach with the French Railway Network from 1860 to 1910. *Historical Methods: A Journal of Quantitative and Interdisciplinary History*, 51(2), 65–81.

Neal, Z. (2011). Differentiating centrality and power in the world city network. *Urban Studies*, 48(13), 2733–2748.

Neal, Z.P., Rozenblat, C. (dir.) (2021). *Handbook of cities and networks*. Edward Elgar Publishing, Cheltenham.

Newman, M.E. (2001). Clustering and preferential attachment in growing networks. *Physical review E*, 64(2), 025102.

Park, J., Wood, I.B., Jing, E., Nematzadeh, A., Ghosh, S., Conover, M.D., Ahn, Y.Y. (2019). Global labor flow network reveals the hierarchical organization and dynamics of geo-industrial clusters. *Nature communications*, 10(1), 1–10.

Parr, J.B. (2007). Spatial definitions of the city: four perspectives. *Urban studies*, 44(2), 381–392.

Peris, A., Meijers, E., van Ham, M. (2018). The evolution of the systems of cities literature since 1995: schools of thought and their interaction. *Networks and Spatial Economics*, 18(3), 533–554.

Peris, A., Casanova Enault, L. (2024). Proximity or opportunity? Spatial and market determinants of private individuals' buy-to-let investments. *Environment and Planning B: Urban Analytics and City Science*, 51(7), 1478–1495.

Pflieger, G., Rozenblat, C. (2010). Introduction. Urban networks and network theory: the city as the connector of multiple networks. *Urban Studies*, 47(13), 2723–2735.

Pred, A. (1977). *City systems in advanced economies*. Hutchinson, Londres.

Pumain, D. (1982a). *La dynamique des villes*. Economica, Paris.

Pumain, D. (1982b) Chemin de fer et croissance urbaine en France au XIXe siècle. *Annales de géographie*, 507, 529–550.

Pumain, D. (1997). Pour une théorie évolutive des villes. *Espace Géographique*, 26(2), 119–134.

Pumain, D. (dir.) (2006). Alternative explanations of hierarchical differentiation in urban systems. Dans *Hierarchy in natural and social sciences*. Springer, Dordrecht, 169–222.

Pumain, D. (2008). The Socio-Spatial Dynamics of Systems of Cities and Innovation Processes: a Multi-Level Model. Dans *The Dynamics of Complex Urban Systems. An Interdisciplinary Approach*, Albeverio, S., Andrey, D., Giordano, P., Vancheri, A. (dir.). Springer, Berlin, 373–389.

Pumain, D. (2018). An evolutionary theory of urban systems. Dans *International and Transnational Perspectives on Urban Systems*, Rozenblat, C., Pumain, D., Velasquez, E. (dir.). Springer, Berlin, 3–18.

Pumain, D., Saint-Julien, T. (2010). *Les interactions spatiales : flux et changements dans Espace Géographique*. Armand Colin, Paris.

Pumain, D., Saint-Julien, T., Cattan, N., Rozenblat, C. (1992). *Le concept statistique de la ville dans les différents pays d'Europe*. Eurostat, Luxembourg.

Raimbault, J. (2018). Caractérisation et modélisation de la co-évolution des réseaux de transport et des territoires. Thèse de doctorat, Université Paris 7 Denis Diderot, Paris.

Raimbault, J. (2020). Unveiling co-evolutionary patterns in systems of cities: a systematic exploration of the SimpopNet model. Dans *Theories and Models of Urbanization*, Pumain, D. (dir.). Springer, Berlin, 261–278.

Raimbault, J., Cottineau, C., Le Texier, M., Le Nechet, F., Reuillon, R. (2019). Space Matters: Extending Sensitivity Analysis to Initial Spatial Conditions in Geosimulation Models. *Journal of Artificial Societies and Social Simulation*, 22(4), 10.

Ravenstein, E.G. (1885). The laws of migration. *Journal of the Royal Statistical Society*, 48(2), 167–235.

Reclus, E. (1895). The evolution of cities. *The Contemporary Review*, 67(2), 246–264.

Reilly, W.J. (1931). *The law of retail gravitation*. W.J. Reilly, New York.

Reuillon, R., Schmitt, C., De Aldama, R., Mouret, J.B. (2015). A new method to evaluate simulation models: the calibration profile (cp) algorithm. *Journal of Artificial Societies and Social Simulation*, 18(1), 3.

Reynaud, J. (1841). Villes. Dans *Encyclopédie nouvelle*, Robic, M.C. (dir.). Gosselin, Paris, 670–687

Robic, M.-C. (1982). Cent ans avant Christaller, une théorie des lieux centraux. *Espace Géographique*, 1, 5–3.

Rogromel, C., Rozenblat, C. (2024). Delineating African cities (large urban regions) to compare them within global urban networks. *Cybergeo: European Journal of Geography*, 1078.

Rozenblat, C. (1992). L'internationalisation des villes européennes par les réseaux des entreprises multinationales. *Revue d'Économie Régionale et Urbaine*, 4, 661–678.

Rozenblat, C. (1995). Tissu d'un semis de villes européennes. *Mappemonde*, 4(95), 22–27.

Rozenblat, C. (2018). Urban systems between national and global: recent reconfiguration through transnational networks. Dans *International and Transnational Perspectives on Urban Systems*, Pumain, D., Rozenblat, C., Velasquez, E. (dir.). Springer, Singapore, 19–49.

Rozenblat, C. (2020). Extending the concept of city for delineating large urban regions (LUR) for the cities of the world. *Cybergeo: European Journal of Geography*.

Rozenblat, C. (2021). Intracity and intercity networks of multinational firms. Dans *Handbook of cities and networks*, Zachary, P.N. (dir.). Edward Elgar, Cheltenham, 511–556.

Rozenblat, C., Pumain, D. (2007). Firm linkages, innovation and the evolution of urban systems. Dans *Cities in globalization: Practices, policies, theories*, Derudder, B., Witlox, F., Taylor, P., Saey, P. (dir.). Routledge, Londres, 130–156.

Sanders, L., Pumain, D., Mathian, H., Guérin-Pace, F., Bura, S. (1997). SIMPOP, a multi-agents system for the study of urbanism. *Environment and Planning B*, 24, 287–305.

Sanders, L., Favaro, J.M., Mathian, H., Pumain, D., Glisse, B. (2007). Intelligence artificielle et agents collectifs : le modèle EUROSIM. *Cybergeo: European Journal of Geography*, 392.

Santoro, N., Quattrociocchi, W., Flocchini, P., Casteigts, A., Amblard, F. (2011). Time-varying graphs and social network analysis: Temporal indicators and metrics. *arXiv preprint arXiv:1102.0629*.

Schmitt, C. (2014). Modélisation de la dynamique des systèmes de peuplement : de SimpopLocal à SimpopNet. Thèse de doctorat, Université Paris I-Panthéon-Sorbonne, Paris.

Semboloni, F. (2008). Hierarchy, cities size distribution and zipf's law. *The European Physical Journal B*, 63(3), 295–301.

Simon, H.A. (1955). On a class of skew distribution functions. *Biometrika*, 42(3/4), 425–440.

Starr, F. (1977). L'urbanisme utopique pendant la révolution culturelle soviétique. *Les Annales*, 1, 87–105.

Taaffe, E., Morrill, R., Gould, P. (1963). Transport extension in underdeveloped countries. *Geographical Review*, 4, 503–529.

Tarrés-Deulofeu, M., Godoy-Lorite, A., Guimera, R., Sales-Pardo, M. (2019). Tensorial and bipartite block models for link prediction in layered networks and temporal networks. *Physical Review E*, 99(3), 032307.

Taylor, P.J., Hoyler, M., Verbruggen, R. (2010). External urban relational process: Introducing central flow theory to complement central place theory. *Urban Studies*, 47, 2803–2818.

Vance, J.E. (1970). *The merchant's world: the geography of wholesaling*. Prentice Hall, Londres.

Vázquez, A. (2003). Growing network with local rules: Preferential attachment, clustering hierarchy, and degree correlations. *Physical Review E*, 67(5), 056104.

Verdier, N. (2007). Le réseau technique est-il un impensé du XVIIIe siècle : le cas de la poste aux chevaux. *Flux*, (2), 7–21.

Vinciguerra, S., Frenken, K., Valente, M. (2010). The geography of internet infrastructure: an evolutionary simulation approach based on preferential attachment. *Urban Studies*, 47(9), 1969–1984.

Watts, D.J., Strogatz, S.H. (1998). Collective dynamics of 'small-world' networks. *Nature*, 393(6684), 440–442.

White, R., Engelen, G. (1993). Cellular automata and fractal urban form: a cellular modelling approach to the evolution of urban land-use patterns. *Environment and planning A*, 25(8), 1175–1199.

Yule, G.U. (1925). A mathematical theory of evolution, based on the conclusions of Dr. JC Willis, FRS. *RSPTB*, 213, 21–87.

Zdanowska, N., Rozenblat, C., Pumain, D. (2020). Evolution of urban hierarchies under globalisation in Western and Eastern Europe. *Regional Statistics*, 10(2).

Zhang, W., Zhu, J., Zhao, P. (2021). Comparing World City Networks by Language: A Complex-Network Approach. *ISPRS International Journal of Geo-Information*, 10(4), 219.

3

Les modèles de dynamique territoriale « usage du sol-transport »

Nicolas COULOMBEL[1] et Matthieu DE LAPPARENT[2]

[1] *LVMT, ENPC, Institut Polytechnique de Paris, Université Gustave Eiffel, Marne-la-Vallée, France*

[2] *School of Engineering and Management Vaud, HES-SO, Yverdon-les-Bains, Suisse*

3.1. Introduction

Pour répondre aux enjeux environnementaux majeurs liés au fonctionnement des villes et à leur développement, des stratégies de réponse coordonnées au niveau des politiques d'aménagement et de mobilité sont aujourd'hui reconnues nécessaires (voir par exemple dans le cas du réchauffement climatique la revue de Sethi *et al.* (2020)). La modélisation intégrée usage du sol-transport (MUST), mieux connue dans la littérature anglo-saxonne sous l'acronyme LUTI (*Land Use Transport Interaction*) ou ITLUM (*Integrated Transport Land Use Model*), a ainsi suscité un regain d'intérêt fort de la part du monde académique aussi bien que des pouvoirs publics. Les modèles d'usage (ou occupation) du sol-transport, comme leur nom le suggère, représentent et analysent les interactions entre le système de transport et le système urbain (plus précisément le système d'activités) en vue de simuler la coévolution de la demande de mobilité (l'usage que font les individus des divers services de mobilité) et de la localisation des agents économiques (ménages, entreprises) sur le territoire. Par exemple, l'aménagement d'un territoire conditionne les investissements dans les réseaux de transport et leurs performances. En retour, les investissements en projets d'infrastructures ont un impact sur les décisions de localisation des ménages, des entreprises et de leurs établissements, et

La coévolution transport, mobilité, territoire,
coordonné par Florent LE NÉCHET. © ISTE Editions 2026.

donc sur la planification du territoire concerné. En considérant ces interactions, les modèles LUTI permettent d'évaluer à la fois des politiques de transport (développement des divers réseaux, zones à faibles émissions, péages urbains, etc.), des politiques urbaines (ceintures vertes, zéro artificialisation nette, taxes incitatives pour la densification douce), ainsi que des combinaisons des deux. Ces modèles font en conséquence l'objet d'études et d'applications de plus en plus nombreuses à travers le monde, en commençant par les États-Unis et le Royaume-Uni (pays ayant joué un rôle clé dans leur développement), puis en Europe et en Amérique du Sud, et plus récemment en Chine notamment, avec comme but principal de pouvoir mener des politiques plus intégrées (voir par exemple dans le cas de stratégies de décarbonation pour la ville de Grenoble (Saujot 2013)).

Ce chapitre vise à présenter les modèles intégrés d'occupation du sol-transport, en commençant par un rapide historique du développement de ces modèles (voir section 3.2). Nous en présenterons ensuite les grands principes (voir section 3.3), avant de procéder à une revue des modèles (voir section 3.4), suivie d'une discussion sur les enjeux liés à la calibration[1], la validation[2] et la simulation (voir section 3.5), et enfin d'une conclusion (voir section 3.6).

3.2. Historique

Le développement des modèles d'interaction usage du sol-transport (LUTI) est étroitement lié à celui des modèles de prévision de la demande de transport. Comme nous le verrons tout au long du chapitre, les modèles LUTI ont en effet été souvent conçus comme des extensions des modèles de transport plutôt que comme des modèles à part entière. Nous commencerons ainsi cette partie par un bref historique des modèles de prévision de la demande de transport, avant de passer aux modèles LUTI proprement dits.

3.2.1. *Modèles de prévision de la demande de transport*

C'est dans les années 1950 que les modèles de prévision de la demande de transport apparaissent aux États-Unis, bien que le besoin de tels modèles ait commencé à s'exprimer dès les années 1930-1940 (McNally 2007). Face à la progression de l'automobile et au développement concomitant du réseau routier, les besoins de planification se

1. Le terme « calibration » définit ici de manière générique les techniques permettant de paramétrer ces modèles, qu'elles reposent sur de l'inférence statistique ou des dires d'experts.

2. Le terme « validation » renvoie ici à l'ensemble des approches et techniques qui permettent d'évaluer dans quelles mesures de tels modèles sont aptes à fidèlement reproduire une ou des situations observées.

sont faits de plus en plus pressants. Au départ, les problèmes posés demeuraient relativement spécifiques, comme comprendre pourquoi tel pont ou telle intersection étaient embouteillés. Cependant, l'émergence d'une problématique urbaine importante (progression rapide de la population urbaine, mouvement de périurbanisation), conjuguée à la participation croissante de l'État fédéral au financement du développement urbain, a abouti au développement de nouveaux outils. L'objectif était de parvenir à traduire en équations les mécanismes à l'œuvre : d'où vient le besoin de transport, comment se fait le choix de la destination, du mode de transport ? Dans ce domaine, la *Detroit Metropolitan Area Traffic Study* (1953 à 1955) et la *Chicago Area Transportation Study* (CATS) ayant eu lieu à la fin des années 1950 ont joué un rôle déterminant (Weiner 1997).

Le terme « modèles à quatre étapes » désigne un ensemble de modèles de prévision de la demande de transport qui suivent la méthodologie « classique » développée au début des années 1960 dans la lignée des travaux précédents[3]. L'objectif d'un modèle de prévision de la demande de transport est d'analyser l'utilisation que font les usagers des réseaux de transport (routier, ferroviaire, etc.) et de prévoir les effets liés au développement de ces réseaux. Typiquement, un tel modèle permet de « prévoir le nombre de déplacements effectués dans une aire urbaine donnée selon la période du jour et le couple origine-destination considéré, le mode de transport utilisé et les itinéraires empruntés sur le réseau par ces trafics » (Masson 1998). Cette caractéristique donne la possibilité de dimensionner correctement les infrastructures, mais aussi de procéder à l'évaluation *ex ante* d'un projet de transport, puisque de la demande de transport découlent les recettes (péages dans le cas d'une autoroute), les gains de temps, les gains en congestion, etc. En Île-de-France, le modèle à quatre étapes MODUS a ainsi été utilisé pour réaliser les prévisions de trafic du projet de métro automatique Grand Paris Express, ce qui a permis de réaliser une évaluation *ex ante* du projet par la méthode d'analyse coûts-bénéfices.

Afin de prévoir la demande de transport, les modèles à quatre étapes émettent l'hypothèse suivante : le système d'activités d'un territoire donné est à l'origine de la demande de transport. Une zone émet ou reçoit des déplacements en fonction de la quantité d'activités présentes sur la zone. Dans le modèle, cette étape est appelée « génération ». La deuxième étape est l'étape de « distribution », où l'on procède à la mise en relation des émissions et des réceptions, donnant lieu à une matrice de flux origines-destinations (dite matrice O-D). La troisième étape, la « répartition modale », détermine les modes supports de ces flux. Enfin, une fois le mode sélectionné, la dernière étape, dite d'« affectation », détermine les itinéraires empruntés (typiquement le chemin de plus faible

3. Nous nous bornerons dans ce chapitre à une présentation succincte des modèles à quatre étapes. Ceux-ci font l'objet de nombreux ouvrages de référence, que le lecteur pourra consulter pour une présentation circonstanciée de ces modèles : voir notamment (Bonnel 2002) en français ou (Ortuzar et Willumsen 2011) en anglais.

coût généralisé) et affecte les flux modaux sur le réseau. Ces quatre étapes peuvent être résumées par la figure 3.1.

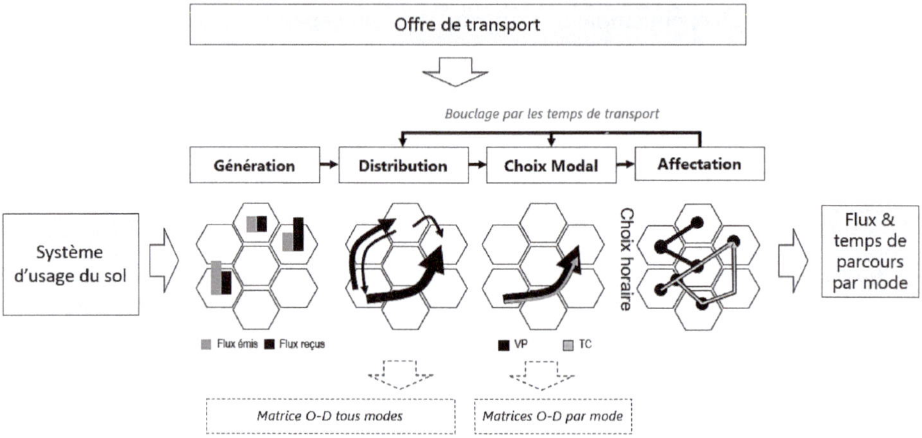

Figure 3.1. *Structure type d'un modèle à quatre étapes (adapté de (DRIEA-IF 2021))*

3.2.2. Développement des modèles intégrés d'occupation du sol-transport

Parallèlement aux modèles de transport, les premiers modèles intégrés d'usage du sol-transport ont commencé à être mis en œuvre dès les années 1960 aux États-Unis.

Les travaux d'alors sur le sujet comportent d'une part des approches théoriques, telles que le modèle de la ville monocentrique développé par l'économie urbaine (Alonso 1964 ; Mills 1967 ; Muth 1969). Cette branche de la littérature a mis en lumière les principaux mécanismes économiques régissant l'organisation urbaine : comment les conditions de transport influent sur les choix résidentiels des ménages à travers des arbitrages entre accessibilité et taille du logement, les conséquences de ces arbitrages en matière de densité (à travers les choix de taille de logement) et de loyers, et comment le développement immobilier réagit face à cette demande des ménages. La littérature a également analysé comment cet équilibre urbain est modifié dans le temps sous l'effet de différentes variables telles que la croissance démographique, une hausse des revenus, la baisse des coûts de transport, etc. (voir notamment (Wheaton 1974)). Ces travaux ont ainsi permis d'expliquer plusieurs faits stylisés (Anas *et al.* 1998), notamment l'observation de courbes de densité de population suivant une loi exponentielle décroissante avec la distance au pôle d'emploi principal – le *Central Business District* ou CBD –

(Clark 1951 ; Anas *et al.* 2000). Néanmoins, le modèle monocentrique peut être difficile à transposer pour obtenir un modèle opérationnel[4]. Par exemple, les hypothèses d'isotropie et de centralité de l'emploi, qui jouent un rôle central dans toute la théorie, sont difficilement soutenables dans le monde réel.

Face à ces modèles stylisés, des modèles plus opérationnels se sont développés aux États-Unis dans le cadre de l'*urban transportation planning system* pour la prévision de la demande de transport. Le modèle gravitaire de Lowry (1964) constitue le point de départ de cet ensemble de modèles visant à prédire la localisation des ménages et des entreprises sur un territoire. Lowry part de la distribution de l'emploi basique (par opposition au secteur domestique dans la théorie de la base[5]) sur le territoire d'étude, qu'il considère comme une donnée exogène. Étant donné cette distribution, les personnes occupant les emplois basiques sont supposées se répartir sur le territoire suivant la formulation gravitaire[6]. Ces mêmes personnes ayant besoin de services à proximité de leur lieu de résidence, une demande induite d'emplois domestiques se forme localement pour répondre aux besoins des nouveaux résidents. Comme ces emplois domestiques requièrent une main-d'œuvre nécessitant elle-même un lieu de résidence, une structure récursive émerge naturellement et le processus est itéré jusqu'à la convergence du modèle. Le modèle de Lowry permet ainsi d'établir la distribution spatiale des ménages et des emplois domestiques sur un territoire d'étude, en supposant une distribution exogène des emplois basiques.

3.2.3. *Remise en cause des modèles existants*

À partir des années 1970, deux éléments sont venus remettre en cause les différents modèles existants, aussi bien de transport que d'occupation du sol :

– des critiques croissantes sur la théorie attenante à ces modèles ainsi que sur leurs exigences en matière de ressources et de données ;

– l'émergence de problématiques de plus en plus complexes et de politiques de plus en plus variées.

---

4. Les travaux autour du modèle NEDUM et de son extension polycentrique NEDUM-2D ont néanmoins montré qu'il était possible d'opérationnaliser le modèle monocentrique, en levant l'hypothèse d'isotropie ainsi que – si nécessaire en fonction du territoire d'étude – l'hypothèse d'un pôle d'emploi unique (voir par exemple (Viguié *et al.* 2014)).

5. Pour un territoire d'étude donné, le secteur basique désigne le secteur qui capte des revenus en provenance de l'extérieur, c'est-à-dire les secteurs exportateurs (par exemple : industrie lourde, viticulteurs, etc.). Le secteur domestique représente les secteurs d'activité pour lesquels la production est destinée à la consommation locale (par exemple : boulangerie, coiffeur, banque de proximité, etc.).

6. Voir le chapitre 1 pour une présentation du modèle gravitaire.

Concernant le premier point, le « Requiem for Large-Scale Models » de Lee (1973) développe une synthèse des critiques adressées à ces modèles. Dans cet article, Lee fait état d'une part des demandes démesurées en données et en temps de calcul de ces modèles, d'autre part de l'insuffisance de la théorie. La critique de Lee concernant les problèmes de temps de calcul a été résolue de fait par la loi de Moore[7], en dépit de la complexification croissante des modèles (Leurent 2011) ; seule la disponibilité des données demeure un problème important (Nguyen-Luong 2012).

Enfin, ce n'est pas la capacité prédictive des modèles qui est en cause, mais leur fondement théorique, dont l'approche comportementale serait insuffisante. Les modèles seraient semblables à des boîtes noires : ils fournissent des prévisions pouvant se révéler justes, mais dont il est difficile de rendre compte à une personne tierce (Saujot *et al.* 2016 ; Waddell et Ulfarsson 2004). Les travaux de McFadden (1973) sur la théorie de l'utilité aléatoire ont quant à eux permis un développement majeur de l'approche comportementale, donnant lieu dans le domaine des transports aux modèles de demande dits désagrégés. Deux développements de ces travaux ont joué un rôle particulièrement important en modélisation urbaine. La meilleure prise en compte de la corrélation entre les alternatives à travers les modèles *nested logit*, *cross-nested logit*, etc., a permis d'améliorer la structure des choix et de résoudre notamment le fameux *blue bus/red bus paradox*[8] (voir par exemple (Ben-Akiva et Lerman 1985 ; Train 2009)). Cochrane (1975) et Anas (1983) ont quant à eux démontré l'équivalence entre le modèle logit multinomial et le modèle de maximisation d'entropie pour un même niveau d'agrégation, offrant ainsi un fondement théorique aux modèles basés sur cette dernière méthode.

Malgré ces développements, l'émergence d'une seconde critique majeure à l'égard des modèles de transport, en combinaison avec le deuxième point (émergence de nouvelles problématiques et besoin de tester des politiques de plus en plus variées), a suscité un regain d'intérêt envers les modèles d'interaction transport-urbanisme au détriment des modèles de transport « purs ».

3.2.4. *Renouveau des modèles LUTI*

La seconde critique, centrale pour expliquer le développement des modèles LUTI, met en avant la limite des projections à long terme des modèles « purs » de transport ou

---

7. La loi de Moore est une loi empirique décrivant une évolution exponentielle de la puissance de calcul des ordinateurs à coût constant.

8. Le paradoxe *blue bus/red bus* (bus bleu-bus rouge) met en évidence les conséquences que peut avoir une mauvaise caractérisation des alternatives. Par exemple, dans le cadre du choix du mode de transport, séparer l'alternative bus en deux alternatives, une alternative bus bleu et une alternative bus rouge, augmente artificiellement dans un modèle logit la part de marché des bus toutes couleurs considérées.

d'usage du sol lorsque les interactions entre système de localisation et système de transport ne sont pas prises en compte. Or, par essence, ces modèles ne considèrent les interactions que dans un seul sens. Les modèles de transport émettent l'hypothèse que la distribution des activités sur le territoire est exogène. Cela revient à négliger l'influence du système de transport sur la localisation des ménages et des entreprises (ou du moins à ne pas la représenter explicitement). Inversement, de nombreux modèles d'occupation du sol n'intègrent pas les répercussions de la localisation des activités sur l'utilisation du système de transport, et par suite sur les coûts généralisés de transport et les niveaux d'accessibilité. Comme ces interactions jouent un rôle majeur à long terme – comme en atteste toute la littérature empirique récente de la nouvelle économie urbaine sur les liens forts entre infrastructures de mobilité et développement régional et local (par exemple sur l'effet du RER en région parisienne ((Garcia-López *et al.* 2017) ou plus généralement la revue menée par Mayneris (Mayneris 2018))) –, on ne saurait se passer d'un « bouclage » des modèles transport et usage du sol visant à capturer ces rétroactions entre les deux systèmes.

Au-delà de cette critique fondamentale, le développement et l'usage de plus en plus courant des modèles LUTI furent favorisés par :

– l'émergence de nouvelles problématiques urbaines : il n'est aujourd'hui plus seulement question de dimensionnement des réseaux en relation avec la demande, mais surtout de maîtrise des impacts environnementaux des activités anthropiques (réchauffement climatique, artificialisation des sols, qualité de l'air, etc.) ;

– une diversification des mesures à la disposition des pouvoirs publics, qu'il faut pouvoir tester à l'intérieur du modèle. L'intégration de politiques de transport (stationnement, restrictions de circulation, gestion dynamique de la voirie, etc.) avec des politiques d'urbanisation (villes du quart d'heure, urbanisme orienté vers les transports collectifs, etc.) se développe en particulier, comme l'illustre l'exemple des « superblocs » à Barcelone (Rueda 2019).

À la suite des deux points susdits, les attentes des différents acteurs quant aux modèles se sont progressivement élargies (Saujot *et al.* 2016), de sorte qu'il devient de plus en plus difficile d'y répondre en mobilisant de « simples » modèles de transport ou d'urbanisation.

3.3. Principes

3.3.1. *Principes et structure archétypique*

Les modèles LUTI visent à analyser les interactions entre le système d'activités et le système de transport, comme illustré à travers le cycle de Wegener et Fürst (1999). L'horizon considéré est généralement de moyen ou long terme, de l'ordre de 15 à 30 ans. Le champ des modèles LUTI est ainsi très large, de sorte que la structure archétypique d'un modèle LUTI indiquée dans la revue de David Simmonds Consultancy *et al.* (1999) met en évidence un grand nombre d'acteurs et de marchés (au sens de lieu d'échange entre différents types d'offreurs et de demandeurs, et différents types de produits et de services proposés sur ces marchés).

Nous commencerons par présenter dans cette section les principaux sous-systèmes, agents et marchés pouvant composer les modèles LUTI, avant de présenter en section suivante les grandes familles de modèles.

3.3.2. *Sous-systèmes d'un modèle LUTI*

Selon Wegener (2004), le système urbain et son espace sont composés par huit éléments principaux : les réseaux, le mode d'occupation des sols, le développement de lieux d'emploi, le développement résidentiel, la localisation des emplois, la localisation de la population, la mobilité des personnes et enfin le transport de fret. Wegener ajoute un neuvième élément correspondant à l'environnement.

Ces « huit plus un » éléments évoluent chacun selon des temporalités différentes, du plus lent au plus rapide :

1) réseaux : transport, eau, énergie. Ces réseaux sont des éléments permanents de la structure physique d'une ville. La modification « non marginale » de ce type d'infrastructure s'opère dans le long terme, typiquement de l'ordre de la décennie ou plus ;

2) occupation des sols. La distribution spatiale du mode d'occupation des parcelles (ou toute autre nomenclature permettant l'administration de la subdivision spatiale des terrains occupés) évolue aussi à long terme (5 à 10 ans). Sa dynamique de court (1 à 2 ans) à moyen terme (3 à 5 ans) est essentiellement incrémentale ;

3) promotion immobilière non résidentielle : il s'agit ici de la démolition et de la construction d'immeubles de différents types (bureaux, commerces, entrepôts, etc.) dédiés à des activités autres que le logement sur les parcelles afférentes. La dynamique d'ajustement de telles décisions est plus rapide que celle concernant les réseaux ou la distribution spatiale de l'occupation des sols par type, mais demeure plus lente que les décisions relatives aux personnes physiques et morales occupant ces immeubles ;

4) promotion immobilière résidentielle : même point que le précédent concernant cette fois la construction de différents types de logements pour les ménages ;

5) création/disparition/(re)localisation d'entreprises, d'établissements et des emplois : il s'agit ici de décisions à plus court terme que les précédentes dans la mesure où il s'agit de décision d'occupation des immeubles localisés sur des parcelles dédiées ;

6) formation/dissolution/(re)localisation des ménages et des individus : même point que le précédent, mais concernant les choix résidentiels des ménages et leurs individus ;

7) demande de transport des personnes : les éléments précédents constituent les générateurs de la demande de transport exprimée par la population et les activités implantées : la localisation des individus et des activités donne naissance aux flux de transport de voyageurs et de marchandises. Les choix de mobilité sont des décisions de court voire très court terme comparés aux choix précédents, à l'exception notable des choix d'équipement (véhicules, abonnements à divers services de mobilité, etc.). Ceux-ci sont étroitement liés à ceux relatifs à la localisation résidentielle et prennent corps à plus long terme que les choix d'organisation de la mobilité quotidienne ;

8) transport de marchandises : il peut aussi s'agir d'échanges intra- et interindustries à l'intérieur du territoire, d'approvisionnement provenant de l'extérieur (importation de biens pour la production ou la distribution), ou d'exportations de biens et de services intermédiaires et/ou manufacturés ;

9) environnement : ce dernier élément est la résultante de tous les précédents et sa dynamique s'inscrit aussi bien dans le long terme que dans le court terme. Dans le dernier cas, il s'agit essentiellement de caractériser les nuisances générées par l'organisation du territoire et les flux de voyageurs et de marchandises qu'elle engendre : pollution, bruit, insécurité, assainissement et déchets, consommation d'énergie, émission de gaz à effet de serre, etc.

Ces sous-systèmes n'ont pas nécessairement vocation à être considérés comme tels, mais plutôt à être caractérisés au sein de marchés différenciés, qui peuvent être ou non régulés. Par exemple, le développement résidentiel et la localisation des ménages se retrouveront tous deux au sein du marché du logement, qui fera se rencontrer les demandeurs (les ménages) et les offreurs (les propriétaires de logements et les promoteurs).

Une hypothèse fondamentale de la construction d'un modèle LUTI est qu'il est de fait possible de qualifier les sous-systèmes précédents en termes de marchés et d'agents économiques. Selon le niveau de détail souhaité, la typologie peut être très détaillée ou non. Dans une perspective empirique, le degré de désagrégation dépend étroitement de l'information statistique disponible.

3.3.3. *Principaux agents économiques*

Les principaux agents économiques représentés dans les modèles LUTI peuvent être regroupés selon quatre grandes familles d'acteurs.

3.3.3.1. *Propriétaires fonciers*

Les propriétaires fonciers, comme leur nom l'indique, possèdent le sol. Il peut s'agir d'agents privés, tels les ménages ou les entreprises, ou d'agents publics, tels l'État ou les collectivités territoriales. Ces parcelles peuvent être déjà dédiées ou non à une activité (éventuellement plusieurs). Elles peuvent être cédées, vendues, ou louées sur le marché foncier, ou conservées en l'état.

Dans les modèles LUTI, les comportements des propriétaires fonciers, lorsqu'ils sont explicitement représentés, suivent deux grandes logiques. La première est celle de la maximisation du profit, logique typiquement appliquée aux propriétaires privés. Pour les propriétaires publics, la logique appliquée sera plus souvent celle de la maximisation du surplus collectif (fonction objectif intégrant les intérêts de l'ensemble des diverses parties prenantes : résidents, entreprises, environnement, etc.).

3.3.3.2. *Entreprises et établissements*

Les entreprises sont différenciées selon des secteurs d'activité. Typiquement, le secteur de la construction (bâtiment et travaux publics) est chargé de développer les immeubles et infrastructures sur les parcelles de terre dont les modes d'occupation ont été préalablement choisis et que les propriétaires actuels cherchent à valoriser. Cette activité conduit à construire des immeubles et infrastructures qui servent aux autres agents économiques, en particulier les ménages et les entreprises des autres secteurs d'activité (industrie, commerce et services à la personne et aux entreprises), mais aussi les administrations publiques.

Concernant les entreprises, leurs choix de localisation et de consommation d'espace sont en général représentés dans les modèles LUTI comme un problème d'optimisation de fonctions de profit : il s'agit d'accéder aux ressources de production (main-d'œuvre, capital humain, capital physique, etc., c'est-à-dire demande de travail, de capital et de matières premières), de s'offrir les débouchés (locaux et extérieurs au territoire, c'est-à-dire distribution et vente de la production de biens et/ou de services intermédiaires et/ou finaux) les plus larges et enfin de bénéficier au mieux des effets positifs liés à l'agglomération des activités et des personnes au sein d'un territoire. Les choix concernant la finesse de la description des secteurs d'activité et de leurs interactions dépendront généralement des données disponibles ainsi que du niveau de détail voulu pour la représentation du transport de marchandises.

Notons que le secteur des transports est constitué d'entreprises qui développent les infrastructures et d'autres qui les exploitent. Les deux jouent un rôle primordial dans le niveau de performance des réseaux, celui-ci étant lié à l'offre de services de mobilité, elle-même dimensionnée selon les capacités des infrastructures. C'est donc bien la combinaison des capacités développées par les gestionnaires d'infrastructure et des services opérés par les exploitants qui détermine l'accessibilité depuis et vers les implantations des entreprises et leurs établissements. Ces opérateurs peuvent également jouer un rôle important dans les marchés foncier et immobilier, comme c'est par exemple le cas au Japon, où les entreprises ferroviaires consacrent une partie importante de leur activité au développement immobilier.

3.3.3.3. *Résidents*

Les ménages (et leurs individus) sont à la fois consommateurs de biens et de services, dont le logement, offreurs de travail et enfin voyageurs sur les réseaux de transport. Ils doivent effectuer des choix résidentiels, représentés sous la forme d'un choix de localisation parfois couplé au choix de la taille du logement, et généralement modélisés comme un problème (économique) de maximisation de l'utilité du ménage. Les choix du type de logement (individuel ou collectif) et du statut d'occupation (propriétaire, locataire du secteur privé ou social) ne sont pas toujours représentés. Ces choix résidentiels déterminent les choix d'équipement, notamment les véhicules particuliers (motorisés ou non), et en conjonction avec l'offre de transport, les déplacements que les individus effectuent pour accéder à leurs activités de travail et de consommation de biens et services finaux. Les ménages effectuent donc dans leur choix résidentiel un arbitrage entre prix du logement et coûts de transport (reprenant le paradigme du modèle monocentrique). Ils offrent leurs compétences sur le marché du travail afin de retirer les ressources nécessaires (sous forme de salaire), outre leur richesse initiale, à ces consommations de logement, de biens, de services et de transport.

Un des objectifs en matière de modélisation est de distinguer différents types de ménages selon leur richesse initiale, leur composition démographique, les compétences professionnelles que leurs membres ont à offrir. L'ensemble de ces choix résultent de comportements d'optimisation d'une fonction de bien-être (utilité) sous contraintes de ressources budgétaires et temporelles.

3.3.3.4. *Autorités de régulation et pouvoirs publics*

Les autorités de régulation et les pouvoirs publics sont chargés de la régulation et de la planification des marchés sur lesquels interviennent les agents économiques. Leurs objectifs, parfois contradictoires, cherchent à former un consensus acceptable se situant entre la stricte efficacité économique et la seule justice sociale. Les instruments d'action sont la fiscalité (impôts, taxes, redevances) et la réglementation (lois, décrets, normes).

3.3.4. *Marchés*

Les relations entre les agents économiques prennent corps au sein de marchés sur lesquels des offres et des demandes sont exprimées. Ces marchés sont différenciés : les produits offerts et demandés se distinguent les uns des autres selon des caractéristiques qui leur sont propres. En outre, la nature et le degré de concurrence opérant sur ces marchés et sous-marchés diffèrent de l'un à l'autre. Ce dernier point est important dans la mesure où, pour la plupart des modèles LUTI existants, soit la concurrence est supposée pure et parfaite, soit elle n'est pas explicitement modélisée et on cherche seulement à ajuster les quantités demandées aux quantités offertes sans caractériser les mécanismes en prix qui conduisent à cet équilibre.

Nous identifions ici certaines des différences existant sur les six grands marchés que sont le foncier, le bâti, le logement, le travail, la consommation et le transport.

3.3.4.1. *Marché foncier*

Le marché foncier est fortement régulé dans de nombreux pays, comme en France à travers les plans locaux d'urbanisme (PLU, PLUi). Pour autant, en pratique, aucun modèle ne considère véritablement le jeu existant entre autorités administratives et propriétaires de terrains. Ce marché est souvent modélisé de façon simplifiée en considérant la régulation comme exogène et en représentant le comportement des propriétaires fonciers à travers une recherche d'une maximisation du profit (agent privé) ou du surplus collectif (agent public).

3.3.4.2. *Marché de la construction/démolition/promotion*

En théorie il convient de distinguer promoteurs et constructeurs : les premiers conçoivent, financent et commercialisent des programmes immobiliers sur des terrains déjà aménagés, tandis que les seconds construisent effectivement les immeubles. Néanmoins, dans la pratique, les modèles LUTI représentent les deux sous la forme d'un unique agent économique, à de rares exceptions près[9].

3.3.4.3. *Marché immobilier*

Les principales caractéristiques des logements considérées dans les modèles LUTI sont : le type de logement (maison ou appartement), la taille (exprimée soit en mètres carrés, soit en nombre de pièces) et le statut d'occupation. Concernant ce dernier point, les modèles ne distinguent souvent comme segments de marché que la propriété occupante et le secteur locatif privé ; le secteur locatif social et les modes d'occupation minoritaires (logement à titre gratuit, hébergement collectif, etc.) sont souvent soit non représentés explicitement, soit traités de façon exogène.

Concernant les entreprises, les modèles LUTI considèrent souvent un nombre relativement réduit de segments de marché, avec les trois suivants : bureaux, espaces commerciaux et autres surfaces (dédiées aux entrepôts, à l'industrie, etc.).

---

9. C'est notamment le cas du modèle RELU-TRAN (voir (Anas 2020) pour un exemple d'application récente).

3.3.4.4. *Marché des biens et services*

Par souci de réalisme, les biens et services de consommation devraient être distingués par secteurs d'activité, éventuellement par produits. Pour certains secteurs, il devrait être aussi possible de considérer diverses formes de concurrence : de la concurrence pure et parfaite au monopole privé ou public en passant par la concurrence monopolistique, il existe une variété dans la nature de la concurrence s'exerçant sur les différents marchés. La prise en compte de ces diverses formes de concurrence est importante, car elle peut donner lieu à ce que la littérature désigne sous le nom de bénéfices économiques élargis (*wider economic benefits*). À la suite de la construction d'une nouvelle infrastructure de transport, ou plus généralement d'une amélioration de l'accessibilité, les phénomènes de relocalisation et d'agglomération qui en résultent du côté des entreprises peuvent donner lieu à des gains de productivité importants, source de bénéfices socio-économiques (Graham et Gibbons 2019). En pratique, la représentation de la concurrence est souvent très simplifiée dans les modèles LUTI et les bénéfices socio-économiques élargis sont plutôt estimés *a posteriori* (voir par exemple (Tveter 2020)).

3.3.4.5. *Marché du travail*

Idéalement, la demande et l'offre de travail devraient être différenciées selon les secteurs d'activité considérés dans les modèles, mais aussi selon les compétences des travailleurs (par exemple selon une nomenclature par catégorie socioprofessionnelle). Les salaires d'équilibre sont en effet différents entre secteurs et entre professions au sein de chaque secteur (sans compter l'existence d'une variabilité intrinsèque à chaque couple secteur-profession).

3.3.4.6. *Marché des transports*

Le marché des transports recouvre plusieurs modes (privés mécanisés, collectifs, modes doux, etc.) et plusieurs acteurs (principalement usagers, opérateurs, régulateurs). Il est souvent représenté à l'aide d'un sous-modèle dédié, généralement un modèle à quatre étapes dans les premières applications des modèles LUTI, avec plus récemment une forte prédominance des modèles multi-agents basés sur les activités (Wegener 2021). La bonne représentation du marché des transports est cruciale puisqu'elle vise à déterminer l'usage des différents services de mobilité, et donc des différents réseaux de transport qui les soutiennent. Or les niveaux de service résultants sur ces réseaux conditionnent à leur tour l'accessibilité à et vers différents types d'activités, conduisant dans les modèles LUTI à des processus de relocalisation des ménages et des entreprises ainsi qu'à des processus de valorisation/dévalorisation des actifs immobiliers.

Dans la pratique, les modèles LUTI représentent principalement les voyageurs et leurs comportements de mobilité. Le transport de marchandises est souvent traité de façon exogène, ou pas représenté du tout (à l'exception des modèles d'interaction spatiale comme nous le verrons plus loin). Enfin les opérateurs et les régulateurs sont encore plus rarement représentés explicitement dans les modèles, l'offre de transport étant souvent considérée comme exogène[10].

3.3.5. *(Dés)équilibre entre offre et demande*

La rencontre des offres et des demandes sur les différents marchés détermine l'équilibre du système territorial. Dans la théorie économique standard, les interactions entre productions et consommations sur chaque marché et entre marchés déterminent les prix d'équilibre auxquels les échanges ont lieu ainsi que les quantités échangées. En pratique, le traitement de cette rencontre entre offre et demande varie de façon importante selon le type de modèle LUTI. D'un côté, les modèles d'équilibre spatial cherchent à déterminer un équilibre offre/demande par le mécanisme d'ajustement des prix. À l'autre extrême, les modèles d'accessibilité considèrent typiquement des marchés en déséquilibre et des phénomènes de rationnement, en particulier pour le marché du logement. Les ménages se localisent alors en fonction des logements vacants, et si plusieurs ménages désirent le même, le conflit est alors résolu selon un mécanisme de rationnement simple (premier arrivé premier servi, tirage aléatoire, etc.). Les prix pourront éventuellement s'ajuster, mais avec un retard et sans permettre l'équilibrage de l'offre et de la demande (Coulombel 2010).

Partant de ce premier point de divergence, nous allons maintenant présenter plus en détail les différents types de modèles LUTI.

3.4. Classification, structure et inventaire des modèles LUTI

3.4.1. *Classification des modèles*

Les classifications des modèles LUTI sont abondantes, en lien avec les multiples revues de littérature sur le sujet (de Lapparent 2013). Nous reprenons ici la classification de David Simmonds Consultancy *et al.* (1999), qui, bien que datée, reste d'actualité pour présenter les grands courants de modélisation.

Leur premier critère distingue les modèles d'optimisation (*optimising models*) des modèles de prédiction (*predictive models*). Les modèles d'optimisation visent à déterminer le « profil » (*design* en anglais) maximisant une fonction particulière : par exemple trouver le profil du réseau de transport qui minimise le coût social du système de transport. Les modèles prédictifs travaillent à « profil » donné et cherchent à prédire

10. Voir le chapitre 10 pour un rare contre-exemple de modèle LUTI endogénéisant l'offre de transport.

l'évolution des systèmes. Bien que les modèles d'optimisation comportent un intérêt certain, leur approche dans la modélisation LUTI se situe en général dans le très long terme (comment faire évoluer le profil pour se rapprocher du profil optimal ?). Par conséquent, les études menées font largement appel à la seconde catégorie de modèles, les modèles de prédiction, qui fournissent une réponse plus appropriée aux préoccupations des pouvoirs publics.

Les modèles de prédiction se divisent eux-mêmes en modèles statiques et modèles quasi dynamiques. Les modèles statiques étudient un seul point dans le temps (l'équilibre de long terme), tandis que les modèles quasi dynamiques[11] considèrent l'évolution du système à intervalles de temps réguliers. Cependant, les modèles statiques (tels que le modèle de Lowry, suivi de DSCMOD, MUSSA, ou IMREL) sont en recul depuis dès les années 1980, au profit des modèles du type quasi dynamique. David Simmonds Consultancy *et al.* (1999) avancent comme explication l'incapacité des modèles statiques à traduire les différentes temporalités des processus urbains mentionnées en début de chapitre, un argument que Wegener (2021) confirme comme étant largement présent dans le débat scientifique depuis plusieurs décennies pour militer en faveur des modèles quasi dynamiques, traduisant l'influence sous-jacente des théories de la dynamique des systèmes et de la complexité.

La catégorie des modèles quasi dynamiques va donc constituer notre centre d'intérêt principal. Cette catégorie comprend trois branches de modèles : les modèles entropiques et les modèles d'équilibre spatial – que Wegener (2021) regroupe sous le chapeau de modèles d'interaction spatiale – ainsi que les modèles d'activités – que Wegener (2021) désigne sous le nom de modèles d'accessibilité. Nous procédons ci-après à une description rapide de chaque catégorie, avec quelques modèles représentatifs.

3.4.1.1. *Modèles entropiques*

Les modèles entropiques partent de la formulation de Lowry (1964), qui correspond à deux modèles gravitaires simplement contraints portant sur les résidents et sur les emplois domestiques, et imbriqués entre eux (Wegener 2021). Ce formalisme est adapté pour prendre en compte la méthode du maximum d'entropie. Parmi ces modèles, LILT (*Leeds integrated transport package*) a été appliqué à Leeds, Dortmund et Tokyo, tandis que DRAM/EMPAL a été très largement utilisé aux États-Unis à l'échelle urbaine (David Simmonds Consultancy *et al.* 1999). Bien que courants à l'origine des modèles LUTI, ces modèles sont devenus extrêmement rares dans les applications récentes.

---

11. Le terme quasi dynamique est préféré par David Simmonds Consultancy au terme dynamique, pour distinguer l'étude de la dynamique d'un système (cas des modèles quasi dynamiques) et la notion économique du « dynamisme », où les acteurs réagissent en temps réel par rapport aux nouvelles informations à leur disposition.

3.4.1.2. *Modèles d'équilibre spatial*

Ces modèles présentent des analogies avec les modèles précédents, dans la mesure où ils ont été fortement inspirés par les travaux de Lowry (1964). Cependant, le formalisme doit aussi beaucoup aux travaux de Leontief (1986) sur les matrices *input-output*, et les différents marchés sont bien plus finement représentés que dans les modèles entropiques. Les modèles MEPLAN (Echenique *et al.* 1990) et TRANUS (de la Barra 1989) ont longtemps représenté les deux principaux modèles de cette catégorie, avant d'être suivis par les modèles PECAS (Hunt et Abraham 2003) et RELU-TRAN (Anas et Liu 2007).

Comme leur nom l'indique, ces modèles visent à déterminer des équilibres économiques spatiaux sur les différents marchés. Les fortes critiques émises à l'égard des modèles statiques les ont amenés à évoluer pour introduire progressivement une dynamique temporelle, prenant la forme soit d'un ajustement progressif de l'offre, soit d'un mouvement entre une succession d'équilibres de long terme, avec des processus d'ajustement non instantanés, mais progressifs.

3.4.1.3. *Modèles d'activités ou d'accessibilité*

David Simmonds Consultancy *et al.* (1999) définissent les modèles d'activités comme suit : « Les modèles d'activités sont définis par leur focalisation sur différents processus de changement qui affectent les activités et les espaces occupés par ces activités ; ils se situent donc à l'opposé exact des modèles d'équilibre général. »[12]

Ces modèles ont, comme nous l'avons vu en section 3.3.5, une approche diamétralement opposée à celle des modèles d'équilibre spatial, en mettant l'accent non pas sur la recherche d'un équilibre de long terme, mais sur les différents processus de transition. Le terme de modèle d'activités pouvant prêter à équivoque par son utilisation courante dans la modélisation des emplois du temps des individus et dans ses applications aux modèles de transport, Wegener (2021) préfère la notion de modèles d'accessibilité. Cette notion met cette fois en avant que dans les modèles LUTI d'activités, les interactions économiques ne sont pas représentées de façon effective (comme dans les modèles d'interaction spatiale), mais de façon potentielle, à travers la notion d'accessibilité introduite notamment par Hansen (1959).

Les modèles d'accessibilité représentent probablement la catégorie de modèles LUTI la plus populaire, avec notamment le modèle UrbanSim (Waddell 2002) et le modèle DELTA (Feldman *et al.* 2007).

---

12. « Activity-based models are defined by their focus on the different processes of change which affect activities and the space they occupy; they are therefore the complete opposite of general equilibrium modelling. »

3.4.2. *Structure type de l'intégration*

Malgré ces différences fondamentales d'un point de vue tant méthodologique que conceptuel, une caractéristique commune à la plupart des modèles LUTI consiste en une structure duale. Celle-ci repose sur le couplage d'un modèle urbain et d'un modèle de transport, qui se répondent l'un à l'autre comme indiqué en figure 3.2. Le modèle urbain est utilisé en premier, ses sorties en matière d'usage du sol servant comme données d'entrée pour le modèle transport. L'équilibre offre/demande de transport résultant est ensuite traditionnellement synthétisé par une ou plusieurs variables d'accessibilité, réinjectées dans le modèle urbain, mais seulement pour le prochain pas de temps. L'hypothèse sous-jacente est que l'occupation du sol a une influence directe sur la demande de transport, tandis que les variables de transport ne rétroagissent sur le système d'occupation du sol qu'avec un certain délai.

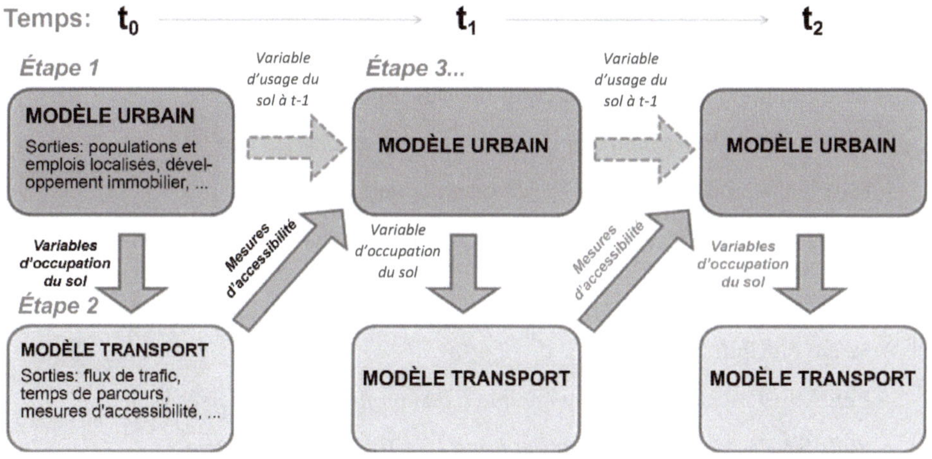

Figure 3.2. *Structure typique d'un modèle LUTI avec un couplage entre modèle transport et modèle urbain (Coulombel 2010)*

Cette structure est particulièrement caractéristique des modèles d'accessibilité (aussi appelés modèles d'activités dans la revue (David Simmonds Consultancy *et al.* 1999)). Dans le cas des modèles d'interaction spatiale, les modèles sont souvent plus unifiés (Wegener 2021), de sorte qu'il peut être plus difficile de séparer le modèle d'activités du modèle de transport. Par ailleurs les modèles d'interaction spatiale substituent les mesures d'accessibilité par des matrices de coût généralisé, dans la mesure où ces modèles visent à représenter les interactions économiques effectives (et non potentielles comme mesurées par l'accessibilité) et les mouvements résultants de biens et de personnes entre les zones.

3.4.3. *Inventaire des modèles LUTI*

Nous reprenons ici et actualisons l'inventaire effectué par de Lapparent (2013). Entre l'inventaire de Wegener (2004) et quelques recherches complémentaires, nous référençons ainsi 32 modèles de type OST :

– BOYCE : modèles combinés de localisation et de transport développé par Boyce ;

– CUFM : *California Urban Futures Model* ;

– DELTA : modèle de *Davids Simmonds Consultancy*, Cambridge, Royaume-Uni ;

– ILUTE : *Integrated Land Use, Transportation, Environment* ;

– IMREL : *Integrated Model of Residential and Employment Location* ;

– IRPUD : le modèle de la région de Dortmund ;

– ITLUP : *Integrated Transportation and Land Use Package* par Putman ;

– KIM : modèle non linéaire d'équilibre développé par Kim ;

– LILT : *Leeds Integrated Land-Use Transport model* ;

– MEPLAN : modèle de *Marcial Echenique and Partners* ;

– RELU-TRAN : *Regional Economy, Land Use and Transportation* par Anas. METROSIM, CATLAS, NYTC-LUM sont des prédécesseurs ;

– MUSSA : le modèle en cinq étapes de Martinez, initialement développé pour la ville de Santiago du Chili ;

– PECAS : *Production, Exchange and Consumption Allocation System* ;

– POLIS : *Projective Optimization Land Use Information System* ;

– RURBAN : *Random-Utility Urban model* ;

– SimMobility : la plateforme de modélisation du MIT ;

– STASA : modèle de Haag ;

– TLUMIP : *Transport and Land Use Model Integration Program* ;

– TRANUS : modèle de De La Barra ;

– TRESIS : *Transportation and Environment Strategy Impact Simulator* ;

– UrbanSim : modèle de Waddell.

	Réseaux	Occupation du sol	Immobilier de bureau	Immobilier résidentiel	Localisation de l'emploi	Localisation de la population	Transport de marchandises	Transport de voyageurs
BOYCE	x				x	x		x
CUFM		x	x	x	x	x		
DELTA		x	x	x	x	x		
ILUTE	x	x	x	x	x	x	x	x
IMREL	x	x	x	x	x	x		x
IRPUD	x	x	x	x	x	x		x
ITLUP	x	x			x	x		x
KIM	x				x	x	x	x
LILT	x	x	x	x	x	x		x
MEPLAN	x	x	x	x	x	x	x	x
RELU-TRAN	x	x	x	x	x	x		x
METROSIM	x	x	x	x	x	x		x
CATLAS	x	x	x	x	x	x		x
NYTC-LUM	x	x	x	x	x	x		x
MUSSA				x	x	x		
PECAS	x	x	x	x	x	x	x	x
POLIS		x			x	x		
RURBAN		x			x	x		
STASA	x	x	x	x	x	x	x	x
TLUMIP	x	x	x	x	x	x	x	x
TRANUS	x	x	x	x	x	x	x	x
TRESIS	x	x	x	x	x	x		x
URBANSIM		x	x	x	x	x		

Tableau 3.1. *Inventaire des modèles LUTI et sous-systèmes considérés (de Lapparent 2013)*

Le tableau 3.1 liste pour ces modèles les sous-systèmes considérés, mettant en évidence une forte disparité à ce niveau et un nombre faible, mais non négligeable de modèles couvrant tous les systèmes, correspondant par ailleurs souvent à des modèles récents.

On observe ainsi une tendance à l'exhaustivité des modèles, qui cherchent de plus en plus à couvrir l'ensemble du spectre pour répondre aux attentes croissantes envers les modèles LUTI (Saujot *et al.* 2016 ; Wegener 2021).

3.5. Calibrage, validation, simulation

En raison du nombre de sous-systèmes qu'ils visent à couvrir, les modèles LUTI sont particulièrement exigeants en matière de données statistiques nécessaires à leur mise en œuvre empirique (Nguyen-Luong 2012). L'accès à des données de qualité est une condition nécessaire, mais non suffisante. La collecte de données hétérogènes, leur assemblage et leur harmonisation sont des étapes critiques dans les trois dimensions que constituent le calibrage d'un modèle, sa validation et son utilisation à des fins de simulation.

Non seulement l'existence et la disponibilité de données détaillées concernant les agents économiques et les marchés modélisés représentent déjà en soi une difficulté importante, mais cela mobilise en outre des sources d'information le plus souvent disparates, impliquant un problème d'harmonisation des données. D'un point de vue empirique, cette dimension « données » peut rétroagir sur l'architecture du modèle LUTI considéré ou bien sur le besoin de disposer de plusieurs de ces modèles pour être le mieux à même d'interpréter le résultat de scénarios à tester.

3.5.1. *Information statistique*

La collecte et la sélection de données statistiques pertinentes pour le modèle représentent une étape centrale dans la constitution d'un modèle LUTI. Il s'agit d'identifier les données requises, leur provenance et ce qu'elles mesurent avant même de procéder à leur mise en forme et à leur harmonisation.

Une première clé d'unification de ces sources d'information hétérogène repose sur la définition d'un niveau de granularité géographique commun. Le plus petit dénominateur commun utile à l'harmonisation de toutes les bases de données détermine la précision géographique du modèle. De ce point de vue, les progrès importants en matière de disponibilité et de numérisation des données ont amené vers un niveau de désagrégation et de spatialisation de plus en plus fin dans les modèles LUTI, même si des incertitudes demeurent quant à la qualité de modèles « ultra-désagrégés » (Wegener 2021).

Une fois l'unité spatiale de référence choisie, les données collectées doivent être en rapport avec les différents agents économiques, marchés et interactions considérés. Sans prétendre à l'exhaustivité, ces données doivent être à même de caractériser les demandes et offres des individus et de leurs ménages, des entreprises et de leurs établissements, des aménageurs, des promoteurs et des constructeurs, sur :

– les marchés du travail : pour chaque zone géographique, emploi par secteur d'activité, par type de métier ; salaire par secteur et type de métier, nombre de firmes et d'établissements par secteur ;

– les marchés des biens et services : pour chaque zone géographique, production et consommation par type de produit et service ; relations intra- et interindustries ;

– les marchés du foncier : occupation du sol par mode, mutation des modes d'occupation du sol ;

– les marchés de l'immobilier : offre et demande de surfaces pour différents types de biens immobiliers (logements, bureaux, magasins, entrepôts) par statut d'occupation ; prix de transaction de ces biens différenciés ; données sur la construction et la démolition ;

– les marchés du transport : réseaux de transport par modes, niveaux de service (vitesses, distances, nœuds), données de trafic.

En parallèle, la plupart des modèles LUTI désagrègent les populations d'acteurs en sous-groupes, avec de nouveau un recours croissant à la microsimulation (Wegener 2021). Il convient dès lors de pouvoir disposer de données qui permettent de caractériser les aspects démographiques des acteurs (formation des ménages, naissance et mort des entreprises, migrations, distribution des revenus, etc.). L'objectif est de caractériser l'hétérogénéité des offres et demandes des acteurs sur les différents marchés à différentes dates et en différents endroits.

Toutes ces dimensions ont besoin de données à différents niveaux d'agrégation, différentes dates, et ce pour différents objectifs.

À l'exception des données issues de recensements, de nombreuses données peuvent être difficiles à obtenir. En particulier, les données d'enquêtes auprès d'individus, de registres d'entreprises et d'établissements, les données détaillées concernant les plans locaux d'urbanisme, sont assez difficiles à obtenir et très dépendantes du cadre d'étude. C'est aussi le cas des données relatives au marché des transports et à ses acteurs.

Ces contraintes des données peuvent substantiellement limiter la portée des résultats produits par un modèle LUTI, voire induire la nécessité d'adapter la structure de ce modèle à ces données. Néanmoins, les travaux récents portant sur la création de « populations synthétiques » – visant à générer les caractéristiques des agents peuplant les microsimulations, pour un modèle LUTI comme pour un modèle multi-agents de transport à la MATSim (voir par exemple (Hörl et Balac 2021 ; Yameogo 2021)) – permettent de lever progressivement ces verrous, notamment grâce au développement de méthodes d'intelligence artificielle générative.

3.5.2. *Boucle données-modèle*

L'écart entre la souche théorique d'un modèle et les données disponibles pour sa mise en œuvre conduit à réviser soit la stratégie de collecte des données, soit la formulation du modèle. Cette dernière peut prendre la forme d'une simplification des hypothèses relatives aux comportements des acteurs, à la définition des marchés sur lesquels ils interviennent, aux relations qui les unissent. Elle peut aussi prendre la forme d'une modification plus profonde de la structure du modèle, ce qu'il quantifie, et de sa portée.

Il n'existe pas à notre connaissance de démarche idéale pour répondre au problème de la boucle données-modèle. Pour autant, quelques règles de bonne pratique semblent s'imposer, en particulier citer correctement les références bibliographiques mobilisées ainsi que les bases des données employées.

Une fois les données collectées, il reste à les préparer et à les harmoniser pour l'estimation, le calibrage, la validation et l'utilisation du modèle à des fins de simulation. Ces données provenant de sources variées et à des niveaux d'agrégation divers, l'idée est de trouver une métrique commune et cohérente pour leur exploitation dans le cadre de la mise en œuvre du modèle LUTI. À ce titre, une bonne procédure de collecte de données visera à s'assurer que :

– il y a concordance entre les mesures d'une même quantité : même nomenclature, même champ statistique, possibilité d'utiliser une définition commune ;

– il y a possibilité de collecter toutes les données nécessaires à différentes périodes, de préférence éloignées pour éviter au maximum les phénomènes de dépendance à l'état antérieur et pour vérifier si le modèle utilisé peut répondre à des changements structurels dans les comportements des acteurs et les marchés modélisés ;

– la définition des scénarios repose sur la disponibilité de données pour l'exercice de simulation à l'horizon souhaité, du moins repose sur un ensemble d'hypothèses claires.

3.6. Conclusion

Face à la progression continue de la population urbaine au niveau mondial et aux enjeux environnementaux majeurs qui en découlent, les modèles LUTI sont *a priori* encore plus nécessaires aujourd'hui, *a fortiori* dans les métropoles en développement rapide comme en Asie ou en Afrique. Ceux-ci font néanmoins face à un certain nombre d'enjeux anciens ou nouveaux.

Le premier enjeu est celui d'améliorer l'opérationnalité des modèles LUTI comme outils d'aide à la décision, un enjeu déjà identifié dès les années 1970 notamment dans la critique de Lee (1973) et qui demeure d'actualité. Des efforts majeurs ont pourtant été entrepris pour améliorer la représentation des comportements (et ainsi la bonne compréhension du modèle), les temps de calcul, ou encore la visualisation des résultats, en particulier pour faciliter les échanges avec les décideurs (Wegener 2021). Néanmoins les modèles LUTI demeurent largement perçus comme des boîtes noires, notamment à cause du manque de transparence dans la documentation des hypothèses de travail et dans la procédure d'évaluation de ces modèles (en lien avec les difficultés liées à l'étape de validation). De fait, les décideurs restent peu confiants dans leur capacité à représenter le fonctionnement d'un certain nombre de marchés, en particulier le marché foncier (Saujot *et al.* 2016).

Le deuxième enjeu est celui de la transition écologique et de sa prise en compte dans les modèles LUTI, avec notamment les implications sur les prix de l'énergie et les développements technologiques (tels que le véhicule électrique). Cette transition nécessite de passer de modèles LUTI à des modèles ILUTE (*Integrated Land Use Transport Environment*) pour reprendre l'acronyme du modèle de l'équipe de Miller (Miller *et al.* 2011). Or de nombreux modèles LUTI n'intègrent pas encore de module environnemental et ne sont pas très sensibles à de nombreux instruments tels que la taxe carbone. Enfin, comme également souligné par Wegener (2021), les modèles LUTI à même d'intégrer les évolutions rapides des comportements face à la prégnance croissante des enjeux environnementaux, et en particulier la façon dont, au-delà des attitudes, la meilleure information sur la qualité de l'air ou sur l'impact climatique peut rétroagir sur les différents choix à la fois résidentiels et en matière de mobilité, sont encore plus rares.

Un dernier enjeu souligné par Wegener (2021) est celui du déclin démographique dans un certain nombre de pays, en particulier au Japon et en Europe, qui pose la question de savoir dans quelle mesure les modèles LUTI sont capables de représenter des trajectoires de décroissance.

Ce n'est qu'en faisant face à ces enjeux que les modèles LUTI pourront plus pleinement convaincre et remplir leur rôle d'outil d'aide à la décision, afin de guider la croissance et la décroissance des villes de demain.

3.7. Bibliographie

Adnan, M., Pereira, F., Lima Azevedo, C., Basak, K., Lovric, M., Raveau, S., Zhu, Y., Ferreira, J., Zegras, C., Ben-Akiva, M. (2016). SimMobility: A Multi-Scale Integrated Agent-based Simulation Platform. Dans *the 95th Annual Meeting, Transportation Research Board.*

Alonso, W. (1964). *Location and Land Use.* Harvard University Press, Cambridge.

Anas, A. (1983). Discrete choice theory, information theory and the multinomial logit and gravity models. *Transportation Research Part B: Methodological*, 17, 13–23 [En ligne]. Disponible à l'adresse : https://doi.org/10.1016/0191-2615(83)90023-1.

Anas, A. (2020). The cost of congestion and the benefits of congestion pricing: A general equilibrium analysis. *Transportation Research Part B: Methodological*, 136, 110–137 [En ligne]. Disponible à l'adresse : https://doi.org/10.1016/j.trb.2020.03.003.

Anas, A., Liu, Y. (2007). A regional economy, land use, and transportation model (RELU-TRAN): formulation, algorithm design, and testing. *Journal of Regional Science*, 47, 415–455.

Anas, A., Arnott, R., Small, K. (1998). Urban Spatial Structure. *Journal of Economic Literature*, 36, 1426–1464.

Anas, A., Arnott, R.J., Small, K.A. (2000). The Panexponential Monocentric Model. *Journal of Urban Economics*, 47, 165–179 [En ligne]. Disponible à l'adresse : https://doi.org/10.1006/juec.1999.2137.

de la Barra, T. (1989). *Integrated land use and transport modelling. Decision chains and hierarchies*. Cambridge University Press, Cambridge.

Ben-Akiva, M., Lerman, S.R. (1985). *Discrete Choice Analysis: Theory and Application to Travel Demand, Transportation Studies*. MIT Press, Cambridge.

Bonnel, P. (2002). Prévision de la demande de transport. Rapport d'habilitation à diriger des recherches, Université Lumière, Lyon II.

Clark, C. (1951). Urban population densities. *Journal of the Royal Statistical Society*, 114(4), 490–496.

Cochrane, R.A. (1975). A Possible Economic Basis for the Gravity Model. *Journal of Transport Economics and Policy*, 9, 34–49.

Coulombel, N. (2010). Toward a Better Representation of Housing Demand: On the role of monetary and non-monetary costs in household residential strategies. Rapport, Champs-sur-Marne.

David Simmonds Consultancy, Marcial Echenique, Partners Limited, Bates, J., Oosterhaven, J. (1999). Review of land-use/transport interaction models. Reports to The Standing Advisory Committee on Trunk Road Assessment.

De Ortúzar, J., Willumsen, L.G. (2011). *Modelling Transport*. John Wiley & Sons, New York.

DRIEA-IF (2021). Modélisation des déplacements en IDF avec MODUS 3.1 78.

Echenique, M.H., Flowerdew, A.D.J., Hunt, J.D., Mayo, T.R., Skidmore, I.J., Simmonds, D.C. (1990). The MEPLAN models of Bilbao, Leeds and Dortmund. *Transport Reviews*, 10, 309–322.

Feldman, O., Simmonds, D., Dobson, A. (2007). The use of land-use/economic modelling in transport planning: Experience with DELTA. Dans *Proceedings of the Transportation Research Board Annual Meeting*. Washington.

Garcia-López, M.-À., Hémet, C., Viladecans-Marsal, E. (2017). How does transportation shape intrametropolitan growth? An answer from the Regional Express Rail. *J Regional Sci*, 57, 758–780 [En ligne]. Disponible à l'adresse : https://doi.org/10.1111/jors.12338.

Graham, D.J., Gibbons, S. (2019). Quantifying Wider Economic Impacts of agglomeration for transport appraisal: Existing evidence and future directions. *Economics of Transportation*, 19, 100121 [En ligne]. Disponible à l'adresse : https://doi.org/10.1016/j.ecotra.2019.100121.

Hansen, W.G. (1959). How Accessibility Shapes Land Use. *Journal of the American Institute of Planners*, 25, 73–76 [En ligne]. Disponible à l'adresse : https://doi.org/10.1080/01944365908978307.

Hörl, S., Balac, M. (2021). Introducing the eqasim pipeline: From raw data to agent-based transport simulation. Dans *Procedia Computer Science, The 12th International Conference on Ambient Systems, Networks and Technologies (ANT), The 4th International Conference on Emerging Data and Industry 4.0 (EDI40), Affiliated Workshops*, 184, 712–719 [En ligne]. Disponible à l'adresse : https://doi.org/10.1016/j.procs.2021.03.089.

Hunt, J.D., Abraham, J.E. (2003). Design and Application of the PECAS Land Use Modelling System. Dans *the 8th International Conference on Computers in Urban Planning and Urban Management (CUPUM)*. Sendai.

de Lapparent, M. (2013). Les modèles occupation du sol- du sol-transport comme transport comme transport comme outils d'évaluation outils d'évaluation. Commissariat général à la stratégie la stratégie la stratégie et à la pros-pective.

Lee, D.B. (1973). Requiem for large scale models. *Journal of the American Institute of Planners*, 39, 163–178.

Leontief, W. (1986). *Input-output Economics*. Oxford University Press, Oxford.

Leurent, F. (2011). Les modèles d'usage du sol et transport : où la géographie et l'économie se rejoignent. *La Revue. CGDD*.

Lowry, I.S. (1964). A Model of Metropolis (No. Memorandum RM-4035-RC). Rapport, The RAND Corporation, Santa Monica.

Masson, S. (1998). Interactions entre système de transport et système de localisation. De l'héritage des modèles traditionnels à l'apport des modèles interactifs de transport et d'occupation des sols. *Les Cahiers scientifiques du transport*, 79.

Mayneris, F. (2018). Effets des infrastructures de transport sur le niveau et la localisation des activités économiques : Une analyse bibliographique (Working Paper No. 2018–04). Document de travail.

McFadden, D. (1973). Conditional logit analysis of qualitative choice behavior. Rapport.

McNally, M.G. (2007). The Four-Step Model. Dans *Handbook of Transport Modelling*, Hensher, D., Button, K. (dir.). Emerald Group Publishing Limited, Bradford, 35–53 [En ligne]. Disponible à l'adresse : https://doi.org/10.1108/9780857245670-003.

Miller, E., Farooq, B., Chingcuanco, F., Wang, D. (2011). Historical Validation of Integrated Transport-Land Use Model System. *Transportation Research Record: Journal of the Transportation Research Board*, 2255, 91–99 [En ligne]. Disponible à l'adresse : https://doi.org/10.3141/2255-10.

Mills, E.S. (1967). An Aggregative Model of Resource Allocation in a Metropolitan Area. *The American Economic Review*, 57, 197–210.

Muth, R.F. (1969). *Cities and Housing: The Spatial Pattern of Urban Residential Land Use*. University of Chicago Press, Chicago.

Nguyen-Luong, D. (2012). Les modèles transport-urbanisme : de la théorie à la pratique. *Institut*, 474, 14–19.

Rueda, S. (2019). Superblocks for the Design of New Cities and Renovation of Existing Ones: Barcelona's Case. Dans *Integrating Human Health into Urban and Transport Planning: A Framework*, Nieuwenhuijsen, M., Khreis, H. (dir.). Springer International Publishing, Berlin, 135–153 [En ligne]. Disponible à l'adresse : https://doi.org/10.1007/978-3-319-74983-9_8.

Saujot, M. (2013). Analyse économique et simulation prospective dans la planification de la ville sobre en carbone : Application à Grenoble du modèle TRANUS+. Thèse de doctorat, École Nationale Supérieure des Mines, Paris.

Saujot, M., de Lapparent, M., Arnaud, E., Prados, E. (2016). Making land use. Transport models operational tools for planning: From a top-down to an end-user approach. *Transport Policy*, 49, 20–29 [En ligne]. Disponible à l'adresse : https://doi.org/10.1016/j.tranpol.2016.03.005.

Sethi, M., Creutzig, F., Lamb, W.F., Minx, J.C. (2020). Climate change mitigation in cities: a systematic scoping of case studies. *Environ. Res. Lett.* [En ligne]. Disponible à l'adresse : https://doi.org/10.1088/1748-9326/ab99ff.

Train, K.E. (2009). *Discrete Choice Methods with Simulation*. Cambridge University Press, Cambridge.

Tveter, E. (2020). Explaining differences in ex-ante calculations of wider economic impacts: A review of 55 calculations. *Case Studies on Transport Policy*, 8, 1401–1411 [En ligne]. Disponible à l'adresse : https://doi.org/10.1016/j.cstp.2020.10.005.

Viguié, V., Hallegatte, S., Rozenberg, J. (2014). Downscaling long term socio-economic scenarios at city scale: A case study on Paris. *Technological Forecasting and Social Change*, 87, 305–324 [En ligne]. Disponible à l'adresse : https://doi.org/10.1016/j.techfore.2013.12.028.

Waddell, P. (2002). UrbanSim: Modeling Urban Development for Land Use, Transportation, and Environmental Planning. *Journal of the American Planning Association*, 68, 297–314 [En ligne]. Disponible à l'adresse : https://doi.org/10.1080/0194436020 8976274.

Waddell, P., Ulfarsson, G. (2004). Introduction to urban simulation: design and development of operational models. Dans *Handbook in Transport 5*, Hensher, D.A., Button, K.J., Haynes, K.E., Stopher, P.E. (dir.). Elsevier Science, Oxford.

Wegener, M. (2004). Overview of Land-Use Transport Models. Dans *Transport Geography and Spatial Systems, Handbook in Transport*, Hensher, D.A., Button, K. (dir.). Pergamon/Elsevier Science, Kidlington, 127–146.

Wegener, M. (2021). Land-Use Transport Interaction Models. Dans *Handbook of Regional Science*, Fischer, M.M., Nijkamp, P. (dir.). Springer, Berlin, 229–246 [En ligne]. Disponible à l'adresse : https://doi.org/10.1007/978-3-662-60723-7_41.

Wegener, M., Fürst, F. (1999). Land-use transport interaction: State of the art (No. 46). Rapport, Institut für Raumplanung, Universität Dortmund.

Weiner, E. (1997). Urban Transportation Planning in the United States: An Historical Overview. Rapport, U.S. Department of Transportation.

Wheaton, W.C. (1974). A comparative static analysis of urban spatial structure. *Journal of Economic Theory*, 9, 223–237 [En ligne]. Disponible à l'adresse : https://doi.org/ 10.1016/0022-0531(74)90068-4.

Yameogo, B.F. (2021). Méthodologie de calibration d'un modèle multimodal des déplacements pour l'évaluation des externalités environnementales à partir de données ouvertes (open data) : le cas de l'aire urbaine de Nantes. Thèse de doctorat, Université de Nantes, Nantes.

PARTIE 2

Catégories spatiales et approches relationnelles

4

Dynamiques des territoires urbains et modèles de réseaux de mobilité quotidienne

Anne BRETAGNOLLE[1] et Marianne GUÉROIS[2]

[1] *Géographie-Cités, Université Paris 1 Panthéon-Sorbonne, Aubervilliers, France*

[2] *Géographie-Cités, Université Paris Cité, Aubervilliers, France*

4.1. Introduction

Ce chapitre vise à recenser les principaux modèles utilisés à ce jour, en France et dans le monde, pour appréhender les flux de navetteurs observés et pour modéliser les réseaux de transport de la mobilité domicile-travail. La connaissance des réseaux de mobilité quotidienne soulève des enjeux importants en matière de connaissance du fonctionnement des territoires urbains, notamment lorsque les bases de données permettent un suivi dans le temps. On peut ainsi interroger l'évolution de l'emprise urbaine (modalités de l'extension spatiale du tissu urbain, forme du front d'urbanisation, etc.), l'évolution des composantes des territoires urbains (par exemple « centre », « banlieue » et « couronne périurbaine » pour reprendre la nomenclature proposée par l'Insee), l'évolution des centralités internes et de leurs interdépendances (hiérarchies des pôles d'emploi, systèmes d'interdépendance entre ces pôles, évolution de l'accessibilité interne des quartiers, etc.) et l'évolution des relations par rapport aux autres villes proches (insertion de la ville dans des systèmes régionaux).

Les réseaux de mobilité quotidienne peuvent s'entendre selon une double acception, à la fois comme réseaux d'interrelations construites par les déplacements quotidiens de

La coévolution transport, mobilité, territoire,
coordonné par Florent LE NÉCHET. © ISTE Editions 2026.

population et comme infrastructures de communication utilisées majoritairement par les résidents ou les actifs pour ces déplacements, qu'il s'agisse de réseaux de transport public (métro, tramway, train, bus, etc.) ou de portions de voirie utilisées par un mode de transport individuel (voiture, cyclomoteur, vélo, etc.). La mobilité quotidienne en ville représente en moyenne 3 à 4 déplacements par jour par personne (Crozet 2016), incluant notamment les déplacements domicile-travail, ceux liés aux achats, à l'accompagnement d'enfants dans des structures scolaires ou périscolaires, à la consommation de services (loisirs, santé, culture, etc.). Compte tenu de la forte croissance de la mobilité individuelle, la part des déplacements domicile-travail est en baisse depuis une quarantaine d'années, ne représentant plus que 20 à 30 % des déplacements quotidiens (Kaufmann 2008 ; Le Jeannic 2010). Pourtant, ils restent les plus longs en kilomètres parcourus (41 % de la longueur totale des trajets quotidiens en 2010) et, compte tenu de leur portée plus importante que celle des autres motifs de déplacement, sont les plus structurants dans l'organisation des déplacements quotidiens et la forme des villes (Aguiléra *et al.* 2010 ; Conti 2019). En effet, depuis l'adoption des transports mécaniques au XIXe siècle, les possibilités d'extension spatiale des villes dans leur périphérie ont davantage profité aux fonctions résidentielles qu'aux fonctions économiques. Ainsi, l'étalement résidentiel a été bien plus rapide que celui des pôles d'emploi, restés relativement concentrés (par exemple pour l'Île-de-France, voir (Berger 2004 ; Carré et Levratto 2019)). Si les navettes[1] se sont considérablement allongées (passant d'une moyenne de 9 km/jour en 1982 à 15 km/jour en 2008 (François 2010)), la relative inertie des pôles d'emploi explique qu'elles transitent par un nombre relativement limité d'axes de transport public ou privé, ce qui se traduit par des trafics de plus en plus saturés aux heures de pointe.

L'étude des réseaux de mobilité domicile-travail pose néanmoins de redoutables défis pour le chercheur, notamment lorsqu'il s'agit de comparer des résultats produits sur différentes villes et/ou sur des échelles de temps relativement conséquentes. Un travail de modélisation, qui repose sur la sélection des informations pertinentes et sur la construction de règles et de modèles de données adaptés, est nécessaire pour définir une méthode de délimitation des territoires urbains à partir de règles identiques d'une ville à l'autre ou d'une date à l'autre. Une première approche consiste à travailler sur les pratiques des navetteurs, en d'autres termes sur les bases de données résultant de l'observation des flux quotidiens. Comme nous le verrons dans ce chapitre, cette approche nécessite l'élaboration de règles et de paramètres visant à hiérarchiser l'information pour rendre compte des flux majeurs, à tenir compte du poids inégal des mailles de comptage, à gérer la hiérarchie des pôles d'emploi secondaires par rapport au pôle central et à mettre en évidence l'existence d'espaces multipolarisés[2]. Une deuxième approche,

1. Les navettes désignent les déplacements domicile-travail.

2. Les espaces multipolarisés sont ceux qui envoient des flux massifs vers différents pôles d'emploi, au lieu d'être très majoritairement attirés par un pôle unique.

utile notamment lorsque les bases de données sur les flux quotidiens n'existent pas, repose sur l'observation des réseaux de transport pour estimer l'emprise spatiale et les polarités internes des territoires urbains structurés par les mobilités domicile-travail. Là aussi, les choix sont lourds de conséquences : quels axes et modes de transport retenir ? Comment leur attribuer des vitesses, des temps de correspondance ? Comment s'assurer qu'ils correspondent bien à ceux utilisés majoritairement par les navetteurs ? À quelle échelle modéliser les flux ?

Notre propos portera moins sur les connaissances apportées que sur les méthodes utilisées. Il s'agit ainsi d'expliciter non seulement les modèles, mais aussi les enjeux suscités par chacun, leurs contraintes et limites, tout en illustrant les principaux résultats par des cas d'application, puisés en France et dans le monde.

4.2. Interrelations quotidiennes approchées par les pratiques des navetteurs

4.2.1. *Définir la ville comme un territoire de fréquentations quotidiennes*

Dans l'histoire de la statistique urbaine, la collecte de données sur les déplacements domicile-travail pour délimiter les villes par rapport aux campagnes est relativement récente (années 1950-1960 dans les pays pionniers), mais s'impose rapidement. Les flux de navetteurs fournissent des informations précieuses sur la forme et le fonctionnement des territoires urbains, permettant de proposer une délimitation externe des aires métropolitaines et d'analyser les recompositions des polarités internes liées à l'emploi. Compte tenu de l'étalement urbain intense lié à l'accroissement de la vitesse de déplacement, la ville ne forme plus, depuis la fin du XIXe siècle, un continuum paysager qui pourrait être circonscrit au moyen de critères morphologiques simples reposant sur la proximité (contiguïté de communes denses, espacement maximal entre des bâtiments). Au brouillage des limites externes de la ville s'ajoute celui né de l'imbrication croissante avec les villes voisines : alors que la trame urbaine s'est construite historiquement comme une succession de points espacés d'une journée ou d'une demi-journée de déplacement (Bretagnolle 2005), l'étalement spectaculaire lié à l'automobile et aux réseaux ferroviaires rapides a fini par construire des formes polycentriques complexes recouvrant plusieurs noyaux historiques, dont il est difficile d'extraire des structures simples (Champion 2001 ; Schwanen *et al.* 2004 ; Parr 2007), même si la structure radiale reste clairement lisible dans une majorité de cas (Lemoy et Caruso 2020).

Pourtant, l'analyse des dimensions socio-économiques des villes n'est pas compatible avec de simples découpages territoriaux fondés sur des zonages de pouvoir, tels que des municipalités, des communautés d'agglomération ou des métropoles délimitées par la puissance publique. De la même manière, les délimitations issues de l'application d'un simple critère de concentration démographique sont inopérantes, comme le montrent les résultats de la typologie des territoires selon la densité de population et la population totale par carreau proposée récemment par l'Insee pour définir l'urbain peu dense, l'urbain dense, le rural peu dense et le rural dense[3]. Les territoires très peu denses aux abords des grandes agglomérations n'ont aucun rapport avec ceux localisés en montagne ou dans d'autres types de régions isolées. Force est de constater que les gradients d'influence s'exerçant depuis le cœur des grandes métropoles dessinent des « champs urbains » (Claval 1982) qui imprègnent et modèlent le fonctionnement de la majorité des territoires. De même, les discontinuités socio-économiques à l'intérieur des aires urbaines ne peuvent être décrites à l'aide de découpages géographiques simples, mais sont révélées par la prise en compte de données sur les navettes, lorsqu'elles sont caractérisées par la nature des emplois et la CSP des navetteurs (Le Roux *et al.* 2017).

La définition des villes comme des aires urbaines fonctionnelles (appelées encore aires métropolitaines) et la caractérisation de leurs polarités internes constituent donc un enjeu important aujourd'hui, même si elles sont de plus en plus délicates.

4.2.2. *Déplacements domicile-travail comme unique critère de délimitation d'une ville*

De manière assez contre-intuitive, les organismes producteurs de données répondent depuis quelques décennies à la complexification croissante des formes urbaines par une simplification progressive des méthodes et critères de définition de la ville. Le tableau 4.1 présente l'évolution des critères relatifs aux aires urbaines fonctionnelles depuis les années 1930 aux États-Unis, période au cours de laquelle les sociologues puis économistes spatiaux ont proposé cette nouvelle approche de la ville, avant qu'elle se diffuse vers l'Europe et d'autres régions du monde. Les critères sont d'abord multiples et les données sur les navettes ne sont utilisées que comme un simple comptage des actifs travaillant hors de la maille considérée, sans tenir compte de la direction des flux ou de leur portée (par exemple pour les *Standard Metropolitan Areas* (SMA) de 1949, aux États-Unis, ou pour les zones de peuplement industriel et urbain (ZPIU) de 1962, en France). Grâce aux progrès dans l'informatique, les navettes sont ensuite mobilisées en tenant compte de la spatialité des flux et deviennent progressivement un critère unique : aux États-Unis en 1968 (même si ce choix n'est adopté par le Bureau du recensement qu'en 1983), en Grande-Bretagne en 1967, en France en 1996 (date à laquelle le zonage en aires urbaines remplace les ZPIU).

3. Voir la grille communale de densité : https://www.insee.fr/fr/information/2114627 (consulté le 16 avril 2021).

Date	Objet	Auteur	Application	Définition du cœur	Critère relationnel	Gestion des flux croisés (cross-commuting)
1933	Metropolitan community	R. MacKenzie	Chicago	Localité (city, town)	Journaux + isochrones	
1949	State Economic Area	D. Bogue	Etats-Unis	Localité	Activités économ. (notamment emploi non agricole)	
1949	Standard Metropolitan Area puis SMSA*	Census Bureau	Localité(s)	Localités(s)	Flux téléphon. (jusqu'en 1958), emploi non agric., densité, navettes	
1960	Metropolitan community	B. L. Berry	Seattle	Localité	Navettes (distance de 20 miles)	
1967	Standard Metropolitan Labour Area	P. Hall	Grande-Bretagne	Localité(s) + seuil d'emploi	Navettes (seuil 15%)	
1968	Functional Economic Area	B. L. Berry	Etats-Unis	Agglomération morphologique	Navettes	Processus itératif (cascading process), attribution hiérarchique (hierarchical allocation)
1983	Metropolitan Statistical Area	Census Bureau	Etats-Unis	Agglomération morphologique (ou municipalité jusqu'en 2000)	Navettes (seuil 15%)	Consolidated areas (CMSA)
1996	Aire Urbaine	INSEE	France (jusqu'en 2020)	Agglo. morphologique + seuil d'emploi	Navettes (seuil 40%)	Processus itératif (cascading process), attribution hiérarchique (hierarchical allocation)
2012	New Larger Urban Zones Aire d'Attraction	Union européenne, puis France depuis 2020	Union Européenne, puis France depuis 2020	Agglomération fonctionnelle	Navettes (seuil 15%)	Attribution hiérarchique (hierarchical allocation)

SMSA*: Standard Metropolitan Statistical Area

Tableau 4.1. *L'évolution des définitions de la ville selon la mobilité quotidienne (source : (Bretagnolle 2015), mis à jour en 2021)*

Au-delà du choix des paramètres du modèle (c'est-à-dire essentiellement le seuil de navetteurs, pour les définitions mises en œuvre depuis la fin des années 1960), les différences entre les définitions nationales tiennent alors principalement à la gestion des flux croisés de navetteurs, de plus en plus nombreux en raison de l'émergence de formes urbaines polycentriques. Ces flux croisés peuvent prendre la forme de flux réciproques (des navettes vers le pôle central, mais aussi depuis le pôle central vers des pôles d'emploi secondaires en périphérie), par exemple aux États-Unis dès les années 1960, où le critère de la part minimale d'actifs navetteurs est mobilisé à la fois dans les deux sens. Mais ils peuvent aussi prendre la forme de flux multidirectionnels, c'est-à-dire non seulement réciproques, mais aussi à l'intérieur des espaces périphériques eux-mêmes (voir par exemple pour les Pays-Bas (Schwanen *et al.* 2004)). Le renforcement relatif de centres d'emploi secondaires, localisés en périphérie du pôle principal, apparaît d'abord aux États-Unis dans les années 1930, tandis que le desserrement de l'emploi est plus tardif et de moindre ampleur en Europe. Deux méthodes sont proposées pour appréhender l'imbrication de ces flux croisés (voir figure 4.1). La première est la méthode du *cascading process* : grâce à un procédé itératif, les flux se dirigeant en partie vers un pôle secondaire lui-même polarisé en partie par le pôle central finissent par être rattachés à ce pôle central par effet « boule de neige » (voir figure 4.1, à gauche). C'est la méthode utilisée en France pour les aires urbaines fonctionnelles créées en 1996, avec un seuil minimal de 40 % de navetteurs.

La deuxième méthode est celle de la *hierarchical allocation* : l'opération de délimitation des aires concerne d'abord les pôles les plus importants, puis les moyens et enfin les petits, et les flux émanant d'espaces multipolarisés ne sont rattachés au pôle du niveau le plus élevé que s'ils dépassent le seuil attendu (voir figure 4.1, à droite). Cette deuxième méthode, plus simple à mettre en œuvre que la première, a été notamment choisie en 2012 par Eurostat, la DG Regio et l'OCDE, lors de la création des LUZ (*Larger Urban Zones*). Une première étape consiste à construire les pôles centraux, appelés *cities*, en fonction de critères de densité minimale (1 500 hab./km^2), de population minimale (50 000 habitants) et de contiguïté (Dijkstra et Poelman 2012). Ces centres sont réunis en une zone polycentrique lorsqu'ils sont reliés par un seuil minimal de navettes (15 %). Autour des *cities* sont ensuite construites des *commuting zones*, intégrant les mailles élémentaires[4] qui envoient plus de 15 % des actifs travailler chaque jour dans les *cities*. Le choix du seuil de 15 % résulte d'une série d'expérimentations portant sur quelques villes européennes (Bretagnolle 2015 ; Bretagnolle *et al.* 2016).

En France, cette définition européenne remplace depuis 2020 celle du zonage en aires urbaines (ZAU), avec la création du zonage en aires d'attraction (ZAA), qui

4. La question de la taille de la maille élémentaire est discutée plus loin, en section 4.2.3.

reprend quasiment les mêmes critères et paramètres, notamment le seuil de 15 % de navetteurs[5]. Le premier argument avancé par l'Insee pour l'abandon du ZAU est la complexité de la méthode (qui serait difficile à mettre en œuvre et difficile à comprendre pour les utilisateurs potentiels) (de Bellefon 2018 ; de Bellefon *et al.* 2020). Le deuxième argument est relatif aux aires transfrontalières : il serait désormais plus facile de travailler sur ces aires compte tenu de l'harmonisation des découpages français et européen. Cette amélioration de l'harmonisation internationale se fait néanmoins, pour le moment, au détriment des possibilités de comparaison nationale longitudinale. Alors que les bases de données sur les couronnes périurbaines remontaient jusqu'à l'année 1962, grâce à un travail de reconstruction rétroactive des aires urbaines mené par Philippe Julien (2003), les séries statistiques s'arrêtent désormais en 2010 (dernier découpage des aires urbaines). Les enjeux actuels et futurs concernant le périurbain (coûts environnementaux et économiques de l'étalement par exemple) auraient pourtant nécessité l'utilisation de référentiels territoriaux comparables au cours du temps[6].

En outre, l'harmonisation internationale repose certes sur l'utilisation d'un modèle unique, mais pas forcément sur des paramètres identiques : compte tenu de l'extrême diversité des formes de peuplement en Europe (différences de densité de population, de formes de villes, etc. (Guérois 2003)), le rôle des paramètres est justement de s'adapter aux spécificités nationales pour mieux refléter les caractéristiques de l'urbain dans chaque pays[7] (Bretagnolle *et al.* 2016). Il est ainsi étonnant que l'Insee ait adopté exactement les mêmes paramètres que ceux des *Larger Urban Zones* (nous discutons plus avant ces points dans la section 4.2.3). Enfin, le remplacement du zonage en aires urbaines par le zonage en aires d'attraction conduit à l'abandon de la délimitation des couronnes multipolarisées (pour rappel, les communes envoyant plus de 40 % des actifs vers l'extérieur sans que ce seuil soit atteint par un unique pôle), qui permettaient pourtant de suivre l'émergence ou le renforcement de structures urbaines polycentriques.

5. Notons qu'un critère est ajouté pour la définition des cœurs et repose sur un nombre d'emplois minimal, le même que pour les anciennes aires urbaines.

6. Techniquement, il semble difficile de procéder à la reconstruction rétroactive des aires d'attraction définies en 2020, car il n'existe pas, à notre connaissance, de versions antérieures de la grille de densité. L'Insee n'a en tout cas pas mentionné de travail en cours sur la rétropolation des aires d'attraction pour des dates antérieures à 2020. On pourrait en revanche construire les aires urbaines 2010 à des dates postérieures puisque la base des unités urbaines a été mise à jour par l'Insee en 2020.

7. En l'occurrence, les résultats de Lemoy et Caruso (2020) montrent que les caractéristiques morphologiques des aires urbaines fonctionnelles (surface occupée, densité de population) sont dépendantes de la taille de leur population, ce qui n'est pas pris en compte dans les seuils absolus de densités définis dans la méthode de l'OCDE/UE et adoptés par l'Insee.

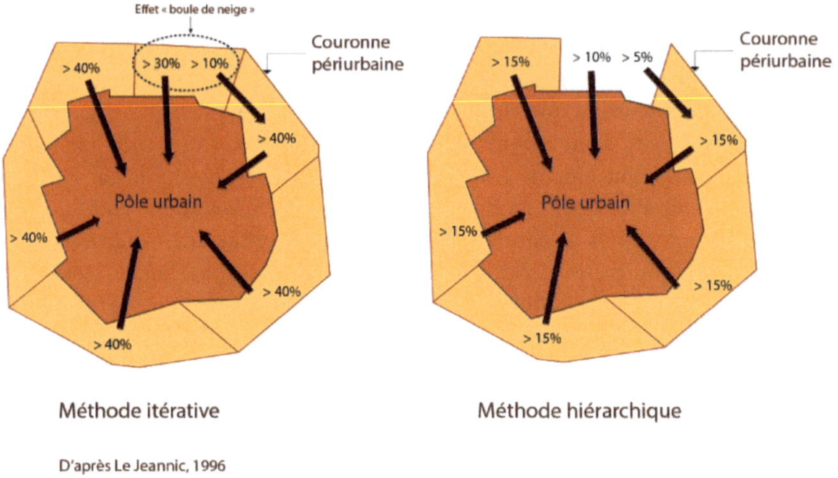

Figure 4.1. *Deux méthodes pour appréhender l'imbrication des flux croisés dans la construction des aires urbaines fonctionnelles*

COMMENTAIRE SUR LA FIGURE 4.1.– *Clé de lecture : les deux méthodes sont appliquées sur la même configuration géographique (un pôle central, un pôle secondaire situé au nord-est et une commune polarisée par ces deux pôles, située au nord). Nous utilisons les seuils minimaux de parts d'actifs navetteurs choisis par l'Insee en France, soit 40 % pour la méthode itérative des aires urbaines et 15 % pour la méthode hiérarchique des aires d'attraction. Selon le procédé itératif, la commune située au nord sera intégrée dans la couronne du pôle principal, car elle envoie 40 % d'actifs (30 % + 10 %) vers l'ensemble « en cours de constitution ». Selon le procédé hiérarchique, cette commune ne sera pas intégrée dans la couronne et sera définie comme rurale (hors couronne périurbaine), car elle envoie certes 15 % de navetteurs vers l'extérieur, mais seulement 10 % vers le pôle central. Elle aurait été intégrée si la méthode itérative avait été suivie. Notons que les ordres de grandeur des deux seuils sont très différents, car adaptés chacun au type de méthode (avec des flux de 40 % d'actifs, elle aurait été considérée comme faisant partie de la couronne périurbaine selon la méthode hiérarchique, et avec des flux de 15 % d'actifs elle ne l'aurait pas été selon la méthode itérative).*

4.2.3. *Sensibilité des modèles au choix des paramètres : délimitation des aires fonctionnelles et identification des polarités intra-urbaines*

Une des complexités intrinsèques à la délimitation des aires urbaines fonctionnelles par les flux est la forte sensibilité des résultats au choix du modèle et de ses paramètres. Il en va ainsi pour la délimitation du pôle urbain central, pour la sélection du seuil de polarisation des actifs navetteurs (les unités spatiales sont-elles dans l'aire polarisée si plus de 10, 15 ou 40 % de leurs actifs travaillent dans le pôle ?) comme pour le choix de la méthode de traitement des flux imbriqués (voir tableau 4.1), qui peuvent considérablement affecter l'extension et la forme des aires polarisées. À titre d'exemple, on peut comparer les deux délimitations produites pour l'aire urbaine fonctionnelle de Lyon par l'Insee, selon la méthode « historique » mise en place en 1996 et selon la méthode adoptée récemment sur le modèle des LUZ d'Eurostat (voir figure 4.2). Si la population totale enregistrée en 2017 varie peu, passant de 2,3 millions d'habitants (selon la délimitation de l'aire urbaine en 2010) à 2,2 millions d'habitants (aire d'attraction urbaine de 2020), le changement de définition a des effets très concrets sur l'étendue spatiale du pôle, qui s'étirait le long de la vallée du Rhône, de Villefranche-sur-Saône au nord jusqu'aux marges périurbaines de Vienne au sud, et s'appuie à présent sur des communes cinq fois moins nombreuses, resserrées autour de la commune-centre. De cette importante réduction du pôle, combinée aux nouveaux critères de délimitation de la couronne périurbaine, résulte aussi une forte diminution de l'étendue des périphéries sous influence urbaine, notamment au nord et à l'est (« perte » d'Ambérieu, de La Tour-du-Pin, une centaine de communes passant par ailleurs dans la catégorie du « rural hors influence »), tandis que la nouvelle couronne absorbe au sud l'ancienne aire urbaine de Vienne[8].

D'autres aspects de cette sensibilité des résultats au choix des données d'entrée et des paramètres sont moins faciles à appréhender à première vue, mais ont des conséquences tout aussi importantes sur les résultats. Ainsi en va-t-il de la question de la sélection des entités spatiales pertinentes pour dénombrer les flux, qui doit être prise en considération afin de contrôler les effets du choix du niveau d'observation sur l'échelle et sur la portée des flux polarisés, à modèle et à paramètres constants. Différents exemples permettent d'illustrer cet effet de MAUP (*Modifiable Area Unit Problem* (Openshaw et Taylor 1979)) appliqué au dénombrement des flux entre unités spatiales. Ainsi, le choix du niveau d'observation peut influencer l'identification de pôles secondaires et de leurs aires d'influence dans les périphéries métropolitaines. Berroir *et al.* (2007), notamment, ont montré que les communes n'étaient pas le niveau géographique le plus pertinent pour observer les formes de polarisation des navetteurs et qu'il était nécessaire d'agréger plusieurs communes entre elles pour définir des pôles à des niveaux d'observation supérieurs. Par exemple, le fait d'assimiler Marne-la-Vallée à un pôle cohérent composé de 26 communes au lieu de considérer les actifs venant travailler dans chacune de ces communes est plus pertinent pour identifier un bassin d'emploi local, et cela a des conséquences sur l'élargissement considérable de l'aire d'influence directe de la ville nouvelle (voir figure 4.3).

---

8. La disparition du pôle de Vienne est liée au fait que ce pôle ne dépasse pas le seuil de densité défini pour figurer parmi les pôles de niveau le plus élevé. Conformément à la méthode « hiérarchique » adoptée par l'Insee (« on construit d'abord les pôles de niveau le plus élevé (*cities*, pôle A) et leur couronne, puis les pôles de niveau B et leur couronne, etc. »), la commune de Vienne, qui envoie 24 % de ses actifs vers le nouveau pôle de Lyon, est donc intégrée à la couronne périurbaine de Lyon.

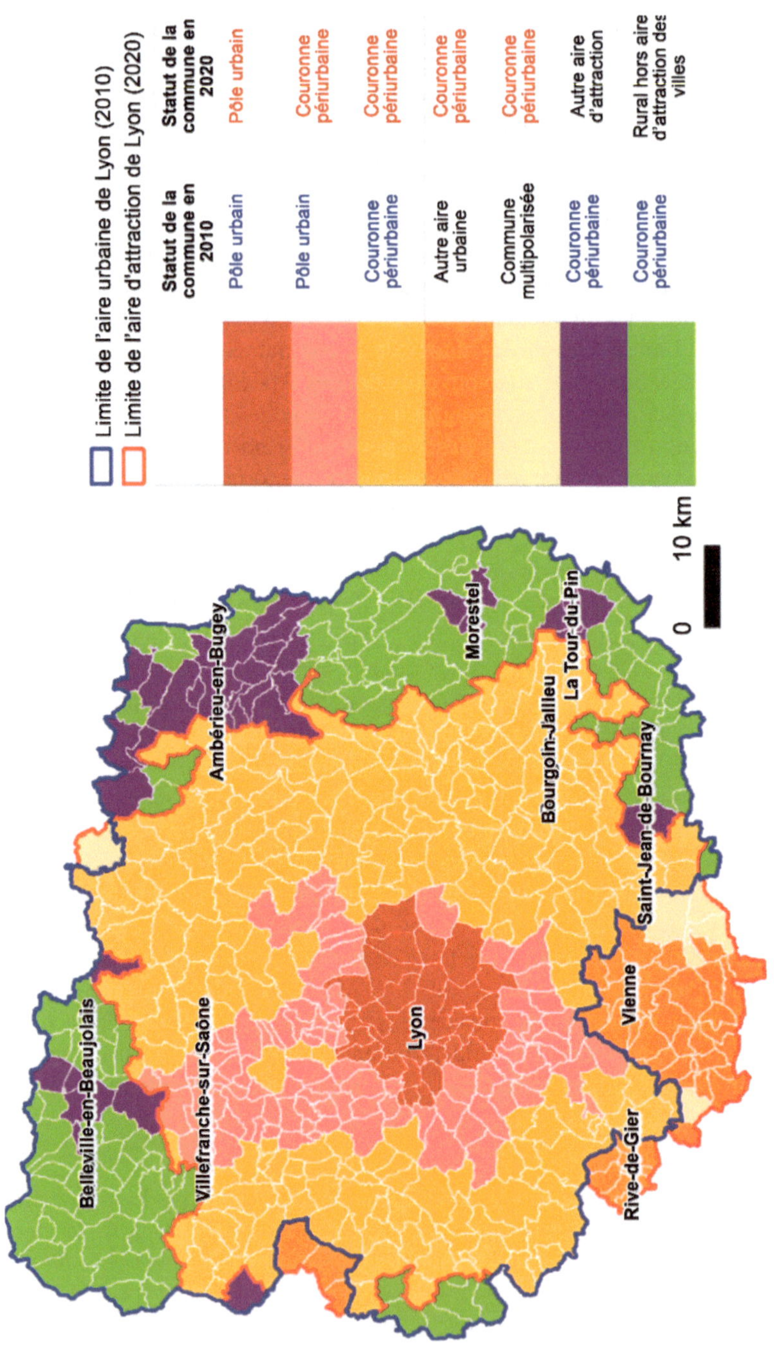

Figure 4.2. *Effets du changement de la définition de l'aire urbaine de l'Insee sur la délimitation de Lyon (Glita 2023)*

COMMENTAIRE SUR LA FIGURE 4.2.– *Limites 2010 : 498 communes, 2 323 221 habitants (dont pôle : 154 communes, 1 759 435 habitants) ; limites 2020 : 398 communes, 2 238 656 habitants (dont pôle : 31 communes, 1 225 324 habitants) ; en vert : 112 communes qui appartenaient à la couronne périurbaine de Lyon et passent en rural hors influence (123 908 habitants).*

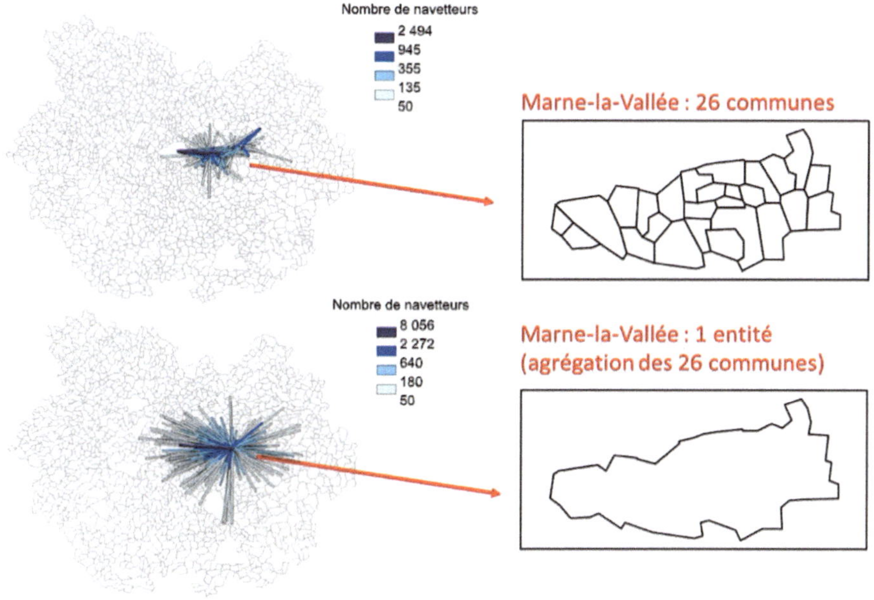

Figure 4.3. *Effet du choix du niveau d'observation sur l'identification de l'aire polarisée par la ville nouvelle de Marne-la-Vallée (source : Insee, RGP 1999, mobilités domicile-travail ; réalisation : H. Mathian, 2002)*

Un autre exemple de cet effet de MAUP appliqué aux flux peut être illustré par les enjeux de la constitution de bases de données urbaines internationales et par les biais statistiques engendrés par la forte hétérogénéité des maillages locaux en Europe. En effet, ces mailles statistiques élémentaires (*Local Administrative Units* 2 ou LAU2) sont de tailles extrêmement variables d'un pays à l'autre (les « communes » allemandes sont par exemple 10 fois plus grandes en moyenne que les communes françaises) et la taille comme la forme des aires polarisées peuvent être directement influencées par la résolution plus ou moins grande de ces maillages.

Certains chercheurs travaillant sur des comparaisons internationales d'aires urbaines fonctionnelles ont ainsi proposé de modifier le choix des entités spatiales élémentaires pour les rendre plus homogènes d'un pays à l'autre : par exemple, Le Néchet (2012) a harmonisé les découpages de l'Île-de-France (LAU2) et de la région Rhin-Ruhr (en choisissant non pas les LAU2, trop vastes, mais des agrégats de zones de transport) afin de comparer la structure spatiale des flux domicile-travail à partir de maillages équivalents en taille. Toutefois, malgré l'importance de ces effets de MAUP, la réflexion qui a accompagné la construction d'aires urbaines fonctionnelles européennes comparables a plutôt privilégié le maintien de règles de construction et de paramètres fixes (notamment pour le seuil défini par le pourcentage de navetteurs allant travailler vers le cœur urbain), tandis que la question d'une adaptation de ces règles et paramètres à l'hétérogénéité des maillages locaux restait peu discutée.

4.2.4. *Réseaux urbains tissés par des interactions quotidiennes à l'échelle régionale*

Au-delà du territoire de l'aire urbaine, à des échelles plus vastes, l'intensification des mobilités domicile-travail entre agglomérations contribue à enrichir et à renouveler la lecture des fonctionnements urbains par les interactions quotidiennes (Gingembre et Baude 2014). En effet, les mobilités quotidiennes domicile-travail contribuent de plus en plus à mettre les aires urbaines en réseaux : en France, par exemple, le nombre d'actifs ne travaillant pas dans l'aire urbaine où ils résident (2,4 millions soit 12 % de l'ensemble des navetteurs en 2010) a plus que doublé ces 30 dernières années (1,1 million soit 6 % des navetteurs en 1982, dans la délimitation des aires urbaines de 2010), et parmi ces flux d'actifs « sortants », les deux tiers correspondent à des déplacements entre aires urbaines (Conti 2019). Ces mobilités interurbaines s'inscrivent en grande majorité dans des logiques de proximité relative, 80 % des actifs interurbains en France parcourant moins de 50 km[9] (Conti 2019). Cet élargissement croissant des territoires du quotidien à l'échelle de réseaux interurbains de proximité est porté par des tendances structurelles liées non seulement aux évolutions des techniques de transport et de communication (augmentation par exemple des déplacements par train à grande vitesse entre Reims et Paris, ou entre Lille et Paris), mais aussi, plus largement, à l'augmentation de la bi-activité au sein des ménages, à la métropolisation des emplois et aux difficultés croissantes d'accès au logement dans les pôles urbains centraux.

Même si, en effectifs, les navetteurs concernés par les mobilités interurbaines restent peu nombreux, les enjeux de la délimitation des territoires mis en réseau par ces mobilités interurbaines du quotidien liées au travail sont multiples. D'un point de vue conceptuel, tout d'abord, la délimitation des villes en tant qu'aires urbaines polarisées est de plus en plus questionnable face à l'accroissement de ces mobilités à longue distance ; l'évolution des échelles et des portées des flux de déplacements soulève aussi, à

9. Ces résultats excluent les mobilités domicile-travail de plus de 200 km, qui restent largement minoritaires parmi les mobilités des actifs sortant de leur aire urbaine de résidence pour aller travailler.

plus long terme, la question de l'espace de référence pertinent pour l'analyse des mobilités quotidiennes. Sur le plan opérationnel, tracer les contours de ces réseaux, identifier les limites de ces zones d'interactions privilégiées devient un enjeu de plus en plus fort dans la compréhension de l'organisation spatiale des territoires régionaux en sous-systèmes structurants. On peut d'ailleurs noter que l'analyse des réseaux urbains de proximité est de plus en plus intégrée aux documents d'aide à la décision émis par les acteurs locaux ou régionaux. Ces préoccupations renouvellent enfin les questionnements sur les méthodes de délimitation d'espaces de flux, qui ne reposent pas *a priori* sur la démarche classique de délimitation des aires urbaines fonctionnelles (identification d'un pôle central autour duquel serait constituée une couronne périphérique), mais s'appuient sur la sélection de liens forts à une échelle interurbaine afin de délimiter des systèmes régionaux de villes qui ne sont pas forcément spatialement continus.

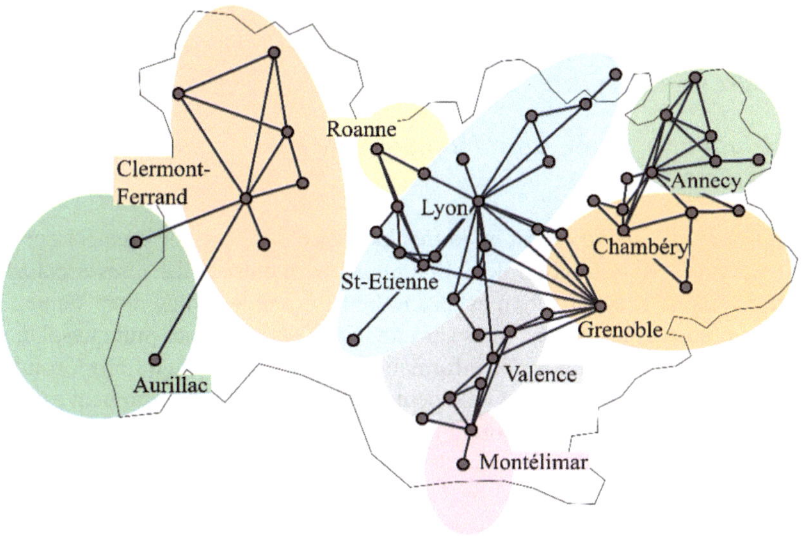

Figure 4.4. *Identifier des systèmes urbains de proximité à partir des mobilités quotidiennes : deux approches méthodologiques, par les modèles d'interaction spatiale et les flux majeurs (liens noirs et points gris, adapté de (Berroir et al. 2017) pour la région Auvergne-Rhône-Alpes) et par des méthodes de partition de graphes (cercles de couleur, adapté de (Insee 2018)).*

Deux grands types d'approches méthodologiques sont ainsi mobilisés pour sélectionner les flux les plus structurants à une échelle interurbaine (voir figure 4.4). Un premier type privilégie des méthodes issues de la cartographie et de la modélisation de matrices de flux. Même s'ils reposent sur des indicateurs d'échanges plus diversifiés que celui des seules mobilités domicile-travail, les systèmes urbains de proximité identifiés par Berroir *et al.* (2017) sont représentatifs de cette approche : une première étape s'appuie sur un modèle gravitaire pour évaluer les liens préférentiels entre deux villes, lorsque les flux observés sont supérieurs à ceux estimés par le modèle. Puis, une fois que les relations témoignant des plus fortes interdépendances locales sont identifiées, la délimitation des systèmes de proximité repose sur la sélection des flux majeurs au départ de chaque aire urbaine. Un deuxième type d'approche, adopté par exemple par l'Insee (2018), s'appuie sur une méthode de partition de graphes afin de distinguer des sous-groupes d'aires urbaines : ces derniers sont définis de telle sorte que les échanges à l'intérieur du groupe soient maximisés et les échanges entre groupes minimisés.

Tout en restant dans les limites temporelles théoriques du quotidien, ces mobilités s'inscrivent donc dans des territoires de proximité plus vastes qui intègrent les aires urbaines au sein d'emboîtements d'échelles de plus en plus complexes.

4.3. En l'absence de données sur les flux, modéliser les interactions par les réseaux de transport

4.3.1. *Ville à une heure, un référentiel utile pour la comparaison dans le temps et dans l'espace*

En raison du caractère récent et/ou très lacunaire des bases de données sur les flux domicile-travail, la construction de délimitations harmonisées des aires urbaines selon le critère des parts de navetteurs n'est pas toujours possible. Il faut alors s'appuyer non plus sur les pratiques observées, mais sur une modélisation de ces pratiques. Un moyen commode consiste à mobiliser des informations sur les réseaux de transport urbains et sur la notion de budget-temps. La ville peut, en effet, se définir comme un espace d'interactions fréquentes dans la temporalité du quotidien, et c'est d'ailleurs ce qui construit sa spécificité par rapport à l'échelon des systèmes de villes (Pumain 1997). Ce référentiel temporel est utile lorsque l'on veut suivre l'évolution de l'emprise spatiale des villes au cours d'une période relativement longue, allant de plusieurs décennies à plusieurs siècles, ou lorsque l'on veut comparer l'emprise spatiale des villes d'une région du monde à une autre sans qu'il soit possible de mobiliser une même définition statistique de ces villes. Depuis les travaux de l'économiste Y. Zahavi dans les années 1970 (voir par exemple (Zahavi 1974)), les recherches montrent que les gains de vitesse obtenus par la création de nouvelles infrastructures de transport ou par des progrès techniques dans les transports ne se traduisent pas par une diminution des temps de trajets quotidiens, mais par une extension de l'emprise spatiale de la ville dans des zones situées encore plus loin des centres d'emploi. Ainsi, les observations montrent que le temps consacré en moyenne par les ménages aux déplacements domicile-travail est très stable, dans le monde et depuis la fin du XIXe siècle, soit environ une heure aller-retour dans les villes petites et moyennes et une heure et demie dans les grandes villes (Crozet et Joly

2004 ; Pooley *et al.* 2005). En modélisant la sélection des territoires périphériques qui peuvent être reliés au centre de la ville en moins d'une demi-heure ou de trois quarts d'heure, à chaque date considérée ou dans différentes régions du monde, il est alors possible de proposer une délimitation approximative du contour des villes.

Le choix du modèle et la finesse des résultats dépendent de l'existence de bases de données sur les réseaux de transport urbain et du nombre de villes concernées. À l'échelle d'un système de villes national et sur une période pluriséculaire, il est difficile de se fonder sur des informations précises. On peut alors évaluer le rayon moyen des villes à chaque date considérée en calculant le nombre de kilomètres qu'il est possible de parcourir chaque jour compte tenu de la vitesse moyenne de circulation et affiner cette approximation pour les très grandes villes en tenant compte des plans des réseaux de transport. Des éléments sur les temps de transport réels (par exemple à partir des indicateurs horaires des chemins de fer, des vitesses commerciales des modes de transport et de paramètres sur la congestion des réseaux) constituent une étape supplémentaire, qu'il n'est possible d'atteindre que lorsque l'on travaille sur un nombre limité de villes et pour des dates relativement récentes. Enfin, la prise en compte du caractère multimodal du réseau de transport, en d'autres termes la modélisation de tous les temps de trajets possibles en tenant compte des correspondances, permet de simuler, à l'échelon d'une ville, les changements attendus en matière d'étalement urbain et de recompositions internes, en cas de transformations majeures dans les réseaux de transport. Ces différents types de modélisations sont illustrés dans les deux sections suivantes.

4.3.2. *Construction de périmètres harmonisés selon une définition temporelle des villes*

4.3.2.1. *Harmonisation longitudinale dans le temps long*

Suivre l'évolution d'indicateurs urbains, à l'échelle régionale ou nationale, sur une période relativement longue nécessite la prise en compte des définitions successives de la ville : considérer New York comme une aire fonctionnelle dès 1790 n'aurait pas de sens, et inversement considérer aujourd'hui New York dans le seul périmètre de sa municipalité centrale est absurde. Une solution possible est donc d'appréhender la ville comme un territoire défini tout au long de la période considérée par le budget-temps d'une heure de transport, ce qui permet d'englober les trois définitions successives : celle de la municipalité, au temps des transports à pied ou à cheval (*walking-city*), celle de l'agglomération (municipalité centrale et ses banlieues nées de l'utilisation des chemins de fer urbains à partir de la deuxième moitié du XIXe siècle) et enfin celle de l'aire urbaine fonctionnelle (agglomération centrale et sa couronne périurbaine construite par le recours à l'automobile et aux transports ferroviaires rapides, à partir des années 1930 aux États-Unis et 1950-1960 en Europe ou dans d'autres régions du monde).

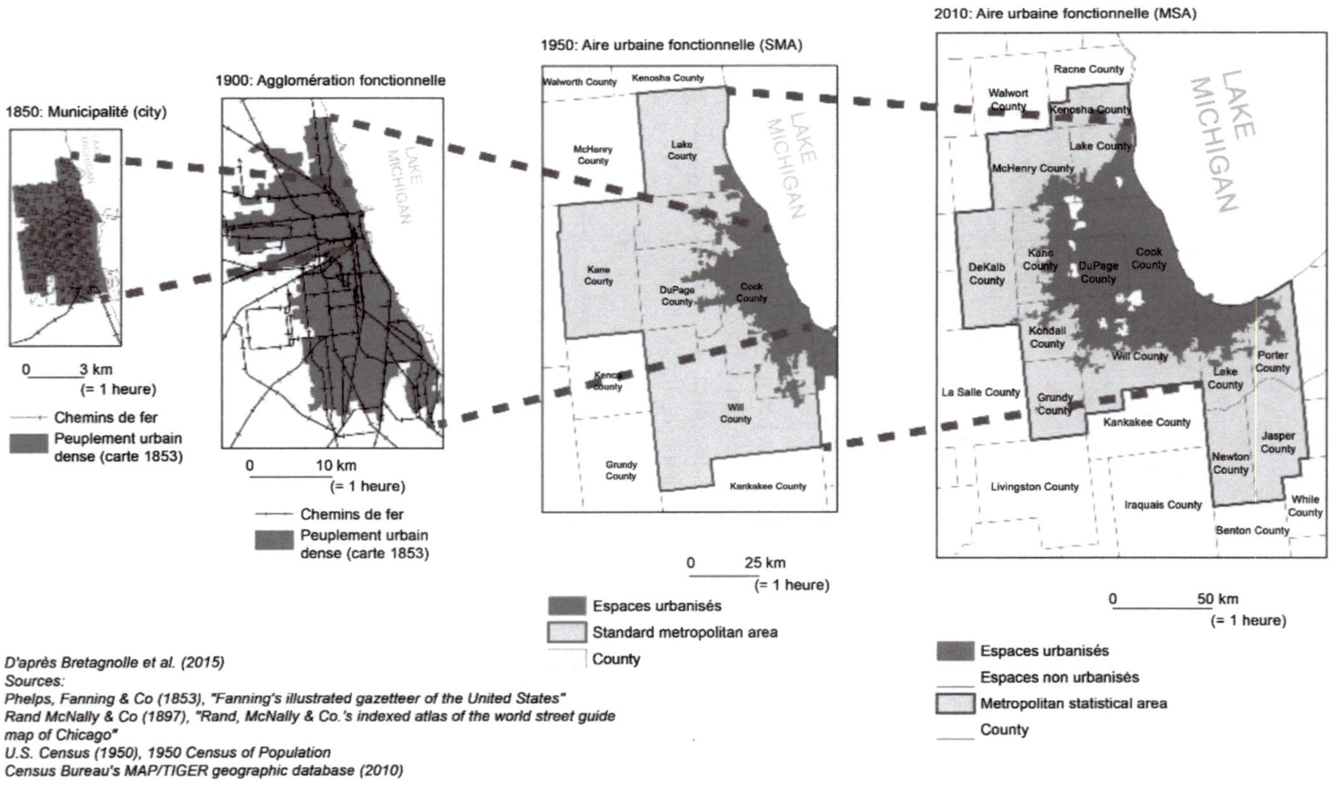

Figure 4.5. *L'évolution de l'emprise spatiale de Chicago dans l'espace-temps (échelle constante = 1 heure de temps de transport) (d'après (Bretagnolle et al. 2015))*

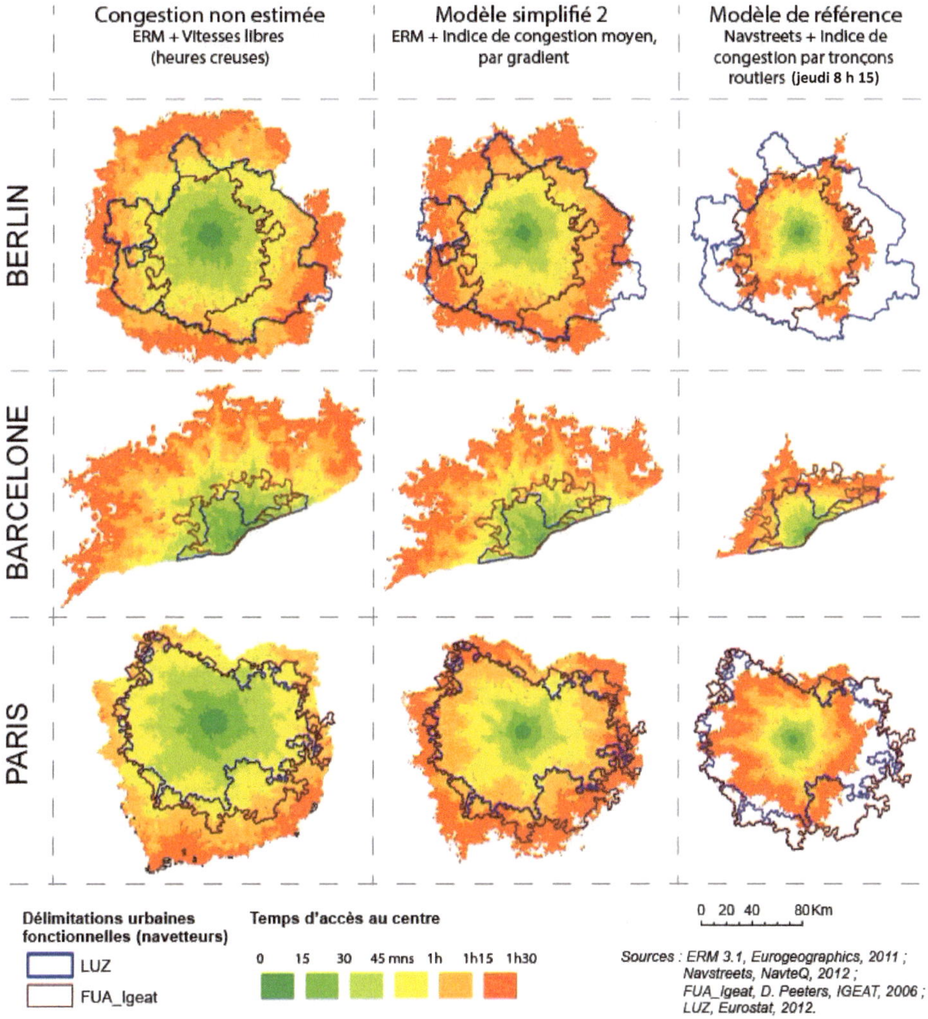

Figure 4.6. *Les aires urbaines fonctionnelles (LUZ) et les aires d'accessibilité au centre avec différentes estimations de la congestion (Barcelone, Berlin, Paris) (d'après (Guérois et al. 2016))*

Ces périmètres successifs peuvent être modélisés en considérant que le rayon maximal des villes correspond, à chaque date, au budget-temps d'une heure, soit environ 5 km au début du XIXe siècle et une cinquantaine de kilomètres aujourd'hui (voir l'exemple de Chicago sur la figure 4.5, construite avec une échelle temporelle). La construction d'une base de données harmonisée en fonction de ce repère temporel, à l'échelon de l'ensemble des villes des États-Unis et entre 1790 et 2010, a ainsi permis de reconstruire des périmètres comparables d'une date à une autre : grâce à l'utilisation de sources sur les indicateurs ferroviaires, les grandes villes ont été délimitées en tenant compte de leur banlieue dès le recensement de 1870. Leur population s'est révélée beaucoup plus importante que celle qui était classiquement attribuée par les chercheurs ou organismes de recensement. Finalement, alors que plusieurs études concluaient à l'originalité du processus de métropolisation aux États-Unis, qui aurait été caractérisé par l'absence de hiérarchisation au profit des plus grandes villes, l'utilisation de cette base de données harmonisée a montré que la concentration de la population dans des villes de plus en plus grandes suivait la même intensité et le même rythme qu'en Europe (Bretagnolle *et al.* 2015).

4.3.2.2. *Harmonisation internationale*

Un autre enjeu de la délimitation des aires urbaines par les temps de transport est la création de périmètres urbains comparables d'un pays à l'autre. En effet, si l'harmonisation internationale des périmètres urbains définis par les flux domicile-travail a considérablement progressé ces dernières années (voir par exemple en Europe, l'évolution de la définition des LUZ, *Larger Urban Zones*, entre les versions de 2004 et 2012), la disponibilité des données de flux n'est pas toujours assurée à l'échelon local. De plus, lorsque ces données existent, l'hétérogénéité internationale des découpages statistiques locaux peut introduire d'importants biais liés à l'effet de MAUP sur la portée et la forme des zones polarisées (voir section 4.2.3). En mettant à profit la diffusion de plus en plus large de données numériques sur les réseaux de transports intra-urbains, plusieurs équipes de recherche ont ainsi proposé des méthodes alternatives de délimitation d'aires urbaines qui reposent sur les temps de transport et sur la construction d'une enveloppe temporelle définie par l'accessibilité au centre (Gloersen *et al.* 2005 ; EuroLIO 2011). L'information sur les réseaux routiers et les vitesses moyennes de déplacement permet alors de définir des territoires d'interaction potentielle.

Si les travaux représentatifs de ces approches s'appuient sur un référentiel méthodologique commun (isochrones calculées sur réseau routier, à partir des distances à un centre unique), ils se distinguent par des choix de paramètres qui soulignent l'importance du choix du modèle de données (Guérois *et al.* 2016) : la portée limite du territoire fréquenté par les navetteurs repose ainsi sur un budget-temps qui va, selon les travaux, de 45 à 60 minutes, tandis que les vitesses de circulation attribuées sont parfois les vitesses observées aux heures de pointe, sensibles aux phénomènes de congestion, mais plus souvent des vitesses théoriques définies par la hiérarchie des voies et par les vitesses maximales fixées dans les codes de la route nationaux. Trois principaux modèles de construction de limites d'aires urbaines à partir des temps de transport peuvent ainsi être dégagés (voir figure 4.6, en colonne) et ont été appliqués à plusieurs aires urbaines européennes[10] (voir figure 4.6, en ligne) pour être comparés entre eux et confrontés aux délimitations d'aires fonctionnelles obtenues à partir des navettes domicile-travail. Le plus simple, qui s'appuie sur les vitesses de circulation théoriques sans congestion, présente un intérêt évident en matière de simplicité de mise en œuvre, mais amène à surestimer fortement l'étendue des aires urbaines (par exemple à Paris, Barcelone ou encore Berlin, la distance qui peut être atteinte en une heure à partir du centre est d'environ 70 à 80 km en vitesse libre tandis qu'elle n'est que de 30 km avec les vitesses observées aux heures de pointe). Par comparaison, la prise en compte de la congestion routière mesurée permet d'aboutir à des périmètres plus réalistes, mais s'avère coûteuse à mettre en place (par exemple, en 2013, le coût de la base Navstreets pour l'Île-de-France atteignait 3 000 € pour une exploitation annuelle par un laboratoire de recherche). Entre ces deux extrêmes, un troisième type de modèle s'appuie sur une estimation de la congestion routière, mesurée à l'aide d'un indice de congestion qui varie selon une fonction continue de la distance au centre : dans certains cas (voir figure 4.6), ce modèle intermédiaire est satisfaisant pour définir un périmètre proche de celui des aires urbaines basées sur les flux domicile-travail, même si la zone d'accessibilité ainsi délimitée reste plus large que la zone correspondant aux temps de transport réels (par exemple, pour Paris, la zone reconstituée à partir du modèle de gradient de congestion surestime de plus de 50 % la surface de la zone délimitée à l'aide des vitesses aux heures de pointe).

4.3.3. *Modéliser les recompositions des villes en lien avec de nouveaux réseaux de transport*

L'effet structurant des nouveaux réseaux de transport sur un territoire urbain ou régional n'est plus à démontrer. Pourtant, les réticences des chercheurs ont été nombreuses[11], et cela est probablement dû au fait que ces effets ont longtemps été appréhendés de manière simpliste, en dehors de tout référentiel systémique et avec une durée très courte : il s'agissait de mesurer l'impact, en matière d'emploi et de population, de la création d'un nouveau tronçon d'autoroute ou d'une nouvelle ligne ferroviaire dans les

10. Le difficile accès aux données observées de congestion limite le nombre d'aires urbaines sélectionnées (Paris, Barcelone et Berlin). Mais l'analyse de ces données offre en retour une vision très complète des écarts résultant du choix de différents modèles d'estimation des temps de transport ; elle permet aussi d'évaluer précisément les divergences entre l'approche par les temps de transport et l'approche fonctionnelle classique.

11. Voir par exemple le dossier débat à ce propos dans la revue *L'Espace géographique* en 2014 (n° 1, vol. 43).

10 ans suivant la construction. Aujourd'hui, les approches sont plus riches et envisagent des échelles de temps et d'espace plus conséquentes.

Il en est ainsi, par exemple, de l'évaluation de l'impact du réseau de métro actuellement en construction sous le nom de Grand Paris Express (GPE), censé révolutionner la mobilité en Île-de-France du fait de sa densité (quatre lignes de métro automatique autour de Paris pour un total de 200 km et 68 stations, et une extension de deux lignes existantes), de sa vitesse (55 à 60 km/h en moyenne) et de sa forme (un double huit, rompant avec les logiques radiales préexistantes). Les impacts potentiels de ce nouveau réseau ont été évalués en prenant en compte une durée relativement longue (en les comparant à ceux engendrés par d'autres modifications du réseau de transport public, survenues depuis 1995) et un ensemble territorial vaste, celui de l'aire urbaine fonctionnelle (Bretagnolle *et al.* 2020). L'ensemble des réseaux de transport public (RER, Transilien, métro, tramway, bus à haut niveau de service) a été considéré, de même que la vitesse commerciale atteinte entre chaque couple de stations, la fréquence des rames et les temps de correspondance. La modélisation de l'impact des nouvelles infrastructures repose sur le calcul d'un indice d'accessibilité globale au départ de chaque station, dérivé de l'indice de Shimbel. Il repose sur l'évaluation du temps total (en minutes) nécessaire pour joindre successivement chaque autre station située dans l'aire urbaine[12] (voir figure 4.7).

Les résultats montrent tout d'abord qu'à l'échelle du temps long, l'impact potentiel du GPE n'est pas si fort : les gains et pertes d'accessibilité relative ont été le plus importants pour la période 1995-2015, en raison de la création de nouveaux transports ou de la modification de missions sur certaines lignes de RER et Transilien. En outre, pour la période 2015-2050, les stations dont les gains d'accessibilité sont les plus forts ne sont pas celles qui sont desservies par le GPE. Elles sont situées le long de lignes de tramway et bus à haut niveau de service, au cœur de la boucle sud du GPE. On constate aussi des gains d'accessibilité très forts pour les stations situées près d'Orly, qui sera

12. Il s'agit d'un indice calculé sur une matrice de temps de parcours au plus court chemin. Grâce à un algorithme, on additionne le temps total pour se rendre successivement dans toutes les autres stations en utilisant la combinaison de trajets et de moyens de transport qui permet d'obtenir le temps le plus court. Nous avons pondéré la somme obtenue pour cette station par la somme des temps obtenue pour la totalité des stations. La comparaison des indices calculés à deux dates consécutives permet de mettre en évidence des gains relatifs d'accessibilité (réduction relative du temps de parcours à partir d'une station) ou des pertes relatives d'accessibilité. C'est par exemple le cas pour Paris centre, dont la position « centrale » apparaît légèrement moins forte du fait de connexions plus directes entre lieux situés en périphérie de Paris. La construction de la matrice au plus court chemin et le calcul de l'indice d'accessibilité qui en découle (ainsi que son équation) sont présentés dans (Bretagnolle *et al.* 2010).

desservi à la fois par la ligne 14 et la ligne 18, notamment le long de la ligne de tramway T7 (Villejuif-Juvisy). D'autres stations bénéficient aussi d'un gain d'accessibilité important tout le long de la première couronne (voir figure 4.7). Le projet du Grand Paris Express devrait ainsi se traduire par un élargissement de la zone de « bonne accessibilité ferroviaire », du centre de l'aire vers la périphérie, alors que c'est plutôt la réduction des différentiels d'accessibilité entre l'est et l'ouest qui avait été recherchée par l'établissement du RER, dont la création est liée à celle des villes nouvelles dans les années 1970. Les recompositions des polarités internes liées à l'établissement de nouveaux réseaux sont donc incontestables, tout au moins dans le cas des grandes métropoles, car les transports publics sont beaucoup moins développés pour les autres.

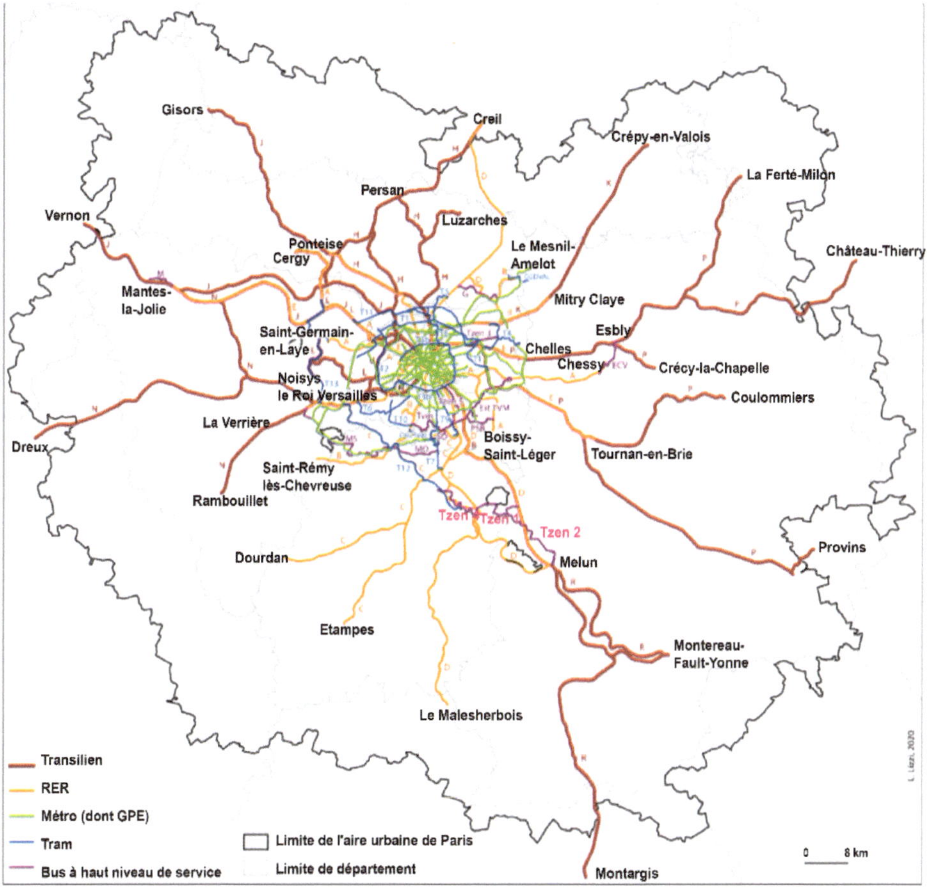

Figure 4.7. *Réseaux de transport existants en 2015 et programmés en 2050 dans l'aire urbaine de Paris (d'après (Bretagnolle et al. 2020))*

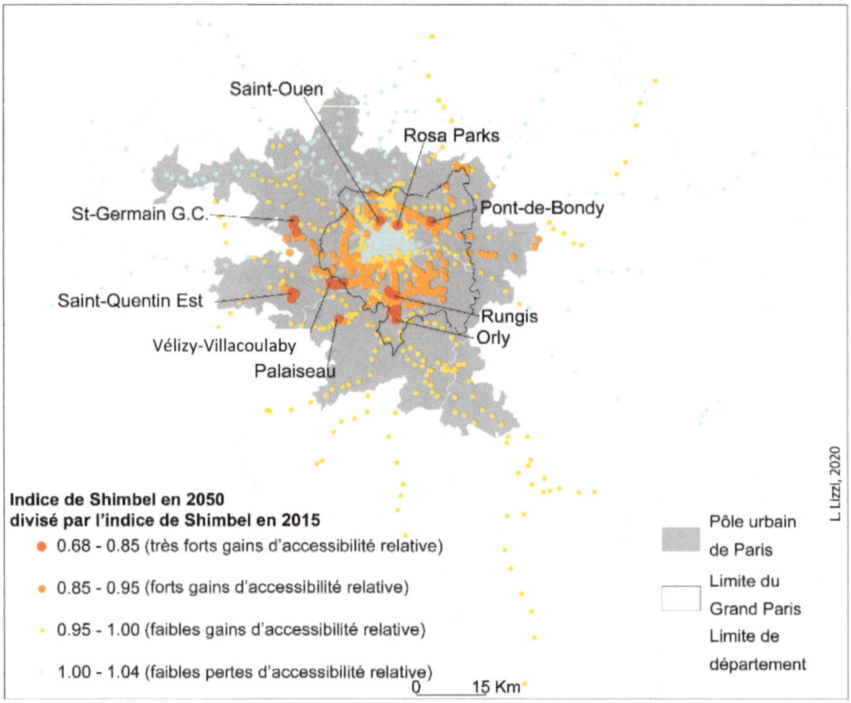

Figure 4.8. *Modélisation des gains de temps attendus entre 2015 et 2050, pour les réseaux de transport existants en 2015 et programmés en 2050 dans l'aire urbaine de Paris (d'après (Bretagnolle et al. 2020))*

4.4. Conclusion

Dans ce chapitre, nous nous sommes intéressées aux apports de la modélisation des réseaux de mobilité quotidienne pour appréhender des dynamiques urbaines en profonde mutation, à l'échelle des aires métropolitaines. À partir de l'observation de réseaux envisagés dans leur double acception d'interrelations construites par les déplacements de population et d'infrastructures de communication, nous avons interrogé la manière dont la portée croissante et l'imbrication de plus en plus complexe des flux de déplacements quotidiens renouvelaient les démarches de modélisation liées à la délimitation de l'enveloppe externe des villes et à l'analyse de centralités internes en recomposition. Sans prétendre à l'exhaustivité, nous nous sommes appuyées sur un ensemble de travaux empiriques pour souligner des enjeux importants dans la construction de modèles qui partagent une même approche descriptive, basée sur des méthodes de sélection et de hiérarchisation des flux (navettes domicile-travail en particulier) ou des axes de transport. Ces réflexions ne sont pas nouvelles et de nombreux travaux s'intéressent depuis plusieurs décennies aux transformations d'espaces d'interactions quotidiennes de plus en plus vastes, discontinus et polycentriques. Mais ces modèles peuvent aujourd'hui s'appuyer sur des données locales de flux, de plus en plus nombreuses et accessibles, qu'elles proviennent de sources conventionnelles (données locales des recensements) ou bien qu'elles soient issues de techniques de géolocalisation, volontaire ou involontaire. De manière complémentaire, la multiplication de bases de données décrivant la géométrie et la performance des réseaux de transport permet de mieux appréhender les déplacements potentiels lorsque l'information sur les flux n'est pas disponible (données absentes de certains recensements nationaux ou limitées à des périodes très récentes) ou lorsque l'analyse porte sur les effets possibles de futurs aménagements de réseaux d'infrastructure.

Il nous semble néanmoins important d'insister sur plusieurs éléments de discussion qui sont loin d'être épuisés par l'amélioration de l'accès aux données locales. Ainsi, à l'échelle d'une grande métropole pour laquelle des données très détaillées sont désormais disponibles, nous avons montré, avec l'exemple du futur Grand Paris Express, l'intérêt de prendre en compte la complexité du fonctionnement du réseau de transport public (multimodalité, fréquences, temps de correspondance, etc.) afin d'évaluer l'effet de nouvelles infrastructures sur les transformations de l'accessibilité interne à la métropole parisienne. Mais l'interprétation et la mise en perspective de ces résultats doivent aussi s'appuyer sur la reconstitution de longue haleine d'une base temporelle harmonisée, sur plusieurs décennies. D'autre part, dans le cadre de comparaisons internationales d'aires urbaines fonctionnelles, nous avons souligné le rôle de l'accès récent aux données locales de flux domicile-travail dans la constitution d'une base européenne harmonisée (exemple des LUZ), tout en insistant sur les difficultés propres à la prise en compte d'espaces de référence internationaux. En effet, l'hétérogénéité des contextes de peuplement et des mailles de collecte de l'information soulève la question de la pertinence du choix de paramètres fixes et standardisés et amène à s'interroger sur la pertinence de choix alternatifs, portant par exemple sur l'adoption de paramètres/seuils relatifs à chaque contexte. Plus généralement, ces éléments de discussion posent la question de savoir jusqu'où simplifier et sélectionner l'information pour modéliser les réseaux de mobilité quotidienne, en fonction des objectifs poursuivis. Si, pour reprendre un autre exemple, la définition d'une vitesse moyenne d'accès à un centre a du sens pour définir une enveloppe spatio-temporelle d'accessibilité et donner une approximation des limites d'aires urbaines fonctionnelles à des échelles de temps pluriséculaires, la comparaison de ces mêmes enveloppes pour plusieurs grandes villes souligne les difficultés d'une modélisation plus fine et les limites d'une approche qui ferait l'économie de données de vitesses commerciales avec congestion. Loin de rester anecdotique, cette réflexion sur les choix et niveaux de simplification de l'information traitée prend tout son sens face à l'émergence de structures plus complexes à saisir, qu'il s'agisse des espaces multipolarisés, souvent négligés par des règles de construction simples, ou encore des emboîtements d'échelles nés de l'imbrication d'interactions quotidiennes à l'échelle de villes, mais aussi, désormais, de réseaux de villes régionaux, voire nationaux.

4.5. Bibliographie

Berger, M. (2004). *Les périurbains de Paris. De la ville dense à la métropole éclatée ?* CNRS Éditions, Paris.

Berroir, S., Mathian, H., Sanders, L., Saint-Julien, T. (2007). Les pôles de l'activité métropolitaine. Dans *La métropole parisienne. Centralités, inégalités, proximités*, Saint-Julien, T., Legoix, R. (dir.). Belin, Paris, 11–38.

Berroir, S., Cattan, N., Dobruszkes, F., Guérois, M., Paulus, F., Vacchiani-Marcuzzo, C. (2017). Les systèmes urbains français : une approche relationnelle. *Cybergeo: European Journal of Geography* [En ligne]. Disponible à l'adresse : https://doi.org/10.4000/cybergeo.27945.

Bretagnolle, A. (2005). Les villes dans l'espace-temps : vitesse des communications et structuration des territoires. Dans *Échelles et temporalités*, Volvey, A. (dir.). Editions Atlande, Paris, 180–187.

Bretagnolle, A. (2015). La naissance du périurbain comme catégorie statistique en France. Une perspective internationale. *Espace Géographique*, 1(47), 18–37.

Bretagnolle, A., Giraud, T., Verdier, N. (2010). Modéliser l'efficacité d'un réseau : le cas des routes de poste en France (1632, 1833). *Espace Géographique*, 2, 117–131.

Bretagnolle, A., Delisle, F., Mathian, H., Vatin, G. (2015). Urbanization of the United States over two centuries: an approach based on a long-term database (1790–2010). *International Journal of Geographical Information Science*, 29(5), 850–867.

Bretagnolle, A., Guérois, M., Le Nechet, F., Mathian, H., Pavard, A. (2016). La ville à l'échelle de l'Europe : Apports du couplage et de l'expertise de bases de données issues de l'imagerie satellitale. *Revue Internationale de Géomatique*, 26(1), 55–78.

Bretagnolle, A., Pavard, A., Lizzi, L., Brès, A. (2020). Des échelles inédites pour appréhender le Grand Paris Express : modélisation des gains de vitesse et d'accessibilité au sein du réseau de transports publics francilien (1995–2050). *Flux*, 122(4), 4–25.

Carré, D., Levratto, N. (2019). L'analyse spatiale de la croissance des emplois dans la région Ile-de-France. Dans *Le Grand Paris Express, Les enjeux économiques et urbains*, Prager, J.-C. (dir.). Economica, Paris, 229–253.

Champion, A.G. (2001). A changing demographic regime and evolving polycentric urban regions: consequences for the size, composition and distribution of city population. *Urban Studies*, 38, 657–677.

Claval, P. (1982). *La logique des villes. Essai d'urbanologie*. LITEC, Paris, 15.

Conti, B. (2019). Essai de caractérisation de la mobilité interurbaine en France : des pendulaires et pendularités hétérogènes. *Flux*, 1(1), 14–32.

Crozet, Y. (2016). *Hyper-mobilité et politiques publiques : Changer d'époque ?* Economica, Paris.

Crozet, Y., Joly, I. (2004). Budget-temps de transport : les sociétés tertiaires confrontées à la gestion paradoxale du bien le plus rare. *Les Cahiers Scientifiques du Transport*, 45, 27–48.

De Bellefon, M.-P. (2018). A scenario for the new official French urban areas zoning. Dans *Paper prepared for the 16th Conference of IAOS, OECD Headquarters*. 19-21 septembre, Paris.

De Bellefon, M.-P., Eusebio, P., Forest, J., Pégaz-Blanc, O., Warnod, R. (2020). En France, neuf personnes sur dix vivent dans l'aire d'attraction d'une ville. *Insee-Focus*, 211 [En ligne]. Disponible à l'adresse : https://www.insee.fr/fr/statistiques/4806694.

Dijkstra, L., Poelman, H. (2012). Cities in Europe. The new OECD-EC definition. Rapport, Regional Focus, RF 01/2012, Regional and Urban Policy.

EuroLIO (2011). *Les agglomérations européennes, quelles définitions pour quels besoins d'indicateurs ?* Fiche méthodologique 1, European Localised Innovation Observatory.

François, D. (2010). Se rendre au travail : distances et temps de transport s'allongent. *La Revue du CGDD*, 83–98.

Gingembre, J., Baude, J. (2014). Les mobilités domicile-travail dans les réseaux d'agglomérations. *EchoGéo*, 27 [En ligne]. Disponible à l'adresse : https://doi.org/10.4000/echogeo.13773.

Glita, I. (2023). Les villes françaises en décroissance dans le temps long (1968-2017). Une typologie des trajectoires en fonction des composantes démographiques, des spécialisations économiques et de la diversité des contextes territoriaux. Thèse de doctorat, université Paris 1 Panthéon-Sorbonne, Paris.

Gloersen, E., Schurmann, C., Nordregio (2005). Morphological analysis of urban areas based on 45-minutes isochrones. ESPON 1.1.1, Potentials for polycentric development in Europe. Rapport, 121–125, annexe D.

Guérois, M. (2003). Les formes des villes européennes vues du ciel vues du ciel. Dans *Données Urbaines*, Pumain, D., Mattei, F. (dir.). Anthropos, Paris, 411–427.

Guérois, M., Pavard, A., Bretagnolle, A., Mathian, H. (2016). Les temps de transport pour délimiter des aires urbaines fonctionnelles ? Belgeo [En ligne]. Disponible à l'adresse : https://doi.org/10.4000/belgeo.17789.

Insee (2018). Atlas Auvergne Rhône-Alpes : géographie des déplacements, des flux et des mobilités. Rapport, Insee.

Julien, P. (2003). L'évolution des périmètres des aires urbaines 1968-1999. Dans *Données urbaines*, Pumain, D., Mattéi, F. (dir.). Anthropos, Paris, 11–20.

Kaufmann, V. (2008). *Les paradoxes de la mobilité, bouger, s'enraciner*. Presses polytechniques et universitaires romandes, Lausanne.

Le Jeannic, T. (1996). Le zonage en aires urbaines : une nouvelle approche de la ville et de son espace périurbain. Dans *Insee Méthodes, Actes des Journées de Méthodologie Statistiques*. 11 et 12 décembre 1996, 69–71, 407–442.

Le Jeannic, T. (dir.) (2010). La mobilité des Français. Panorama issu de l'enquête nationale transports et déplacements 2008. *La Revue du CGDD*.

Le Néchet, F. (2012). Approche multiscalaire de la mobilité domicile-travail en Île-de-France et dans la région Rhin-Ruhr. *Cahiers de Géographie du Québec*, 56(158), 405–426 [En ligne]. Disponible à l'adresse : https://doi.org/10.7202/1014553ar.

Le Roux, G., Vallée, J., Commenges, H. (2017). Social segregation around the clock in the Paris region (France). *Journal of Transport Geography*, 59, 134–145.

Lemoy, R., Caruso, J. (2020). Evidence for the homothetic scaling of urban forms. *Environment and Planning B*, 47(5), 870–888 [En ligne]. Disponible à l'adresse : https://doi.org/10.1177/2399808318810532.

Mathian, H. (2002). Les polarisations des mobilités domicile-travail, un point de vue méthodologique. Dans *Géo-événement*. 11 avril 2002, Paris.

Parr, J.B. (2007). Spatial definitions of the city: four perspectives. *Urban Studies*, 44, 381–392.

Pooley, C.G., Turnbull, J., Adam, M. (2005). *A mobile century? Changes in everyday mobility in Britain in the 20th century*. Ashgate Publishing Group, Surrey.

Pumain, D. (1997). Pour une théorie évolutive des villes. *Espace Géographique*, 26(2), 119–134.

Schwanen, T., Dieleman, F., Dijst, M. (2004). The Impact of Metropolitan Structure on Commute Behavior in the Netherlands: A Multilevel Approach. *Growth and Change*, 35, 304–333.

Zahavi, Y. (1974). Travel time budgets and mobility in urban areas. Report prepared for the U.S. Department of Transportation and the Ministry of Transport of Federal Republic of Germany.

5

Les interstices des systèmes de villes en France

Benoit CONTI et Florent LE NÉCHET
LVMT, Université Gustave Eiffel, Champs-sur-Marne, France

5.1. Introduction

Selon Edward W. Soja (2011), « la banlieue s'urbanise de plus en plus à mesure que la métropole moderne monocentrique se transforme en une ville régionale polycentrique englobant un vaste réseau d'agglomérations de différentes tailles »[1]. Au cours des dernières décennies, deux tendances dans la dynamique des systèmes d'établissements humains sont observées : la concentration aux niveaux national et continental des individus dans des espaces urbanisés et la déconcentration au niveau local par un étalement urbain autour des espaces les plus denses. Il en résulte des dynamiques de changement profondes et diverses à l'œuvre à toutes les échelles des établissements humains et des systèmes de mobilité (Scott *et al.* 2015). Des changements massifs dans la capacité de mobilité des biens et des personnes ont conduit à l'émergence de villes polycentriques, difficiles à décrire avec les outils traditionnels du géographe (Commenges et Le Néchet 2024) : « La métropole moderne pourrait bien être en train de disparaître, ce qui crée un besoin croissant de nouveaux cadres de compréhension et d'étude des villes et des géographies urbaines »[2] (Soja 2011). Ces entités géographiques sont plus grandes que les villes traditionnellement définies selon une approche centre-périphérie, autour d'un pôle

1. « Suburbia is being increasingly urbanized as the monocentric modern metropolis morphs into a polycentric regional city encompassing a broadly cast network of agglomerations of various sizes. »

2. « The modern metropolis may be ending, creating a growing need for new frameworks for understanding and studying cities and urban geographies. »

La coévolution transport, mobilité, territoire,
coordonné par Florent LE NÉCHET. © ISTE Editions 2026.

d'emploi, et plus petites que les systèmes urbains nationaux (voir chapitre 4). Éric Charmes (2019) met également en question les catégorisations spatiales traditionnelles opposant urbain et rural en indiquant que « villes et campagnes s'entremêlent ».

L'objet de ce chapitre est de caractériser dans leur diversité les manières dont les espaces traditionnellement qualifiés de ruraux sont en lien avec les espaces dits « urbains » alentour. Pour ce faire, nous partons du postulat que les systèmes urbains locaux permettent utilement de décrire une partie de l'espace géographique français (Coutrot *et al.* 2013 ; Berroir *et al.* 2017). Ces systèmes contiennent non seulement la plupart des villes françaises (à l'exception notable de Paris, qui est souvent traitée à part dans cette littérature), mais également les territoires plus ou moins denses étant sous dépendance fonctionnelle de ces villes. Les territoires situés en dehors de ces systèmes sont mal connus et peu qualifiés dans leur dimension morphologique et fonctionnelle, au-delà du constat général d'une faible densité et d'une faible dépendance fonctionnelle aux espaces plus urbanisés. En nous intéressant à des espaces situés en dehors et à proximité de ces systèmes de villes, que nous avons appelés « interstitiels », et en étudiant l'addition des liens « faibles » avec les différentes villes constituant le système, ce chapitre vise à proposer une lecture originale et inédite de l'organisation spatiale des territoires de France continentale.

5.2. Entre urbain et rural, diversité des approches en géographie

Les chercheurs utilisent de nombreux zonages et catégorisations pour décrire les villes (Parr 2005 ; Peris *et al.* 2018), et chaque approche simplifie certains aspects de leur fonctionnement complexe afin de produire des cadres spatiaux qui seront utiles pour la prise de décision dans divers domaines (performance économique, inégalités sociales, etc.). Toutefois, il n'est ni possible ni souhaitable d'appliquer une description unique et figée d'une ville donnée. Le passage d'un cadre de description des villes à un autre est utile aux urbanistes et aux géographes pour saisir les territoires dans toute leur complexité (Rozenblat 2020).

Ainsi, le vocabulaire pour décrire les espaces urbains est empreint d'une grande diversité, quelle que soit l'échelle spatiale considérée : « Megalopolis » (Gottmann 1957), « Champ urbain » (Friedman et Miller 1965 ; Villeneuve 2005), « Ville régionale » (Calthorpe et Fulton 2001), « Métapole » (Ascher 1995), « Archipel métropolitain » (Veltz 1999), « Postmetropolis », « Mégacités polycentriques » (Hall et Pain 2006), « Corridor urbain » (Georg *et al.* 2016), « Systèmes urbains locaux » (Berroir *et al.* 2017) en sont quelques exemples. En 1965, John Friedman et John Miller ont proposé le concept de « champ urbain » pour décrire les « premiers développements urbains couvrant des zones métropolitaines en Californie dans un rayon d'environ deux heures en voiture » (Pumain 2016). Selon eux, les champs urbains sont des zones d'un rayon de 150 km contenant au moins 1 million de personnes et un noyau urbain d'au moins 300 000 personnes. L'immense corridor urbain allant de Boston à Washington (« BosWash »)

(Gottmann 1957), le Diamant flamand (Van Meeteren *et al.* 2016) ou l'Émilie-Romagne en Italie (Cowell 2010) constituent des exemples de ces espaces urbains continus sur de grandes superficies.

Aujourd'hui, l'approche fonctionnelle, basée sur les déplacements domicile-travail ou d'autres mobilités quotidiennes, est l'approche la plus courante dans la littérature scientifique pour délimiter les villes (Bretagnolle 2015) (voir chapitre 4). La zone centrale de la ville et les zones urbaines et rurales environnantes qui y sont fortement liées par la mobilité quotidienne sont combinées en un objet géographique : l'aire fonctionnelle (nommée ici « AU » pour aire urbaine). Cette définition permet de faire la distinction entre les zones qui sont fonctionnellement connectées à la ville centrale (la couronne périurbaine) et celles qui – parce qu'elles sont moins connectées – seraient considérées comme rurales[3]. Toutefois, ces flux se produisent de plus en plus en dehors de ces limites dites « urbaines ». En France, ces déplacements quotidiens entre aires urbaines ont connu une augmentation spectaculaire au cours des dernières décennies : ils représentent désormais jusqu'à 9 % des flux et 36 % des distances de déplacement en France (Conti 2016). De plus, les pratiques de déplacement ont changé en matière de distances parcourues, d'organisation spatiale, de diversité des motifs et de régularité dans le temps (Bertaud et Malpezzi 2003 ; Jarv *et al.* 2014), donnant lieu à une organisation spatiale de plus en plus diffuse : faite de flux faibles aux temporalités et aux motifs différents mettant en réseau les villes d'une façon nouvelle. Ainsi, les dynamiques d'une ville du système ne peuvent être comprises sans analyser les dynamiques propres du système dans son ensemble.

Pour cette raison, le cadre d'analyse des systèmes urbains locaux (SUL) est utilisé pour surmonter les limites du périmètre des aires urbaines (AU). Dans ce cadre (Batty 2006 ; Hall et Pain 2006 ; Berroir *et al.* 2017), les villes sont souvent considérées comme des points dans l'espace, avec des attributs (tels que la population, la densité, la production, etc.), et l'accent est mis sur les liens fonctionnels entre les villes (Hall et Pain 2006), dessinant des systèmes de villes possédant une certaine cohérence fonctionnelle : les SUL. Ce cadre est dessiné par les liens entre les AU qui les composent, les SUL résultants n'étant pas nécessairement continus dans l'espace. Les exemples typiques en Europe sont la Randstad aux Pays-Bas (Dielemann *et al.* 1999) ou Wien-Bratislava en Autriche/Slovaquie (Jasso 2008). Cette approche fonctionnelle possède aussi ses limites,

3. Depuis 2020 et dans le cadre d'une harmonisation européenne des nomenclatures, la définition du rural par l'Insee a changé. Il ne s'agit plus des espaces situés hors des agglomérations et hors des espaces sous dépendance fonctionnelle des pôles urbains, mais d'une définition liée à la densité de population. Les communes dites « rurales » depuis 2020 sont celles pour lesquelles la grille de densité de l'Insee indique une densité très faible ou faible (d'Alessandro *et al.* 2021). Avec cette acception, 88 % des communes françaises et 33 % de la population sont dites « rurales », dont une partie significative est située à l'intérieur des périmètres fonctionnels des villes.

notamment dans certains territoires lorsque le zonage en aires fonctionnelles est lui-même discutable, car grandement variable en fonction des seuils considérés (Guérois 2003 ; Cottineau *et al.* 2017). Quelques zonages ont été produits en France, dont les travaux de Berroir *et al.* (2017) à partir d'une diversité de types d'interactions spatiales (voir chapitre 4), et celui de Coutrot *et al.* (2013), basé uniquement sur l'intensité et la hiérarchie des liens domicile-travail, que nous avons décidé d'utiliser dans ce chapitre. Enfin, la notion de « bassin de vie » (Aragau 2013) offre une approche centrée sur les principaux motifs de mobilité quotidienne (emploi, services, commerces) et une catégorisation de l'espace présentant l'avantage d'intégrer les espaces les plus urbains et les plus ruraux dans une sorte de continuum.

De fait, les formes récentes de métropolisation ont créé une grande diversité d'organisations spatiales des systèmes de peuplement, entre espaces ruraux diffus, ayant conservé des emplois à portée relativement locale, et espaces périurbains plus denses, résidentiels, ayant un lien important avec une ou plusieurs centralités urbaines. Si le périmètre des AU est utile pour étudier le fonctionnement intra-urbain ou interurbain, il ignore de fait une proportion substantielle d'habitants, voire d'emplois, situés en dehors (Harrisson et Heley 2015) : des espaces qui ne sont ni clairement urbains, très denses, ni complètement ruraux, très peu denses, et où l'agriculture conserve une place importante dans le tissu économique. À l'inverse, l'approche par bassins de vie permettra des analyses locales pertinentes, mais ne capturera pas l'insertion fonctionnelle de l'espace local dans un système territorial plus vaste.

À l'échelle locale, le vocabulaire et les approches pour qualifier les espaces hors des agglomérations les plus denses et les plus peuplées varient grandement. De nombreux travaux ont cherché à qualifier dans sa diversité le « périurbain » (Nessi *et al.* 2016), à travers ses caractéristiques démographiques (d'emploi notamment). Témoignant du flou sémantique entre urbain, périurbain et rural, plusieurs concepts complémentaires sont utilisés par la littérature, comme les termes de « tiers-espace » de Vanier (2000), d'« espace ouvert » de Poulot *et al.* (2016) et d'« entre-deux » (*Zwischenstadt*) de Thomas Sieverts (2003). Plusieurs typologies nationales des espaces ruraux ont été réalisées, comme celles de Pistre (2012) ou d'Hilal *et al.* (2013). Cette dernière approche combine des approches de géographie économique (secteurs d'emplois, base économique (voir chapitre 6)), des approches démographiques (répartition par âge, croissance résidentielle) et d'accès aux services pour qualifier trois types de communes rurales (« campagne des villes », « campagne agricole et industrielle », « campagne vieillie à très faible densité »), en mobilisant notamment la distance aux pôles urbains (temps de trajet en voiture).

Dans le même ordre d'idées, mais en y ajoutant une dimension fonctionnelle, l'approche d'Alessandro *et al.* (2021) présente l'intérêt d'ajouter à la grille de densité de l'Insee une dimension fonctionnelle, en distinguant notamment, parmi les espaces ruraux situés au sein des périmètres fonctionnels des aires d'attraction des villes, ceux qui dépendent fortement pour l'emploi des territoires urbains (plus de 30 % des actifs travaillant dans le pôle) et ceux qui sont plus autonomes fonctionnellement. Le tableau 5.1 récapitule les principaux concepts et zonages rencontrés dans cette revue de littérature, centrée sur la France. Nous soulignons l'originalité de notre approche, consistant à notre connaissance pour la première fois à combiner une approche fonctionnelle centrée sur les espaces ruraux à une approche fonctionnelle à l'échelle des systèmes de villes.

Principaux concepts géographiques et zonages de l'Insee		Définition du rural et population concernée
Rural comme espace non urbain (jusqu'en 2010)	Pôles urbains s'appuient sur des « unités urbaines » (continuité du bâti) et un seuil d'emploi ; aires urbaines (polarisation par mobilité domicile-travail)	Le rural est officiellement défini par l'Insee comme espace hors de l'influence fonctionnelle des villes
Rural comme espace non urbain (depuis 2020)	Pôles urbains (par la grille de densité et un seuil de population) ; aires d'attraction des villes (polarisation par mobilité domicile-travail)	En conservant la logique précédente, le rural pourrait être défini comme l'ensemble des espaces non urbains. Ce n'est pas à ce jour la définition officielle de l'Insee, mais permet une plus grande comparabilité avec la nomenclature de l'Insee de 2010
Rural comme espace peu dense (depuis 2020)	Rural : communes très peu denses ou peu denses au sens de la grille de densité (2020)	Définition officielle du rural selon l'Insee à date

Tableau 5.1. *Principales approches géographiques des espaces ruraux et/ou non urbains en France*

5.3. Qualifier l'espace situé entre villes en France

En 2010, en France, 60 % des emplois sont concentrés dans les aires urbaines de moyenne et grande taille (c'est-à-dire dont les pôles urbains comptent au moins 5 000 emplois). Comment s'organise le reste du territoire – petites aires urbaines au sein du zonage en aires urbaines de l'Insee[4], communes multipolarisées, espace rural –, dont les

4. Notons que le zonage en aires urbaines de l'Insee (2010) n'est pas le dernier zonage en vigueur. Nous l'avons utilisé ici car c'est sur cette base qu'a été réalisée l'étude de Coutrot *et al.* (2013) fournissant les périmètres des systèmes urbains locaux que nous prenons comme première brique de notre travail. Le zonage en aires d'attraction des villes (2020) produisant des contours géographiques assez similaires des villes, nous pensons que les observations que nous tirons de ce travail n'auraient pas été très différentes si une autre typologie consolidée des systèmes urbains locaux était disponible avec le zonage le plus récent. Les évolutions du zonage portent notamment sur une nouvelle définition du rural (Cailly *et al.* 2020), mais notre travail n'utilise pas la grille de densité de l'Insee.

liens fonctionnels avec les espaces urbains les plus importants peuvent prendre de multiples formes (liens interurbains entre petites villes et villes moyennes, liens de proximité entre espace rural et couronne périurbaine, etc.) ? La question du fonctionnement avec l'urbain est importante, et pas seulement dans le seul sens classique d'une dépendance fonctionnelle des couronnes périurbaines au centre. Gérard-François Dumont *et al.* (2022) parlent même d'inversion spatiale lorsque les « périphéries deviennent attractives aux dépens des centres », tandis que pour d'autres auteurs « les emplois suivent la population » avec une économie résidentielle qui « anime la dynamique économique des espaces ruraux » (Aubert et Aznar 2020).

Ce chapitre vise ainsi à comprendre la place qu'occupent ces espaces situés en dehors des villes que nous nommons dans ce chapitre « espaces interstitiels des systèmes urbains locaux » (EIS). Comment la prise en compte des espaces interstitiels propres aux systèmes urbains locaux permet-elle de mieux appréhender la diversité des systèmes régionaux ? Comment les espaces interstitiels s'intègrent-ils aux SUL du point de vue fonctionnel ? Est-ce que les espaces interstitiels sont très différents morphologiquement des espaces périurbains du SUL ?

Plusieurs questions de recherche peuvent être formulées (voir figure 5.1), selon l'importance prise localement par le processus de métropolisation, la présence d'infrastructures de transport structurantes, la spécialisation économique (ayant des répercussions sur l'interaction systémique localisation/activités/transport) (Bonnafous 1996 ; Le Néchet 2020) : est-ce que les espaces interstitiels des systèmes de villes connaissent des dynamiques spécifiques lorsque les systèmes de villes sont plus peuplés, constitués de plus de villes, plus dynamiques économiquement ? Quelles formes éventuelles peuvent prendre les liens entre les systèmes de villes et les espaces interstitiels, à la fois des points de vue morphologique et fonctionnel ? De fait, il est attendu que :

1) la frontière morphologique entre le SUL et les EIS ne soit pas toujours marquée. Dans certains systèmes, il y aurait une différence de niveau de population (densité notamment) entre le SUL et les EIS d'un système régional (SR) alors que dans d'autres, les EIS constitués d'un ensemble de polarités locales (bourgs ruraux, petites villes par exemple) formeraient une sorte de continuité de type d'habitat et de densité avec les espaces périurbains (voir figure 5.1c) ;

2) la quantité d'échanges avec le SUL soit parfois importante et la direction des liens fonctionnels soit plus ou moins centrifuge. Dans certains cas, les EIS sont relativement autonomes fonctionnellement en raison d'une présence importante d'emplois et peu de flux sont observés en lien avec le SUL (voir figure 5.1a). Dans d'autres cas, l'attraction de l'emploi situé dans les pôles urbains dépasse les limites du SUL : il existe d'importants flux depuis les EIS vers le SUL (voir figure 5.1b). Enfin, dans d'autres cas, les espaces interstitiels constituent des ressources pour le SUL et donc un lieu de destination des flux (voir figure 5.1c).

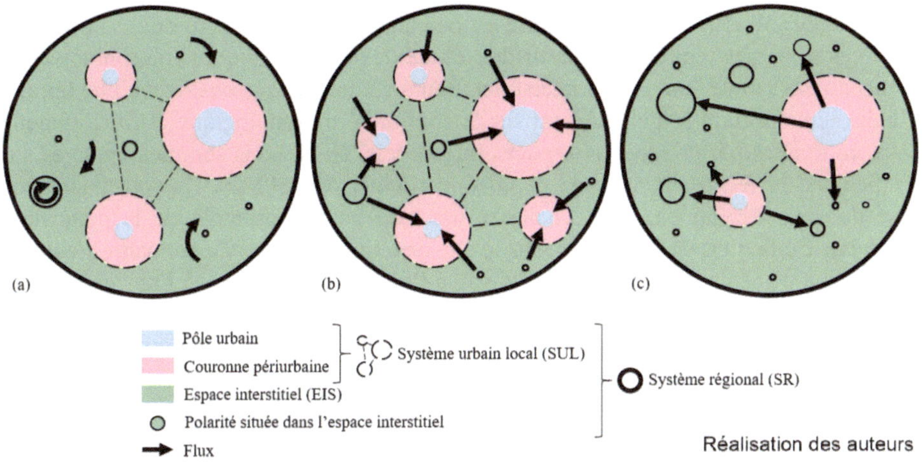

Figure 5.1. *Trois modèles théoriques de fonctionnement des espaces interstitiels au sein des systèmes régionaux polycentriques*

5.4. Construction des systèmes régionaux à partir des SUL

Entre 1982 et 2010, le nombre d'emplois en France a augmenté de plus de 4 millions, passant de 21,1 millions à plus de 25,4 millions, soit une hausse de plus de 20 %. Cette augmentation est spatialement hétérogène : un processus de concentration s'est produit, en grande partie au profit des aires urbaines de moyenne et grande taille[5] (+ 35 % d'augmentation, contre + 0,7 % pour les petites aires urbaines et – 2,2 % hors aires urbaines, c'est-à-dire dans les zones rurales au sens de l'Insee). Les distances de déplacement domicile-travail ont aussi évolué depuis 1982 : + 154 % pour les déplacements avec une distance comprise entre 20 et 50 km (une ampleur qui dépasse généralement les délimitations des AU), alors que les déplacements de plus de 50 km n'ont augmenté que de 84 % et que les déplacements courts (moins de 20 km) sont restés quasiment stables (+ 11 %). Cette augmentation est largement tirée par les déplacements vers ou depuis les pôles urbains, dont le nombre a doublé sur cette période alors que les flux internes aux pôles (+ 8 %) ou qui ne les concernent pas (+ 5 %) sont restés relativement stables. Ces chiffres illustrent selon nous les transformations à l'œuvre dans l'organisation fonctionnelle des flux, qui concernent désormais davantage les échanges entre les villes (Conti 2016) et les échanges centrifuges depuis les pôles vers les espaces périurbains et ruraux (Schwanen *et al.* 2001).

Les « systèmes régionaux » étudiés dans ce chapitre sont composés de deux éléments : 1) les villes constituées en système (les SUL) ; 2) les interstices de ces systèmes

5. C'est-à-dire les aires urbaines dont le pôle urbain est constitué de 5 000 emplois au moins.

(EIS). L'objectif général de ce chapitre est de comprendre la manière dont se différencient ces systèmes régionaux à partir de l'étude des caractéristiques (morphologiques et fonctionnelles) de leur espace interstitiel. Pour ce faire, nous avons retenu une famille d'indicateurs portant principalement sur la continuité morphologique et fonctionnelle entre couronnes périurbaines et espaces interstitiels. Nous nous sommes appuyés sur les fichiers du recensement de la population (fichier MOBPRO). Ils constituent une base de données nationale à l'échelle communale pour l'ensemble de la population française. Ce fichier, en libre accès sur le site de l'Insee, permet de connaître l'ensemble des flux de déplacements domicile-travail à l'échelle communale en France, en 2010. Nous avons combiné ce fichier avec un second : les données du zonage en aires urbaines, qui fournissent des informations sur les types de communes, notamment si elles sont urbaines, périurbaines ou rurales. L'année 2010 a été choisie, car elle correspond à la date de création par l'Insee des périmètres des aires urbaines (AU) et des systèmes urbains locaux (SUL) de Coutrot *et al.* (2013). En effet, en utilisant uniquement la variable des navettes domicile-travail entre les AU grandes et moyennes (avec des pôles urbains contenant plus de 5 000 emplois), Coutrot *et al.* (2013) proposent un découpage fonctionnel de la France en 44 SUL. Nous décidons de considérer ces 44 SUL comme des entités constituées, à partir desquelles nous interrogeons le lien avec les espaces situés entre ces frontières discontinues. Ces SUL sont très différents les uns des autres, notamment concernant : 1) le nombre d'habitants qu'ils englobent ; 2) le nombre d'aires urbaines qu'ils comprennent ; 3) l'ampleur des flux de navettes interurbaines au sein du SUL (Conti 2016). Notons que si l'AU de Paris joue un rôle central dans l'organisation spatiale des flux en France (Berroir *et al.* 2017), elle n'est pas intégrée dans un SUL dans la typologie de Coutrot *et al.* (2013), parce qu'elle constitue un sujet de recherche en soi et que l'aspect multiscalaire de son organisation spatiale sortirait de ce cadre d'analyse.

C'est sur cette base des périmètres des 44 SUL que nous avons construit 44 systèmes régionaux afin de prendre en compte les espaces laissés vides par les SUL et donc de nous assurer de la contiguïté des espaces constitués. Pour définir le périmètre des espaces interstitiels (EIS) de chaque SUL, nous avons divisé la France continentale en mobilisant la méthode des polygones de Thiessen : elle permet de découper l'espace en ne prenant en compte que les distances entre les communes et les différents SUL. Chaque commune hors AU de taille moyenne ou grande est rattachée à un SUL sur la base de sa proximité géographique. Ce choix est bien sûr discutable, mais nous a semblé acceptable en l'absence d'autre critère évident et afin de construire des entités géographiques continues. Afin de respecter la cohérence du zonage en aires urbaines de l'Insee, les AU isolées (63 AU ne sont rattachées à aucun SUL) sont considérées comme constituant leur propre « système » autonome (et n'appartiennent à aucun système régional). Notons que les AU de petite taille (dont le pôle urbain compte moins de 5 000 emplois) extérieures aux SUL sont considérées comme insécables lors de la formation des systèmes régionaux et ne peuvent être rattachées qu'à un unique espace interstitiel.

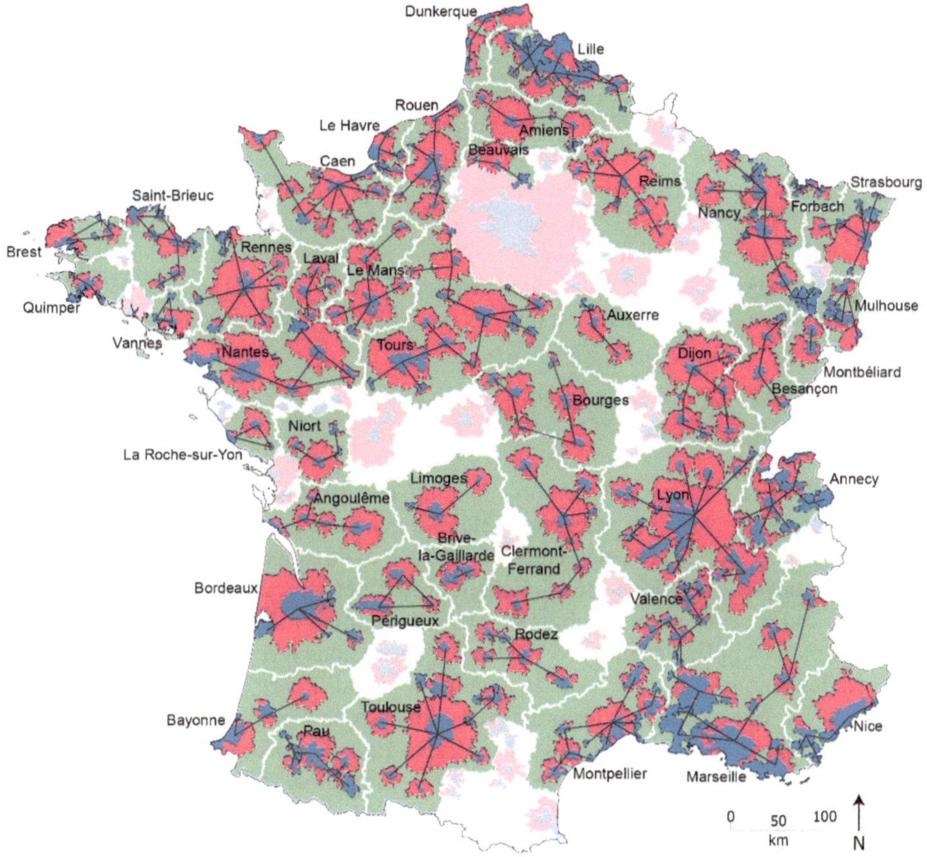

Espace d'étude
des 44 Systèmes régionaux (SR) :

(i) Système urbain local (SUL)
- Pôles urbains des aires urbaines
- Couronnes périurbaines des aires urbaines
- — Liens schématiques entre les aires urbaines d'un SUL

(ii) Espace interstitiel du système urbain (EIS)
- Espace interstitiel du système urbain (EIS)

Auxerre Nom du système régional

Espace non étudié
- Pôle urbain
- Couronne périurbaine
- Espace hors influence des grandes et moyennes aires urbaines

Source: Insee, Systra, LVMT — Réalisation des auteurs

Figure 5.2. *Découpage de la France en 44 systèmes régionaux*

Chacun de ces 44 systèmes régionaux finalement construits (voir figure 5.2) est donc composé de deux éléments principaux : 1) l'ensemble des AU du SUL qui constitue la zone urbaine du système régional, avec représenté en bleu le pôle urbain et en rouge la couronne périurbaine ; 2) en vert, les communes hors influence des AU, les communes multipolarisées et les petites AU constituent l'espace interstitiel du SUL (noté « EIS »). En plus des 36 millions d'habitants des SUL, l'ensemble formé par les 44 EIS permet la prise en compte, plutôt inédite dans les études de géographie urbaine, d'une population supplémentaire de plus de 7 millions d'habitants, soit 10 % de la population nationale, et plus de 240 000 km² (44 % de la superficie de la France continentale). Si la population médiane de ces espaces interstitiels est de 150 000 habitants, la variabilité de cet indicateur est grande : celui de Nancy est le plus peuplé (450 000 habitants) alors que celui de Nice l'est dix fois moins (35 000 habitants).

5.5. Typologie des systèmes régionaux selon les caractéristiques de leur espace interstitiel

Afin d'étudier systématiquement la variabilité des systèmes régionaux et de proposer la typologie des systèmes régionaux selon les caractéristiques de leur espace interstitiel (EIS), deux procédures classiques en analyse multivariée exploratoire sont réalisées : une analyse en composantes principales (ACP) et un regroupement hiérarchique (classification ascendante hiérarchique ou CAH). Comme indiqué dans la section 5.3, nous cherchons ici principalement à étudier les dimensions morphologique et fonctionnelle des liens entre EIS et le reste du système régional. Pour cette raison, par rapport au tableau 5.1, qui récapitulait les principales dimensions d'analyse des espaces ruraux en géographie, nous nous focalisons sur les indicateurs liés aux densités et à l'intensité des liens domicile-travail entre types d'espaces. L'originalité de la démarche réside dans le périmètre spatial utilisé : au contraire de la plupart des approches qui placent les espaces ruraux dans une dichotomie entre dépendance fonctionnelle à une ville ou autonomie fonctionnelle, l'approche par système de villes nous permet de combiner l'ensemble des liens fonctionnels vers les villes du système ; de plus nos indicateurs permettront à la fois de qualifier l'intensité des liens, mais aussi leur symétrie afin d'analyser la capacité des espaces interstitiels à constituer des ressources pour les espaces urbains.

In fine, sept indicateurs sont utilisés (une vingtaine d'indicateurs ont été testés, plusieurs n'ayant pas été retenus après analyse des corrélations), dont les valeurs sont calculées au niveau de chacun des systèmes régionaux. La fonction logarithmique est utilisée pour normaliser les indicateurs qui n'ont pas une forme de distribution normale et tous les indicateurs utilisés sont centrés et réduits. La deuxième étape (regroupement hiérarchique) permet de regrouper les systèmes régionaux qui se ressemblent de sorte à maximiser l'homogénéité intraclasse et l'hétérogénéité interclasse sur la base des sept indicateurs utilisés. Les résultats de la classification hiérarchique offrent une première typologie des systèmes régionaux français selon les caractéristiques morphologiques et fonctionnelles de leur espace interstitiel.

Les sept indicateurs sélectionnés[6] sont principalement inspirés de la littérature sur les systèmes urbains (Schwanen *et al.* 2004 ; Aguilera 2005 ; Berroir *et al.* 2005 ; Burger et Meijers 2012 ; Conti 2019). Ils sont principalement basés sur la matrice des échanges entre les différents types d'espaces des SR (zones urbaines/périurbaines/rurales). Tous ces indicateurs sont soit des ratios, soit des proportions relatives, ce qui signifie qu'aucun effet de taille de population ou de superficie n'est introduit explicitement dans la démarche, mais il convient bien entendu d'être attentif à ce point lors de l'interprétation des résultats. Ces indicateurs sont détaillés ci-après et leur calcul est présenté dans le tableau 5.2.

1) Population : population des espaces interstitiels, rapportée à la population des couronnes périurbaines. Cet indicateur vise à quantifier la part de l'espace du SR hors espaces urbains qui est contenue dans les espaces interstitiels. Cet indicateur est peut-être particulièrement sensible au découpage géographique des espaces interstitiels et notamment à la superficie située à l'extérieur des zones urbaines, liée à un maillage faible d'aires urbaines grandes ou moyennes.

2) Densité : densité brute de population dans les espaces interstitiels en 2010, rapportée à l'indicateur équivalent calculé pour les couronnes périurbaines. L'indicateur de densité brute de population vise à quantifier la discontinuité morphologique. Si ce ratio est proche de 1, nous pourrons parler d'un continuum de densité entre ces deux types d'espaces.

3) Évolution démographique : évolution de la population dans les espaces interstitiels entre 1982 et 2010, rapportée à l'indicateur équivalent calculé pour les couronnes périurbaines. Il s'agit dans une certaine mesure d'estimer les migrations résidentielles, et donc l'attractivité relative entre couronnes périurbaines et espaces interstitiels. Une valeur proche de 1 suggère une forme de continuité dans la dynamique de peuplement, alors qu'une valeur inférieure à 1 signifie une attractivité accrue des couronnes périurbaines. Dans la période et pour l'ensemble des territoires considérés, les couronnes périurbaines ont systématiquement connu une croissance nette de population, donc pour les 44 SR étudiés, cette quantité possède le même signe que celui de la dynamique de population dans les espaces interstitiels.

4) Ratio emplois sur actifs : nombre d'emplois divisé par le nombre d'actifs dans les espaces interstitiels en 2010, rapporté à l'indicateur équivalent calculé pour les couronnes périurbaines. Le ratio emploi sur actif est un bon indicateur d'autonomie fonctionnelle d'un espace. Un ratio élevé tend à suggérer qu'une large part des emplois est occupée par des actifs locaux.

---

6. Nous avons décidé de ne pas prendre en compte la distance de déplacement domicile-travail afin de permettre la comparaison de tailles très différentes de SUL (à titre d'exemple, le SUL de Tours s'étend de Dreux à Chinon, à près de 200 km). Nous avons aussi choisi de ne pas considérer le mode de transport utilisé, notamment en raison des niveaux très variés d'offre de transports en commun en France.

5) Intensité du lien vers les pôles : part des actifs des espaces interstitiels qui travaillent dans un des pôles urbains, rapportée à l'indicateur équivalent calculé pour les couronnes périurbaines (pondérés par la taille respective de ces espaces au sein des SR, c'est-à-dire que ce qui est mesuré est l'importance du lien fonctionnel indépendamment du nombre d'actifs à l'origine et du nombre d'emplois à destination, voir tableau 5.2). Une valeur proche de 1 suggérerait une forme de continuité fonctionnelle dans la polarisation de l'emploi avec les couronnes et les EIS connaissant un lien au pôle de même importance.

6) Symétrie des liens avec le pôle : symétrie des échanges entre espaces interstitiels et pôles, rapportée à l'indicateur équivalent calculé pour les couronnes périurbaines (voir tableau 5.2 : y sont comparés les flux dans un sens, EIS vers pôle, et dans l'autre sens, pôle vers EIS). Cet indicateur permet de tenir compte de la symétrie des flux entre pôles et espaces interstitiels d'une part, et entre pôles et couronnes périurbaines d'autre part. Des relations très asymétriques témoigneraient d'une spécialisation fonctionnelle marquée entre ces espaces et donc d'une forme d'intégration fonctionnelle des EIS au SR.

7) Part flux hors SUL : flux total lié aux EIS rapporté au flux total interne au SR. Cet indicateur permet de calculer la part qu'occupent les flux de l'EIS (internes, mais aussi depuis et vers les EIS) par rapport à l'ensemble des flux du SR (flux de l'EIS et du SUL). Il s'agit de tenir compte avec cet indicateur d'effets de tailles relatives qui différencieraient trop les SUL et les EIS.

Indicateur	Formule
1) Population*	$\frac{N_{EIS}}{N_{Cour}}$
2) Densité*	$\frac{N_{EIS}/S_{EIS}}{N_{Cour}/S_{Cour}}$
3) Évolution démographique*	$\frac{\frac{N_{EIS(2010)}}{N_{EIS(1982)}}-1}{\frac{N_{Cour(2010)}}{N_{Cour(1982)}}-1}$
4) Ratio emplois sur actifs*	$\frac{E_{EIS}/A_{EIS}}{E_{Cour}/A_{Cour}}$
5) Intensité lien avec le pôle*	$\frac{\varphi_{EIS\to P}}{A_{EIS}\times E_P}/\frac{\varphi_{Cour\to P}}{A_{Cour}\times E_P}$
6) Symétrie lien avec le pôle*	$\frac{\varphi_{EIS\to P}-\varphi_{P\to EIS}}{A_{EIS}+A_P+E_{EIS}+E_P}/\frac{\varphi_{Cour\to P}-\varphi_{P\to Cour}}{A_{Cour}+A_P+E_{Cour}+E_P}$
7) Part flux hors SUL	$\frac{\varphi_{EI\to EI}+\varphi_{EI\to Cour}+\varphi_{EI\to P}+\varphi_{Cour\to EI}+\varphi_{P\to EI}}{\sum_{i\in\{P,Cour,EI\}}\sum_{j\in\{P,Cour,EI\}}\varphi_{i\to j}}$

Tableau 5.2. *Indicateurs utilisés*

COMMENTAIRE SUR LE TABLEAU 5.2.– * *Pour ces indicateurs, les formules traduisent le fait que c'est le ratio entre la valeur des espaces intermédiaires et celle des couronnes périurbaines qui est imputé. N : « nombre d'habitants » ; A : « nombre d'actifs » ; E : « nombre d'emplois » ; φ : flux domicile-travail entre une zone i et une zone j. Les types de territoires sont notés P (pôle), Cour (couronne) et EIS (espaces interstitiels).*

5.6. Diversité des formes de fonctionnement des systèmes régionaux selon les caractéristiques de leur espace interstitiel

L'analyse en composantes principales donne des résultats satisfaisants puisque les deux premiers axes encapsulent plus de la moitié de la variance et que la distribution des systèmes régionaux sur ces deux axes est assez équilibrée (voir figure 5.3). L'utilisation de la classification ascendante hiérarchique nous a paru également intéressante dans ce contexte, puisque le dendrogramme ne fait pas ressortir non plus de structure typique d'effets de taille ou d'autre structure particulière. Celle-ci permet de proposer une typologie en cinq classes de systèmes régionaux qui ont été analysées à partir des valeurs moyennes et des médianes des indicateurs utilisés.

1) La première classe dite « EIS autonomes » correspond aux 7 systèmes régionaux pour lesquels l'espace interstitiel semble relativement autonome fonctionnellement par rapport au SUL. Cette classe est marquée par une discontinuité morphologique peu prononcée avec les AU. Cela ne signifie pas que la densité de population y est élevée dans les EIS, mais plutôt, à l'inverse, que la densité de population des couronnes périurbaines est relativement faible. Cela correspond à des systèmes urbains constitués de villes moyennes par ailleurs relativement peu intégrées fonctionnellement entre elles (4 AU par SR en moyenne). Ainsi, les espaces interstitiels sont peu concernés par le processus de métropolisation et fonctionnent encore largement autour de centralités rurales. La part des actifs des EIS qui travaille dans un des pôles y est la plus petite de toutes les classes (18 %) et de façon liée, le ratio emplois par actifs des EIS y est le plus élevé (0,87) (voir tableau 5.3). Peu dynamiques, ces EIS apparaissent démographiquement en décroissance ou en croissance faible. Les exemples d'Auxerre, situé en lisière de l'aire d'influence de Paris, ou de Rodez, situé loin de l'aire d'influence des métropoles (Toulouse et Montpellier sont à plus d'une heure et demie en voiture comme en train), illustrent parfaitement cette première classe de territoires qui peuvent être rapprochés de la notion d'« hyperruraux » (Hilal *et al.* 2013).

2) La deuxième classe est constituée de 9 SR pour lesquels l'EIS est dit « isolé » par rapport au SUL. Cette classe ressemble à bien des égards à la première, même si la discontinuité morphologique est cette fois-ci notable. Il s'agit de systèmes régionaux un peu plus grands (population deux fois plus élevée en moyenne, 6 AU par SR), dont certaines villes relativement importantes composent le SR (Toulouse, Clermont-Ferrand, Reims).

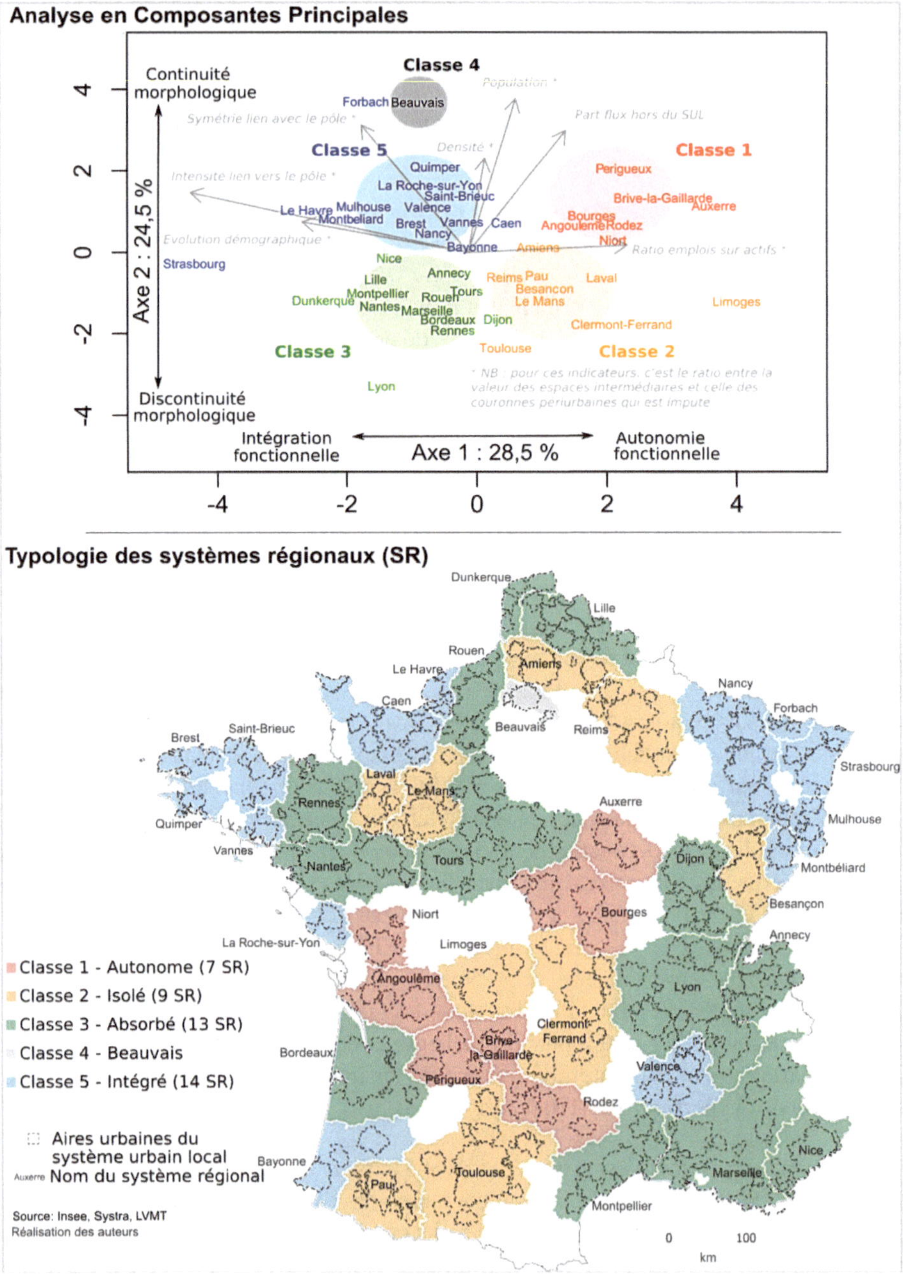

Figure 5.3. *Catégorisation en cinq classes de systèmes régionaux (SR) en fonction des caractéristiques de leur espace interstitiel (EIS)P*

3) La troisième classe est constituée de systèmes régionaux où les espaces interstitiels sont en quelque sorte « absorbés », ou en passe de l'être, par le SUL, du fait de la force du phénomène de métropolisation. Sans que cela soit exclusif, il s'agit de systèmes régionaux construits autour de grandes métropoles (2 millions d'habitants en moyenne, 9 AU par SR), pour lesquels les EIS sont : a) petits à proportion des couronnes ; b) attractifs du point de vue démographique ; c) particulièrement dépendants fonctionnellement des pôles urbains (26 % des actifs des EIS travaillent dans un des pôles du SR). Cette classe rassemble également des SR qui correspondent à des situations où l'espace multipolarisé au sens de l'Insee est important, notamment autour de Lille ou de Marseille.

4) La quatrième classe n'est composée que d'un seul SR, Beauvais, qui est situé juste à l'extérieur de l'aire urbaine parisienne et est constitué d'une part significative de communes multipolarisées. Nous décidons de ne pas interpréter outre mesure cette classe, et même de l'appeler « artefact », du fait de la présence d'un seul SR, même si les valeurs des indicateurs sont intermédiaires entre les classes 3 et 5.

5) La cinquième classe de SR, aux EIS dits « intégrés », est constituée de systèmes régionaux de toutes tailles, où l'espace interstitiel est constitué de petites villes et de bourgs ruraux relativement significatifs localement, à la fois en volume et dans leur contribution au fonctionnement de l'ensemble du SR. Dans cette classe, les EIS sont relativement denses et parviennent à travers un tissu économique conséquent à être attractifs pour le pôle, ce qui constitue une originalité par rapport aux autres classes. Ainsi, 6 % des actifs des pôles travaillent dans l'EIS (l'une des valeurs les plus élevées) et l'indicateur de symétrie y est le plus important, signalant une complémentarité importante entre espaces urbains et espaces interstitiels.

Globalement, des effets de taille existent, mais ne sont pas structurants dans la classification obtenue. Par exemple, les 28 SR de petite ou moyenne taille (moins de 800 000 habitants pour le SUL, moins de 250 000 habitants pour les espaces interstitiels) se répartissent dans toutes les classes, même si les EIS « absorbés » sont sous-représentés. Parmi les 16 autres SR, les plus peuplés, il y a 11 EIS « absorbés » (Annecy, Bordeaux, Lille, Lyon, Marseille, Montpellier, Nantes, Nice, Tours, Rennes et Rouen), 3 EIS « intégrés » (Caen, Nancy et Strasbourg) et 2 EIS « isolés » (Clermont-Ferrand et Toulouse). Ces effets de taille peuvent être mis en lien avec le processus de métropolisation, qui tend à ce que la couronne périurbaine augmente en superficie au fil du temps. Les espaces interstitiels de ces SR seraient, en quelque sorte, des espaces destinés à devenir périurbains.

Certains effets géographiques peuvent également être observés. Par exemple tous les SR « intégrés » (à l'exception de Valence et Bayonne) sont situés dans des régions au tissu économique marqué par la présence de petites et moyennes industries : Grand Est, Bourgogne-Franche-Comté, Bretagne et Normandie. Un lien semble également observable entre attractivité démographique et position des espaces interstitiels par rapport au SR.

Ainsi, les espaces interstitiels semblent d'autant plus autonomes fonctionnellement que le système urbain est lui-même de petite taille, peu dense et peu attractif du point de vue démographique. De fait, un nombre important de SR dits « EIS autonomes » se trouvent à l'écart à la fois des littoraux et des grands espaces métropolitains, et plus généralement des espaces qui connaissent une croissance démographique importante.

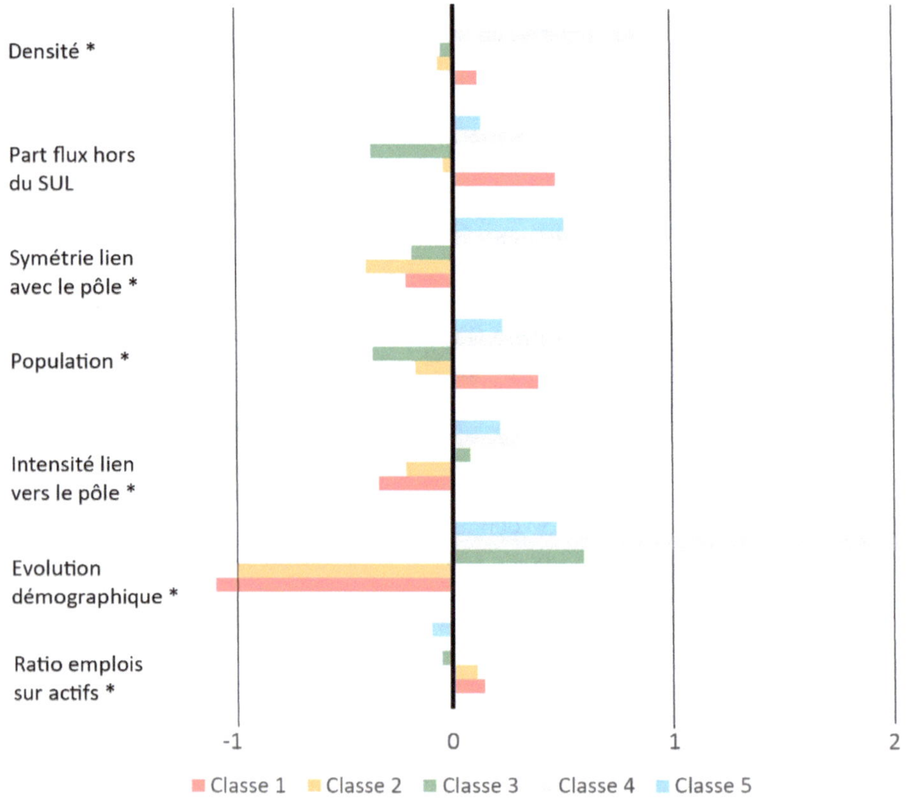

Figure 5.4. *Écarts à la moyenne des indicateurs pour les SR constituant les cinq classes (valeurs normalisées)*

Classe	Nombre SR Nombre AU par SR	Population moyenne du SR Densité brute moyenne SR	Ratio emplois sur actifs pour : pôles/couronnes/ EIS	Flux relatif (en % des actifs) Couronnes → pôles EIS → pôles Pôles → EIS
Classe 1 : EIS autonome	7 SR 4 AU par SR	410 000 hab. 170 hab./km²	1,47 0,49 0,87	62 18 7
Classe 2 : EIS isolé	9 SR 6 AU par SR	820 000 hab. 190 hab./km²	1,34 0,49 0,85	61 21 3
Classe 3 : EIS absorbé	13 SR 9 AU par SR	1 990 000 hab. 300 hab./km²	1,19 0,56 0,82	56 26 2
Classe 4 : EIS artefact	1 SR 3 AU par SR	400 000 hab. 310 hab./km²	1,48 0,44 0,73	62 35 6
Classe 5 : EIS intégré	14 SR 6 AU par SR	680 000 hab. 310 hab./km²	1,32 0,56 0,79	58 30 6

Tableau 5.3. *Statistiques pour les SR constituant les cinq classes. SR signifie « système régional », AU signifie « aire urbaine », EIS signifie « espace interstitiel », le flux relatif est la proportion des actifs d'un type d'espace (EIS, couronne, pôle urbain) travaillant dans un autre type d'espace.*

5.7. Discussion

Ce chapitre vise à caractériser la diversité des SR en prenant en compte la continuité des territoires situés à proximité des SUL, grâce à l'inclusion d'espaces que nous avons appelés « interstitiels ». Nos résultats attestent de l'hétérogénéité des systèmes régionaux en testant l'organisation relative entre les SUL et les EIS. Premièrement, la densité des couronnes périurbaines des SUL est parfois très proche de celle des espaces interstitiels alentour : le périmètre de ce qui peut être considéré comme urbain ou non sur la base de la densité de population est dans certains cas discutable. Deuxièmement, les EIS attirent parfois un nombre important de navetteurs depuis le pôle : la ceinture urbaine (définie ici par les liens fonctionnels avec les centres urbains) est beaucoup plus large que ce qu'indiquent les zonages. Cette attractivité fait notamment écho aux travaux de

Dumont *et al.* (2022), qui constatent la proportion plus élevée des catégories d'emplois de type ouvrier dans les espaces non urbains. Troisièmement, les SUL ne concentrent pas toujours tous les emplois et la population du système régional : les EIS peuvent également rassembler une part importante des emplois et de la population du système régional.

En guise de conclusion, nous retenons de cette typologie qu'une diversité d'organisation morphologique et fonctionnelle est observable à différentes échelles et avec différents périmètres d'analyse. L'approche traditionnelle « AU/SUL » semble pertinente pour étudier l'influence des métropoles sur les territoires environnants. Cette question a fait l'objet d'une grande attention scientifique en géographie économique et plusieurs typologies ont été proposées pour caractériser l'impact des villes sur le développement économique (Nadou 2010) et l'intensité des échanges interurbains *via* des réseaux de transport lourd. L'approche en « système régional » semble intéressante pour étudier les relations centre-périphérie sur un territoire plus large que les aires urbaines. Par exemple, les études sur les prix de l'immobilier doivent désormais prendre en compte les zones à faible dépendance fonctionnelle en raison de l'étirement du marché immobilier depuis le cœur des agglomérations (Berger 2014), du fait notamment des nouvelles formes d'organisation du travail, incluant le développement du travail à distance. Ces nouvelles dynamiques ne peuvent pas être analysées uniquement sous l'angle des AU, mais nécessitent des approches complémentaires qui prennent en compte la complexité de l'organisation urbaine et régionale.

Pour les planificateurs, nous souhaitons souligner l'utilité opérationnelle de cette approche en systèmes régionaux : il n'existe pas de cadre d'analyse et de définition des périmètres fonctionnels basés sur la mobilité domicile-travail au-delà du cadre classique proposé par l'approche « AU/SUL ». L'approche en « systèmes régionaux » n'est ni un simple artefact statistique provoqué par des effets de bord liés au découpage en zones urbaines ni une conséquence des déplacements domicile-travail sur de très longues distances en train à grande vitesse. C'est aussi, et de manière importante, une manière de comprendre et d'appréhender des formes de relations de proximité intermédiaires qui permettent de maintenir des liens fonctionnels entre des villes spatialement relativement proches et entre zones périurbaines et zones rurales, en dehors d'un schéma centre-périphérie (Bertaud et Malpezzi 2003).

Enfin, la plupart des systèmes régionaux appartiennent à une seule région administrative française. Ce facteur important renforce l'intérêt potentiel d'utiliser l'organisation du système régional à l'échelle de ce périmètre administratif pour au moins deux raisons. La première est qu'en France les régions administratives jouent un rôle encore plus central dans l'organisation de l'offre de transport depuis la Loi d'orientation des mobilités (LOM) de 2019. Dans la mesure où la majorité des déplacements effectués au sein des systèmes régionaux s'effectuent en voiture et soulèvent donc des questions de durabilité (émissions de CO_2 et dépendance automobile), ce périmètre pourrait sembler approprié pour travailler à l'amélioration de l'organisation des flux domicile-travail ainsi que des flux diffus (ayant une portée comprise entre 20 et 50 km). La deuxième raison est le rôle d'acteur central des régions administratives dans le développement économique depuis la Loi nouvelle organisation territoriale de la République (NOTRe) de 2015. La diversité de l'organisation urbaine des régions françaises est à prendre en considération, car elle se reflète dans la diversité de l'organisation de l'emploi en France.

Enfin, il serait intéressant de poursuivre ces explorations en considérant l'organisation morphologique et fonctionnelle de chaque système régional : dans quelle mesure sont-ils monocentriques ou polycentriques (Schmidt *et al.* 2021) ? Hiérarchiques ou équilibrés (Cottineau *et al.* 2017) ? Bien maillés par des réseaux de transport en commun ou non ? Ces questions, parmi d'autres, méritent d'être approfondies, car les systèmes régionaux incluent à la fois des zones urbaines et rurales. Or, les zones rurales et les espaces interstitiels pris dans leur diversité sont souvent négligés dans les recherches portant sur les formes polycentriques ou monocentriques d'organisation des espaces habités et de leurs interactions. Ainsi, des indicateurs utilisables dans la caractérisation de la forme urbaine, aux côtés de ceux développés dans ce chapitre, permettront de rendre compte de la diversité et de la complexité du fonctionnement des systèmes régionaux.

5.8. Bibliographie

Aguilera, A. (2005). Growth in commuting distances in French polycentric metropolitan areas: Paris, Lyon and Marseille. *Urban studies*, 42(9), 1537–1547.

d'Alessandro, C., Levy, D., Regnier, T. (2021). *Une nouvelle définition du rural pour mieux rendre compte des réalités des territoires et de leurs transformations*. Insee, Paris.

Aragau, C. (2013). Le bassin de vie, un territoire porteur de ruralité aux marges de l'Île-de-France. Norois. *Environnement, aménagement, société*, 229, 7–20.

Ascher, F. (1995). *Métapolis ou l'avenir des villes*. Odile Jacob, Paris.

Aubert, F., Aznar, O. (2020). Quel statut pour le rural face à l'affirmation des métropoles ? Dans *Métropoles, villes intermédiaires et espaces ruraux : Quelles interactions au service du développement territorial ?*, Mainet, H., Rieutort, L. (dir.). Presses Universitaires Blaise Pascal, Clermont Ferrand, 3.

Batty, M. (dir.) (2006). Hierarchy in cities and city systems. Dans *Hierarchy in natural and social sciences*. Springer, Dordrecht, 143–168.

Berger, M., Aragau, C., Rougé, L. (2014). Vers une maturité des territoires périurbains ? Développement des mobilités de proximité et renforcement de l'ancrage dans l'ouest francilien. *EchoGéo*, 27.

Berroir, S., Cattan, N., Saint-Julien, T. (2005). The Contribution of New Towns to Polycentrism in the Paris Metropolitan Area: The Polarization of Employment. *Espaces et sociétés*, 1, 113–133.

Berroir, S., Cattan, N., Dobruszkes, F., Guérois, M., Paulus, F., Vacchiani-Marcuzzo, C. (2017). Les systèmes urbains français : une approche relationnelle. *Cybergeo: European journal of Geography*.

Bertaud, A., Malpezzi, S. (2003). The spatial distribution of population in 48 world cities: Implications for economies in transition. *Center for urban land economics research*, 32(1), 54–55.

Bonnafous, A. (1996). Le système des transports urbains. *Économie et Statistique*, 294(295), 99–108.

Bretagnolle, A. (2015). La naissance du périurbain comme catégorie statistique en France. Une perspective internationale. *Espace Géographique*, 44(1), 18–37.

Burger, M., Meijers, E. (2012). Form follows function? Linking morphological and functional polycentricity. *Urban studies*, 49(5), 1127–1149.

Cailly, L., d'Alessandro, C., Lacquement, G., Lévy, J., Lussault, M., Talandier, M. (2020). La refonte des zonages de l'Insee : réflexions de chercheurs. Chroniques. Rapport, Conseil national de l'information statistique, n-23.

Calthorpe, P., Fulton, W., Fulton, W.B. (2001). *The regional city*. Island Press, Washington.

Charmes, É. (2019). *La revanche des villages-Essai sur la France périurbaine*. Média Diffusion, Paris.

Commenges, H., Le Néchet, F. (2024). Écueils catégoriels pour l'analyse de la mobilité urbaine. Dans *Systèmes de Mobilité dans le monde*, Lesteven, G. (dir.). ISTE Editions, Londres, 203–241.

Conti, B. (2015). La structure des mobilités domicile-travail au départ des villes moyennes : réflexions sur leur durabilité. *RTS-Recherche Transports Sécurité*, 2015(01), 35–45.

Conti, B. (2016). La mobilité pendulaire interurbaine en France face aux enjeux du changement climatique : caractérisation socioéconomique, analyse spatiale et potentiels de report modal. Thèse de doctorat, Université Paris-Est, Paris.

Conti, B. (2019). Daily inter-urban mobility in France: heterogeneous commuters and commuting. *Flux*, 1, 14–32 [En ligne]. Disponible à l'adresse : https://doi.org/10.3917/flux1.115.0014.

Cottineau, C., Hatna, E., Arcaute, E., Batty, M. (2017). Diverse cities or the systematic paradox of urban scaling laws. *Computers, environment and urban systems*, 63, 80–94.

Coutrot, D., Helwig, P., Bonnet Gravois, N. (2013). Caractérisation des systèmes urbains français à partir du nouveau zonage des aires urbaines « 2010 ». Mission d'analyse des dynamiques et des inégalités territoriales. Rapport final.

Cowell, M. (2010). Polycentric regions: Comparing complementarity and institutional governance in the San Francisco bay area, the Randstad and Emilia-Romagna. *Urban Studies*, 47(5), 945–965.

De Silva, H., Johnson, L., Wade, K. (2011). Long distance commuters in Australia: a socio-economic and demographic profile. Dans *Paper for 34th Australasian Transport Research Forum*.

Dieleman, F.M., Dijst, M.J., Spit, T. (1999). Planning the compact city: the Randstad Holland experience. *European Planning Studies*, 7(5), 605–621.

Dumont, G.F., Guieysse, J.A., Rebour, T. (2022). La fin de l'urbanisation en France ? *Les Analyses de Population Avenir*, 38(1), 1–34.

Friedmann, J., Miller, J. (1965). The urban field. *Journal of the American institute of Planners*, 31(4), 312–320.

Georg, I., Blaschke, T., Taubenböck, H. (2016). New spatial dimensions of global cityscapes: From reviewing existing concepts to a conceptual spatial approach. *Journal of Geographical Sciences*, 26(3), 355–380.

Gottmann, J. (1957). Megalopolis or the urbanization of the Northeastern seaboard. *Economic Geography*, 33(3), 189–200.

Guérois, M. (2003). Les formes des villes européennes vues du ciel. Thèse de doctorat, Université Paris 1, Paris.

Hall, P., Pain, K. (2006). *The Polycentric Metropolis. Learning from Mega-City Regions in Europe*. Earthscan, Londres.

Harrison, J., Heley, J. (2015). Governing beyond the metropolis: Placing the rural in city-region development. *Urban Studies*, 52(6), 1113–1133.

Hilal, M., Détang-Dessendre, C., Yves Schaeffer, Y. (2013). Espaces ruraux et ruptures territoriales. Vers l'égalité des territoires. Dynamiques, mesures, politiques. Rapport, Ministère de l'égalité des territoires et du logement, Paris.

Holz-Rau, C., Scheiner, J., Sicks, K. (2014). Travel distances in daily travel and long-distance travel: what role is played by urban form? *Environment and Planning A*, 46(2), 488–507.

Horner, M.W., Marion, B.M. (2009). A spatial dissimilarity-based index of the jobs–housing balance: Conceptual framework and empirical tests. *Urban Studies*, 46(3), 499–517.

Järv, O., Ahas, R., Witlox, F. (2014). Understanding monthly variability in human activity spaces: A twelve-month study using mobile phone call detail records. *Transportation Research Part C: Emerging Technologies*, 38, 122–135.

Jaššo, M. (2008). Cross-border cooperation challenges: Positioning the Vienna-Bratislava region. Dans *Cross-border Governance and Sustainable Spatial Development*, Leibenath, M. *et al.* (dir.). Springer, Berlin, 87–100.

Le Néchet, F. (2020). Le Grand Contournement de Paris, trop loin et trop proche de Paris ? Jeux d'échelles et diversité des dynamiques du polycentrisme du Bassin Parisien (1982–2015). *Flux*, 4, 26–52.

Nadou, F. (2010). La notion de « villes intermédiaires », une approche différenciée du rôle des villes moyennes : entre structuration territoriale et spécificités socio-économiques, Dans *Colloque « Villes petites et moyennes, un regard renouvelé »*. Tours.

Nessi, H., Le Néchet, F., Terral, L. (2016). Introduction : Changement de regard sur le périurbain, quelles marges de manœuvre en matière de durabilité ? *Géographie économie société*, 18(1), 15–33.

Pain, K. (2008). Examining 'core–periphery'relationships in a global city-region: the case of London and South East England. *Regional Studies*, 42(8), 1161–1172.

Parr, J. (2005). Perspectives on the city-region. *Regional Studies*, 39(5), 555–566.

Peris, A., Meijers, E., van Ham, M. (2018). The evolution of the systems of cities literature since 1995: schools of thought and their interaction. *Networks and Spatial Economics*, 18(3), 533–554.

Pistre, P. (2012). Renouveaux des campagnes françaises. Évolutions démographiques, dynamiques spatiales et recompositions sociales. Université Paris-Diderot (Paris 7).

Poulot, M., Aragau, C., Rougé, L. (2016). Les espaces ouverts dans le périurbain ouest francilien : entre appropriations habitantes et constructions territoriales. *Géographie, économie, société*, 18(1), 89–112.

Pumain, D. (2016). "Champ urbain" entry. Hypergeo [En ligne]. Disponible à l'adresse : http://www.hypergeo.eu/spip.php?article693.

Rey, V., Poulot-Moreau, M. (2014). Chercheures d'entre-deux. Entretien croisé entre Violette Rey et Monique Poulot-Moreau. *Carnets de géographes*, 7.

Rozenblat, C. (2020). Extending the concept of city for delineating large urban regions (LUR) for the cities of the world. *Cybergeo: European Journal of Geography.*

Schmidt, S., Krehl, A., Fina, S., Siedentop, S. (2021). Does the monocentric model work in a polycentric urban system? An examination of German metropolitan regions. *Urban Studies*, 58(8), 1674–1690.

Schwanen, T., Dieleman, F.M., Dijst, M. (2001). Travel behaviour in Dutch monocentric and policentric urban systems. *Journal of Transport Geography*, 9(3), 173–186.

Schwanen, T., Dieleman, F.M., Dijst, M. (2004). The impact of metropolitan structure on commute behavior in the Netherlands: a multilevel approach. *Growth and change*, 35(3), 304–333.

Scott, A.J., Storper, M. (2015). The nature of cities: The scope and limits of urban theory. *International journal of urban and regional research*, 39(1), 1–15.

Sieverts, T. (2003). *Cities without cities: between place and world, space and time, town and country*. Routledge, Londres.

Soja, E.W. (2011). Beyond Postmetropolis. *Urban Geography*, 32(4), 451–469.

Van Meeteren, M., Boussauw, K., Derudder, B., Witlox, F. (2016). Flemish Diamond or ABC-Axis? The spatial structure of the Belgian metropolitan area. *European Planning Studies*, 24(5), 974–995.

Vanier, M. (2000). Qu'est-ce que le tiers espace ? Territorialités complexes et construction politique. *Revue de géographie alpine*, 88(1), 105–113.

Veltz, P. (1996). *Mondialisation, villes et territoires. L'économie d'archipel*. PUF, Paris.

Villeneuve, P.-Y., Lee-Gosselin, M., Barbonne, R. (2005). Le champ métropolitain : une forme en émergence ? Dans *Les Villes ont-elles achevé leur transition ?*. Actes INRETS, 41–62.

6

Le développement territorial à l'épreuve des transferts de salaires

Laurent TERRAL[1], Christophe MIMEUR[2] et Philippe POINSOT[1]

[1] *LVMT, Université Gustave Eiffel, Champs-sur-Marne, France*

[2] *MATRiS, CY Cergy Paris Université, Cergy-Pontoise, France*

6.1. Introduction

Les analyses du développement territorial ont connu des avancées importantes au cours des années 2000, sous l'influence de travaux s'intéressant à la circulation croissante des richesses entre territoires et à ses conséquences sur la recomposition des économies locales (Davezies 2008 ; Davezies et Talandier 2014 ; Terral et Proulhac 2014 ; Segessemann et Crevoisier 2016). Cet intérêt grandissant pour le sujet est venu à un moment où les approches traditionnelles du développement local devenaient moins efficaces pour expliquer certaines trajectoires territoriales et où se posait notamment la question de savoir ce que l'accroissement des mobilités individuelles induisait comme transferts de richesses d'un territoire à l'autre (Lejoux 2007 ; Ruault et Proulhac 2014 ; Franck *et al.* 2017).

Ces réflexions sont intervenues dans une époque où la représentation des territoires et de leur organisation était en train de changer assez fondamentalement. La montée en flèche des déplacements de personnes (migrations, mobilités) ainsi que des échanges matériels et immatériels interpelle les recherches sur la nécessité de mieux intégrer dans les analyses du développement local les liens et les interdépendances entre les territoires. L'hypothèse selon laquelle ce qui se joue à l'intérieur des territoires est lié, en partie, à la capacité des territoires à s'appuyer sur des réseaux externes prend de l'épaisseur

La coévolution transport, mobilité, territoire,
coordonné par Florent LE NÉCHET. © ISTE Editions 2026.

(Veltz 2002). Dans le même temps, la figure de l'organisation en réseau des territoires est confirmée par un certain nombre de travaux, en géographie notamment, qui font de l'espace relationnel leur nouvel objet d'étude. Leur approche consiste à montrer, à partir d'indicateurs d'échanges – flux aériens, collaborations scientifiques, relations intra-entreprises, etc. –, les logiques spatiales de mise en réseau des territoires et leur articulation (Cattan 2004 ; Derruder et Witlox 2005 ; Rozenblat et Bellwald 2015 ; Maisonobe *et al.* 2016). Elle permet notamment d'observer l'intégration sélective des villes dans les échanges mondialisés, le poids des hiérarchies urbaines, mais aussi les nuances à leur apporter, et les différents ressorts de la construction des réseaux interurbains et interrégionaux. Cette approche relationnelle des territoires se décline également au plan national ; elle s'appuie sur tous les processus qui, à différentes échelles, contribuent à établir des liens plus ou moins forts entre les lieux et à les organiser en système : navettes domicile-travail, liens résidence principale-résidence secondaire, mobilité étudiante (Baron et Perret 2005 ; Berroir *et al.* 2017 ; Conti 2019).

Pour en revenir aux enjeux de développement territorial, la mise en visibilité de tous ces liens invite à prendre au sérieux l'hypothèse selon laquelle on assisterait, par ce biais-là, à des formes plus ou moins visibles de transferts de richesses entre les territoires. En effet, l'épaississement des liens interterritoriaux passe notamment par un accroissement des mobilités individuelles ; or ces mobilités ne font pas que déplacer des personnes d'un territoire à l'autre, elles font potentiellement circuler des masses d'argent dont on ne peut plus ignorer les logiques spatiales de transfert si l'on veut en déduire les effets pour le développement des territoires. Les navettes domicile-travail entrent dans cette catégorie de liens. Dans une période où le découplage entre lieu de travail et lieu de vie est allé croissant, les populations d'actifs participent de façon inconsciente à ce phénomène d'accroissement de la circulation des richesses en « transportant » leur salaire du lieu où il est gagné vers celui où il va être en partie dépensé, le lieu de résidence.

Or ces dynamiques de transfert, les masses d'argent en jeu, sont encore assez mal connues. Jusqu'alors, les données de déplacement domicile-travail étaient principalement utilisées pour analyser les trajectoires résidentielles des actifs, les recompositions socio-économiques des espaces urbains et pour prendre la mesure de leur extension (Berger 1999 ; Aguiléra et Proulhac 2006 ; Sari 2011 ; Le Néchet 2012 ; Commenges et Fen-Chong 2017) ; elles suscitent désormais l'intérêt de tous ceux qui estiment que ces flux pourraient également contribuer à une redistribution significative des richesses sur le territoire (Beaumont et Bertrand 2017 ; Pancarte et Roger 2017).

C'est à cette dernière hypothèse que ce chapitre cherche à répondre. Celui-ci s'organise en trois grandes sections. La première revient sur les arguments théoriques qui militent en faveur d'une meilleure prise en compte de la circulation des richesses dans les analyses du développement des territoires et sur l'intérêt que présente l'examen plus spécifique des métropoles dans ce processus. La deuxième s'intéresse à un type bien précis de transfert de richesses, celui produit par les revenus du travail – les salaires – par le jeu des mobilités domicile-travail des actifs. Elle propose une méthode d'estimation et de reconstitution des flux de salaires. Enfin, la dernière section présente une série de résultats à propos du rôle exact tenu par les métropoles à la fois dans la polarisation de la masse salariale créée et, ensuite, dans l'organisation des flux des salaires avec les territoires non métropolitains.

6.2. Fondements théoriques de l'économie territoriale réinterrogés par la circulation croissante des richesses

Dans un monde occidental où les facilités faites au déplacement de personnes et de marchandises ont fortement progressé depuis la moitié du XXe siècle, revisiter les théories explicatives de la localisation et de la croissance régionale est devenu une quasi-nécessité. Nombre d'entre elles ont été élaborées à une époque où les vitesses de déplacement et les coûts de franchissement de la distance, sur lesquels repose une partie de leur grand principe, n'avaient rien à voir avec les standards actuels.

6.2.1. *Théorie de la base revisitée*

Les mobilités individuelles ont connu ces dernières décennies une progression significative dans à peu près toutes les catégories de population. Longtemps ignoré dans les analyses du développement territorial, où les mouvements d'entreprises semblaient être la clé, ce phénomène est davantage considéré désormais depuis qu'il a contribué à relancer le débat à propos du concept de « base économique » des territoires.

Dans la version originelle de la théorie de la base, développée dans le courant du XXe siècle, la base économique est constituée par toutes les activités qui permettent à un territoire de capter des revenus extérieurs, par la voie de ses exportations (Hoyt 1941, 1954 ; North 1955, 1956). C'est pourquoi on considère que la base économique se compose essentiellement d'activités dont la production est destinée à des marchés extérieurs et qu'elle est par conséquent de nature plutôt manufacturière à cette époque-là. Le développement régional s'enclenche ensuite de la façon suivante : la base économique génère une population d'actifs – une main-d'œuvre –, dont les besoins pour vivre sont satisfaits, à côté, par le développement d'une économie domestique (services en tout genre), elle est elle-même génératrice de nouveaux emplois dits « induits ». Ainsi, la théorie n'envisage pas que la main-d'œuvre puisse rechercher une autre localisation que la proximité des zones de production des activités basiques, en raison notamment des contraintes de déplacement. Suivant cette logique, il est alors évident que le développement de l'économie domestique est spatialement lié à la présence d'activités basiques alentour. Le lien de causalité ne fait pas de doute et confirme bien l'idée que pour un territoire, il n'y a pas vraiment d'autres options pour se développer que de faire d'abord confiance à ses activités de production.

Cette hypothèse selon laquelle la base économique, et avec elle la croissance régionale, reposent sur la force des activités productives locales s'est largement imposée. Les travaux en économie territoriale s'en sont d'ailleurs fait largement l'écho, eux qui se sont très largement consacrés à l'étude des différentes formes d'organisations productives ainsi qu'à leurs facteurs d'ancrage dans les territoires (Jean 2008 ; Courlet et Pecqueur 2013 ; Torre 2018).

En reprenant le raisonnement proposé par la théorie de la base, la logique voudrait donc que les mesures habituelles retenues pour analyser la croissance régionale coévoluent et convergent. Autrement dit, on s'attendrait à trouver une relation positive entre la hausse de la richesse créée (le PIB), du revenu de la population résidente et de l'emploi local. Or, c'est à ce niveau que la relation se distend désormais et que les situations de déconnexion entre ces différentes mesures commencent à devenir visibles. Dans un rapport remis à la Caisse des dépôts en 2007, Laurent Davezies (2007) prend l'exemple de la région Île-de-France. Alors que sa contribution au PIB national n'a cessé de progresser au cours des dernières décennies, la région francilienne voit en revanche sa part dans les revenus nationaux versés aux ménages au mieux stagner, sinon légèrement reculer lorsqu'on l'analyse sur le temps long. Les explications avancées sont de plusieurs ordres. Pour certains, cela pourrait provenir des méthodes de calcul de valeur – en particulier le PIB –, dont le niveau de fiabilité décroît avec la réduction de la maille territoriale, et d'une trop faible prise en compte des interactions spatiales entre les bases économiques (Larceneux 2018 ; Lerousseau 2020). Pour L. Davezies et d'autres travaux dans son sillage, ces résultats sont la manifestation de mécanismes de redistribution d'ordre public et de transferts de richesses d'ordre privé. Ce dernier point retient l'attention, car il met en scène des dynamiques sociospatiales qui viennent illustrer la dissociation croissante entre production et revenu disponible dans les territoires.

6.2.2. *Quelques illustrations de la dissociation entre production et revenu des territoires*

Un premier exemple est donné par les revenus des retraites. Dans des pays à la démographie vieillissante, les pensions de retraite commencent à peser lourd dans la formation des revenus et dans la structure sociale des territoires (Talandier 2018 ; Gourdon *et al.* 2024). Une fois à la retraite, les populations ne sont plus liées à un lieu d'emploi et sont donc *a priori* libres d'arbitrer leur choix résidentiel en fonction d'autres critères. Dans le cas français, les travaux montrent que la région parisienne est historiquement le territoire que l'on quitte le plus, en proportion, une fois l'âge de la retraite venu (Christel

2006). Très concrètement, ces migrations résidentielles représentent des fuites de revenus dans la comptabilité régionale et peuvent constituer une première explication à la déconnexion constatée entre l'évolution de la production et celle des revenus disponibles. Il faut aussi en déduire que, réciproquement, d'autres territoires vont profiter de cette nouvelle manne.

Les populations retraitées ne sont évidemment pas les seules à porter ces transferts de revenus ; les actifs apportent également leur contribution par leur comportement résidentiel lorsqu'ils mettent de la distance entre leur lieu de vie et leur lieu d'emploi. S'il fallait réinterpréter cette dynamique à l'aune de la théorie de la base, on pourrait alors dire qu'une partie de la richesse produite dans les principales zones d'emploi génère des revenus, sous la forme de salaires versés aux actifs, qui leur échappent par la voie des navettes domicile-travail. Les espaces périurbains, certaines marges rurales ou bien les villes moyennes à distance raisonnable des grands centres d'emploi sont les mieux placés pour accueillir ces salaires. Ainsi, en attirant des revenus du travail extérieurs, ce type d'espace se constitue donc une base économique d'une forme « inédite » – non prédite par la théorie de la base originelle –, principalement composée de services à la population et qui présente donc toutes les caractéristiques d'une économie domestique/résidentielle (Davezies 2018). Si ce schéma existe, il faut néanmoins garder à l'esprit qu'il demeure une représentation simplifiée d'une réalité beaucoup plus complexe. Sur le terrain, zones d'activité et zones résidentielles sont encore largement imbriquées les unes dans les autres et ont donné naissance à ce que des auteurs appellent des systèmes productivo-résidentiels marqués par la coprésence d'une base productive et d'une base résidentielle (Davezies et Talandier 2014 ; Rime 2020).

Cette déconnexion entre production et revenus dans les territoires peut prendre plusieurs configurations possibles selon que l'on considère le type de revenu disponible : pensions de retraite, revenus du travail – les salaires des actifs –, comme on vient de le voir, mais encore indemnités chômage et prestations sociales, revenus du patrimoine, etc. L'analyse qui suit porte uniquement sur la dimension « revenu du travail » – les salaires –, sachant qu'elle demeure la principale source de revenus disponibles, tous ménages confondus (près de 70 %).

6.2.3. *Métropolisation comme accélérateur des dynamiques de transferts de salaires ?*

Le choix d'examiner plus spécifiquement les salaires est doublement motivé. En plus de pouvoir répondre à la question théorique posée par la reformulation de la théorie de la base, la circulation des salaires présente un intérêt supplémentaire dans la mesure où elle réinterroge les relations centre-périphérie.

Si les transferts de salaires retiennent autant l'attention, on peut certainement mettre cela sur le compte d'un phénomène amplificateur, celui de la métropolisation. En effet, l'entrée dans le XXIe siècle a confirmé ce que des études laissaient déjà entendre à la fin du XXe siècle à propos du processus de concentration métropolitaine. Avec les transformations du système productif, les activités les plus dynamiques, principalement les services à la production plutôt que la production elle-même, ont prioritairement élu domicile dans les métropoles (Mouhoud 2010 ; Polèse *et al.* 2014 ; Catin et Van Huffel 2019). Elles ont entraîné avec elles le développement de services moins qualifiés, moins bien rémunérés aussi (Halbert 2009). Les métropoles ont exercé sur l'activité salariée une polarisation d'une vigueur certes inégale, mais avec les conséquences que l'on connaît sur l'extension spatiale de leur marché du travail, d'une part, et sur la périurbanisation des lieux d'habitation, d'autre part.

On a donc de bonnes raisons de penser que la croissance des espaces urbains a créé les conditions favorables d'une amplification des dynamiques de transferts de salaires du centre vers la périphérie et qu'elle a donc activement contribué à la dissociation spatiale entre la géographie de la production et celle des salaires. C'est l'hypothèse que ce chapitre cherche à valider.

6.3. Données, choix d'échelle et reconstitution des flux de salaires

En matière d'accès aux données, il faut d'emblée admettre que l'examen des transferts de salaires présente moins d'embûches que d'autres types de flux, beaucoup plus hasardeux à reconstituer. Rappelons que l'analyse de la circulation des richesses entre les territoires représente, encore aujourd'hui, un défi pour la recherche en géographie : en général, la disponibilité des données décroît au fur et à mesure que la maille territoriale s'affine et la perte d'information est telle qu'il devient compliqué, sans plus de ressources, de faire des hypothèses sur le développement des territoires. Cette section développe la méthodologie mise en œuvre pour reconstituer les flux de salaires et les arbitrages pour le choix du zonage territorial.

Les transferts de salaires représentent une interaction spatiale entre deux lieux qui, s'il fallait traduire cela par une transaction, s'échangent « un salarié pour un résident », par l'intermédiaire d'une seule et même personne. Ce genre d'interaction génère des flux de quantité variable totalement dépendants de la taille des périmètres géographiques retenus. Si tous les actifs travaillaient dans leur commune de résidence, le flux serait alors considéré comme nul dans la mesure où, en matière de développement territorial, il n'y aurait ni gain ni perte pour chaque commune. Dès qu'un actif franchit une frontière administrative quelconque, il introduit un flux puisque le lieu de création de son salaire diffère de celui où il le rapatrie quotidiennement.

Dans ce contexte, on comprend vite que le choix de la maille territoriale pour analyser les flux de salaires revêt une importance capitale et qu'il va peser lourd dans le calcul des transferts. Nous présentons ci-après les différents périmètres qui s'offrent à nous et justifions notre choix de travailler à l'échelle de territoires de l'action publique plutôt que de territoires fonctionnels, comme c'est plus souvent le cas dans les études géographiques.

6.3.1. *Territoires de l'action publique plutôt que les catégories spatiales fonctionnelles*

En France comme dans beaucoup d'autres pays, les navettes domicile-travail sont assez systématiquement mises à contribution par les organismes statistiques pour identifier, en plus des critères morphologiques et de taille, certaines catégories spatiales. Elles servent notamment à définir le zonage en « aires urbaines » (AU), et désormais en « aires d'attraction des villes » (AAV), qui permet de déterminer l'influence des villes sur l'ensemble du territoire. Les navettes domicile-travail sont également un élément de base de la constitution des zones d'emploi. Au nombre de 300 environ, ces zones servent à délimiter des marchés locaux du travail. Ce découpage consiste en un regroupement de communes dans lequel au moins 70 % des actifs résidant dans une zone travaillent dans cette même zone. Ce faisant, il crée des zones qui maximisent les déplacements pendulaires en leur sein, et de fait, minimisent les déplacements entre zones.

Ces catégories fonctionnelles que les recherches mobilisent assez systématiquement pour analyser les dynamiques urbaines deviennent beaucoup moins intéressantes pour examiner les flux de salaires entre territoires pour au moins deux raisons. Qu'il s'agisse des aires urbaines ou bien des zones d'emploi, nous avons affaire à des espaces dont la frontière est en bonne partie calculée en proportion des déplacements domicile-travail réalisés à l'intérieur de chaque zone. Autrement dit, analyser les interactions entre ces grands ensembles invisibiliserait une grande partie des flux de salaires et constituerait une perte d'information trop importante. C'est une première raison. La seconde raison est justifiée par le souci de vouloir ancrer notre analyse à l'échelle du territoire gouverné. Si, comme la reformulation de la théorie de la base le suggère, la connaissance des flux de salaires peut constituer un enjeu de développement territorial, alors elle devient un véritable sujet d'action publique. Il paraît donc plus judicieux de reconstituer les flux de salaires entre territoires où s'exprime un pouvoir politique, chargé de définir des stratégies, plutôt qu'au niveau de territoires fonctionnels, relativement abstraits dans la tête des élus. C'est le choix fait dans ce travail.

Les lois MAPTAM (modernisation de l'action publique territoriale et d'affirmation des métropoles) en 2014 et NOTRe (nouvelle organisation territoriale de la République) en 2015 ont sérieusement renforcé les compétences économiques des établissements publics de coopération intercommunale (EPCI), qui couvrent désormais l'ensemble du territoire. Cette maille est intéressante à plus d'un titre. Elle remplit déjà le critère de territoire de l'action publique, à partir duquel nous souhaitons travailler, elle permet d'identifier les 22 métropoles définies par la loi et fait gagner en granularité puisque l'on compte un peu plus de 1 200 EPCI sur le territoire national. C'est pourquoi notre choix s'est porté sur cette maille d'analyse, même si elle implique des manipulations supplémentaires au niveau des données.

6.3.2. *Jeux de données mobilisés*

L'examen des flux de salaires demande de pouvoir lier deux jeux de données principaux : les salaires moyens versés au lieu d'emploi d'une part, qui forment un stock d'argent disponible, et les navettes domicile-travail des actifs d'autre part, qui expriment un flux d'individus. Ces deux jeux de données sont de natures différentes (stock *versus* flux), de périmètres différents (zone d'emploi *versus* commune) et présentent des unités de mesure différentes (euros moyens *versus* individus).

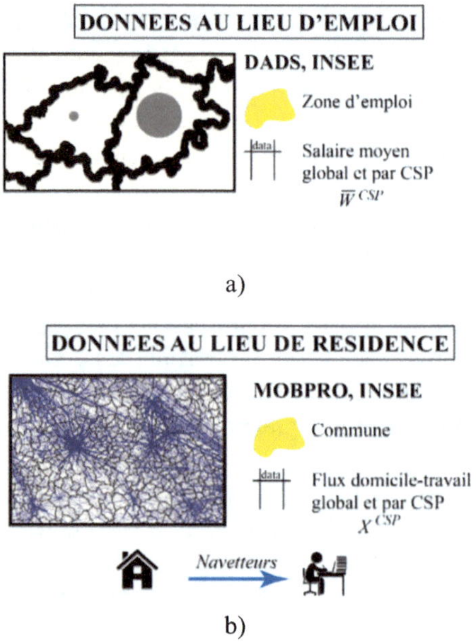

Figure 6.1. *Collecte des données salariales (a) et domicile-travail (b)*

Le deuxième jeu de données est censé nous aider à renseigner la déconnexion entre les lieux d'emploi et les lieux de résidence (voir figure 6.1b). La base « mobilités professionnelles » (MOBPRO) de l'Insee renseigne les mobilités liées aux déplacements domicile-travail. Issue des données du recensement, elle mesure les flux de navetteurs domicile-travail à l'échelle des communes françaises et les croise avec les variables de catégorie socioprofessionnelle et de mode de transport principal. Elle renseigne, pour chaque individu, sa commune de résidence et la commune de son lieu d'emploi.

La première donnée à collecter est celle des salaires moyens (voir figure 6.1a). Les données de salaires moyens par catégories socioprofessionnelles sont faciles d'accès au plan national. Cela étant, la littérature a déjà montré des écarts de salaires entre les territoires et l'intérêt de recueillir la donnée à des échelles plus fines (Paulus et Pumain 2011). En France, grâce à la base de déclaration sociale nominative (DSN), elle est disponible à l'échelle de la zone d'emploi, ce qui permet de garantir le secret statistique. Chaque employeur y est tenu de déclarer les caractéristiques des emplois occupés, les heures travaillées ainsi que les rémunérations versées. Ainsi, nous pouvons connaître pour chaque catégorie socioprofessionnelle le stock de salaires versés au lieu d'emploi.

6.3.3. *Des stocks aux transferts de salaires*

La jointure entre ces deux jeux de données est nécessaire pour transformer les stocks de salaires en flux de salaires. Elle implique néanmoins une étape intermédiaire pour répondre au défi du changement d'échelle et du passage à l'EPCI. Les données de salaires moyens sont à l'échelle de la zone d'emploi (une agrégation de communes). Les données de navettes domicile-travail sont à l'échelle de la commune. Et notre approche suggère une analyse à l'échelle des EPCI (une autre agrégation de communes). Pour pouvoir passer d'une échelle à l'autre, il convient donc de désagréger les informations au niveau le plus fin, soit celui de la commune, puis de les réagréger à l'échelle de notre choix, l'EPCI. Si les opérations de désagrégation spatiale sont souvent délicates (elles supposent des hypothèses fortes d'homogénéité à l'intérieur de la zone), la réagrégation dans un second temps permet de gagner en robustesse statistique (Pivano 2016).

Cette dernière manipulation permet de passer à l'ultime étape de reconstitution des transferts de salaires. L'opération consiste à associer les données salariales de la DSN avec les flux domicile-travail de la base MOBPRO. Un salaire moyen est affecté à chaque actif, en fonction de sa commune d'emploi et de sa catégorie socioprofessionnelle. Chaque flux entre deux communes est donc désormais caractérisé par un nombre d'individus et une masse monétaire, qui correspond au salaire moyen perçu par ces mêmes individus, en fonction de leur lieu d'emploi et de leur catégorie socioprofessionnelle.

Tous ces flux sont ensuite réagrégés à l'échelle des EPCI, ce qui permet de gagner en qualité statistique (voir figure 6.2). Leur addition donne ainsi une estimation des flux de salaires moyens qui circulent entre le lieu de travail et le lieu de résidence en 2018.

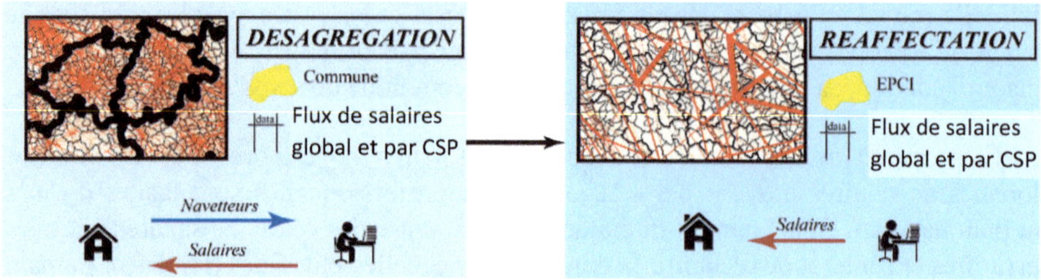

Figure 6.2. *Illustration des opérations de désagrégation et de réaffectation*

6.3.4. *Indicateurs pour mesurer les interactions spatiales entre les métropoles et le reste du territoire*

L'analyse des interactions spatiales générées par les flux de salaires est tournée vers une interrogation principale qui cherche à mieux connaître le rôle des métropoles dans le processus de circulation des richesses. L'hypothèse que la littérature académique et les discours politiques ont tendance à développer repose sur l'idée que les métropoles concentrent la production de richesses, mais qu'une partie d'entre elles serait ventilée sur le reste du territoire, *via* les salaires de ses actifs.

Masse salariale stable	Masse salariale sortante	Masse salariale entrante
$\sum \overline{\boldsymbol{W}}_{ii}$ où $\overline{\boldsymbol{W}}$ est le salaire, *i* est une métropole	$\sum \overline{W}_{i\ vers\ j}$ où $\overline{W}$ est le salaire, *i* est une métropole et *j* tous les autres EPCI	$\sum \overline{W}_{j\ vers\ i}$ où $\overline{W}$ est le salaire, *j* tous les autres EPCI et *i* est une métropole
Elle se compose de tous *les salaires d'actifs qui travaillent dans la métropole i et résident dans i.* La masse salariale est dite « stable », car à l'échelle de nos territoires d'étude, elle n'implique aucun transfert de salaires	Elle se compose de tous *les salaires d'actifs qui travaillent dans une métropole i, mais résident en j.* La masse salariale est dite « sortante », car le flux de salaires est dirigé vers un autre EPCI *j* que la métropole *i*	Elle se compose de tous *les salaires d'actifs qui travaillent dans j, mais résident dans la métropole i.* La masse salariale est dite « entrante », car le flux de salaires est dirigé vers la métropole *i* et en provenance d'un autre EPCI *j*
La masse salariale totale de la métropole *i* se calcule en additionnant la *masse salariale stable* et la *masse salariale sortante* : $$\sum \overline{\boldsymbol{W}}_i = \sum \overline{\boldsymbol{W}}_{ii} + \sum \overline{\boldsymbol{W}}_{i\ vers\ j}$$ où $\overline{\boldsymbol{W}}$ est le salaire, *i* est une métropole et *j* tous les autres EPCI		

Tableau 6.1. *Décomposition et définition des flux de salaires*

Notre examen de la circulation des salaires s'appuie sur une grille de lecture simplifiée qui prend les métropoles institutionnelles pour espaces de référence, à la fois comme origine et comme destination des flux. Notre méthodologie permet de décomposer, pour chaque métropole, la masse salariale « stable », la masse salariale « sortante » et la masse salariale « entrante », dont nous définissons les termes dans le tableau 6.1.

Les masses salariales « sortante » et « entrante » illustrent ce que les navettes domicile-travail peuvent produire en matière de découplage spatial entre la géographie de l'emploi et celle des salaires, à l'échelle des territoires de l'action publique. La somme des deux masses salariales exprime en euros un niveau d'interdépendance entre deux territoires et donc, pour ce qui nous concerne, un proxy de la circulation des revenus entre les territoires.

Cette information est complétée par le calcul d'un taux de couverture, inspiré de celui utilisé en économie pour exprimer le solde du commerce extérieur d'un pays. Dans notre contexte, il s'agit du rapport entre la valeur de la masse salariale sortante d'un territoire et la valeur de la masse salariale entrante, exprimé en pourcentage. Cet indicateur permet de prendre la mesure du caractère inégal des transferts de salaires entre territoires en tenant compte du sens des flux : un rapport supérieur à 100 indique pour un territoire qu'il « exporte » davantage de masse salariale vers sa périphérie qu'il n'en « importe », reçoit. En matière d'interprétation, cet indicateur est sujet à débat et le choix des mots employés trahit généralement l'expression d'un biais de point de vue : on pourrait tout aussi bien dire d'un territoire avec un taux de couverture supérieur à 100 qu'il contribue, par les salaires, à une certaine redistribution des richesses en direction de sa périphérie ou bien, au contraire, qu'il est perdant au sens qu'il ne profite pas pleinement des richesses qu'il produit sur son sol. Ces deux assertions sont possibles.

6.4. Quel rôle pour les métropoles institutionnelles dans la circulation des salaires entre territoires ?

Le territoire des métropoles institutionnelles a peu de choses à voir avec les délimitations habituelles des espaces urbains définis par les organismes statistiques. C'est important de le préciser d'emblée au risque sinon d'être interpelé par les résultats développés dans cette section. La reconnaissance du statut de métropole passe principalement par un critère de taille urbaine, fixée d'abord à 400 000 habitants d'un seul tenant, puis à 250 000 habitants à condition d'inclure un chef-lieu de région. Le périmètre définitif des métropoles institutionnelles est ensuite le fruit d'accords entre collectivités. Les territoires ainsi constitués sont donc des constructions politiques et sont libérés de tous les critères fonctionnels traditionnellement mobilisés pour repérer les espaces sous influence urbaine.

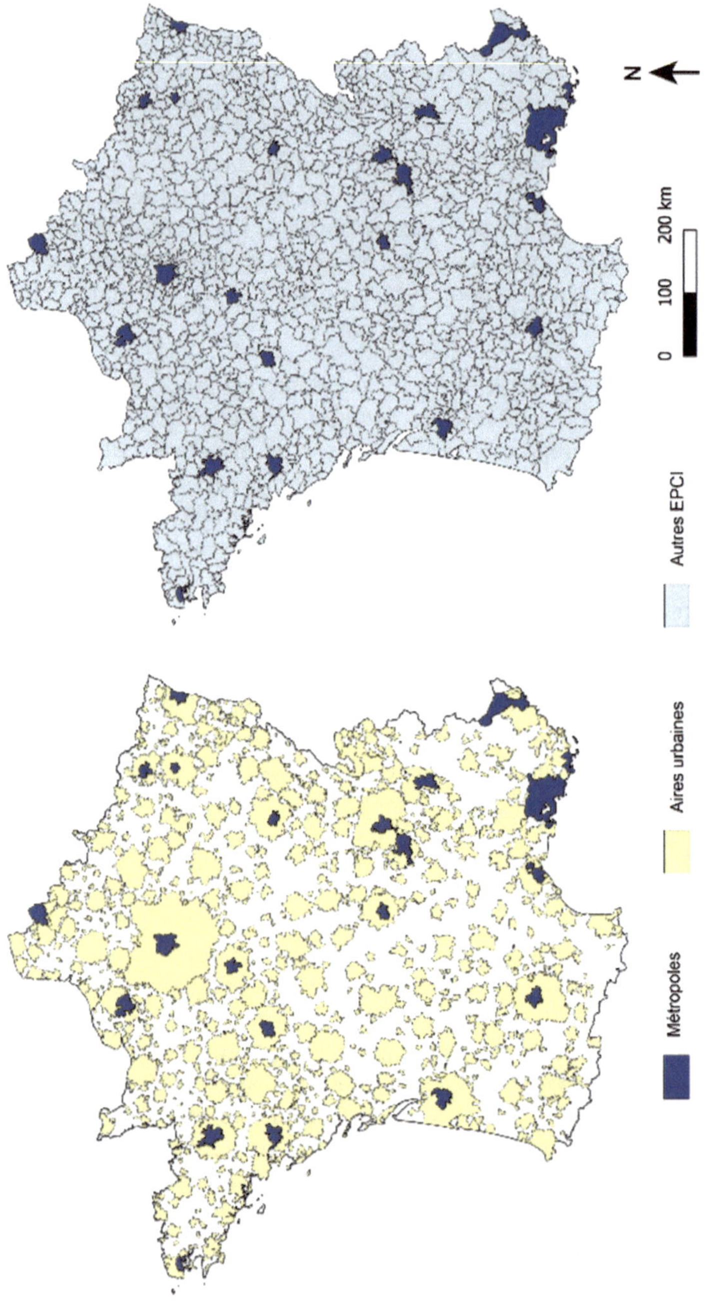

Figure 6.3. *Périmètre des métropoles institutionnelles (b) versus périmètres des espaces sous influence urbaine délimités par l'Insee (a), à partir des données IGN (2018)*

Ce nouveau découpage a pour principale conséquence de réduire considérablement la superficie des métropoles institutionnelles relativement à leur aire urbaine d'appartenance (voir figure 6.3). Le territoire des métropoles s'arrête généralement aux limites des parties les plus denses de chaque agglomération et exclut quasi systématiquement les couronnes périurbaines, ce qui ne va pas sans provoquer des tensions politiques avec les territoires concernés et sans laisser de côté des équipements typiquement métropolitains. À ce sujet, l'exemple de la métropole parisienne, dont les frontières ne dépassent pas les départements de la petite couronne, est révélateur. Son périmètre la prive d'un certain nombre de marqueurs forts de son rayonnement métropolitain, au premier rang desquels on peut nommer l'aéroport de Paris-Charles-de-Gaulle.

Pour la suite, nous désignerons par métropole les métropoles institutionnelles avec leur propre périmètre. Les 22 métropoles ainsi constituées concentrent presque 30 % de la population du pays sur un peu plus de 2 % de sa superficie. Les résultats développés dans cette section cherchent, dans un premier temps, à valider l'hypothèse selon laquelle les métropoles pèseraient plus que tout autre territoire dans la distribution des salaires totaux versés en France. L'exercice revient à calculer la masse salariale totale disponible à l'endroit où elle est créée – autrement dit au lieu d'emploi – avant que ne s'enclenchent les transferts occasionnés par les déplacements domicile-travail.

6.4.1. *Polarisation métropolitaine des salaires confirmée*

Le classement des EPCI qui versent les masses salariales les plus importantes désigne, sans grande surprise, les métropoles comme principales pourvoyeuses. Les 13 premières places sont toutes occupées par les métropoles et 19 des 25 premières masses salariales sont l'œuvre des métropoles. Ainsi, la masse salariale totale versée par les métropoles représente 41 % des salaires versés en France métropolitaine. Il y a plusieurs façons d'interpréter cette concentration métropolitaine.

Elle est remarquable dans le sens où elle repose sur des territoires métropolitains de taille réduite, amputés de leur couronne périurbaine, souvent les plus dynamiques. Cela étant dit, cette concentration est cohérente avec toute la littérature académique à propos des économies d'agglomération qui explique, depuis longtemps, que les espaces métropolitains offrent le terrain le plus propice et les meilleures garanties pour la production de richesses et la création de valeur.

Elle est également cohérente avec ce que nous savons de la composition des économies métropolitaines au sein desquelles les emplois de cadres et professions intellectuelles supérieures, généralement les mieux rémunérés, sont surreprésentés et où les emplois d'ouvriers se sont réduits comme peau de chagrin. En effet, l'examen rapide de la contribution des catégories socioprofessionnelles à la masse salariale totale des métropoles ne dément pas cet effet de composition : les salaires des cadres et professions intellectuelles supérieures comptent pour 42 %. Si l'on ajoute à ce chiffre celui des professions intermédiaires, alors c'est un petit peu plus de 70 % de la masse salariale des métropoles qui est le fruit du travail de ces deux grandes catégories de salariés. À l'inverse, les ouvriers ne pèsent plus que pour 8 % de la masse salariale versée dans les métropoles.

Enfin, se pose aussi la question de savoir comment chaque métropole participe à la création de cette masse salariale. De ce point de vue, on ne sera pas non plus surpris d'apprendre que la métropole parisienne se classe très loin devant toutes les autres en fournissant 45,8 % de tous les salaires versés par les métropoles. La deuxième dans ce classement, la métropole d'Aix-Marseille, est certainement plus inattendue à ce rang, mais il faut s'empresser d'ajouter qu'avec son histoire politique complexe, elle couvre un territoire six fois plus étendu que celui de la métropole lyonnaise et cinq fois plus étendu que celui de la métropole lilloise, respectivement troisième et quatrième. Les effets de taille ne sont pas étrangers à la hiérarchie observée entre les métropoles.

L'élément le plus marquant de ce classement est le fossé qui sépare Paris des autres métropoles. Pour en prendre la mesure, signalons qu'il y a besoin d'additionner les salaires versés dans les 14 métropoles suivantes dans le classement pour égaler la masse salariale que la métropole parisienne distribue. Faut-il s'étonner de cette ultraconcentration parisienne ? Non, si l'on considère une fois de plus les effets de composition et le fait que Paris est la seule, parmi toutes les métropoles, pour laquelle les salaires des cadres et professions intellectuelles supérieures pèsent pour plus de la moitié de la masse salariale totale (50,5 %). La deuxième derrière elle est Toulouse (45,1 %), suivie de Grenoble (42,3 %). Ce résultat est également concordant avec les constats déjà effectués par d'autres à propos de la surrémunération, à poste équivalent, des emplois parisiens (Bouba-Olga et Grossetti 2015). C'est la carte jouée par les employeurs pour retenir ou bien attirer les salariés les plus qualifiés, dont l'exode est un phénomène régulièrement discuté. Ultime preuve du poids que Paris et sa région tiennent dans la distribution des salaires au niveau national : les EPCI « non métropolitains » qui s'intercalent dans le haut du classement sont tous franciliens et voisins de la métropole parisienne. Le premier d'entre eux, classé 14e, la communauté d'agglomération de Paris-Saclay, au sud de Paris, verse autant de salaires que la métropole montpelliéraine. Et les suivants après lui, Roissy Pays de France, Versailles Grand Parc et Saint-Quentin-en-Yvelines, occupent respectivement les 15e, 16e et 17e rangs devant les neuf autres métropoles restantes.

Ces quelques éléments soulignent combien la production de richesses, mesurée en masse salariale, demeure fortement polarisée par les métropoles, et plus encore par leur partie centrale, puisque les espaces périurbains sont pour l'essentiel exclus du périmètre d'analyse. Ce résultat est plus une confirmation qu'un étonnement. Et au milieu des débats qui ont agité les spécialistes à propos de la mesure des dynamiques métropolitaines, force est de constater que cette première analyse donne des arguments à ceux qui reconnaissent une spécificité métropolitaine (Davezies 2015 ; Bouba-Olga et Grossetti 2019).

6.4.2. *Transferts de salaires depuis et vers les métropoles : quelle réalité empirique ?*

Nous intégrons à présent à l'analyse les transferts de salaires, grâce aux données de mobilité domicile-travail des actifs. Notre approche se limite uniquement à l'examen des transferts entre les métropoles et leur extérieur et réciproquement. On rappelle que la masse salariale sortante est celle transportée par les actifs qui travaillent dans la métropole, mais qui résident en dehors, et que la masse salariale entrante est celle que les résidents de la métropole travaillant à l'extérieur font entrer.

Nous venons de voir dans la section précédente que les métropoles occupent le haut de la hiérarchie des territoires qui versent les masses salariales les plus importantes. Notre première interrogation porte sur la distribution spatiale de cette masse monétaire une fois que les actifs la transportent vers leur lieu d'habitation. L'hypothèse que les métropoles diffusent une partie de cette richesse est très souvent évoquée, mais elle fait très rarement l'objet d'analyse empirique. Nos propres calculs apportent un début de réponse.

6.4.2.1. *Diffusion des salaires métropolitains face à la subjectivité de ses interprétations*

Toutes métropoles confondues, la masse salariale sortante représente un quart des salaires versés par les métropoles. Ce pourcentage représente plusieurs dizaines de milliards d'euros de salaires transportés vers des EPCI non métropolitains. Son interprétation laisse la porte ouverte à plusieurs lectures possibles en matière de développement territorial. Certains retiendront que les métropoles diffusent vers l'extérieur une part significative de leur richesse grâce à l'apport des mobilités domicile-travail et aux logiques résidentielles des actifs. Mais d'autres pourraient avoir raison de dire qu'en plus de créer les richesses, les métropoles sont des territoires qui la conservent très largement puisque 75 % des salaires versés n'en sortent pas. Les deux points de vue peuvent s'entendre et, en même temps, pourraient présenter deux versions différentes des territoires considérés comme « gagnants ».

La décomposition des flux sortants par catégorie socioprofessionnelle indique un respect presque parfait des règles de proportionnalité : ainsi, la part des salaires versés aux cadres et professions intellectuelles dans les métropoles est quasi équivalente à celle que cette même catégorie fait sortir, et cette remarque est valable pour les autres grands groupes de salariés.

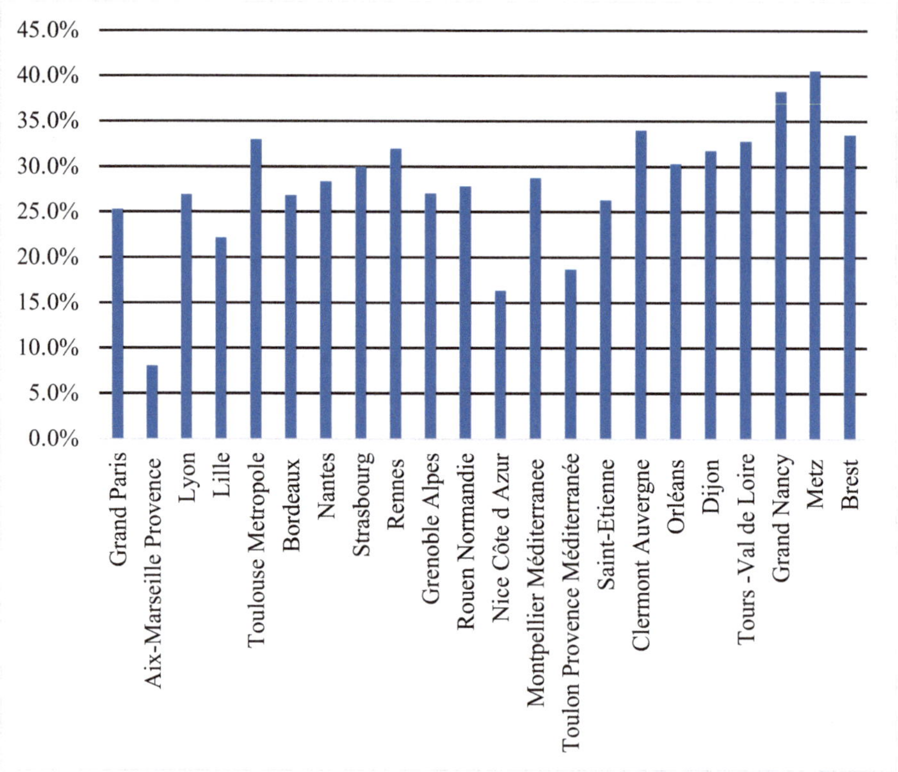

Figure 6.4. *Part des salaires sortants par métropole (rangée par la contribution des métropoles à la masse salariale totale*

Taux de salaires sortants : $= \frac{\sum \bar{W}_{i\ vers\ j}}{\sum \bar{W}_i} \times 100$ (voir tableau 6.1).

En revanche, la proportion de salaires sortants présente, d'une métropole à l'autre, une dispersion suffisamment importante pour être discutée et pour remettre en perspective le pourcentage d'ensemble (voir figure 6.4). Entre la métropole d'Aix-Marseille, dont 8 % seulement des salaires versés sortent, celle de Paris et ses 25 % de salaires sortants, et la métropole de Metz, dont plus de 40 % des salaires versés rejoignent la périphérie, il y a besoin de creuser la question. Dans le détail, ces écarts s'expliquent avant toute chose par les différences de superficie des territoires métropolitains et par leur géographie. Ce n'est pas un hasard si les métropoles les plus étendues, comme Nice et Marseille, ou bien avec un arrière-pays réduit, comme Toulon, ont des niveaux de sortie de salaires inférieurs à 20 %. Plus le territoire métropolitain est grand, plus il est entouré d'obstacles physiques, et plus la probabilité que les flux sortants soient limités est élevée.

Et inversement, les territoires métropolitains de taille réduite sans contrainte physique particulière alentour augmentent les chances de transferts de salaires à l'extérieur de leur frontière. D'un point de vue plus politique, la plus faible diffusion des salaires métropolitains ne va pas sans poser de questions aux responsables du « développement territorial » des EPCI non métropolitains ainsi qu'à leurs élus. Elle interpelle notamment le niveau de dialogue et le rapport de force entre la métropole et sa périphérie lorsque les liens – ici par les transferts de salaires – sont plus ténus.

Jusqu'alors, nous nous sommes simplement intéressés aux métropoles en tant que diffuseuses de salaires vers le reste du territoire avec un constat mitigé sur la vigueur des forces centrifuges. Certes, les salariés métropolitains transportent une part raisonnable de leur revenu du travail en dehors des territoires métropolitains et nombreuses sont les périphéries qui probablement en tirent des bénéfices et se développent à partir de cette ressource. Mais pour être totalement juste sur le rôle joué par les métropoles dans la gestion de ces flux, il manque encore une donnée. Si les métropoles alimentent en salaires leur périphérie, il n'est évidemment pas exclu de les voir capter, elles aussi, des salaires en provenance de leur périphérie. Ce n'est qu'une fois ce bilan réalisé que l'on pourra définitivement discuter de la contribution des métropoles au développement de leur territoire alentour.

6.4.2.2. *Captation de salaire par les métropoles, un phénomène non négligeable*

Nous adoptons la même grille d'analyse que celle des sections précédentes, en présentant d'abord les données d'ensemble. Comme nous pouvions nous y attendre, les métropoles distribuent davantage de salaires à leur périphérie qu'elles n'en reçoivent d'elle. Elles diffusent 2,7 fois plus de salaires qu'elles n'en captent, mais ce chiffre ne doit pas masquer la réalité des flux entrants, qui dépassent les 20 milliards d'euros. Autrement dit, les métropoles se trouvent au cœur d'un système « d'échanges de salaires » qui, contrairement peut-être aux idées reçues, est loin d'être univoque et confirme l'intérêt de s'intéresser aussi aux flux entrants. Ces résultats apportent une matérialisation monétaire des interdépendances qui lient les territoires et le développement de chacun, même s'il est entendu que les salaires captés par les métropoles sont certainement beaucoup moins vitaux pour elles.

Si l'on s'arrête brièvement sur la composition socioprofessionnelle des flux de salaires entrants, elle est intéressante à analyser, car elle présente un portrait beaucoup plus nuancé que celui des flux sortants, à l'image des emplois localisés dans la périphérie des métropoles. Ainsi les cadres et professions intellectuelles supérieures ne sont plus les premiers porteurs de salaires, ils sont désormais devancés par les professions intermédiaires, qui comptent pour un tiers des salaires entrants. On retrouve les ouvriers en troisième position, eux qui pèsent pour presque 20 % des flux entrants. Pour bien analyser ces chiffres, il faudrait naturellement pouvoir mieux considérer les effets de frontière et se pencher plus précisément sur les logiques résidentielles adoptées par ces catégories lorsqu'elles travaillent en dehors des espaces métropolitains.

En matière de développement territorial, tous ces chiffres remettent néanmoins en perspective les bénéfices réels que les EPCI non métropolitains retirent de la captation des salaires métropolitains. En définitive, eux aussi contribuent à alimenter les ressources fiscales des métropoles voisines même si c'est en moindre proportion.

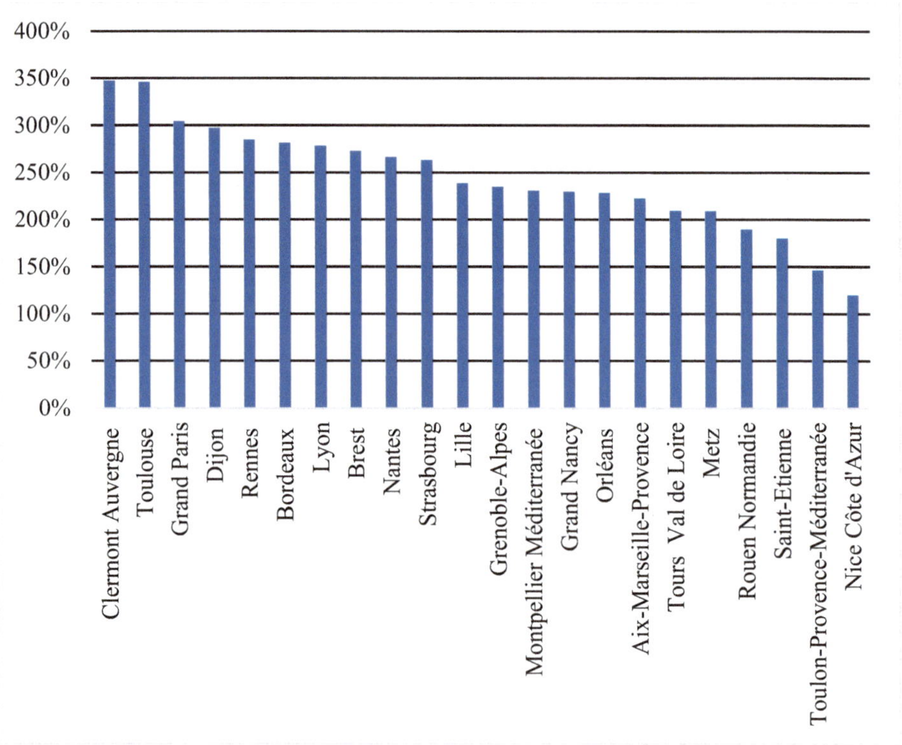

Figure 6.5. *Taux de couverture par métropole*

Taux de couverture : $= \frac{\Sigma \bar{W}_{i\ vers\ j}}{\Sigma \bar{W}_{j\ vers\ i}} \times 100$ (voir tableau 6.1).

L'examen, par métropole, du rapport entre les salaires sortants et les salaires entrants apporte des arguments supplémentaires pour justifier une analyse au cas par cas, à l'avenir. Toutes les métropoles sans exception affichent un taux de couverture supérieur à 100, ce qui vient confirmer qu'aucune d'entre elles ne reçoit plus de salaires de l'extérieur qu'elle n'en redistribue. En revanche, les taux de couverture présentent des variations importantes, allant du simple au triple, entre les métropoles qui, en proportion, exportent le plus de salaires et celles qui en exportent le moins. Parmi celles qui ont les taux les plus élevés, on retrouve des métropoles qui présentent la particularité d'être très dominantes au sein d'un système régional très étendu : c'est le cas de Clermont-Ferrand en Auvergne, de Toulouse dans le Sud-Ouest ou encore de Paris dans le grand bassin parisien (voir figure 6.5). Cette première configuration invite à penser que le développement de leur périphérie est certainement beaucoup plus dépendant que d'autres de la diffusion des salaires métropolitains. À l'autre bout du spectre se classent les métropoles méditerranéennes (Nice et Toulon) ainsi que des métropoles qui vivent, en partie, dans l'ombre d'une voisine plus importante (Saint-Étienne avec Lyon, Toulon avec Marseille, Metz avec Nancy). Dans leur cas se pose la question de savoir si les flux de salaires entrants ne sont pas en partie liés à cette proximité.

S'il n'est pas toujours simple à interpréter, en matière de dynamiques territoriales notamment, le taux de couverture donne néanmoins un premier aperçu des périphéries avec lesquelles « l'échange » de salaires est le plus inégal. Or, plus cet échange est disproportionné et plus il pourrait vouloir dire que les salaires métropolitains sont vitaux pour le développement des territoires non métropolitains alentour. Cette hypothèse demanderait évidemment de plus amples investigations pour être complètement validée.

6.5. Conclusion

La reformulation de la théorie de la base a ouvert de nouvelles pistes de recherche pour expliquer le développement des territoires. Elle demande d'apporter une attention particulière à tous les processus qui activent la circulation des richesses, en partant du principe que l'important n'est pas seulement de créer ces richesses, mais aussi de les capter. Or les cas de disjonction entre les deux sont nombreux et désormais bien documentés. Cette hypothèse nous a conduits à prendre pour exemple les flux de salaires produits par les mobilités domicile-travail, maintenant que lieux de résidence et lieux d'emploi sont de plus en plus disjoints. La richesse est produite au lieu de travail, mais se pose ensuite la question de connaître les territoires qui en profitent, que ce soit par le biais des stratégies résidentielles des actifs, de leurs lieux de consommation, de leurs lieux de villégiature, etc.

Comme les métropoles sont désormais devenues le lieu d'emploi d'une grande partie des actifs occupés, notre analyse s'est essentiellement portée sur les flux de salaires circulant entre les métropoles et les territoires non métropolitains. Comme souvent avec les métropoles, il est difficile de s'entendre précisément sur les villes qui en sont et celles qui n'en sont pas. Notre choix s'est arrêté sur les villes qui ont acquis le statut de métropole par la loi MAPTAM, non pas par facilité, mais parce qu'elles correspondent à des périmètres institutionnels au sein desquels les élus possèdent des compétences économiques. Autrement dit, les enjeux de développement territorial se jouent plutôt à cette échelle qu'à celle des catégories spatiales fonctionnelles habituelles.

Nos résultats confirment la place à part que les métropoles, et en particulier Paris, tiennent dans la création de richesses, analysée ici par le versement des salaires. Les examens empiriques plus poussés invitent cependant à une certaine prudence quant au rôle joué par les métropoles dans la redistribution spatiale de leur masse salariale. Dire que l'on a besoin des métropoles pour développer leur périphérie est une chose, le montrer empiriquement en est une autre. En prenant les transferts de salaires comme mesure, nos propres résultats apportent beaucoup de nuances à ce discours souvent entendu. En conservant plus des trois quarts des salaires qu'elles versent, les métropoles sont moins « généreuses » pour leur périphérie que certains auraient pu le penser. En matière de développement territorial, ce constat invite plutôt à penser que le rapport de force politique et économique, déjà inégal avec les territoires non métropolitains, ne pourra pas se combler grâce au jeu des transferts de salaires des métropolitains seulement.

6.6. Bibliographie

Aguiléra, A., Proulhac, L. (2006). Le polycentrisme en Île-de-France : quels impacts sur la mobilité ? *Territoires en mouvement*, 2, 15–25.

Baron, M., Perret, C. (2005). Mobilités étudiantes et territoires universitaires : vers une uniformisation des pratiques ? *Espace, populations, sociétés*, 3, 429–442.

Beaumont, B., Bertrand, P. (2017). Métropole de Lyon : le tiers des salaires sont versés à des actifs qui n'y résident pas. *Insee Analyses, Auvergne-Rhônes-Alpes*, 36.

Berger, M. (1999). Mobilité résidentielle et navettes-domicile-travail en Île-de-France. *Espace, populations, sociétés*, 17(2), 207–217.

Berroir, S., Cattan, N., Dobruszkes, F., Guérois, M., Paulus, F., Vacchiani-Marcuzzo, C. (2017). Les systèmes urbains français : une approche relationnelle. *Cybergeo: European Journal of Geography*, 807.

Bouba-Olga, O., Grosseti, M. (2015). La métropolisation, horizon indépassable de la croissance économique ? *Revue de l'OFCE*, 143, 117–144.

Bouba-Olga, O., Grosseti, M. (2019). Le récit métropolitain : Une légende urbaine. *L'Information géographique*, 83(2), 72–84.

Catin, M., Van Huffel, C. (2019). Disparités de croissance d'emploi des aires urbaines et processus de métropolisation. Le rôle des fonctions métropolitaines, productives et des revenus extérieurs. *Revue d'Économie Régionale et Urbaine*, 4, 749–779.

Cattan, N. (2004). Le monde au prisme des réseaux aériens. *Flux*, 58(4), 32–43.

Christel, V. (2006). Trajectoires résidentielles des personnes âgées. Dans *Données sociales : La société française*. INSSE, Paris, 525–529.

Commenges, H., Fen-Chong, J. (2017). Navettes domicile-travail : naissance et développement d'un objet statistique structurant. *Les Annales de Géographie*, 715, 333–352.

Conti, B. (2019). Essai de caractérisation de la mobilité interurbaine en France : des pendulaires et pendularités hétérogènes. *Flux*, 115(1), 14–32.

Davezies, L. (2007). Croissance sans développement en Ile-de-France. Rapport préparé pour l'Institut Caisse des Dépôts pour la Recherche et la Caisse des Dépôts.

Davezies, L. (2008). *La république et ses territoires. La circulation invisible des richesses*. Le Seuil, Paris.

Davezies, L. (2009). L'économie locale « résidentielle ». *Géographie, Economie, Société*, 11, 47–53.

Davezies, L. (2015). Le Grand Paris, le joker de l'économie française. *Revue de l'OFCE*, 143, 75–116.

Davezies, L., Talandier, M. (2014). *L'émergence de systèmes-productivo-résidentiels. Territoires productifs – territoires résidentiels : quelles interactions ?* La Documentation Française, Paris.

Derruder, B., Witlox, F. (2005). An appraisal of the use of airline data in assessing the world city network: a research note on data. *Urban Studies*, 42(13), 2371–2388.

Franck, B., Guironnet, J.-P., Owen, R.F. (2017). Déterminants, rendements et flux monétaires engendrés par la mobilité des diplômés du supérieur : vers une segmentation du dynamisme régional. *Revue d'Économie Régionale et Urbaine*, 2, 207–238.

Gourdon, P., Delage, M., Conti, B., Terral, L., Fromentin, J., Baudet-Michel, S. (2024). Comment les retraités façonnent la structure sociale des villes françaises. *Métropolitiques* [En ligne]. Disponible à l'adresse : https://metropolitiques.eu/Comment-les-retraites-faconnent-la-structure-sociale-des-villes-francaises.html.

Halbert, L. (2009). *L'avantage métropolitain*. PUF, Paris.

Hoyt, H. (1941). Economic background of Cities. *Journal of Land Economics*, 17(2), 188–195.

Hoyt, H. (1954). Homer Hoyt on development of economic base concept. *Land Economics*, 30(2), 182–186.

Jean, B. (2008). Le développement territorial, une discipline scientifique émergente. Dans *Sciences du territoire, perspectives québécoises*, Massicotte, G. (dir.). Presses de l'Université du Québec, Québec, 283–313.

Larceneux, A. (2018). Géographie de la production et des revenus ? Remarques critiques sur les analyses de Laurent Davezies. *Revue d'Économie Régionale et Urbaine*, 4, 737–761.

Le Néchet, F. (2012). Approche multiscalaire de la mobilité domicile-travail en Île-de-France et dans la région Rhin-Ruhr. *Cahiers de géographie du Québec*, 56(158), 405–426.

Lejoux, P. (2007). Les mobilités du temps libre. EspacesTemps.net [En ligne]. Disponible à l'adresse : https://www.espacestemps.net/en/articles/mobilites-temps-libre/.

Lerousseau, J. (2018). La question de l'échelle au centre d'un réexamen de la théorie de la base économique. *Revue d'Économie Régionale et Urbaine*, 4, 617–633.

Maisonobe, M., Grossetti, M., Milard, B., Eckert, D., Jégou, L. (2016). L'évolution mondiale des réseaux de collaborations scientifiques entre villes : des échelles multiples. *Revue française de Sociologie*, 57(3), 417–441.

Mouhoud, E.M. (2010). *Économie des services et développement des territoires*. La Documentation française, Paris.

North, D.C. (1955). Location theory and regional economic growth. *Journal of Political Economy*, 63(3), 243–258.

North, D.C. (1956). A replay. *Journal of Political Economy*, 64(2), 165–168.

Pancarte, K., Roger, S. (2017). Plus de 121 milliards d'euros de salaires sont versés par les établissements implantés dans la métropole du Grand Paris. *Insee*, 69.

Paulus, F., Pumain, D. (2011). Salaire et hiérarchie urbaine. Dans *Données urbaines 6*, Pumain, D., Mattei M. (dir.). Economica, Paris, 205–216.

Pivano, C. (2016). Désagrégation spatiale des données de mobilité du recensement de la population appliquée à l'Ile-de-France. Thèse de doctorat, Université Paris-Est, Paris.

Polèse, M., Shearmur, R., Terral, L. (2014). *La France avantagée, Paris et la nouvelle économie des régions*. Odile Jacob, Paris.

Rime, D. (2020). Développement d'un système productivo-résidentiel en périphérie. Le cas de la région de la Gruyère (Suisse). *Revue d'Économie Régionale et Urbaine*, 3, 471–501.

Rozenblat, C., Bellwald, A. (2015). Pouvoirs et attractivités des villes françaises dans les réseaux des entreprises multinationales. Dans *Données urbaines 7*, Mattei, M., Pumain, D.(dir.). Economica, Paris, 261–273.

Ruault, J.-F., Proulhac, L. (2014). Déplacements de consommation et transferts de richesse en Île-de-France. *Géographie, économie, société*, 16(1), 91–122.

Sari, F. (2011). Expliquer les déplacements domicile-travail en Île-de-France : le rôle de la structure urbaine et des caractéristiques socio-économiques. *Les Cahiers Scientifiques du Transport*, 60, 123–156.

Segessemann, A., Crevoisier, O. (2016). Beyond economic base theory: The role of the residential economy in attracting income to Swiss regions. *Regional studies*, 50(8), 1388–1403.

Talandier, M. (2018). Retraites et développement territorial. *Pour*, 233(1), 80–87.

Terral, L., Proulhac, L. (2014). Les espaces de consommation. Vers une économie résidentielle ? Dans *Vers une nouvelle géographie économique*, Klein J-L., Guillaume, R. (dir.). Presses de l'Université du Québec, Québec, 153–175.

Torre, A. (2018). Les moteurs du développement territorial. *Revue d'Economie Régionale et Urbaine*, 4, 711–736.

Veltz, P. (2008). *Des lieux et des liens. Essai sur les politiques du territoire à l'heure de la mondialisation.* Éditions de l'Aube, La Tour d'Aigues.

PARTIE 3

Intégration des dynamiques de temps long

7

Réseaux et territoires : le cycle long des infrastructures de transport

Michel SAVY
Lab'urba, Université Paris-Est Créteil, Champs-sur-Marne, France

7.1. Introduction

La relation entre réseaux de transport et territoire a de multiples dimensions : géographique, économique, sociale, environnementale et politique (Xie 2009). Elle se comprend mieux lorsque l'on distingue les éléments constitutifs d'un réseau – un ensemble de nœuds reliés par des arcs, déployés sur un territoire – et leurs interactions. Si, pour représenter un réseau, l'image d'un plan vient immédiatement à l'esprit (à la manière du plan de métro), on peut aussi représenter ces éléments selon une coupe en un point donné du réseau, faisant apparaître quatre couches superposées. À la base, l'infrastructure (route, chemin de fer, voie d'eau, pour les transports terrestres). Sur l'infrastructure circule un véhicule (automobile ou camion, train, bateau) à bord duquel voyagent des passagers ou sont déplacées des cargaisons. Enfin, ces déplacements relient un lieu de départ à un lieu d'arrivée (origine et destination) avec leurs caractéristiques propres (voir figure 7.1).

Chacune des couches constitue elle-même un sous-ensemble plus ou moins complexe. Par exemple, la couche de l'infrastructure associe nécessairement à l'équipement central qui lui donne son nom (route, voie ferrée, canal, etc.) un réseau d'énergie (pour le fonctionnement propre de l'infrastructure et pour alimenter les véhicules qui la parcourent), un réseau de surveillance et de signalisation, un réseau de communication, etc. Dans les albums de Lucky Luke, la ligne de télégraphe longe la voie ferrée. À chaque

 © ISTE Editions 2026.

couche sont associés plusieurs acteurs politiques, économiques et techniques agissant selon des finalités différentes, mais qui, nécessairement, coopèrent. Pour la couche de l'infrastructure, on peut identifier les acteurs qui interviennent dans la décision de construire un équipement (selon quels critères, quelle procédure, quel financement ?), dans la construction proprement dite, dans son exploitation et son entretien, dans sa tarification d'usage éventuelle, etc.

Ces couches sont complémentaires et interactives. Ainsi, la circulation d'un véhicule sur une infrastructure engendre-t-elle du trafic, le déplacement d'un passager ou d'un chargement sur un véhicule constitue un transport, et les déplacements répondent à des finalités économiques et sociales diverses, mobilité liée à leur programme d'activité pour les personnes, circulation dans une chaîne logistique pour le fret. Transversalement, le système d'information assure la coordination de l'ensemble des opérations, sur chaque couche et pour l'interaction entre couches (la régulation du trafic, par exemple). D'un point de vue géographique, chaque couche peut avoir une configuration particulière. Le point qui importe ici est que les infrastructures fixent le cadre à l'intérieur duquel se dessinent les usages, variés et variables dans le temps, qui en sont faits[1]. Physiquement inscrite pour longtemps dans le territoire, la couche de l'infrastructure est celle qui concrétise la décision géopolitique de sa construction, celle qui figure le plus souvent sur les cartes de géographie, et c'est sur elle que se fonderont les analyses qui suivent.

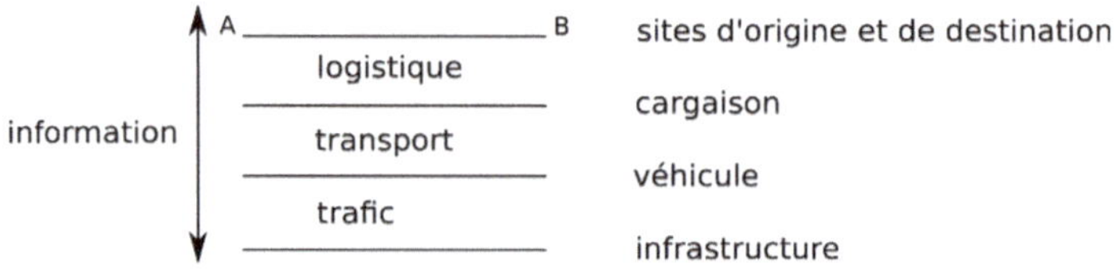

Figure 7.1. *Principales couches d'un réseau de transport et interaction entre couches*

L'analyse de la morphologie spatiale des réseaux d'infrastructures de transport et de leurs liens au territoire passe par la prise en compte du « temps long » (Braudel 1970). La conception et la construction d'une infrastructure de quelque importance prennent en France plusieurs années, voire plusieurs décennies (Gressier et Saint-Pulgent 2003), puis son usage peut s'étaler sur des périodes bien plus longues encore, au prix de travaux d'entretien et de modernisation périodiques. Au bout de deux siècles de déploiements et de remaniements, le réseau ferré continue d'évoluer et d'être une composante

1. Ainsi, le transport ferroviaire actuel s'appuie, de manière inédite, sur des infrastructures dont le tracé fut conçu au XIXe siècle pour des usages aujourd'hui disparus. Voir (Baron et Messulam 2017).

notoire du système global de desserte des territoires. L'objet de ce texte est d'apprécier les effets de différenciation – et *a contrario* d'homogénéisation – du territoire français par l'évolution du réseau ferroviaire au long des deux siècles écoulés.

7.2. Questions de méthode

Les relations entre un réseau et un territoire jouent (simultanément) pour chacun des niveaux ainsi identifiés. Par exemple, pour qui s'intéresse à l'usure des routes, à la vente de carburant ou à la pollution de l'air dans un périmètre donné, c'est l'intensité du trafic (qui associe la première couche de l'infrastructure et la deuxième de la circulation des véhicules) qui constitue le phénomène le plus significatif. Pour comprendre le fonctionnement d'un système local de production et de consommation, il faut plutôt appréhender les flux d'arrivée et de départ de marchandises et de voyageurs que permet le réseau qui le dessert, c'est-à-dire l'activité de transport proprement dite (Savy 2006). Enfin, les choix du mode de transport et de l'organisation logistique du fret sont fortement influencés par le moyen de desserte terminale disponible en chaque point d'origine et de destination de la quatrième couche : desserte par les transports urbains de voyageurs d'une gare ferroviaire ou, pour le fret, installation « bord à quai » d'une voie d'eau, « installation terminale embranchée » sur le réseau ferré ou, plus souvent, uniquement une desserte routière (Guilbault 2008).

Pour autant, l'analyse ici présentée s'appuiera sur la seule couche infrastructurelle qui, comme on l'a déjà souligné, borne le champ des possibilités de circulation et de transport qui l'emprunteront à court et à long terme. Cette option amène à approfondir la notion même d'infrastructure, d'autant que celle-ci fait actuellement l'objet de tentatives de révision. On justifiera aussi le choix du champ d'observation retenu pour garder à cette recherche un volume raisonnable : le chemin de fer d'une part, le territoire français du XIXe au XXIe siècle d'autre part.

7.2.1. *Notion d'infrastructure*

Les infrastructures sont le socle des systèmes réticulaires, sur lequel circulent les flux (de personnes, de produits, d'énergie, d'information, etc.). On distingue ainsi les infrastructures linéaires, qui équipent les arcs, et les infrastructures nodales, qui relient les arcs et permettent les entrées et sorties du réseau ainsi que les connexions internes (Savy 2017). Par souci de faisabilité de la recherche, les infrastructures linéaires (les routes, les chemins de fer, les voies d'eau) sont ici privilégiées par rapport aux infrastructures nodales (les plateformes logistiques, les gares, les ports), moins systématiquement renseignées. Mais l'efficacité des unes est évidemment conditionnée par l'efficacité des autres. Les infrastructures sont des objets techniques lourds (par l'importance des travaux nécessaires à leur construction et à la masse des capitaux à investir), indivisibles (à quoi bon construire la moitié d'un pont ?), à durée de vie longue.

Dans le vocabulaire des économistes, les infrastructures de transport sont des « monopoles naturels », du moins tant que leur trafic n'en atteint pas la capacité de débit maximale. On entend par là qu'il est plus efficace de desservir un territoire avec un seul réseau d'infrastructures, du fait des économies d'échelle qui répartissent les coûts fixes du dispositif entre un grand nombre d'utilisateurs, plutôt que par plusieurs réseaux concurrents en parallèle.

Monopoles naturels, les infrastructures sont également des « biens publics » (Ostrom 1990), c'est-à-dire que leur usage par un utilisateur n'empêche pas un autre utilisateur d'en faire simultanément usage, toujours tant que la capacité maximale n'est pas atteinte. Dans un réseau, l'existence de la couche de l'infrastructure est la condition nécessaire aux mouvements dont elle est le support. Plus largement, les infrastructures jouent un rôle primordial, car elles relèvent des « conditions générales de la production » (Marx 1857) : leur réalisation est un préalable au développement économique et territorial dans son ensemble.

Pour ces diverses raisons, dans la majorité des pays du monde, les chemins de fer sont organisés autour d'un réseau d'infrastructures unique, même si son usage est parfois partagé entre plusieurs entreprises ferroviaires concurrentes. C'est aujourd'hui le cas de l'Union européenne, du fait de la dissociation entre infrastructure et services progressivement mise en œuvre en application de la directive 1991/440/CEE « relative au développement de chemins de fer communautaires ». Cette réforme a mis fin à l'organisation traditionnelle fondée sur des opérateurs historiques nationaux verticalement intégrés (responsables à la fois de la voie et de son utilisation), en position de monopole dans leurs territoires respectifs, pour ouvrir l'usage de l'infrastructure ferrée à de « nouveaux entrants ». L'Amérique du Nord (Canada, États-Unis, Mexique) fait exception à cette règle d'unicité du réseau avec la coexistence (la superposition) de deux réseaux maillés verticalement intégrés d'envergure panaméricaine. S'y ajoutent des lignes locales (les *short lines*) gérées de façon autonome et branchées sur les grands axes.

Pour des investisseurs privés, les infrastructures de transport sont un investissement lourd, ne recevant de recettes des utilisateurs (si elles sont à péage) que plusieurs années après le début des travaux, et sont souvent d'une rentabilité financière incertaine (comme l'a montré la ruine des premiers actionnaires du tunnel sous la Manche, dans l'Europe du XXe siècle). Quant à l'analyse de l'opportunité d'un projet d'infrastructure sous l'angle de l'intérêt général, elle fait appel à la notion de rentabilité socio-économique, plus large que celle de rentabilité financière en intégrant avantages et inconvénients pour l'ensemble des parties prenantes (Quinet 2013).

Aussi, la plupart des infrastructures de transport sont-elles financées, exclusivement ou majoritairement, par des fonds publics (que ceux-ci émanent de collectivités territoriales, des États centraux ou fédéraux ou d'instances internationales comme l'Union européenne). Quant à la formule des financements mixtes (les PPP, partenariats public-privé), l'expérience a montré qu'elle réclame quand même une forte contribution publique et son application reste à ce jour limitée.

En Europe, les réseaux ferroviaires initialement constitués par des capitaux privés furent étatisés au fil du temps, et pour certains dès le XIXe siècle. En France, l'Administration des chemins de fer de l'État, regroupant diverses lignes locales de l'ouest du pays, fut créée en 1878. L'unification du réseau fut réalisée par la nationalisation de 1937 fondant la SNCF, après la fermeture d'un grand nombre de lignes secondaires du fait de leur trop faible fréquentation et de la concurrence du transport routier. La fourniture des infrastructures de transport (routes comme chemins de fer) relève ainsi du *service public* (en matière d'égalité d'accès et de continuité), même lorsque leur exploitation est confiée, pour une période donnée, à un concessionnaire.

Le cas du Royaume-Uni sembla un temps aller à l'encontre de cette tendance générale, à la fin du XXe siècle. Après le démantèlement de l'opérateur historique intégré British Railways à partir de 1993, l'infrastructure fut vendue à un monopole privé, Railtrack. Mais le réseau ferré fut réétatisé lorsqu'il fut repris en 2002 par une société sans but lucratif à capitaux publics, Network Rail (Gómez-Ibáñez 2016), du fait de problèmes de sécurité et de l'inaptitude du propriétaire privé à effectuer les investissements de modernisation nécessaires.

Les infrastructures de transport terrestre sont inscrites dans le paysage et parfois le modèlent. Leur itinéraire est nécessairement continu et leur construction nécessite l'intervention de la puissance publique pour exproprier autant que de besoin les terrains situés sur le tracé retenu, au nom de l'utilité sociale (selon des procédures de déclaration d'utilité publique et d'indemnisation définies à l'avance).

Cette étatisation des infrastructures de transport, ancienne ou plus récente, n'a pas que des enjeux économiques. Propriétaire, financeur et/ou gestionnaire de l'infrastructure, l'instance publique inclut la dimension proprement politique dans ses décisions, en particulier pour la desserte des territoires, quelque échelle que l'on considère, de l'urbanisme à la planification régionale et à l'aménagement du territoire[2]. La possibilité d'influer sur la configuration du réseau, dans une intention de politique spatiale, peut même figurer parmi les motifs d'une prise de contrôle publique. Une telle politique ne s'appuie pas, du reste, sur les seuls réseaux de transport, mais aussi d'eau, d'énergie, de télécommunication, etc.

---

2. Par exemple, dans le projet de schéma de services collectifs de transport de marchandises et de transport de voyageurs de la loi n° 99-533 du 25 juin 1999 d'orientation pour l'aménagement et le développement durable du territoire.

L'horizon de temps des décisions et des réalisations en matière d'infrastructures (sans préjuger de leur utilisation après leur mise en service) est bien plus long que celui des mandats politiques. La notion de décision (Muller 2000) doit donc être comprise dans une acception plus large que le seul acte de signature de tel ou tel document administratif, aussi solennel soit-il. Elle s'inscrit dans un processus de moyen et long terme plus ou moins formalisé. Ainsi, une loi de programmation budgétaire pluriannuelle peut doter un plan d'investissement du financement adéquat, tout au long de sa mise en œuvre (TDIE 2019).

Les infrastructures sont en somme le résultat le plus tangible, durablement inscrit dans les territoires, des décisions publiques en matière de transport et de communication, que ces politiques soient envisagées sous l'angle sectoriel (les routes, le téléphone, etc.) ou spatial (l'urbanisme, la planification régionale, l'aménagement du territoire). Sur le long terme, les infrastructures sont le noyau dur des politiques publiques de transport, même dans les périodes où celles-ci visent à alléger les dépenses qui leur sont affectées et à mieux utiliser l'équipement déjà en place. En outre, la couche des infrastructures d'un réseau est souvent la seule qui soit, au fil du temps, cartographiée et elle offre ainsi à la recherche un matériau diachronique, continu sur longue période. C'est sur la couche des infrastructures que repose, pour l'essentiel, la présente recherche (voir encadré 7.1).

Le mot *infrastructure* est dans ce chapitre utilisé pour désigner des objets physiques, base de réseaux techniques territoriaux. Nombre de chercheurs en sciences sociales montrent un intérêt renouvelé pour la notion d'infrastructure, en particulier pour les infrastructures dites « informationnelles », que certains qualifient d'« immatérielles » malgré la notoire matérialité du coûteux *hardware*, des câbles, fibres, satellites, data centres, serveurs, antennes, ordinateurs et terminaux fixes et mobiles, etc., nécessaires. On sait pourtant que les infrastructures des systèmes d'information sont fortement consommatrices d'énergie, ce qui est peu compatible avec leur immatérialité supposée.

Un récent ouvrage collectif s'intitule ainsi *Les Métamorphoses des infrastructures, entre béton et numérique* (Chatzis *et al.* 2018). Les « nouvelles infrastructures » viennent rajeunir – ou hybrider, voire métamorphoser ? – les anciennes, en les dotant d'un appareillage de capteurs, de traitement de données et de communication qui en change les usages. Toutefois, ces chercheurs s'intéressent principalement aux couches supérieures de la décomposition en coupe d'un réseau (les flux d'informations et, plus haut encore, les interactions entre utilisateurs du réseau, par l'intermédiaire des opérateurs) et non à la couche inférieure, qu'il faut bien continuer d'appeler, étymologie oblige, l'*infrastructure*. Cette synecdoque consistant à désigner par « nouvelle infrastructure » un dispositif plus large que la seule infrastructure vise-t-elle pour ses auteurs à se démarquer de la littérature, déjà très riche, sur les réseaux (voir (Dupuy 2017)) ?

Encadré 7.1. *Les « nouvelles infrastructures »*

7.2.2. *La France comme terrain d'étude*

Si cette étude se limite, pour l'essentiel, au territoire et au réseau ferroviaire français, ceux-ci sont évidemment insérés dans un ensemble plus large, car dès le XIXe siècle, l'expansion des chemins de fer a touché toute l'Europe. Sans doute, le cadre national et le rôle des États ont-ils fortement marqué et marquent-ils encore les spécificités des chemins de fer d'un pays européen à l'autre (OPSTE 2009 ; Marti-Henneberg 2013). Mais les leçons que l'on tirera du cas du chemin de fer français valent de manière bien plus large, quant aux cycles longs des réseaux, pour d'autres pays.

7.2.3. *Choix du chemin de fer*

Au demeurant, le chemin de fer n'est pas un mode de transport également présent dans le monde. Comme le montre la carte de la figure 7.2, l'Europe, l'Amérique du Nord et certaines parties de l'Asie (Inde, Chine et Japon principalement) sont équipées de façon parfois très dense, tandis que l'Amérique latine, l'Afrique et une large part de l'Asie sont faiblement équipées, voire pas du tout.

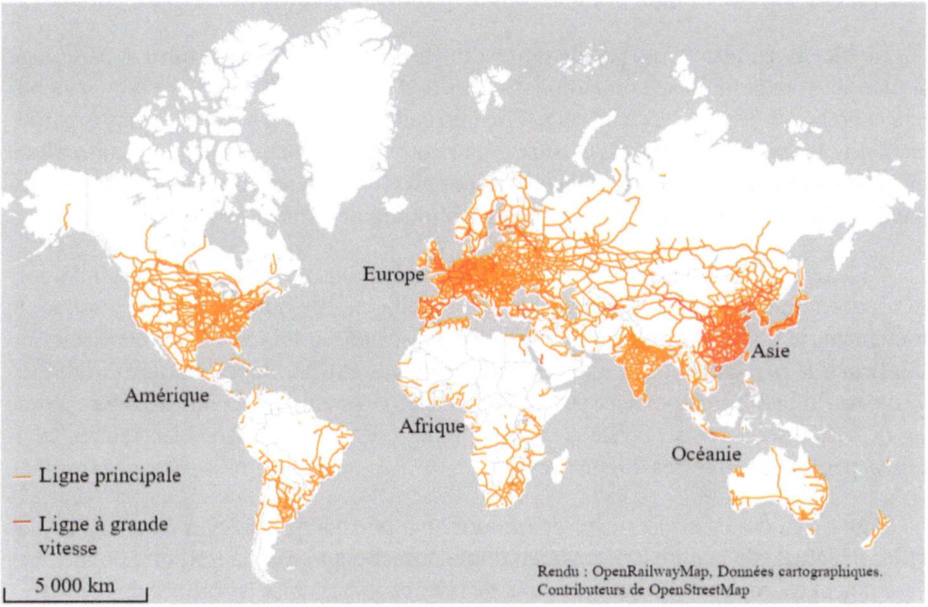

Figure 7.2. *Les chemins de fer dans le monde (source : adapté de openrailwaysmaps.org, consulté le 20 mars 2025)*

7.2.4. *Effets structurants ou effets de différenciation/homogénéisation ?*

Bien des étudiants en géographie économique ou en économie spatiale ont un jour entendu une formule rituelle : « Les effets structurants des infrastructures. » Cette expression sonore désigne un phénomène puissant, ou du moins supposé tel : les infrastructures (sous-entendu : de transport, mais aussi d'énergie, de télécommunication, etc.) influencent fortement, voire déterminent, l'organisation des territoires qu'elles desservent, et notamment leur développement économique.

C'est une question riche, mais controversée, qui a engendré une abondante littérature académique. La sélection bibliographique d'Andersson *et al.* (2015) concernant les *wider economic impacts of infrastructure* ne compte pas moins de soixante-quatorze références en anglais et celle de Denise Pumain (2014) en compte soixante et une en français. Les adversaires de la thèse des effets structurants estiment que la capacité d'une infrastructure à entraîner un développement économique (et, de manière liée, un développement démographique ou urbain) n'est pas automatique (Blanquart *et al.* 2013). Pourtant, l'argument des effets structurants a été intensément utilisé, principalement par des acteurs politiques, pour justifier *ex ante* la réalisation d'équipements dont on a plus tard vu, *ex post*, qu'ils n'ont pas tous montré l'utilité attendue ou du moins annoncée.

L'objet de ce texte n'est pas de reprendre ce débat. Les infrastructures apparaissent le plus souvent comme une condition nécessaire du développement, mais n'en sont pas une condition suffisante. Ce constat est maintenant largement partagé, y compris par les responsables politiques locaux, et ceux d'entre eux qui promeuvent la réalisation d'une infrastructure d'importance s'efforcent désormais d'y associer un projet de développement impliquant des acteurs économiques, politiques et sociaux intéressés.

Ce texte a, par rapport à la thèse des effets structurants des infrastructures, un objectif moins ambitieux, mais plus vaste. Moins ambitieux, car il ne s'agit pas, à travers le traitement de données collectées ou construites sur tel ou tel terrain, de confirmer ou d'infirmer le lien entre équipement en infrastructures et développement territorial. Plus vaste, car l'objet est d'apprécier sur un temps long l'aptitude d'une infrastructure à desservir un territoire (et par conséquent de le relier ou non à un ensemble d'autres territoires, permettant diverses interactions).

Il ne s'agit donc pas d'essayer de mesurer, par une comparaison *ex ante*/*ex post*, les effets éventuels de la mise à disposition d'une infrastructure sur un territoire donné. Apparemment claire, une telle question pose du reste de redoutables problèmes de méthode : faut-il envisager un cas d'étude localisé ou l'ensemble du réseau et de ses interactions internes ? Sur quel périmètre en mesurer les effets, selon quels indicateurs, et comment les isoler d'autres facteurs influençant la situation considérée ? Sur quelle période ? On se contentera d'apprécier les effets de différenciation – et *a contrario* d'homogénéisation – du territoire français (au sens de la France métropolitaine continentale, considérée à grande échelle) par l'évolution du réseau ferroviaire au long des deux siècles écoulés.

Sur une période de deux siècles, les évolutions du réseau ferroviaire français sont en effet d'une telle ampleur et d'une telle clarté que le simple examen des cartes au fil du temps permet de dire l'essentiel, même si pour aller plus loin de nombreux travaux explorent les rapports entre les infrastructures de transport et les changements d'utilisation de l'espace (*land use*, voir (Kasraian *et al.* 2016)), à travers le calcul d'indices spécifiques mesurant la densité d'équipement de telle ou telle catégorie de zone géographique (comme le font avec finesse Étienne Auphan (2002) pour son étude de la présence des chemins de fer secondaires dans les départements français ou Christophe Mimeur (2016) pour « les traces de la vitesse entre réseau et territoire »).

Avant même l'avènement du chemin de fer en France, les « routes royales » faisaient au XVIIIe siècle l'admiration des visiteurs étrangers[3]. L'amélioration des chaussées, du matériel roulant, de l'organisation de la « poste » des chevaux, a considérablement réduit le temps du voyage hippomobile, du XVIIe siècle à la malle-poste de 1834 (Bretagnole et Verdier 2005). Ensuite, la construction d'un réseau ferré, qui sera abordée étape par étape, accélère encore la réduction de la durée des voyages ainsi que leur pénibilité et leur coût, permettant une croissance rapide des flux de transport. Une évolution analogue marque le transport de marchandises.

On pourra ainsi désigner les régions desservies – et à l'inverse les régions délaissées – au fil de l'évolution du réseau, dont l'apogée fut une densité de couverture du territoire si haute que l'on a pu parler du « chevelu » des lignes locales (alors qualifiées, logiquement, de « capillaires ») couvrant la carte géographique.

7.3. Grandes phases de l'évolution du réseau ferroviaire en France

Tout au long du XIXe siècle et au début du XXe, l'expansion du chemin de fer est étonnamment rapide et montre la capacité d'entreprendre de nos ancêtres, qu'il s'agisse des compétences techniques, des capacités humaines et matérielles des industries impliquées et notamment des travaux publics, et des ressources financières investies, dans un cadre législatif favorable (par comparaison avec le ralentissement actuel des projets par des procédures de recours).

La mise en place d'infrastructures n'a toutefois jamais été sans conflits (Subra 2014). Par exemple les chambres de commerce d'Orléans et de Tours tentèrent, en leur temps, de s'opposer à la progression de la voie ferrée de Paris à Bordeaux pour protéger de cette concurrence nouvelle la navigation sur la Loire, alors prospère. On construisit ainsi des gares terminus, en cul-de-sac, au cœur de ces deux villes, en espérant ainsi bloquer l'avancée du chemin de fer. La voie ferrée poursuivit pourtant son expansion en contournant les villes, si bien qu'aujourd'hui encore nombre de voyageurs doivent changer

3. Voir notamment Arthur Young, *Voyages en France*, 1792.

de train dans les gares périphériques des Aubrais et de Saint-Pierre-des-Corps, dans les périphéries d'Orléans et de Tours, respectivement.

Sur un calendrier qui se mesure en dizaines d'années, le développement du réseau ferré français, puis sa transformation après son installation complète, se découpent en quelques phases nettement typées.

7.3.1. *Premières lignes et premiers réseaux locaux*

Le chemin de fer apparaît en France dans le premier tiers du XIXe siècle. Entre Saint-Étienne et Andrézieux à partir de 1827, il s'agit de transporter du charbon. La ligne entre Paris et Saint-Germain-en-Laye, ouverte en 1837, est entièrement consacrée aux voyageurs.

Pour autant, ce développement très rapide est aussi, dans un premier temps, très inégal d'une région à l'autre et crée donc, entre les zones desservies et les autres, de fortes différences. Ces lignes locales, non reliées entre elles, sont construites sans esprit de normalisation technique (sinon celle importée par les ingénieurs et industriels anglais, alors les pionniers aux échelles européenne et mondiale, et notamment l'usage – toujours en vigueur en France, sauf en Alsace – de circuler sur la voie de gauche sur les lignes à double voie).

D'abord accueilli avec scepticisme, voire crainte et hostilité, le succès local du chemin de fer amène à la création de lignes nouvelles dans d'autres bassins de clientèle et à l'extension des lignes existantes. De local, le chemin de fer devient régional, avec des réseaux organisés autour d'un point central, une grande ville (que l'on appellerait aujourd'hui une métropole), par exemple autour de Marseille. Toutefois, le rythme de ces développements est très inégal d'une région à l'autre. On observe ici l'amorce d'un réseau national, voire international, là la mise en place de réseaux locaux, tandis qu'ailleurs aucun équipement n'est encore en service.

En 1850, treize ans seulement après l'ouverture de la ligne de Saint-Germain-en-Laye, une large étoile s'organise déjà autour de Paris, dans toutes les directions et allant jusqu'à la frontière nord. Les autres implantations ferroviaires, en province, sont des tronçons isolés, tous situés dans la moitié est du pays. L'écart d'accessibilité est très net entre un grand bassin parisien et le reste du pays, en particulier sa partie occidentale (ouest et sud-ouest), entièrement délaissée.

7.3.2. *Jonction des réseaux isolés et développement extensif*

En 1860, juste dix ans plus tard, l'avancée des travaux (de fait, la livraison des travaux à leur achèvement) est surprenante. Le réseau s'élargit et s'unifie, il ne subsiste aucun tronçon isolé et la plupart des villes importantes sont reliées à un réseau de grandes lignes.

Lors du raccordement, l'interopérabilité – terme anachronique – du réseau ainsi constitué pose moins de difficultés que pour les réseaux d'aujourd'hui où, au-delà des questions d'écartement des voies et de gabarit, il faut surmonter les différences d'alimentation électrique (pas moins de trois standards encore aujourd'hui à l'intérieur de la France), de signalisation, de communication entre le train et le sol, de système de sécurité et d'exploitation, de charge à l'essieu et de longueur des trains, etc.[4]

À l'échelle nationale, les écarts de desserte se réduisent. Ce développement extensif reste toutefois différencié d'une région à l'autre. Les frontières du Nord-Est sont atteintes avant même que l'Ouest soit desservi, assurant la communication avec l'Allemagne et la Belgique, industrialisées avant la France et dotées d'un chemin de fer conséquent.

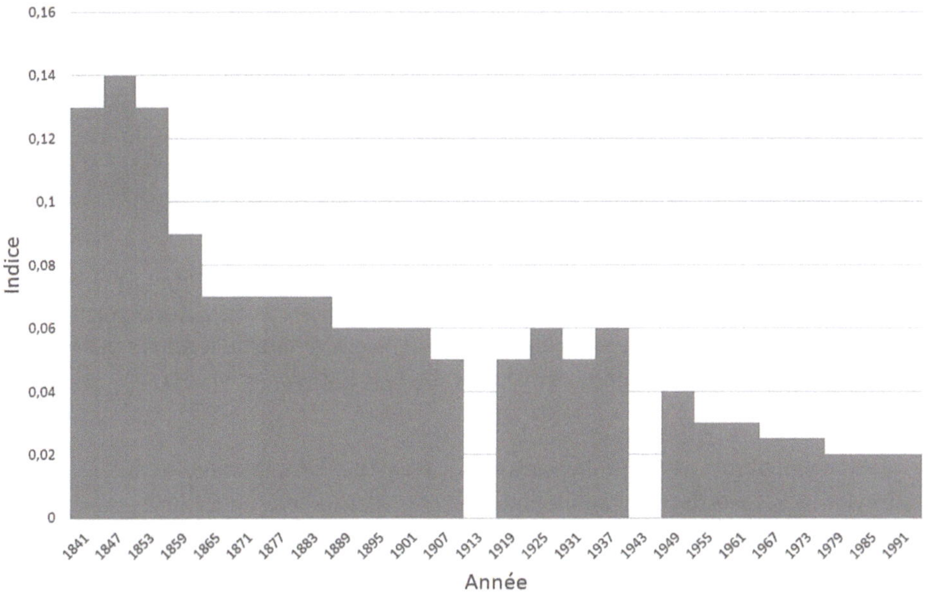

Figure 7.3. *Prix du transport ferroviaire de fret : évolution historique (source : calculs personnels à partir de données SNCF en francs constants (francs-or jusqu'en 1914 puis francs déflatés selon l'indice de l'Insee) par tonne-kilomètre)*

4. L'évolution vers une meilleure *interopérabilité* des systèmes ferroviaires a fait l'objet, comme telle, de plusieurs directives de l'Union européenne, aujourd'hui refondues en un texte de synthèse : Directive (UE) 2016/797 du Parlement européen et du Conseil du 11 mai 2016 relative à l'interopérabilité du système ferroviaire au sein de l'Union européenne (refonte).

L'extension vers l'ouest et pour la traversée du Massif central se poursuit et aboutit dès 1870 à une couverture de l'ensemble du pays par un réseau relativement homogène, mais à mailles assez larges. La baisse radicale de la durée et du prix du transport entraîne un bouleversement de l'économie et de la géographie du pays (voir figure 7.3). Les productions locales ne sont plus à l'abri de la concurrence de productions lointaines, chaque zone est poussée à passer de la polyvalence et de l'autosuffisance à la spécialisation et à l'interdépendance. Le chemin de fer déclenche une intégration sans précédent de l'économie nationale, avec une division interrégionale du travail beaucoup plus poussée (Léon 1976), intégration n'étant pas synonyme d'uniformisation ni d'égalisation du territoire (Roncayolo 1989).

Toutefois, les différences restent très fortes à l'échelle locale. Les zones à proximité des axes majeurs sont desservies, tandis que les zones interstitielles, plus éloignées des grands axes, restent à l'écart. Un processus analogue de construction et d'extension d'un réseau de transport peut s'observer pour d'autres modes de transport que le rail, dans d'autres pays que la France. Par exemple on constate que le réseau de transport aérien en Chine s'est progressivement élargi, à partir d'un périmètre central restreint, pour couvrir densément le territoire national, du moins sa moitié orientale, la plus peuplée (Wang *et al.* 2014).

7.3.3. *Du développement extensif au développement intensif*

Alors que les axes principaux desservent les grandes villes (ainsi que les villes moyennes situées sur leur parcours), dans un réseau à larges mailles, les « zones blanches » de la carte (comme on le dit aujourd'hui de la couverture du territoire par le téléphone mobile) sont ensuite progressivement traversées et desservies, la couverture du territoire s'intensifie.

Le « remplissage » du territoire est souvent assuré par les lignes locales, à écartement métrique. Le réseau se compose alors de deux sous-ensembles, différents sous l'angle technique (voie large ou voie métrique) comme organisationnel (avec ou non le soutien des collectivités), mais complémentaires. Le développement intensif du réseau aboutit à une couverture extrêmement dense du territoire qui culminera dans les années 1920.

L'extension et la densification du réseau touchent tout le territoire – hormis quelques zones de montagne particulièrement difficiles à équiper. Tous les chefs-lieux de canton, dit-on, ont leur gare. Cet effort d'équipement s'inscrit dans le projet politique fondamental de la Troisième République de Gambetta, celui de l'alliance avec la paysannerie et de l'unification du pays : par l'école publique, le service militaire, la promotion du français face aux patois, mais aussi par le branchement des campagnes sur le chemin de fer, moteur de modernité et symboliquement facteur d'établissement d'une heure unique sur l'ensemble du territoire (Landes 1987).

Après avoir été discriminant pendant de longues années, au terme de l'achèvement du réseau d'infrastructures, le chemin de fer homogénéise le territoire et permet un fonctionnement intégré des activités et des mobilités.

7.3.4. *Acmé*

La croissance des infrastructures de chemin de fer n'est pas illimitée. Avec le recul d'un siècle, on constate qu'à la sortie de la Première Guerre mondiale, le modèle ferroviaire atteint un apogée, en France comme dans les pays européens proches. Cette inflexion de trajectoire n'est évidemment pas instantanée, certaines parties du système avaient déjà montré leur faiblesse, notamment en matière de soutenabilité économique (ce qui entraîna la reprise par l'État des Chemins de fer de l'Ouest dès 1878).

Toutefois le facteur décisif de mutation du système ferroviaire ne fut pas endogène, mais exogène : ce fut la mutation du transport routier, le passage du transport hippomobile au transport automobile. L'automobile (dont l'histoire technique et économique est très documentée) naît dans les dernières décennies du XIXe siècle. Elle reste longtemps en Europe un bien de luxe, fabriqué par des artisans ou petits industriels de haute compétence, alors qu'aux États-Unis d'Amérique elle fait déjà l'objet d'une production de masse. Dans ce pays, l'industrie de la construction automobile devient même le modèle du système productif moderne (jusqu'au projet macroéconomique et social du « fordisme »).

La modernisation du transport routier touche simultanément l'infrastructure (avec en particulier la mise en place d'enrobés améliorant considérablement la vitesse et la sécurité du roulement, au point de faire du nom d'un ingénieur écossais un nom commun : « macadam ») et les véhicules (dans tous leurs composants : moteur, pneumatiques, etc.). Avec l'effort de guerre, la fabrication de camions s'industrialise, et la capacité de transport ainsi constituée entre dans le système civil de transport de fret à la fin du conflit (voir figure 7.4).

Bien sûr, le chemin de fer ne fut jamais en position d'exclusivité, pour le transport de personnes comme de marchandises, ne serait-ce que pour la desserte fine du territoire, même lorsque son maillage était extrêmement dense. Mais un basculement de la répartition modale du transport du rail vers la route, de personnes comme de fret, s'engage au sortir de la Première Guerre mondiale, en dépit des réglementations de « coordination des transports » successives visant à limiter la part du transport routier. La figure 7.4, représentant le partage modal du transport de fret en France entre les modes routier, fluvial, ferroviaire et maritime, en tonnes-kilomètres et de 1830 à 2020, montre l'ascension rapide du fer de son origine aux années 1920, puis son remplacement partiel par la route des années 1930 à aujourd'hui.

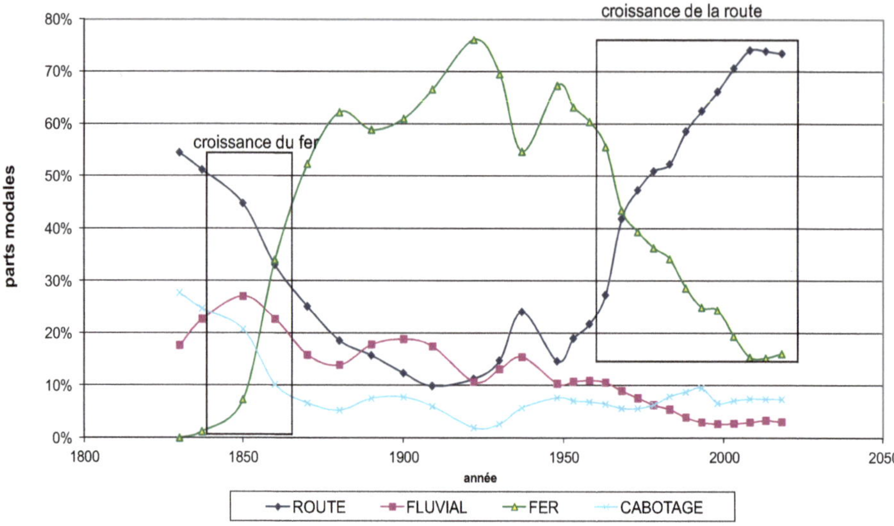

Figure 7.4. *Évolution de la répartition modale du transport de marchandises en France de 1830 à 2020. Transport routier, fluvial, ferroviaire et maritime national en tonnes-kilomètres, en pourcentage du total annuel (source : Sauvant A., mettant à jour (Sauvant 2002)).*

Face à la concurrence de la route, le maintien en activité de la partie locale du réseau ferré devient de plus en plus difficile pour des raisons économiques et ouvre une phase radicalement nouvelle : après les phases de croissance extensive puis de croissance intensive, vient le temps de la rétraction du réseau (Collardey *et al.* 2013).

7.3.5. *Rétraction du réseau*

La fermeture des lignes se porte sur les lignes les moins fréquentées, où le coût d'exploitation rapporté au volume de transport (de voyageurs et de marchandises) est le plus élevé et appelle donc le plus de subvention publique (nationale ou locale). La baisse de la demande de transport ferroviaire résulte principalement de la concurrence de la route, mais aussi, pour les voyageurs, des évolutions du peuplement et des besoins de déplacement (avec l'exode rural, des campagnes vers les villes et leur périphérie). Pour le fret, les nouveaux sites économiques (usines, zones logistiques) ne sont plus systématiquement embranchés sur le réseau ferré, leur desserte est alors exclusivement routière sauf à recourir au transport combiné rail-route, plus complexe et coûteux.

Ce retrait, qui s'étale sur un siècle jusqu'à aujourd'hui, se déroule à un rythme discontinu. En particulier, la majorité des fermetures ont eu lieu avant la Seconde Guerre mondiale, et notamment avant l'unification du réseau national au sein de la SNCF en 1938. La nouvelle société ne regroupe alors que les cinq grands réseaux privés – Nord, Est, Paris-Orléans, Paris-Lyon-Méditerranée et Midi – et les apports de l'État – chemins de fer de l'Ouest et d'Alsace-Lorraine –, et non les petites lignes à écartement métrique.

Le réseau français a ainsi perdu, à un rythme rapide ou ralenti selon les périodes et sur environ un siècle, plus de la moitié de sa longueur, passant de 63 000 à 29 000 km entre 1920 et 2018, la SNCF en comptant 42 000 lors de sa création en 1938. Ont surtout disparu les lignes locales, celles qui recoupaient les grandes mailles construites lors de la phase de croissance extensive et qui prolongeaient en les ramifiant les lignes principales. Aujourd'hui, le réseau est à peu près revenu à sa configuration de 1870 ! On peut y voir le signe d'une grande inertie du territoire français quant à son réseau de villes principales, mais aussi, avec 150 ans de recul, la pertinence des choix géographiques opérés par les planificateurs de cette époque…

Géographiquement et fonctionnellement, le chemin de fer a perdu sa capacité de couverture du territoire, de larges zones blanches sont réapparues sur la carte, parfois de la taille d'un département. Un pré- et/ou un postacheminement routiers ou par transports collectifs urbains sont plus que jamais nécessaires à un parcours ferroviaire, en dehors des centres-villes pour les voyageurs et, pour le fret, en dehors des sites directement embranchés sur le rail. Le chemin de fer doit s'inscrire, de préférence de manière organisée, dans des chaînes multimodales.

7.3.6. *Repli et renforcement*

Le patrimoine infrastructurel hérité d'une longue histoire n'est pas toujours un atout et peut même être un lourd handicap s'il est difficile à modifier ou si l'on hésite à en abandonner les segments obsolètes. Les usages que fait la couche des circulations de la couche des infrastructures sont multiples et changeants, les zones d'émission et de réception des flux ne sont pas figées et ne correspondent pas éternellement à celles qui ont présidé à l'édification des infrastructures. Heureusement, les réseaux sont capables d'une certaine plasticité et peuvent se prêter à des usages que leurs concepteurs n'imaginaient pas. Le décalage fonctionnel et spatial entre l'infrastructure en place et l'émergence de besoins nouveaux est toujours en question (Baron et Messulam 2017).

Dans la deuxième moitié du XXe siècle, l'évolution du réseau devient plus contrastée, voire apparemment contradictoire. D'une part, le repli se poursuit avec les fermetures de lignes secondaires, quoique à un rythme modeste. D'autre part et simultanément, on réalise le renforcement de certaines lignes principales pour faire face à la demande de transport sur leur itinéraire (notamment pour les échanges industriels lourds entre le nord et l'est du pays, avec l'électrification de cet axe dès l'après-guerre).

Pour les petites lignes[5], les préoccupations politiques de développement durable confortent aujourd'hui l'objectif plus large, invoqué depuis longtemps, mais jamais atteint en France à ce jour, d'un « transfert modal » de la route vers le rail. Si les moyens financiers mobilisés et le changement de méthode d'exploitation de l'ensemble des opérateurs sont suffisants, des lignes en mauvais état pourraient être modernisées, quelques lignes inutilisées pourraient même être remises en service. Cependant, après que le trafic a été transféré sur la route, l'emprise des anciennes lignes secondaires abandonnées a souvent été morcelée et affectée à d'autres usages, empêchant tout retour en arrière : le « chevelu » de jadis ne repoussera pas.

À côté des petites lignes, les aires métropolitaines posent des questions différentes. Il ne s'agit pas de la revitalisation de lignes de desserte rurale, mais du renforcement de la desserte d'un territoire urbain congestionné et en expansion. Sur le modèle parisien, l'idée d'un « RER métropolitain » prend corps. S'appuyant sur les lignes existantes, mais complétées autant que de besoin de nouvelles créations, les services express régionaux métropolitains (SERM) devront améliorer la desserte d'environ une quinzaine d'agglomérations françaises et font désormais l'objet d'une loi[6]. Une part notoire des investissements à venir devra leur être affectée.

7.3.7. *Nouvelle expansion*

Toutefois, l'événement le plus marquant de cette période de renforcement du réseau, relevant davantage de la rupture que de la continuité, fut l'adjonction au réseau traditionnel d'une ligne à grande vitesse (LGV) dédiée à un train à grande vitesse (TGV) d'un type nouveau. En effet, dans les années 1960, le chemin de fer semblait aux yeux de certains une technique du XIXe siècle ayant atteint son apogée et promise au déclin. L'avenir était à la voiture pour les distances courtes et moyennes et à l'avion pour les distances moyennes et longues (ainsi qu'à l'aérotrain, qui transférait des techniques aéronautiques vers le transport terrestre). Pour écarter une telle menace, la SNCF, en coordination avec l'industrie ferroviaire, mit en œuvre une stratégie d'innovation propre à maintenir le train dans le marché des transports rapides, comme le Shinkansen japonais en donnait déjà l'exemple (Dupuy *et al.* 1985). Le succès de la ligne à grande vitesse entre Paris et Lyon, dont le premier tronçon fut mis en service en 1981, entraîna l'édification progressive d'un véritable réseau de LGV, largement centré sur Paris (voir figures 7.1 et 7.5), avec quatre branches principales (vers Lille, Strasbourg, Marseille/Montpellier et Rennes/Bordeaux) et une LGV non radiale, entre Dijon et Belfort.

5. Il n'existe pas, en Europe, de définition partagée des « petites lignes » ferroviaires. Voir (OPSTE 2020).

6. Loi du 27 décembre 2023 relative aux services express régionaux métropolitains.

Il s'agit bien d'un nouveau réseau ferré, qui se superpose au réseau traditionnel, mais lui est étroitement lié, en particulier pour les entrées et sorties des grandes agglomérations, qui s'opèrent sur l'infrastructure déjà en place. Une caractéristique du TGV français est en effet son aptitude à circuler aussi sur les voies traditionnelles, malgré la différence de système de signalisation (alors qu'à l'inverse le matériel roulant traditionnel ne peut pas emprunter les LGV). Le TGV peut donc également prolonger ses parcours au-delà des LGV, sans obliger les voyageurs à un changement de train, et irriguer une large part du territoire.

La vitesse de circulation est hétérogène sur le réseau, selon qu'une destination est accessible en LGV d'un bout à l'autre, ou à travers une connexion entre LGV et ligne traditionnelle (marquée ou non par un changement de train), ou encore par un parcours entièrement sur le réseau traditionnel. La figure 7.5, construite à partir des temps de trajets en train depuis Paris, montre l'amélioration remarquable, mais inégale des liaisons interurbaines qu'a permise le développement du TGV.

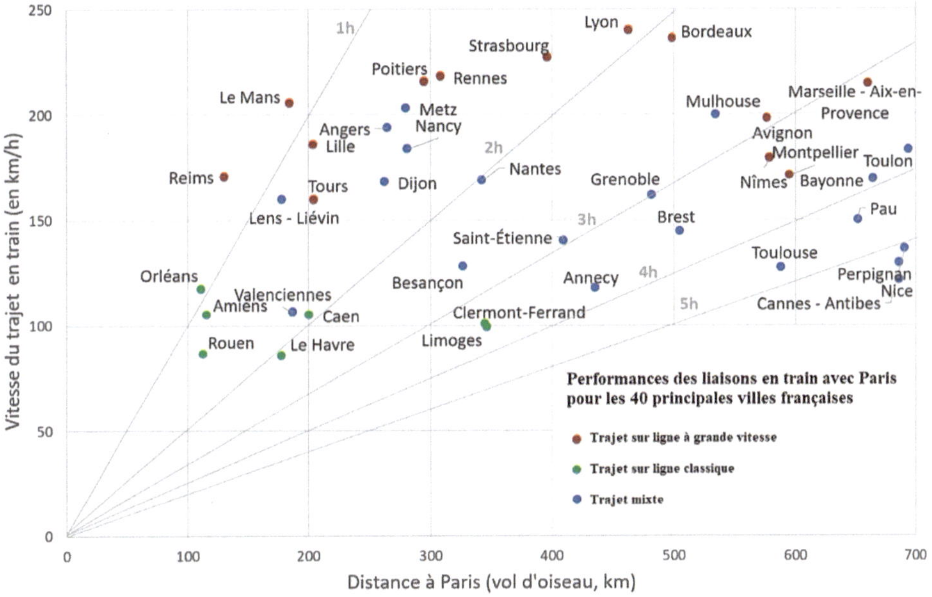

Figure 7.5. *Performances des liaisons en train avec Paris pour les 40 principales aires d'attraction de l'Insee (source : SNCF Voyageurs, temps le plus court pour un trajet prévu le mardi 1er avril 2025 à 8 h (à J – 8))*

Au raccourcissement des temps de transport entre grandes destinations, il convient d'adjoindre un « effet tunnel » du TGV, comme si le train passait dans un tunnel isolé de l'espace qu'il traverse. Il est vrai que tout arrêt intermédiaire au long d'une liaison ralentit sensiblement la vitesse de bout en bout, le nombre en est donc limité (et fait parfois l'objet d'âpres revendications de la part des élus locaux). Des villes petites et moyennes sont ainsi à proximité d'une LGV, mais ne sont que peu desservies par celle-ci, voire pas du tout. Le TGV relie principalement de grandes villes et s'inscrit ainsi dans une tendance géographique très générale : la métropolisation (Veltz 2005).

À l'effet tunnel s'ajoute enfin l'effet « doigt de gant » (Bavoux *et al.* 2005). La nouvelle infrastructure irrigue des corridors, laissant à l'écart les espaces intermédiaires, les fuseaux situés entre deux grands axes tels que le vaste espace du centre de la France, entre les corridors vers le sud-ouest et vers le sud-est à partir de Paris.

7.3.8. *Perspectives*

La rétraction constatée pendant tout un siècle a-t-elle atteint l'étiage, se poursuivra-t-elle ou au contraire assistera-t-on à la remise en service de lignes aujourd'hui fermées ? Il n'est en tout cas pas question d'aller au « réseau noyau » limité aux grandes lignes préconisé à l'époque de la diffusion massive de l'automobile, au nom de la rationalité économique (Guillaumat 1978 ; Beyer 2021). Le sort des « petites lignes » fait l'objet d'un débat politique qui montre qu'au-delà de ses aspects fonctionnels, le chemin de fer garde, en France plus que dans la plupart des pays d'Europe, une forte fonction symbolique de présence de l'État pour l'égalité des territoires (OPSTE 2020). Les propositions de fermeture des lignes à faible trafic du rapport Spinetta (2018) n'ont pas non plus été retenues (Beyer 2021) (voir figure 7.6). Une négociation est engagée entre l'État et les régions sur la répartition des « lignes de desserte fine du territoire », très souvent en mauvais état, entre lignes intégrées au réseau national et promises à régénération, lignes confiées aux régions (y compris pour y appliquer un mode d'exploitation spécifique) et lignes dont l'emprise serait affectée à un autre usage (Philizot 2020).

Au-delà du traitement de ses franges terminales, la stratégie de gestion et de développement du réseau d'infrastructures ferroviaires a connu dans les années 2010 un nouveau tournant. Après la conduite pendant une cinquantaine d'années d'un programme soutenu de construction de LGV (rapide dans le contexte français), le constat a été fait du vieillissement inquiétant du reste de l'infrastructure (Rivier et Putallaz 2005). Cette prise de conscience a déclenché une réorientation des ressources d'investissement et de maintenance, désormais affectées à la régénération (c'est-à-dire souvent la modernisation, au-delà de la simple remise en état) du réseau traditionnel (hors LGV). Une raison supplémentaire de cette réorientation est que les LGV nouvelles projetées montrent en général un coût de construction plus élevé et un trafic prévu et/ou une rentabilité socio-économique espérée moindres que pour les premières lignes construites.

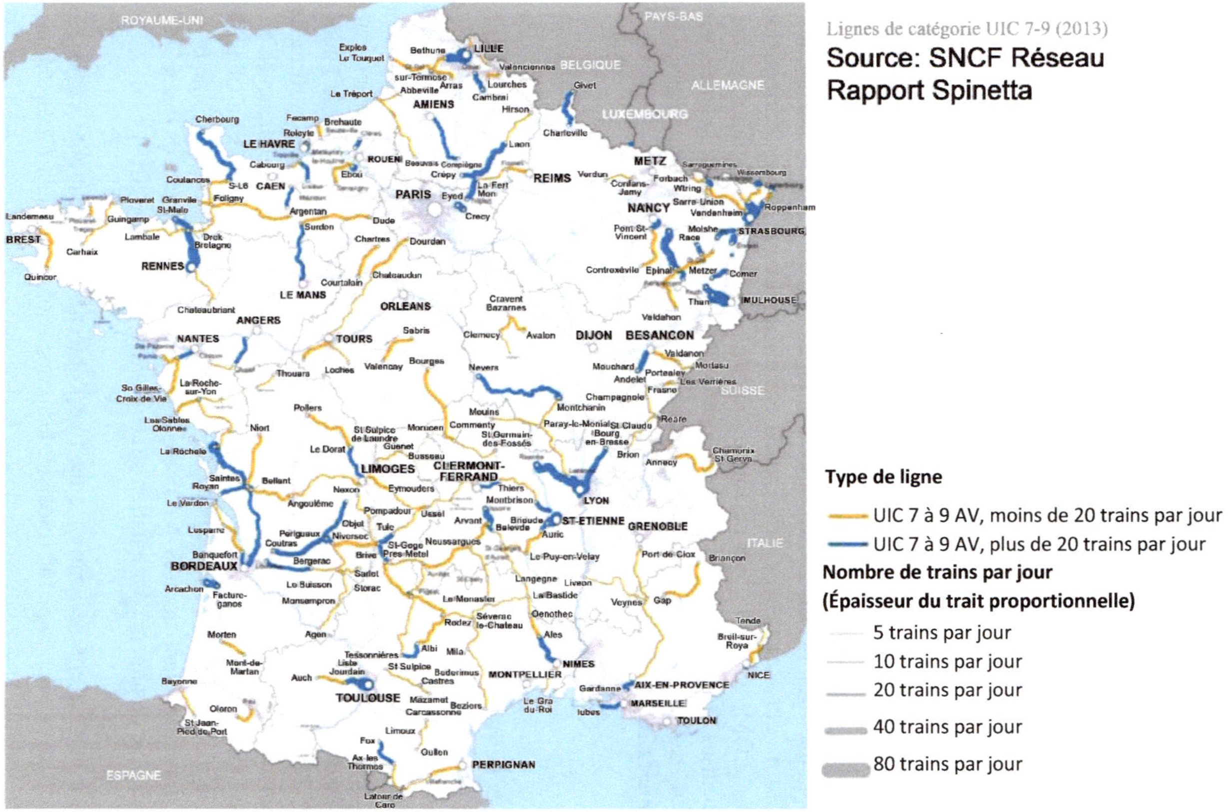

Figure 7.6. *Lignes à faible circulation du réseau ferroviaire français (2018) (Spinetta 2018)*

La politique d'infrastructure reflète ainsi une inflexion dans les finalités mêmes de la politique des mobilités : les transports « du quotidien », notamment dans les villes et autour des villes, passent devant les transports interurbains dans les priorités politiques. Le « tout TGV » est abandonné (TDIE 2008). La gestion du réseau ne se limite plus au choix entre ne rien faire ou construire *ex nihilo* une infrastructure nouvelle, alors que l'amélioration de l'équipement existant offre des possibilités techniquement efficaces et économiquement plus réalistes. Du reste, l'amélioration des performances des lignes interurbaines ne donne pas tous ses résultats si l'entrée et la sortie des villes s'effectuent dans un nœud ferroviaire saturé par les transports locaux.

Les quatre chantiers de LGV en cours dans les années 2010 n'ont pas eu de suite à court terme, tandis que la régénération du réseau traditionnel d'une part et la décongestion des principaux nœuds du réseau d'autre part (dont le traitement se chiffre en milliards d'euros) guident les investissements. Le rapport de la commission Mobilité 21 en 2013 puis le rapport du Comité d'orientation des infrastructures en 2018 ((Duron 2018) cartographié dans (TDIE 2019)) proposent en ce sens une programmation pluriannuelle des investissements. Ce principe est enfin inscrit dans la Loi d'orientation des mobilités (LOM) de 2019. Pour autant, le projet de relier par TGV toutes les métropoles françaises n'est pas achevé. Après une pause de quelques années, le lancement d'un nouveau chantier de LGV, entre Bordeaux et Toulouse, est à nouveau envisagé au début des années 2020.

7.3.9. *Vers un transport durable ?*

Quant aux perspectives générales des systèmes de transport et de leurs infrastructures, au-delà de la crise sanitaire de la Covid-19 et du choc macroéconomique conséquent, elles seront marquées, entre autres, par des modifications de comportement acquises lors de la crise : une pratique bien plus intense du télétravail et des relations à distance, ainsi que des achats de marchandises en ligne avec livraison à domicile, et peut-être un délaissement partiel des transports collectifs au bénéfice du vélo ou de l'automobile (OPSTE 2021). Les mesures de relance économique pour accélérer la sortie de crise, combinant projets et financements nationaux et communautaires, touchent l'ensemble du système de production et de mobilité. En rupture avec les règles budgétaires antérieures, le plan de relance européen (*Next Generation EU*) s'inscrit dans une perspective de développement durable (conformément à l'intitulé même du pacte vert – *Green Deal* –, le document d'orientation stratégique de l'Union de 2019).

La France et l'Europe se sont en effet fixé l'objectif de la neutralité carbone à l'horizon 2050, avec pour étape intermédiaire les propositions du paquet *Fit for 55* préconisant une diminution des émissions de gaz à effet de serre de 55 % d'ici à 2030 et largement traduit dans la législation européenne. Les transports sont une composante majeure de cette ambition, puisqu'ils représentent 25 % des émissions de gaz à effet de serre en Europe, proportion encore plus importante en France avec quelque 30 % (car la production d'électricité y est décarbonée), sans compter l'empreinte carbone de la fabrication puis de la récupération des véhicules et de leurs batteries, des infrastructures, etc. Un ensemble de mesures techniques, réglementaires, fiscales, etc., sera nécessaire pour atteindre cet objectif. Dans tous les scénarios figure l'augmentation du rôle des chemins de fer dans les dispositifs de transport. Cette augmentation passera par le renforcement de l'infrastructure du réseau ferré intégrant, de plus en plus, des dispositifs de communication numérique entre la voie et les véhicules, entre les véhicules (locomotives, voitures et wagons), etc.

Une nouvelle phase de cette longue histoire s'amorce, avec pour mots-clés : décarbonation (électrification, nouvelles sources d'énergie), numérisation (automatisation, véhicule autonome), intégration systémique (rôle stratégique des données, chaînes multimodales, commodité d'usage avec les systèmes d'aide à la mobilité « MaaS », *mobility as a service*), etc. De nouvelles réflexions prospectives s'efforcent de défricher cet avenir riche d'interrogations et d'options inédites (FIT 2019).

7.4. Différenciation, homogénéisation, différenciation : un cycle séculaire

Le passage en revue de deux siècles de chemin de fer a permis de découper l'évolution du réseau en grandes phases, désignant les tendances qui caractérisent l'édification puis les transformations successives du réseau. Cette périodisation est simplificatrice, car une nouvelle phase peut s'ouvrir dans une région alors que la phase précédente n'est pas encore aboutie dans une autre. Elle suffit toutefois pour aborder la question posée au début de cette étude : quelle est l'influence de l'évolution du réseau sur l'organisation du territoire ?

7.4.1. *Différenciation*

Dans la phase initiale de réseaux locaux isolés les uns des autres et, peut-être plus nettement encore, dans la phase de construction de grandes lignes délaissant une large part du territoire (en l'occurrence la moitié occidentale du pays), l'effet du réseau est de différencier le territoire. Si une ville est « branchée », elle bénéficie d'une meilleure circulation locale et d'une meilleure relation avec d'autres villes, mutuellement plus accessibles. À l'inverse, les villes non raccordées ne bénéficient pas de ces facilités. Cette inégalité de desserte se marque par un développement économique et démographique inégal des régions.

Ce constat ne vaut pas seulement pour le chemin de fer. On peut citer l'exemple de l'électricité, dont le réseau de distribution fut local et régional avant d'être national, comme pour le chemin de fer (Roncayolo 1989). À une époque où l'on ne savait pas transporter l'énergie électrique sans de lourdes pertes en ligne (faute de très hautes tensions), une industrie fortement consommatrice d'électricité comme la production d'aciers spéciaux s'implanta, à partir de 1890, dans une vallée alpine, au pied des « conduites forcées » à la source de la « houille blanche ». En 2021, la vallée de la Maurienne compte encore une activité d'électrométallurgie, ce qui montre que les inégalités de développement nées du déploiement limité d'un réseau d'infrastructures survivent longtemps aux disparités de desserte qui les ont fait naître. C'est pourquoi le calendrier de réalisation d'un plan à long terme, qui peut décaler la desserte de deux régions comparables de plusieurs dizaines d'années, importe presque autant que sa configuration finale.

Dans un autre registre réticulaire, jusque dans les années 1970, la France marquait un étonnant retard quant au développement du téléphone (en dépit du projet moderniste de la planification gaullienne des années précédentes). La faiblesse du réseau téléphonique était un frein à la décentralisation industrielle, qui était à l'époque un objectif central de la politique de développement économique et d'aménagement du territoire. Cet écart entre régions a depuis été comblé (Bertho 1981). Aujourd'hui, c'est la desserte par les télécommunications à haut débit qui marque la différenciation des territoires, leur inégale accessibilité communicationnelle et l'inégale attractivité des activités et des emplois qualifiés qui en résulte. Lorsqu'elles sont rares, les infrastructures discriminent et structurent l'espace.

7.4.2. *Homogénéisation*

À la phase initiale de lancement local succèdent les phases du développement extensif, puis du développement intensif du réseau. Les discriminations territoriales se réduisent, le réseau homogénéise le territoire au lieu de le différencier. Il s'agit bien d'une homogénéisation de la desserte des territoires et non d'une homogénéisation des territoires comme tels, c'est-à-dire d'une convergence de leurs caractéristiques socio-économiques respectives. Au contraire, en fonctionnant de manière plus interdépendante, les régions se spécialisent davantage en fonction de leurs avantages comparatifs (selon l'analyse du commerce international de (Ricardo 1817)), et donc tendent à se différencier.

Cette expansion du chemin de fer s'alimente d'une innovation intense, à la fois technique et gestionnaire, qui permet au réseau ferré de se substituer à des réseaux concurrents : le transport ferroviaire se substitue à la route hormis les trajets locaux, tout comme l'éclairage au gaz remplace l'éclairage à l'huile puis est lui-même remplacé par l'éclairage électrique, et comme aujourd'hui Internet remplace le courrier postal, etc.

7.4.3. *Nouveaux développements et nouvelles différenciations*

Toutefois le réseau considéré peut à son tour être contesté par des solutions concurrentes et subir ainsi les effets d'une innovation exogène. Au XXe siècle la route puis l'avion offrent des solutions alternatives au chemin de fer. Le partage modal des voyageurs et du fret se déplace. Il ramène le réseau du chemin de fer à sa configuration spatiale d'un siècle auparavant, soit une configuration à large maille n'assurant plus de couverture fine du territoire. Une inégale desserte du territoire réapparaît, que la construction d'un réseau à grande vitesse va ensuite encore accentuer.

Le lancement des LGV et du TGV est une contre-attaque réussie d'innovation ferroviaire endogène face à la menace exogène de l'automobile, de l'avion et, un temps, de l'aérotrain (et demain de l'Hyperloop[7] ?). Pour les voyageurs, le TGV est devenu la norme d'un « bon train » pour les moyennes et longues distances, et il y a les villes ainsi desservies et les autres. La superposition au réseau traditionnel d'un réseau de quelques grands axes à grande vitesse, reliant un nombre limité de villes sur un nombre limité d'itinéraires, introduit une nouvelle phase de différenciation du territoire.

La mise en place d'un réseau à grande vitesse n'est pas seulement une manœuvre défensive de survie du mode ferroviaire face à ses concurrents. Elle ouvre une nouvelle phase de développement, conforme à la tendance à la métropolisation du territoire et à l'élargissement des horizons des déplacements et des échanges. Tout comme la nationalisation de 1938 avait réorganisé les réseaux à l'échelle de la réalité de leur marché (l'échelle nationale à l'époque), on peut penser que l'heure est venue d'une organisation à l'échelle de l'Europe, du moins de l'Union européenne (voir figure 7.2). Une telle organisation, pour le fret comme pour le voyage, ne passera pas forcément par la fusion transnationale des entreprises ferroviaires historiques ni des gestionnaires d'infrastructures, mais par des alliances ou des filiales communes, dont les compagnies Eurostar et Lyria exploitant les TGV internationaux entre le territoire français et ses voisins donnent un exemple. Initialement conçu pour des trajets relativement brefs, le train à grande vitesse peut gagner des marchés à plus longue distance en Europe, éventuellement en relançant la formule des trains de nuit, alors que l'utilisation de l'avion est mise en question sur certaines liaisons du fait de son empreinte carbone. Dans l'attente de cette perspective, au bout de deux siècles, un cycle de différenciation/homogénéisation/différenciation de la desserte du territoire se boucle.

7. Le projet Hyperloop consiste à faire circuler à grande vitesse des capsules de transport de voyageurs, mues par des moteurs à induction et en sustentation magnétique au-dessus de la voie, dans des tubes sous vide partiel. Il reprend les principes naguère explorés par le projet Swissmetro. Voir (Perret 2015).

7.4.4. *Congruence territoriale du système de transport et du système économique*

Si ce chapitre ne s'inscrit pas dans le débat sur les effets structurants des infrastructures, ce n'est pas pour nier l'existence de rapports intenses entre infrastructures et territoires. Au contraire, on constate une congruence territoriale du système de transport et du système économique, pour chaque phase que découpe la succession des modèles productifs. Pour s'en tenir à l'histoire économique récente, la phase d'expansion économique des années 1960 – la diffusion de la production fordiste – fut aussi une phase d'intenses réallocation et division spatiale des activités économiques, en particulier industrielles, de découpage géographique des filières de production entre sites distincts et complémentaires. Elle n'aurait pas été possible sans une évolution adéquate du système de transport (infrastructures et services), même si le transport n'en fut pas le moteur. Après le choc de 1974 et la restructuration des industries lourdes qu'il déclencha, la phase de production flexible qui suivit fut marquée par la mondialisation et la métropolisation des activités, s'appuyant sur une organisation en réseau dans laquelle tous les moyens de communication, parmi lesquels le transport de voyageurs ainsi que le fret et la logistique, ont joué un rôle primordial. Selon Pascal Lamy, ancien directeur général de l'Organisation mondiale du commerce, la globalisation s'est appuyée sur deux outils principaux : l'ordinateur et le conteneur (Lamy 2011). On peut penser (ou du moins espérer) qu'une nouvelle phase est aujourd'hui engagée, avec un modèle de production durable incluant la transition énergétique et la diffusion des techniques numériques dans toutes les activités, où le transport est fortement touché par les transformations globales et y contribue en retour (Savy 2014).

7.4.5. *Paradoxe des effets structurants*

Cette relation de congruence n'est pas un phénomène simple. Dans un premier temps, les équipements nouveaux ont un réel pouvoir organisateur sur le territoire. À l'échelle locale, on peut dire que les infrastructures structurent le territoire : selon qu'une ville est branchée sur une autoroute par un échangeur situé au nord ou au sud, son extension urbaine en sera durablement orientée.

Mais, à large échelle et au fur et à mesure de leur développement, les effets des infrastructures se nuancent. L'extension et la densification de leur maillage assurent une couverture de plus en plus dense, mais aussi de plus en plus homogène, du territoire. À partir du moment où un réseau d'infrastructures de transport dessert de manière équivalente plusieurs territoires, il cesse d'être un facteur d'avantage ou de désavantage entre sites concurrents. D'autres facteurs que la desserte par ce réseau, naguère secondaires (la disponibilité de main-d'œuvre, la proximité de fournisseurs ou de clients, la fiscalité, l'environnement technique et scientifique, l'aménité de la vie locale, etc.), deviennent alors les éléments déterminants de comparaison et de choix. Le pouvoir de structuration du territoire par un réseau diminue au fur et à mesure que celui-ci se renforce. C'est ce que l'on peut appeler le paradoxe des effets structurants.

L'histoire ne s'arrête pas, le réseau qui a atteint son apogée peut décliner si de nouvelles techniques concurrentes s'y substituent. C'est par exemple le cas pour le transport ferré de voyageurs à longue distance aux États-Unis, largement remplacé par l'avion. Dans d'autres circonstances, le réseau peut au contraire connaître une nouvelle phase de développement, comme avec la construction de lignes à grande vitesse dans plusieurs pays européens (Allemagne, Espagne, France, Italie, Pays-Bas, Royaume-Uni), au Japon, en Corée du Sud, au Maroc et, massivement, en Chine. Les modernisations et améliorations de performance ne concernent d'abord qu'un territoire limité, de nouvelles différenciations spatiales accompagnent ces innovations. Ces différenciations s'estomperont ensuite, progressivement, si la modernisation ainsi engagée gagne de proche en proche une plus large part du dispositif. Les cycles de différenciation, homogénéisation puis à nouveau différenciation se succèdent.

7.5. Bibliographie

Andersson, M., Dehlin, F., Jörgensen, P., Pädam, S. (2015). *Wider Economic Impacts of Accessibility – a Literature Survey*. Centre for Transport Studies, Stockholm.

Auphan, É. (2002). L'apogée des chemins de fer secondaires en France : essai d'interprétation cartographique. *Revue d'histoire des chemins de fer*, 24–25.

Baron, N., Messulam, P. (2017). *Réseaux ferrés et territoires*. Presses des Ponts, Paris.

Bavoux, J.J., Beaucire, F., Chapelon, L., Zembri, P. (2005). *Géographie des transports*. Armand Colin, Paris.

Bertho, C. (1981). *Télégraphes et téléphones, de Valmy au microprocesseur*. Hachette, Paris.

Beyer, A. (2020). La contraction du réseau ferré français dans une perspective géohistorique. Rapport pour l'OPSTE, Université Cergy-Pontoise, Laboratoire MRTE.

Beyer, A. (2021). Grandeur, décadence et possible renouveau du réseau ferroviaire secondaire français. *Géoconfluences*.

Blanquart, C., Joignaux, G., Vaillant, L. (2013). Infrastructure de transport et développement économique : quelles dynamiques d'appropriation par les acteurs productifs. *Revue d'économie régionale et urbaine*, 1.

Braudel, F. (1970). *Civilisation matérielle, économie et capitalisme*. Armand Colin, Paris.

Bretagnolle, A., Verdier, N. (2005). Images d'un réseau en évolution : les routes de poste dans la France préindustrielle. *Mappemonde*, 79.

Chatzis, K., Jeannot, G., November, V., Ughetto, P. (2018). *Les métamorphoses des infrastructures, entre béton et numérique*. Peterlang, Lausanne.

Collardey, B., Ribeill, G., Émangard, P.-H. (2013). *La France des lignes oubliées - ces 80 ans qui modifient le visage du train de nos parents*. La Vie du rail, Paris.

Dupuy, G. (dir.) (2017). *Villes, réseaux et transports*. Economica, Paris.

Dupuy, G., Ribeill, G., Savy, M. (1985). *Les Effets de réseau des trains à grande vitesse. Dans Les Aspects économiques des trains à grande vitesse*. La Documentation française, Paris.

Duron, P. (2018). Mobilités du quotidien : répondre aux urgences et préparer l'avenir. Rapport à la ministre en charge des Transports.

FIT (2019). Transport Outlook 2019. Rapport, OECD.

Gómez-Ibáñez, J.A. (2016). Open access to infrastructure networks: The experience of railroads. *Review of Industrial Organization*, 49, 311–345.

Gressier, C., Saint-Pulgent, N. (dir.) (2003). Rapport d'audit sur les grands projets d'infrastructures de transport. Inspection générale des Finances et Conseil général des Ponts et Chaussées.

Guilbault, M. (dir.) (2008). Enquête ECHO : Envois – Chargeurs – Opérations de transport. Résultats de référence, Arcueil, INRETS.

Guillaumat, P. (1978). Orientations pour les transports terrestres. Rapport pour le Premier ministre.

Jouffroy, L.-M. (1931). Aperçu du développement du réseau ferré en Europe de 1830 à 1848. *Annales de géographie*, 227.

Kasraian, D., Maat, K., Stead, D., van Wee, B. (2016). Longterm impacts of transport infrastructure networks on land-use change: an international review of empirical studies. *Transport Reviews*, 36(6).

Lamy, P. (2011). La dé-mondialisation est un concept réactionnaire. *Le Monde*.

Landes, D. (1987). *L'Heure qu'il est. Les horloges, la mesure du temps et la formation du monde moderne*. Gallimard, Paris.

Léon, P. (1976). La conquête de l'espace national et L'épanouissement de l'espace national. Dans *Histoire économique et sociale de la France 3 : l'avènement de l'ère industrielle*, Braudel, F., Labrousse, E. (dir.). PUF, Paris.

Martí-Henneberg, J. (2013). European integration and national models for railway networks (1840–2010). *Journal of Transport Geography*, 26.

Marx, K. (2011). *Manuscrits de 1857–1858 dits Grundrisse (Fondements de la critique de l'économie politique)*. Éditions sociales, Paris.

Mimeur, C. (2016). Les traces de la vitesse entre réseau et territoire : approche géo-historique de la croissance du réseau ferroviaire français. Thèse de doctorat, Université de Bourgogne, Dijon.

Muller, P. (2000). L'analyse cognitive des politiques publiques : vers une sociologie politique de l'action publique. *Revue française de science politique*, 189–207.

OPSTE (2009). *Questions clefs pour le transport en Europe*. La Documentation française, Paris.

OPSTE (2020). Les petites lignes ferroviaires en Europe. Bulletin Transport/Europe, 2.

OPSTE (2021). Crise du Covid-19 et transports en Europe. Bulletin Transport/Europe, 3.

Ostrom, E. (1990). *Governing the commons: The evolution of institutions for collective action*. Cambridge University, Cambridge.

Perret, F.L. (2015). Le projet du siècle, Swissmetro. Dans *Nouveaux lieux, nouveaux flux*, Savy, M. (dir.). Odile Jacob, Paris.

Philizot, F. (2020). Devenir des lignes de desserte fine du territoire. Petites lignes ferroviaires. Des plans d'action régionaux. Dossier de presse, Ministère de la Transition écologique et solidaire.

Pumain, D. (2014). Les effets structurants des infrastructures de transport. *Espace Géographique*, 1(43), 51–67 [En ligne]. Disponible à l'adresse : https://doi.org/10.3917/eg.431.0051.

Quinet, E. (2013). Évaluation socioéconomique des investissements publics. Commissariat général à la prospective et à la stratégie.

Reverdy, G. (1986). *Atlas historique des routes de France*. Presses de l'ENPC, Marne-la-Vallée.

Ricardo, D. (1999). *Des principes de l'économie politique et de l'impôt (1817)*. Flammarion, Paris.

Rivier, R., Putallaz, Y. (2005). Audit du Réseau Ferré National Français. Rapport, Lausanne, EPFL.

Roncayolo, M. (1989). France des réseaux, France des inégalités (1850–1950). Dans *L'espace français*, Revel, J. (dir.). Le Seuil, Paris.

Sauvant, A. (2002). Volume et partage modal du transport de marchandises en France de 1845 à nos jours. Notes de synthèse du SES.

Savy, M. (2006). *Logistique et territoire*. La Documentation française, Paris.

Savy, M. (2014). La politique française des transports à un tournant : une lecture territoriale et à long terme. *Transports*, 484.

Savy, M. (2017). *Le Transport de marchandises. Économie du fret, management logistique, politique des transports*. EPFL Press, Lausanne.

Savy, M. (2025). *Les nouveaux enjeux de la logistique*. Odile Jacob, Paris.

SNCF Réseau (2020). Atlas du réseau ferré en France. Rapport, SNCF Réseau.

Spinetta, J.-C. (2018). L'Avenir du transport ferroviaire. Rapport au Premier ministre.

Subra, P. (2014). *Géopolitique de l'aménagement du territoire*. Armand Colin, Paris.

TDIE (2008). Remettre le chemin de fer dans les contraintes du marché. *La Vie du Rail*, 3146.

TDIE (2019). Pour une approche renouvelée des infrastructures. Rapport, Atlas TDIE.

Veltz, P. (2005). *Mondialisation, villes et territoires. L'économie d'archipel*. PUF, Paris.

Wang, J., Mo, H., Wang, F. (2014). Evolution of air transport network of China 1930–2012. *Journal of Transport Geography*, 40.

Xie, F., Levinson, D. (2009). Modelling the Growth of Transportation Networks: A Comprehensive Review. *Networks and Spatial Economy*.

8

Les données géohistoriques et la coévolution entre réseau et territoire

Christophe MIMEUR[1] **et Thomas THÉVENIN**[2]
[1] *MATRiS, CY Cergy Paris Université, Cergy-Pontoise, France*
[2] *UMR ThéMA, Université de Bourgogne Europe, Dijon, France*

8.1. Introduction

Les interactions entre le réseau et le territoire constituent un objet d'étude d'une permanente actualité pour les géographes. En 1995, Roger Brunet soulignait bien que « les sociétés humaines produisent de l'espace, des territoires, des réseaux » (Brunet 1995). Ces interactions font même l'objet d'une controverse tant dans la littérature scientifique que dans la sphère politique (Offner 1993a). Pendant longtemps se sont manifestés les tenants des effets structurants du transport, comme des « modifications et adaptations de comportements des individus et des groupes [...] qui résultent de la création et la mise en service de l'infrastructure de transport » (Plassard 1977). Pour autant, de nombreuses nuances ont été introduites depuis et récusent l'effet automatique des infrastructures sur le développement des territoires, aussi bien de la part des économistes que des géographes, des aménageurs ou des historiens.

Malgré tout, l'étude des interactions entre le réseau et le territoire reste tributaire des échelles de temps et d'espace dans lesquelles on l'inscrit (Pumain 2014). S'il n'est pas vain de rechercher des propriétés propres aux réseaux (Dupuy 1991), des éléments

La coévolution transport, mobilité, territoire,
coordonné par Florent LE NÉCHET. © ISTE Editions 2026.

de contextualisation sont nécessaires à la compréhension de leurs impacts sur les territoires desservis. Dans ce cadre, le recours à des échelles spatio-temporelles larges (Bretagnolle 2014) peut permettre de renouveler les nombreuses études monographiques du XXe siècle, menées à l'occasion de l'ouverture de grandes infrastructures de transport (Bérion *et al.* 2007). Ainsi, un regard sur la longue durée des infrastructures permet de se rendre compte de la succession des innovations dans le domaine des transports, porteuses d'une forte inertie (Dupuy 1991), au moins aussi forte que celle qui caractérise la dynamique des territoires. Pour autant, il reste aujourd'hui difficile d'évaluer et de quantifier l'évolution des réseaux de transport sur le temps long (Delaplace 2014), faute de données suffisamment précises à des échelles larges de temps et d'espace.

Face à ce défi, ce chapitre propose la construction d'un cadre méthodologique générique pour caractériser l'évolution des réseaux de transport sur le temps long. Cette méthode caractérise les modalités de l'interaction spatiale entre lieux et participe par hypothèse à l'explication des trajectoires différenciées des territoires. La section 8.2 du chapitre propose de revenir sur les différentes formes d'interactions spatiales qu'impliquerait l'extension des réseaux de transport. La section 8.3 propose l'architecture d'un instrument de recherche générique pour étudier l'évolution des réseaux de transport, qui se caractérise par leur complémentarité et leur concurrence sur le temps long, à toutes les échelles spatiales. Alors que le SIG-H (Système d'information géohistorique) est l'outil le plus conventionnel pour inventorier et stocker les informations sur les réseaux, la théorie des graphes est ensuite mobilisée pour mieux structurer les données et pouvoir les analyser. Enfin, la section 8.4 de ce chapitre propose une illustration de la mise en œuvre de cet outil pour qualifier la phase de croissance du réseau ferroviaire français entre 1860 et 1930 et son interaction avec les dynamiques de peuplement de l'époque.

8.2. Interactions spatiales entre réseau et territoire

La conceptualisation du terme de réseau est finalement assez récente et reste polysémique (Lévy et Lussault 2003) : elle fait appel à des propriétés techniques, économiques, sociales, spatiales et environnementales (Offner 1996). Ce terme a désigné dès le XIXe siècle un « premier pas vers l'association universelle » (Chevalier 1832). Déjà au XIXe siècle, le réseau est perçu comme « un investissement économique rentable, un gage de cohésion interne et une grande opération de prestige diplomatique » (Van der Herten *et al.* 2001).

Cette section expose les modalités d'analyse des effets territoriaux du transport sur le temps long (voir section 8.2.1) et montre comment la déclinaison du concept de réseau nous permet d'interroger les interactions entre réseau et territoire (voir section 8.2.2).

8.2.1. *Interaction spatiale dans l'analyse des effets territoriaux du transport sur le temps long*

Ce sont d'abord les économistes qui se sont emparés des effets du transport sur les territoires, s'attachant à mesurer l'utilité économique et sociale des réseaux de transport. Nombre d'entre eux ont étudié la contribution des réseaux à la croissance économique, que ce soit au Royaume-Uni, aux États-Unis ou en France (Garrison 1960 ; Keeler et Ying 1988 ; Barro 1990 ; Boarnet 1995). Parmi ces études, certaines ont pointé les difficultés méthodologiques d'une telle entreprise : le biais de causalité inverse (ne seraient-ce pas les territoires qui attirent les réseaux à eux ?), le biais d'endogénéité (est-on sûr que l'on ne surestime pas l'effet du réseau ?) et le biais de variables omises (n'y a-t-il pas des dynamiques plus significatives que celles du réseau ?) sont les plus fréquemment cités.

Les sciences régionales se sont emparées de ces questions à travers une littérature très abondante (Nijkamp 1986). Les réseaux de transport apparaissent comme des vecteurs des interactions entre les acteurs des territoires : « Les entreprises se localisent en tenant compte de leurs coûts d'approvisionnement, de la taille des marchés qu'elles servent et de la localisation des concurrents » (Quinet et Prager 2013). L'effet territorial des réseaux de transport peut alors être étudié selon des forces de concentration ou des forces de dispersion. Le coût de transport est une variable essentielle de la nouvelle économie géographique : « Lorsque [il] devient suffisamment faible, les forces d'agglomération sont renforcées et les activités industrielles se concentrent dans une seule région » (Krugman 1991). Inversement, la diminution des coûts de transport peut favoriser un « processus de diffusion des activités dans les régions périphériques » (Krugman 1991), de même qu'elle peut favoriser l'étalement urbain, le coût de transport devenant une contrainte décroissante et permettant la déconnexion entre les lieux de résidence et les lieux d'emploi. Le développement différencié des réseaux sur le territoire sous-entend qu'il y aurait donc des gagnants et des perdants.

La confrontation de ces théories à l'épreuve de l'analyse empirique reste encore aujourd'hui nécessaire (Nijkamp *et al.* 1981 ; Offner 2014 ; Pumain 2014). Aux États-Unis, des auteurs issus de l'économie historique défendent l'idée d'un rôle secondaire des chemins de fer dans le développement économique américain (Fogel 1962 ; Fishlow 1965), tandis que dans certains territoires, à l'image du Midwest, son rôle resterait majeur dans l'urbanisation (Atack *et al.* 2010). Finalement, beaucoup constatent une coévolution des dynamiques de réseaux d'une part et des dynamiques territoriales d'autre part (Bretagnolle 2003). La coévolution qualifie l'évolution de deux processus fortement couplés, caractérisés par une « interdépendance forte » et/ou une « boucle de rétroaction positive ». On pose alors l'hypothèse que la prise en compte d'une profondeur temporelle dans les analyses (Bretagnolle 2014) s'avère utile pour saisir l'inscription territoriale des infrastructures dans le très long terme. Ainsi, la longue durée met en exergue l'hétérogénéité des réseaux dans l'espace et dans le temps : la croissance du réseau ferroviaire français en étant une parfaite illustration. La théorie territoriale des réseaux, née dans les années 1980 (Dupuy 1987), met en valeur la temporalité longue, voire la permanence de ces objets géographiques que sont les réseaux, en suggérant d'aller étudier « dans le passé ce qui est nécessaire à l'interprétation du monde actuel et de son espace » (Durand-Dastès 1990).

Au début du XIXe siècle, l'apparition du chemin de fer en France est le fruit d'initiatives privées et isolées. La première ligne de chemin de fer est inaugurée le 30 juin 1827 entre Saint-Étienne et Andrézieux, permettant le transport de houille dans des wagons tractés par des chevaux. Dix ans plus tard, la première ligne entièrement dédiée au transport de voyageurs est inaugurée entre Paris et Saint-Germain-en-Laye, à l'initiative de deux hommes d'affaires, les frères Pereire. D'autres suivront à Bordeaux, Abscon ou Montpellier. Ce n'est qu'en 1842 que la loi relative à l'établissement des grandes lignes de chemin de fer est adoptée, mieux connue sous le nom de loi Legrand. Au milieu de la décennie 1850, le réseau ferroviaire est connexe : on peut circuler sur le réseau en faisant des correspondances. C'est à partir de là que le chemin de fer commence à « faire réseau » : le réseau peut être défini à la fois comme « machine circulatoire et instrument de territorialisation » (Offner 1993b).

8.2.2. *Caractériser le réseau par sa structure et sa cinétique*

Un réseau peut être décliné en composantes élémentaires simples, que sont les points et les lignes. Dans le même temps, un réseau se caractérise donc par une structure (définie par sa géométrie) et une cinétique (définie par les capacités de mouvement que le réseau permet). Dans le premier cas, la structure fait référence aux effets territoriaux de l'implantation d'un réseau. Dans le second cas, sa cinétique fait référence à l'interaction qu'il permet entre les agents économiques du territoire. Ces deux éléments créent un système de transport en interaction avec le territoire qu'il traverse et qu'il dessert.

La structure d'un réseau se définit par ses points et ses lignes : les nœuds du réseau sont les gares tandis que les lignes permettent de les relier. L'agencement des lieux (Dupuy et Offner 2005) contraint la structure du réseau : elle résulte d'une inégale répartition des ressources dans l'espace. Cette diversité et cette hétérogénéité ont des conséquences sur la géométrie du réseau. Cette dernière exerce donc une influence sur les relations de voisinage et sur les potentielles interactions entre deux lieux. La structure du réseau est dynamique : sur le temps long, le nombre de ces nœuds et de ces lignes varie. Il augmente lorsque le réseau croît et diminue lorsque le réseau se rétracte. Cette dynamique se définit par des « cycles de développement qui feraient apparaître des temps forts pour des espaces forts » (Dupuy et Offner 2005). L'application d'un simple modèle gravitaire suggère ainsi qu'il sera plus rentable dans un premier temps de relier deux « espaces forts » (comme des pôles économiques ou des bassins de population), créant un effet de club auquel seule une petite partie des agents économiques a accès. Puis la diffusion du réseau augmente les accès aux réseaux (les nœuds) et les possibilités de les relier (les lignes). Les cycles décroissants vont en revanche couper l'accès d'un certain nombre de lieux et les possibilités de les relier.

La cinétique du réseau se définit par ses performances. La plupart du temps, le développement d'un réseau de transport se couple d'une innovation technologique. De la poste à cheval à l'avion, la « révolution de la vitesse » (Studeny 1995) est révélatrice d'un bouleversement des relations entre les lieux. En passant de la traction humaine ou animale à la traction mécanique, les réseaux de transport ont *de facto* introduit de la discontinuité : on ne franchit plus l'espace de manière homogène, selon que l'on est sur le réseau ou pas. En cela, la caractérisation des interactions entre les lieux nécessite le passage d'une métrique topographique, basée sur la distance entre les lieux, à une métrique topologique (Lévy et Lussault 2003), basée précisément sur les relations de voisinage issues des nouvelles possibilités du réseau. En ce sens, « c'est le temps de parcours qui compte et non la distance » (Riboud 1981). Or, au commencement du réseau ferroviaire, « les vitesses élevées ne valent que pour les grandes liaisons, dès que l'on quitte les lignes principales, un net ralentissement s'opère » (Studeny 1995). L'innovation ferroviaire en France est donc faite de ruptures et de discontinuités dans l'espace, qui impactent la position relative des lieux et les interactions qu'ils peuvent entretenir.

Nous faisons l'hypothèse que la structure et la cinétique du réseau influencent une troisième caractéristique d'un réseau de transport. En effet, par les croyances qui sont portées et les performances qui sont constatées, la « logique » du réseau de transport peut être influencée par des considérations techniques, politiques, économiques et financières, mais peut-être aussi par « certaines lois d'organisation des réseaux » (Ducruet 2010).

L'évolution des réseaux de transport, sur le temps long, est donc soumise à des contraintes de natures très différentes qui sont inhérentes au réseau lui-même, mais aussi externes au réseau (les acteurs des territoires, la rugosité du territoire engendrée par le relief, la distance, etc.), qui affectent sa géométrie et ses performances. L'interaction spatiale permise par les réseaux de transport est donc sujette aux évolutions de leurs structures, leurs dynamiques et leurs logiques.

8.3. Caractériser un réseau multimodal géohistorique et modéliser les interactions spatiales géohistoriques

L'un des principaux verrous méthodologiques dans l'étude des interactions entre réseau et territoire sur le temps long est la disponibilité de la donnée, souvent parcellaire ou imprécise (Delaplace 2014). Elle l'est d'autant plus lorsque l'on cherche à caractériser à la fois la structure du réseau (sa géométrie) et ses performances (sa cinétique) sur le temps long. Nous mobilisons dans cette section l'outil SIG pour une application géohistorique (voir section 8.3.1). La construction d'un SIG-H permet d'inventorier la structure des réseaux de transport sur le temps long (voir section 8.3.2) tandis que les propriétés de la théorie des graphes sont mobilisées pour modéliser les interactions spatiales géohistoriques (voir section 8.3.3).

8.3.1. *SIG-H pour reconstituer l'information géographique sur le temps long*

Le recours aux systèmes d'information géographique est croissant pour les historiens et les économistes, bien que récent. Il faut attendre le début des années 2000 pour relever les premiers développements des systèmes d'information géohistorique. Plus qu'un simple outil permettant de dresser des cartes et de les produire à la chaîne, le SIG-H se présente avant tout comme une base de données qui intègre le référencement spatial et temporel d'entités aptes à l'analyse géohistorique. La différence fondamentale entre un SIG-H et un SIG classique tient à la mobilisation de sources généralement extraites de documents d'archives et converties sous forme numérique. D'après Knowles (2005), ce rapprochement des champs historique et géographique fait ressortir des questionnements tant conceptuels que méthodologiques. Quatre problèmes récurrents sont régulièrement rappelés dans la littérature :

– les questions méthodologiques liées au découpage spatial et au MAUP (*Modifiable Aeral Unit Problem*[1]) se posent de façon accrue dans les SIG-H. Les exemples les plus criants sont la reconstitution fidèle de l'évolution des frontières des pays européens sur plusieurs siècles ou encore l'évolution du découpage administratif communal depuis la Révolution jusqu'à aujourd'hui (*split tract problem* (Plumejeaud *et al.* 2011)) ;

– l'incertitude sur la disponibilité et la qualité des données. L'imprécision des données (par exemple une plage de valeurs possibles plutôt qu'une mesure précise), l'inexactitude des données (des mesures ayant des biais avérés), voire des lacunes dans les bases de données font partie intégrante des sources historiques. Ce décalage entre l'archive et la structure du SIG-H est un véritable défi auquel tout utilisateur est confronté un jour (Knowles 2005) ;

– l'articulation des échelles spatiale et temporelle nécessite de concilier la vision du géomaticien à qui revient la tâche de transcrire en informations codées les traits géographiques des lieux selon différents critères objectivés avec la vision de l'historien, souvent attaché à donner une interprétation unique, difficile à généraliser et à faire coïncider avec les critères du géographe ;

– la combinaison de l'analyse spatiale et de l'analyse temporelle dans un même protocole d'analyse. De nombreuses tentatives visent à analyser successivement des *snaps-*

1. Le MAUP est un problème récurrent en géographie à propos du découpage de l'espace : « Les unités spatiales utilisées dans beaucoup d'études géographiques sont arbitraires, modifiables et sujettes aux caprices et aux préférences de celui qui fait, ou a fait, l'agrégation » (Openshaw 1983).

hots (clichés) à différents points dans le temps. L'analyse spatio-temporelle permet de prendre en compte l'effet du temps, en tant que tel, sur l'évolution des autres variables (effets synchrones, effets décalés dans le temps, etc.).

En dépit de ces multiples difficultés, les SIG-H se sont largement développés. Archéologie, histoire médiévale, moderne et contemporaine, géographie urbaine : toutes ces disciplines connexes ont contribué à une diversification et à une augmentation des projets de SIG-H. Nous focaliserons notre propos sur deux grandes familles : les SIG liés à des maillages administratifs et les SIG retraçant les réseaux techniques.

L'étude de l'évolution des frontières est à l'origine d'un nombre important de projets de systèmes d'information géohistorique nationaux. Ces actions ont en commun quatre principaux objectifs : établir une norme de précision pour la cartographie des frontières et des données géohistoriques afférentes ; faciliter la cartographie des données historiques et gérer leur abondance en reliant entre elles les sources les plus couramment utilisées ; corriger les erreurs nées d'un manque de précision géographique ; valider puis diffuser les informations.

Des bases de données issues de la statistique nationale sont associées aux étapes qui ont marqué l'évolution des frontières ; il s'agit notamment des recensements généraux de la population ou de la population agricole. Pendant le XIXe siècle, la plupart des collectivités territoriales ont organisé la collecte de données statistiques. La période couverte par les SIG-H nationaux commence avec la mise en place de cette ressource et se prolonge jusqu'à nos jours. Les travaux précurseurs réalisés en Grande-Bretagne constituent une référence mondiale sur la géohistoire quantitative.

Le GBHGIS (*Great Britain Historical GIS*) est sans doute le plus ancien des systèmes d'information géohistorique nationaux avec une première publication en 1998 (Gregory et Southall 1998). La prise en compte de l'évolution des limites administratives figurait au cahier des charges initial. Collectées à partir de 1801 à l'échelle de la paroisse, pour la partition la plus petite, les informations portent sur une grande diversité de thèmes. Les données sociodémographiques classiques (âge, sexe, population) sont complétées par l'offre de soins médicaux, l'agriculture ou la conjoncture économique. Outre les documents nationaux, des sources textuelles très originales ont été associées aux fonds cartographiques, afin de vérifier les dates précises des changements de frontières. À partir de 2007, le centre Campop de l'université de Cambridge (Shaw-Taylor et Wrigley 2014) a mobilisé toute son expérience sur l'histoire statistique et familiale du Royaume-Uni pour constituer un SIG national qui couvre la période 1379-1911 sur des thèmes très variés : population, économie, société, transport. L'un des principaux objectifs de ces SIG d'envergure nationale est de se doter d'une architecture d'inventaire unifiée. L'énergie se concentre surtout dans la collecte de données, moins dans leur analyse. Cette expérience a depuis fait école à travers le monde. D'autres pays se sont lancés dans des projets de même ambition, on peut citer la Chine (Bol et Ge 2005), les États-Unis (McMaster *et al.* 2005), la Belgique (de Moor et Wiedemann 2001), la Russie ou la Corée du Sud.

Plus récemment, des SIG-H ont été développés pour reconstituer les réseaux techniques à travers le temps. Parmi les premiers du genre, le projet « Railroads and the making of modern America » conduit par W.G. Thomas a pour objectif de montrer comment, entre 1850 et 1900, le réseau de chemin de fer, tout nouveau à l'époque, a joué sur les transformations sociales, économiques et politiques et comment il a contribué à fédérer les États en une nation. À cette fin, les caractéristiques géométriques du réseau ont été reconstituées et entrées dans un SIG-H, pour inventorier et comparer les situations qui ont marqué l'histoire de ce réseau[2]. À la même période, I. Gregory met à profit des travaux engagés sur l'histoire de la population dans le cadre du GBHGIS pour intégrer dans ses recherches la dimension transport (Gregory et Schwartz 2009). La numérisation du réseau ferré a été conduite à l'aide de l'atlas dirigé par le colonel Cobb et édité en 2006. À partir de ce document, 31 000 km de voie ferrée ont été numérisés par une équipe espagnole sous la responsabilité de J. M. Henneberg. L'analyse des informations ainsi numérisées a permis de vérifier l'influence du réseau ferré sur les dynamiques démographiques (Gregory et Henneberg 2010). À ce stade, les analyses interrogent de manière binaire l'effet de la présence d'une gare sur les dynamiques démographiques à une macro-échelle. Ces analyses économétriques concluent souvent à l'exacerbation des inégalités, au renforcement des centralités. Fort de cette première expérience sur le Royaume-Uni, J.M. Henneberg s'est lancé dans l'intégration de différents SIG-H à l'échelle européenne et sur une longue durée, depuis la construction du premier réseau de chemin de fer en 1825 jusqu'à nos jours. Ce programme a abouti à l'édition d'une base de données inédite sur 22 pays européens. L'ensemble de ces bases de données a été numérisé manuellement. Ainsi, plusieurs équipes se sont lancées dans la détection automatique de réseaux sur des cartes anciennes. Une première tentative a été réalisée par une équipe américaine (Duan *et al.* 2017, 2020) à l'aide d'un algorithme d'apprentissage basé sur les réseaux de neurones. Une récente application de cette méthode a permis de numériser 500 000 km de routes sur le territoire turc à partir de 1880 (Can *et al.* 2021).

Pour autant, la plupart des travaux portant sur la caractérisation des réseaux historiques se limitent souvent à la présence ou non d'une infrastructure, sans prendre en compte les différentiels de performance pourtant à l'œuvre. La suite de la section sépare la constitution du SIG-H à partir d'archives et l'utilisation de la théorie des graphes pour modéliser l'accessibilité géohistorique.

2. Une visite sur le site internet du projet donne une vue plus complète de ses résultats : http://railroads.unl.edu/about/index.php.

8.3.2. *SIG-H pour modéliser la structure des réseaux de transport sur le temps long*

L'objectif du SIG-H développé dans ce projet est générique : il consiste à faire l'inventaire des réseaux de transport sur le temps long. La base de données FRANcE (*French Railway Network*) est le SIG-H qui permet de retracer le réseau ferroviaire français depuis 1827 jusqu'à aujourd'hui. Ce chapitre se focalise sur la période de croissance du réseau ferroviaire français entre 1827 et 1930. En effet, même si le réseau ferroviaire avait un caractère presque hégémonique au XIXe siècle, les interactions entre réseau et territoire s'entendent sur la très longue durée, à l'aune des phénomènes de concurrence et de complémentarité entre les modes de transport. Les résultats présentés dans ce chapitre ne dépassent pas le premier tiers du XXe siècle : au-delà, le développement du réseau routier et la démocratisation de l'automobile seraient systématiquement à intégrer. Parallèlement, au XIXe siècle, « la navigation intérieure représente une des formes d'utilisation des rivières et des fleuves dans la conquête de l'espace » (Le Sueur 1989), tandis que la poste à cheval connaît parallèlement un déclin rapide (Bretagnolle 2009). Mais, même à l'apogée du réseau vers 1930, celui-ci ne couvre pas l'intégralité du territoire. Or, pour rendre compte de l'inégal accès au réseau et des inégalités de performances dues au réseau sur le territoire, le SIG-H doit intégrer une alternative au réseau ferroviaire. L'histoire des mobilités démontre que la marche à pied reste encore dans cette période le mode privilégié pour les courtes distances. Le SIG-H sera donc composé de deux réseaux : le réseau ferroviaire et le réseau que l'on appellera « piéton ». Cette section précise les archives mobilisées et la structuration des données d'un SIG-H répertoriant les réseaux de transport géohistoriques. Chaque réseau de transport est décomposé en deux couches d'informations élémentaires, liées à l'objet réseau qu'elles représentent : des lignes et des points.

La collecte de l'information ferroviaire consiste en la combinaison de sources primaires et de sources secondaires. Premièrement, suivant la méthodologie de Gregory et Ell (2007), nous partons de la géométrie actuelle du réseau ferroviaire français à partir de la base Route 500 (IGN 2010), qui contient environ 28 000 km de réseau et près de 5 000 gares. Deuxièmement, l'identification de tronçons fermés et de gares fermées entre 1944 et aujourd'hui passe par la vectorisation d'un fond cartographique de la SNCF conservé par la Bibliothèque nationale de France en 1944 : environ 25 000 km de réseau ont ainsi été créés et environ 5 000 gares.

À partir de cette information, la technique de rétropolation consiste pour chacun des tronçons existants à identifier l'information temporelle : il s'agit d'un horodatage, nommé parfois *data stamping* (Vrana 1989), qui se décompose en deux attributs temporels (une date d'ouverture et une date de fermeture). L'information temporelle est renseignée à partir de sources secondaires. La suite de CD-ROM *Histoire chronologique des chemins de fer de 1827 à 2000*, par les Éditions Cima, permet d'identifier les dates d'ouverture et de fermeture du réseau principal. Une suite de dix ouvrages *Les Petits Trains de jadis*, publiée par José Banaudo et Henri Domengie, permet de compléter les ultimes tronçons et gares, triés selon les territoires des anciennes compagnies privées qui existaient jusqu'en 1937.

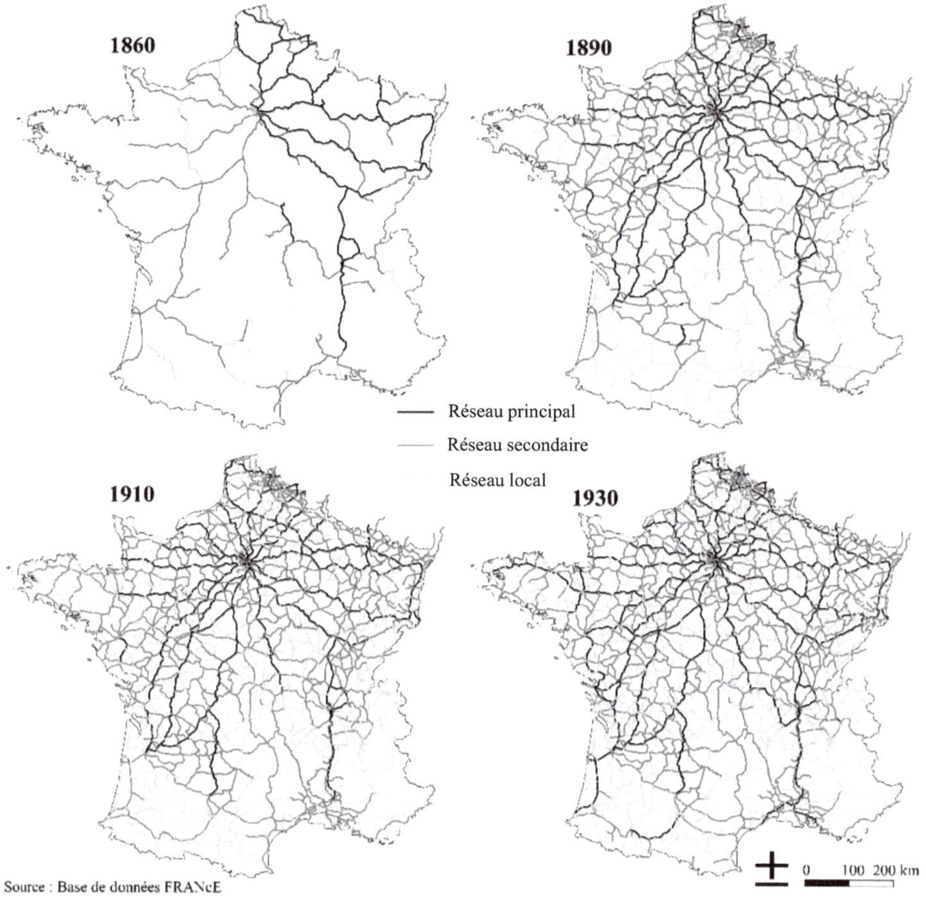

Figure 8.1. *Le réseau ferroviaire français entre 1860 et 1930*

La première couche rassemble des points du réseau. Chaque point représente une gare caractérisée par un identifiant, la commune à laquelle elle est rattachée, la nature des circulations (voyageurs et/ou marchandises) ainsi que les dates d'ouverture et de fermeture. La seconde couche de données spatiales est celle des tronçons du réseau. Chaque ligne est renseignée par une date d'ouverture et de fermeture. D'autres attributs qualitatifs renseignent sur l'électrification des tronçons, leur appartenance à une catégorie de réseau (express, secondaire, local) et les compagnies auxquelles ils appartenaient à partir des sources secondaires. La figure 8.1 illustre l'évolution du réseau ferroviaire français entre 1860 et 1930.

Pour modéliser l'information piétonne nécessaire pour partir d'une commune non connectée au réseau ferroviaire ou la rejoindre, nous avons dû construire un réseau piéton à l'échelle de la France. Plusieurs méthodes sont disponibles pour construire un tel réseau, avec plus ou moins de complexité et de vraisemblance. Une approche classique consiste à calculer pour chaque point d'un territoire une distance à la gare la plus proche (Gregory et Ell 2007). Plus sophistiquée, une autre démarche, inspirée de la géoarchéologie, consiste à intégrer les contraintes topographiques dans l'élaboration de chemins optimaux (Thévenin *et al.* 2016). D'autres applications ont été testées sur la base de mesures effectuées sur les réseaux (Mimeur *et al.* 2017). Malheureusement, toutes ces approches sont fondées sur la notion de rabattement d'une commune vers la gare la plus proche. Or, il existe des relations entre communes pour lesquelles emprunter le réseau ferroviaire s'avère plus contraignant qu'un simple itinéraire piéton. L'objectif est donc de modéliser la possibilité de cheminer entre les communes sans emprunter nécessairement le réseau ferroviaire. Cette possibilité est d'autant plus vraisemblable que le réseau ferroviaire est relativement lâche dans la période d'étude. Enfin, sur le plan technique, les temps de calcul pour déterminer les chemins optimaux sur les 36 000 communes restent assez longs. Pour répondre à ces deux limites, la triangulation de Delaunay a été privilégiée afin de modéliser les cheminements pédestres sur l'ensemble des communes du territoire français : ce réseau consiste lui aussi en deux couches de données spatiales. Les points de la première couche sont l'ensemble des communes françaises. Les lignes de la seconde couche sont les arêtes issues de la triangulation de Delaunay, qui relie chaque commune à ses voisines, de la manière la plus efficace possible, compromis entre tous les chemins possibles vers ses voisines et la distance pour les atteindre.

À ce stade, la base de données FRANcE est un SIG-H qui a permis de numériser des réseaux de transport multimodaux selon une démarche générique, constituée pour chacun d'entre eux d'une information ponctuelle et d'une information linéaire, traduisant la structure du réseau.

8.3.3. *Théorie des graphes pour modéliser l'accessibilité géohistorique*

Les performances du réseau traduisent la dimension cinétique du réseau (voir section 8.2.2) à travers la mesure d'une accessibilité géohistorique. Pour cela, nous adaptons les quatre piliers de l'accessibilité (Morris *et al.* 1979) aux contraintes de la longue durée. Cette méthode prend en compte « l'élément de séparation spatiale qui traduit les changements en matière de performance du système de transport » : elle doit traduire la valeur ajoutée de l'innovation ferroviaire en matière de vitesse de déplacement. Elle doit aussi « être cohérente avec les modèles de comportement » : le recours aux archives est indispensable. Elle doit être « techniquement réalisable et [sa] mise en œuvre aisée » : le recours au formalisme mathématique et informatique est requis. Enfin, elle doit être « facile à interpréter ».

La circulation sur le réseau ferroviaire s'appuie sur des informations simples sur le type de service qui sont intégrées dans le SIG-H : express, secondaire, local. Ces trois types de services entre 1840 et 1930 permettent de définir des vitesses moyennes, validées par d'autres sources secondaires qui nous renseignent ponctuellement sur des vitesses (Studeny 1995 ; Blier 1996 ; Caron 1997 ; Bretagnolle 2003). Ces vitesses moyennes ne permettent pas de distinguer les niveaux de desserte en gare, mais retranscrivent les capacités de circulation sur l'infrastructure. De manière plus aisée, la vitesse sur le réseau piéton est issue de travaux archéologiques (Kaddouri 2007). La vitesse moyenne d'un piéton est pondérée en fonction de la pente du tronçon : un piéton marchera en moyenne moins vite lorsque les pourcentages de dénivelé s'élèvent, et l'algorithme aura alors tendance à préférer des chemins certes plus longs, mais avec une pente moins importante.

Pour l'instant, les couches d'information SIG-H ne permettent pas en l'état le calcul d'accessibilité. Les informations contenues dans le SIG-H doivent être traduites dans le formalisme de la théorie des graphes, en respectant les quatre piliers de l'accessibilité géohistorique, respectant la vraisemblance des déplacements, la rupture de vitesse entre le mode piéton et le mode ferroviaire, la faisabilité technique et la compréhension des indicateurs de sortie.

Le formalisme des graphes est celui le plus couramment utilisé pour la modélisation de réseaux : cette « figure géométrique formée d'un ensemble de points appelés sommets ou nœuds et lignes joignant ces sommets arêtes ou liens » (Pumain et Saint-Julien 2010) est adaptée aux deux couches d'information du SIG. Le graphe reproduit la géométrie exacte du réseau, créant des sommets permettant de dessiner la sinuosité du réseau ferroviaire. En revanche, « pour la plupart des réseaux et notamment ceux de transport collectif, l'accès au réseau ne peut être que discontinu [...]. On ne saute pas, en courant, dans un bus ou dans un train en marche ni d'un véhicule à l'autre » (Stathopoulos 1997). Le passage du réseau piéton au réseau ferroviaire est permis lorsqu'une gare est présente dans une commune : le différentiel de vitesse le long des liens du graphe est ce qui permet le changement de mode. Le parcours du graphe ferroviaire et piéton permet de se déplacer d'une commune non équipée d'une gare jusqu'à la gare la plus pertinente pour circuler dans le réseau (pas nécessairement la plus proche, en fonction de la vitesse de l'infrastructure).

Le passage du SIG au graphe permet de modéliser une chaîne de déplacement (voir figure 8.2a) qui utilise plusieurs modes, en mobilisant les couches d'information contenues dans le SIG (voir figure 8.2b). Le graphe F est de la famille des multigraphes, définis comme permettant l'existence de liens multiples, qui possèdent les mêmes nœuds de début et de fin, ce qui permet de choisir le lien le plus rapide (voir figure 8.2c). Le multigraphe est conçu pour intégrer d'autres modes de déplacement comme le réseau fluvial ou le réseau routier pour des travaux ultérieurs. Il est composé de deux sous-graphes : le graphe G, qui est le graphe ferroviaire, et le graphe P, qui est le graphe piéton (voir figure 8.2b). Le graphe obtenu est un objet qui permet de déterminer les plus courts chemins par l'algorithme de Dijkstra entre chaque commune (voir figure 8.2d).

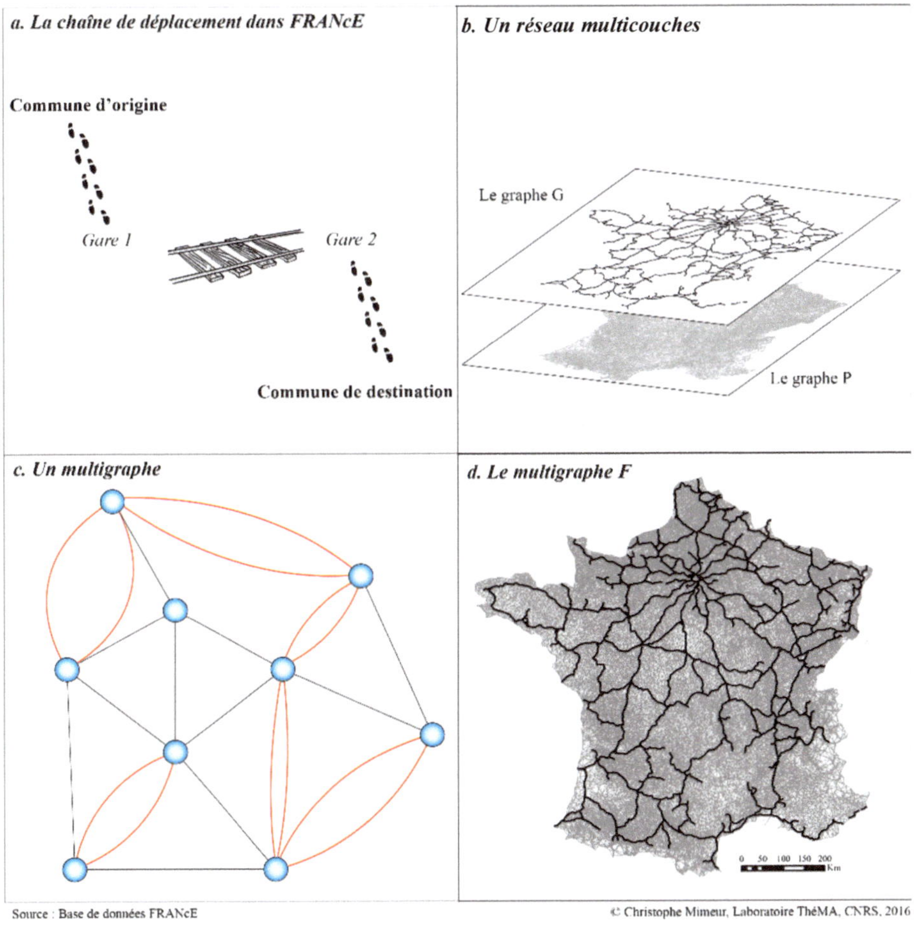

Figure 8.2. *Le multigraphe F, une association de deux sous-graphes pour traduire une chaîne de déplacement multimodale*

Le formalisme mathématique des graphes est associé à des indicateurs qui permettent de saisir les propriétés d'un graphe. Les plus connus sont ceux imaginés par Kansky (1965), qui permettent entre autres de mesurer la taille d'un graphe au niveau global. D'autres indicateurs permettent d'obtenir des mesures à l'échelle de chaque nœud ou de chaque lien du graphe. Dans ce chapitre, nous choisissons des indicateurs locaux pour traduire la structure du réseau et sa cinétique : en quoi la centralité dans le réseau et l'évolution du temps de parcours sont-elles parties prenantes de la coévolution entre extension du réseau et dynamiques démographiques ?

Toutes ces opérations sont possibles grâce au package igraph de R (Csardi et Nepusz 2006), qui s'abstrait de la géométrie des nœuds et des liens, permettant de grandes capacités de calcul à partir de graphes de grande taille.

8.4. Caractériser l'évolution des réseaux sur le temps long

Cette section s'attache à produire des mesures qui permettent de relier les propriétés des réseaux de transport sur le temps long et les dynamiques qui ont lieu dans les territoires qu'ils desservent. L'évolution de la structure du réseau permet de saisir sa diffusion, la multiplication des itinéraires et la hiérarchisation des lieux qui peut en découler : les indicateurs de centralité des graphes la traduisent (voir section 8.4.1). L'évolution de la cinétique du réseau permet de se rendre compte de l'accélération permise par le réseau ferroviaire français et du caractère hétérogène de la vitesse sur le temps long : l'évolution des temps de parcours en rend compte (voir section 8.4.2).

8.4.1. *Coévolution réseau/territoire par les indicateurs de centralité*

L'indicateur de centralité de degré consiste à mesurer le nombre de branches divergentes à partir de chaque point du graphe. Dans notre cas, nous l'appliquons au sous-graphe G ferroviaire à différents pas de temps. Chaque point du graphe est associé à une commune. Un point du graphe F aura une centralité de degré égale à zéro lorsque la commune ne possède pas de gare. Elle sera de :

– un lorsque la commune est une gare terminus ;

– deux lorsque la commune possède une gare de passage ;

– trois et plus lorsque la commune possède une gare carrefour.

Si une commune est dotée de plusieurs gares, nous conservons celle possédant le plus haut degré de centralité. Nous confrontons ensuite le degré de centralité au niveau de population de chaque commune à la même date.

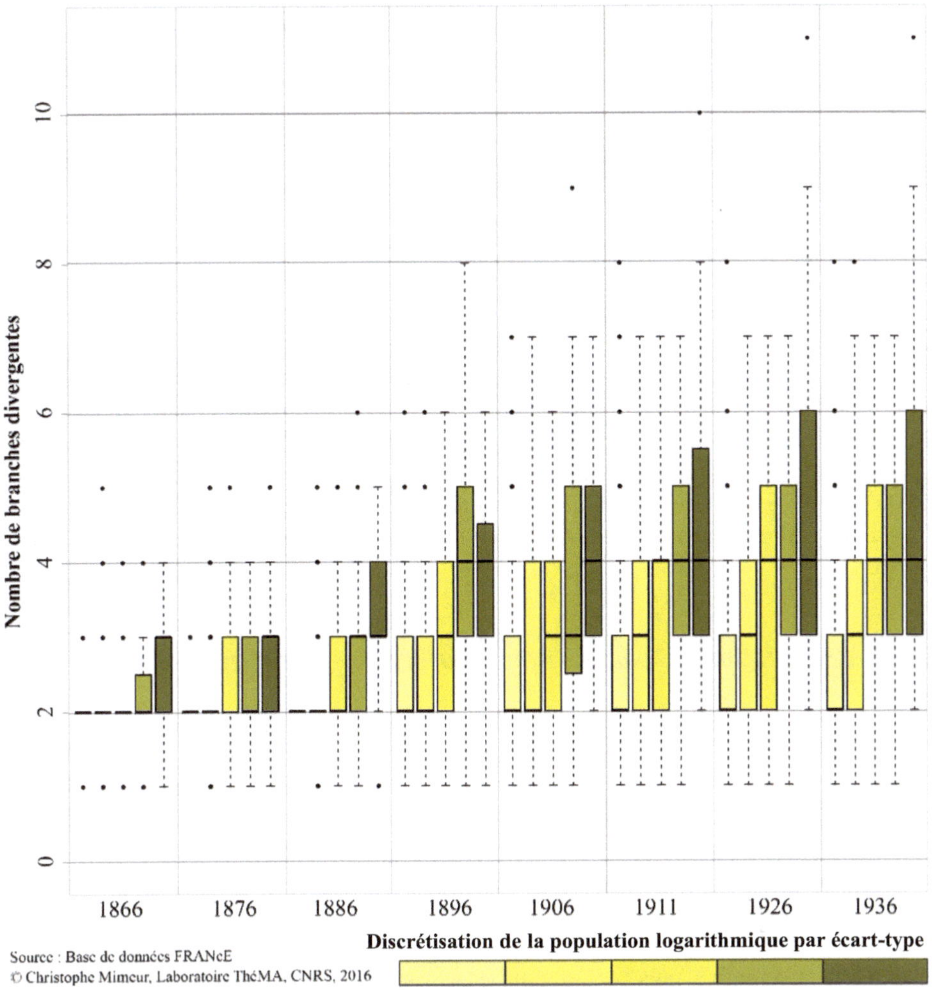

Figure 8.3. *La centralité des communes de plus de 2 500 habitants dans le réseau en fonction de la distribution de la population*[3]

La figure 8.3 interroge la coévolution entre la croissance démographique des communes de plus de 2 500 habitants d'une part et la connexité au réseau d'autre part. Elle

3. En partant de l'hypothèse d'une progression géométrique des populations communales et d'une très forte asymétrie, la discrétisation utilisée est celle logarithmique par écart-type. Pour prendre en compte l'évolution de la dispersion d'une date à une autre, l'écart-type est calculé pour chaque date.

confronte en ordonnée le nombre de branches divergentes partant de chaque gare et en abscisse le niveau de population des communes équipées d'une gare. La discrétisation de la population est logarithmique en cinq classes, chaque classe étant délimitée par un niveau d'écart-type. Pour chaque classe, les résultats sont présentés sous forme de boîte à moustaches[4]. Au début de notre période, les différences les plus notables se trouvent en haut de la hiérarchie urbaine : elles seules ont plus de 25 % de leur effectif ayant entre deux et trois branches partant de leur gare, suggérant une position de carrefour. Le réseau est encore simple, peu maillé. À partir de 1880, on remarque que certaines gares ont jusqu'à cinq branches divergentes et on observe alors des différences plus marquées selon les niveaux de la hiérarchie urbaine. En moyenne, les communes les plus peuplées sont celles qui accueillent des gares possédant quatre branches divergentes alors que les communes les moins peuplées ne sont que des étapes le long d'une ligne, tandis que des classes intermédiaires voient de simples gares ou des carrefours plus complexes en fonction des configurations géographiques. On constate enfin que les écarts entre les communes les plus peuplées et les moins peuplées tendent à s'accentuer avec le temps, ce qui illustre le degré de hiérarchisation du réseau et du classement de villes, renforçant l'hypothèse d'une coévolution entre les dynamiques du réseau et les dynamiques des villes.

8.4.2. *Coévolution réseau/territoire par l'accélération des temps de parcours*

Nous apportons deux niveaux de complexification pour qualifier la coévolution entre la dynamique du réseau et celle des territoires desservis. Pour mieux qualifier la connexité du réseau, nous y ajoutons une information sur la qualité des infrastructures dans les gares : la gare est-elle traversée par une ligne à petite vitesse ou à vitesse élevée ? Les carrefours que constituent certaines gares sont-ils l'origine ou la destination d'une ligne à petite vitesse ou à vitesse élevée ? On ajoute aussi une information sur le temps de parcours moyen d'une commune vers toutes les autres, exprimé en minutes : plus la valeur est faible, plus la commune est accessible depuis toutes les autres. Ensuite, pour qualifier la dynamique des populations, nous ajoutons au niveau de population le taux de croissance annuel moyen entre deux dates de recensement. Enfin, sont présentes dans la représentation graphique l'ensemble des communes, équipées ou non d'une gare. Chaque point représente une commune. Le résultat est donné dans la figure 8.4a entre 1866 et 1876, lorsque le réseau d'intérêt national est connecté, et dans la figure 8.4b entre 1906 et 1911, lorsque le réseau du plan Freycinet connaît son apogée.

---

4. Les boîtes à moustaches représentent la plus petite valeur dans l'étendue de 1,5 fois l'intervalle interquartile au-dessous du premier quartile, le premier quartile, la médiane, le troisième quartile, la plus grande valeur dans l'étendue de 1,5 fois l'intervalle interquartile au-dessus du troisième quartile, les valeurs extrêmes.

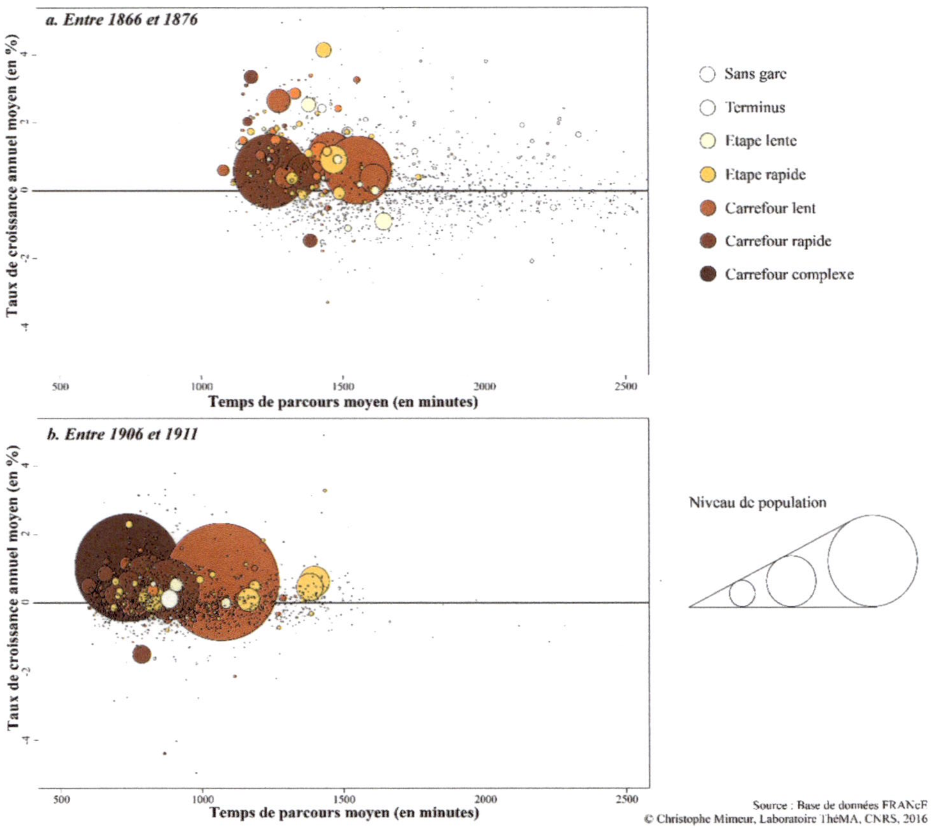

Source : Base de données FRANcF
© Christophe Mimeur, Laboratoire ThéMA, CNRS, 2016

Figure 8.4. *Centralité, accessibilité, niveau de population et croissance démographique : a) entre 1866 et 1876 ; b) entre 1906 et 1911*

On constate d'abord que les communes de plus de 2 500 habitants ayant les plus hauts niveaux de population sont celles qui bénéficient de la plus forte croissance, suggérant un phénomène d'autorenforcement, tandis que les communes qui perdent en population sont en très grande majorité de petites villes ou des communes rurales. Parallèlement, l'extension du réseau montre un rapprochement des villes entre elles sur les deux périodes. Lorsque l'on s'intéresse parallèlement à la situation de ces villes dans le réseau, la coévolution entre réseau et population est identifiable à deux titres. Premièrement, dans la forme générale du nuage de points, on voit que les villes qui ont la meilleure accessibilité sont celles qui ont les niveaux de population les plus élevés. Ce phénomène se renforce dans les deux périodes choisies, en dépit des écarts d'accessibilité qui se rétractent. Dans ce cas, on peut constater une coévolution entre le niveau d'accessibilité des villes, leur niveau de population et leur croissance. Deuxièmement, on constate que les villes qui ont les carrefours les plus complexes sont aussi celles qui ont en moyenne une croissance démographique supérieure aux autres. Ce constat est indépendant du niveau de population : en effet, même pour des communes qui sont le long d'une ligne, leur niveau de croissance est en moyenne supérieur si elles se trouvent le long d'une ligne à vitesse élevée.

Cette figure montre que l'évolution de la centralité dans le réseau a un effet d'entraînement sur la dynamique des villes d'une part et que l'accélération des temps de parcours a le même effet d'entraînement d'autre part. Elles sont toutes les deux l'illustration d'une forte hiérarchisation du réseau, qui tend à se renforcer au cours du temps, et qui concourt à la croissance des écarts entre villes d'une part et des écarts dans le réseau d'autre part.

8.4.3. *Élargir les échelles d'analyse et diversifier les disciplines*

Les premiers éléments d'analyse démontrent le potentiel du formalisme du SIG-H et de celui des graphes pour caractériser les interactions entre transport et territoire. Nous proposons ici d'élargir les échelles d'analyse pour mieux qualifier la structure des réseaux de transport sur le temps ainsi que leur cinétique.

La base de données FRANcE présente l'intérêt d'une collecte de données à l'échelle la plus fine : la commune pour la donnée population, le tronçon pour la donnée réticulaire. Elle présente aussi l'originalité de qualifier le linéaire d'infrastructures en intégrant l'hétérogénéité de l'infrastructure à partir des différentiels de vitesse. Les perspectives d'exploitation de cette base se trouvent dans la manipulation des échelles, qui peut permettre à d'autres disciplines des sciences humaines et sociales d'y trouver un intérêt. La formulation de nouvelles hypothèses mettant en jeu des phénomènes beaucoup plus locaux trouve un écho particulier auprès d'historiens ou d'économistes, tant la question du rôle du développement des réseaux dans l'histoire économique, industrielle et sociale du pays est d'actualité permanente.

La formalisation de la donnée géohistorique présentée dans le cadre de ce chapitre s'est voulue générique : elle est nécessaire dans la recherche d'un « modèle générique » (Offner 1993b) du développement des réseaux territoriaux. Dans l'espace, le modèle conceptuel de données géohistoriques nous autorise à explorer d'autres terrains. D'autres initiatives ont ainsi été prises en Europe (Martí-Henneberg 2013), mais plus souvent à des échelles nationales (Gregory 2005), voire régionales (Hornung 2015). Dans le temps, le modèle conceptuel de données géohistoriques permet d'étudier plusieurs types de réseaux. En utilisant le formalisme des graphes, il est possible de rendre compte de leur extension spatiale et des facilités de déplacements qu'ils permettent. Certains réseaux sont continus : on peut y entrer n'importe où, à n'importe quel moment ; d'autres sont discontinus : on n'y entre que par certains points (gares, relais de poste, etc.) et qu'à certains moments (en fonction du service le long du réseau). Cette dernière dimension nécessite d'ajouter, en plus de l'hétérogénéité des infrastructures, l'hétérogénéité des services (Curien 2000) : une gare peut voir passer des trains sans qu'ils s'arrêtent. La prise en compte de l'effet potentiel de cette desserte nécessite malgré tout un recours intensif aux archives très hétérogènes. Les ajouts successifs de réseaux et les extensions temporelles impliquent la manipulation de grandes masses de données, qui nécessitent des infrastructures de traitement et de calcul importantes, qui placent le raisonnement géohistorique aux frontières de l'histoire, de la géographie et de l'informatique.

Par ailleurs, l'historien peut trouver dans ce corpus de données géohistoriques une multitude d'indices l'invitant à formuler de nouvelles hypothèses, si bien dans des objectifs monographiques que dans la recherche d'explications de grandes tendances de l'histoire économique, politique et industrielle. Si l'hétérogénéité des réseaux se traduit dans ce chapitre par les différentiels de vitesse qu'ils procurent, elle peut l'être tout autant à partir des différentiels de coût de transport. De ce point de vue, le raisonnement sur un réseau fluvial est tout autre, dépendant de nouvelles variables telles que la marchandise transportée et le volume d'emport. L'économiste peut trouver dans l'évolution des réseaux de transport un moyen de limiter des biais statistiques dans des estimations économétriques : le recours aux variables instrumentales permet de contrôler en partie le biais d'endogénéité et est souvent utilisé dans l'étude des relations entre transport et territoire (Atack *et al.* 2010 ; Hornung 2015). Ces données géohistoriques peuvent enrichir le corpus de variables instrumentales, qui reflète « le niveau des infrastructures de transport à un moment donné, dans le passé » (Duranton et Turner 2012) sans pouvoir le taxer de dépendre d'une « croissance de la population actuelle et prévue ». Économistes, historiens, démographes, géographes ont toute leur place dans ces réflexions.

8.5. Conclusion

Ce chapitre a identifié l'intérêt d'une approche géohistorique dans l'étude des interactions entre transport et territoire. Il identifie aussi les enjeux méthodologiques liés aux difficultés de la collecte de données sur le temps long. Il permet de mettre en exergue la difficulté de la prise en compte de la longue durée dans l'étude des interactions spatiales : l'intérêt est ici de dépasser les relations de voisinage traditionnelles en caractérisant l'interaction spatiale à partir de la position relative des villes, à travers les performances des réseaux dans notre cas. Les verrous scientifiques sont associés aux granularités spatiale et temporelle retenues : elles conditionnent la collecte des données ainsi que leur structuration. La démarche interdisciplinaire permet d'alimenter de nouveaux questionnements. La collecte revêt des enjeux archivistiques et patrimoniaux qui doivent répondre à l'hétérogénéité, l'incomplétude et l'imprécision de la donnée en les documentant, en s'assurant de la traçabilité de la donnée collectée. Ensuite, la conceptualisation des relations entre les objets collectés conditionne la structuration des données et l'analyse qui pourra en découler. La prise en considération des interactions spatiales est un défi pour rendre compte des relations entre les territoires, qui doivent intégrer la réalité administrative du moment, mais aussi les performances des réseaux. Ainsi, la construction d'un instrument de recherche de données géohistoriques participe tout autant à l'acquisition de nouvelles données qu'à la production de nouvelles connaissances, pouvant être mobilisées par l'ensemble des sciences sociales.

8.6. Bibliographie

Atack, J., Bateman, F., Haines, M., Margo, R.A. (2010). Did Railroads Induce or Follow Economic Growth? Urbanization and Population Growth in the American Midwest, 1850–1860. *Soc. Sci. Hist.*, 34(2), 171–197 [En ligne]. Disponible à l'adresse : https://doi.org/10.1215/01455532-2009-024.

Barro, R.J. (1990). Government Spending in a Simple Model of Endogenous Growth. *J. Polit. Econ.*, 98(5), 103–126.

Bérion, P., Joignaux, G., Langumier, J.-F. (2007). L'évaluation socio-économique des infrastructures de transport : Enrichir les approches du développement territorial. *Rev. D'Économie Régionale Urbaine*, 4, 651–676.

Boarnet, M.G. (1995). Highways and Economic Productivity: Interpreting Recent Evidence [En ligne]. Disponible à l'adresse : http://escholarship.org/uc/item/4g79984s [Consulté le 27 novembre 2013].

Bol, P., Ge, J. (2005). China historical GIS. *Historical Geography*, 33, 150–152.

Bretagnolle, A. (2003). Vitesse des transports et sélection hiérarchique entre les villes françaises. Dans *Données urbaines*, Pumain, D., Mattéi, F. (dir.). Anthropos, Paris.

Bretagnolle, A. (2009). Villes et réseaux de transport : des interactions dans la longue durée [En ligne]. Disponible à l'adresse : http://halshs.archives-ouvertes.fr/tel-00459720/ [Consulté le 5 avril 2013].

Bretagnolle, A. (2014). Les effets structurants des transports, une question d'échelles ? *Espace Géographique*, 43(1), 51–67.

Brunet, R. (1995). La géographie, science des territoires et des réseaux. *Cahiers de Géographie du Québec*, 39(108), 477 [En ligne]. Disponible à l'adresse : https://doi.org/10.7202/022523ar.

Can, Y.S., Gerrits, P.J., Kabadayi, M.E. (2021). Automatic Detection of Road Types From the Third Military Mapping Survey of Austria-Hungary Historical Map Series With Deep Convolutional Neural Networks. *IEEE Access*, 9, 62847–62856 [En ligne]. Disponible à l'adresse : https://doi.org/10.1109/ACCESS.2021.3074897.

Chevalier, M. (1832). *Système de la Méditerranée*. Aux bureaux du Globe, Paris.

Csardi, G., Nepusz, T. (2006). The igraph software package for complex network research. *InterJournal Complex Syst.*, 1695(5), 1–9.

Curien, N. (2000). *Économie des réseaux*. La Découverte, Paris.

De Moor, M., Wiedemann, T. (2001). Reconstructing Belgian territorial units and hierarchies: an example from Belgium. *History and Computing*, 13(1), 71–97 [En ligne]. Disponible à l'adresse : https://doi.org/10.3366/hac.2001.13.1.71.

Delaplace, M. (2014). Dessertes ferroviaires à grande vitesse : des effets structurants toujours... la pensée et l'action publique. *Espace Géographique*, 43(1), 51–67.

Duan, W., Chiang, Y.-Y., Knoblock, C.A., Jain, V., Feldman, D., Uhl, J.H., Leyk, S. (2017). Automatic alignment of geographic features in contemporary vector data and historical maps. Dans *Proc. 1st Workshop Artif. Intell. Deep Learn. Geogr. Knowl. Discov.* 45–54.

Duan, W., Chiang, Y.-Y., Leyk, S., Uhl, J.H., Knoblock, C.A. (2020). Automatic alignment of contemporary vector data and georeferenced historical maps using reinforcement learning. *Int. J. Geogr. Inf. Sci.*, 34(4), 824–849 [En ligne]. Disponible à l'adresse : https://doi.org/10.1080/13658816.2019.1698742.

Ducruet, C. (2010). Les mesures globales d'un réseau. Groupe F.M.R. [En ligne]. Disponible à l'adresse : https://shs.hal.science/halshs-00541902/preview/fmr2_mesures_globales.pdf.

Dupuy, G. (1987). Vers une théorie territoriale des réseaux : une application au transport urbain. *Annales de Géographie*, 96, 658–679.

Dupuy, G. (1991). *L'urbanisme des réseaux : théories et méthodes*. Armand Colin, Paris [En ligne]. Disponible à l'adresse : http://documents.irevues.inist.fr/handle/2042/29654 [Consulté le 5 avril 2013].

Dupuy, G., Offner, J.-M. (2005). Réseau : bilans et perspectives. *Flux*, 4, 38–46.

Durand-Dastès, F. (1990). La mémoire de Gaïa. *Actes Géopoint*, 147–151.

Duranton, G., Turner, M.A. (2012). Urban Growth and Transportation. *Rev. Econ. Stud.*, 79(4), 1407–1440 [En ligne]. Disponible à l'adresse : https://doi.org/10.1093/restud/rds010.

Fishlow, A. (1965). American Railroads and the Transformation of the Ante-bellum Economy. Harvard University Press, Cambridge [En ligne]. Disponible à l'adresse : http://www.eh.net/?s=American+railroads+and+the+transformation [Consulté le 25 novembre 2015].

Fogel, R.W. (1962). A Quantitative Approach to the Study of Railroads in American Economic Growth: A Report of Some Preliminary Findings. *J. Econ. Hist.*, 22(2), 163–197.

Garrison, W.L. (1960). Connectivity of the Interstate Highway System. *Pap. Reg. Sci.*, 6(1), 121–137 [En ligne]. Disponible à l'adresse : https://doi.org/10.1111/j.1435-5597.1960.tb01707.x.

Gregory, I., Schwartz, R.M. (2009). National Historical Geographical Information System as a tool for historical research: Population and railways in Wales, 1841–1911. *Int. J. Humanit. Arts Comput.*, 3(1/2), 143–161 [En ligne]. Disponible à l'adresse : https://doi.org/10.3366/ijhac.2009.0013.

Gregory, I., Southall, H. (dir.) (1998). Putting the past in its place: the Great Britain Historical GIS. Dans *Innov. GIS 5 Sel. Pap. Fifth Natl. Conf. GIS Res.* Taylor & Francis, Milton Park, 210–221.

Gregory, I.N., Ell, P.S. (2007). *Historical GIS: technologies, methodologies, and scholarship*. Cambridge University Press, Cambridge [En ligne]. Disponible à l'adresse : http://books.google.fr/books?hl=fr&lr=&id=I_HhhJF5Un4C&oi=fnd&pg=PA1&dq=gregory+ell&ots=7pXIm2Ezcy&sig=NuRavNNhP9PriYawqX5d0-WQx-U [Consulté le 30 avril 2013].

Gregory, I.N., Henneberg, J.M. (2010). The Railways, Urbanization, and Local Demography in England and Wales, 1825–1911. *Soc. Sci. Hist.*, 34(2), 199–228.

Hornung, E. (2015). Railroads and Growth in Prussia. *J. Eur. Econ. Assoc.*, 13(4), 699–736 [En ligne]. Disponible à l'adresse : https://doi.org/10.1111/jeea.12123.

Kaddouri, L. (2007). Réseau de peuplement et organisation du territoire de la cité antique de Luteva. *Espace Géographique*, 2, 155–167.

Keeler, T.E., Ying, J.S. (1988). Measuring the benefits of a large public investment. *J. Public Econ.*, 36(1), 69–85 [En ligne]. Disponible à l'adresse : https://doi.org/10.1016/0047-2727(88)90023-0.

Knowles, A.K. (2005). Emerging trends in historical GIS. *Historical Geography*, 33, 7–13.

Krugman, P. (1991). Increasing returns and economic geography. *Journal of Political Economy*, 99(3), 483–499.

Le Sueur, B. (1989). L'évolution de la navigation intérieure et de ses métiers, XIXe-XXe siècle. *Cult. Tech.*, 19, 230–237.

Lévy, J., Lussault, M. (2003). *Dictionnaire de la géographie et de l'espace des sociétés*. Belin, Paris.

Martí-Henneberg, J. (2013). European integration and national models for railway networks (1840–2010). *Journal of Transport Geography*, 26, 126–138.

McMaster, R.B., Noble, P., Master, R.B.M. (2005). The U.S. National Historical Geographic Information System. *Historical Geography*, 33 [En ligne]. Disponible à l'adresse : http://experts.umn.edu/en/publications/the-us-national-historical-geographic-information-system (87a4a2d7-8c07-4a69-8293-8785a78cfbd6).html [Consulté le 18 janvier 2016].

Mimeur, C., Queyroi, F., Banos, A., Thévenin, T. (2017). Revisiting the structuring effect of transportation infrastructure: an empirical approach with the French Railway Network from 1860 to 1910. *Hist. Methods J. Quant. Interdiscip. Hist* [En ligne]. Disponible à l'adresse : https://hal.archives-ouvertes.fr/hal-01616746/document [Consulté le 21 décembre 2017].

Morris, J.M., Dumble, P.L., Wigan, M.R. (1979). Accessibility indicators for transport planning. *Transportation Research Part A.*, 13(2), 91–109 [En ligne]. Disponible à l'adresse : https://doi.org/10.1016/0191-2607(79)90012-8.

Nijkamp, P. (1986). Infrastructure and regional development: A multidimensional policy analysis. *Empir. Econ.*, 11(1), 1–21 [En ligne]. Disponible à l'adresse : https://doi.org/10.1007/BF01978142.

Nijkamp, P., De Graaff, H., Sigar, E. (1981). A multidimensional analysis of regional infrastructure and economic development. Dans *Structural economic analysis and planning in time and space*. Uméa [En ligne]. Disponible à l'adresse : ftp://dlib.info/opt/ReDIF/RePEc/vua/wpaper/pdf/19810010.pdf [Consulté le 1 mars 2016].

Offner, J.-M. (1993a). Les « effetstructurants » du transport : mythe politique, mystification scientifique. *Espace Géographique*, 22(3), 233–242.

Offner, J.-M. (1993b). Le développement des réseaux techniques : un modèle générique. *Flux*, 9(13), 11–18 [En ligne]. Disponible à l'adresse : https://doi.org/10.3406/flux.1993.960.

Offner, J.-M. (1996). Réseaux et Large Technical System : concepts complémentaires ou concurrents ? *Flux*, 12(26), 17–30 [En ligne]. Disponible à l'adresse : https://doi.org/10.3406/flux.1996.1197.

Offner, J.-M. (2014). Les effets structurants du transport : vingt ans après. *Espace Géographique*, 43(1), 51–67.

Openshaw, S. (1983). *The modifiable areal unit problem*. GeoBooks, Norwick.

Plassard, F. (1977). Les autoroutes et le développement régional. *Espace Géographique*, 6(3), 178.

Plumejeaud, C., Ben Rebah, M., Gensel, J., Villanova-Oliver, M. (2011). Construction d'une généalogie des territoires pour la représentation du changement. *Cybergeo: European Journal of Geography*.

Pumain, D. (2014). Les effets structurants ou les raccourcis de l'explication géographique. *Espace Géographique*, 43(1), 51–67.

Quinet, E., Prager, J.-C. (2013). Les effets des infrastructures sur la répartition spatiale des populations et des emplois. Rapport, Commissariat général à la stratégie et à la prospective, Paris.

Riboud, J. (1981). *La Ville heureuse : Doctrine et expériences de création urbaine*. Moniteur, Paris.

Shaw-Taylor, L., Wrigley, E.A. (2014). Occupational structure and population change. *Camb. Econ. Hist. Mod. Br.*, 1700(187).

Stathopoulos, N. (1997). *La performance territoriale des réseaux de transport*. Presses de l'École Nationale des Ponts et Chaussées, Paris.

Studeny, C. (1995). *L'invention de la vitesse : France, XVIII*[e]*-XX*[e] *siècle*. Gallimard, Paris.

Thévenin, T., Mimeur, C., Schwartz, R., Sapet, L. (2016). Measuring one century of railway accessibility and population change in France. A historical GIS approach. *Journal of Transportation Geography*, 56, 62–76.

Van Der Herten, B., Van Meerten, M., Verbeurgt, G. (2001). Le temps du train : 175 ans de chemins de fer en Belgique. Dans *75*[e] *anniversaire de la SNCB*. Presses Univ. de Louvain, Louvain [En ligne]. Disponible à l'adresse : http://tstrevista.com/tstpdf/tst_02/resena3_02.pdf [Consulté le 24 février 2016].

9

Coévolution des villes et des réseaux routiers : une démarche ontologique et systémique

Sandrine ROBERT[1] **et Lena SANDERS**[2]
[1] *Géographie-Cités, EHESS, Aubervilliers, France*
[2] *Géographie-Cités, CNRS, Aubervilliers, France*

9.1. Introduction

Trois concepts clés structurent cet ouvrage : les territoires, les interactions spatiales et les réseaux. Dans ce chapitre, nous les aborderons dans un contexte de temps long, en mobilisant une démarche qui permet de mettre en perspective des interactions spatiales opérant à des siècles d'intervalle. Cette démarche prend appui sur une approche ontologique, mobilisée pour expliciter la nature des objets, relations et processus en jeu dans l'évolution d'un système de peuplement, et une approche systémique afin de conceptualiser les interactions motrices dans le fonctionnement de ce système.

Nous appréhendons les territoires suivant une définition relativement large prenant en compte l'interdépendance entre la matérialité de l'espace et le rôle des acteurs dans les changements opérant dans cet espace : « Le territoire est un système complexe évolutif qui associe un ensemble d'acteurs d'une part, l'espace géographique que ces acteurs utilisent, aménagent et gèrent d'autre part »[1] (Moine 2006). Les « dynamiques territoriales », sujet de cette dernière partie de l'ouvrage, font référence à l'ensemble des forces s'exerçant sur les entités composant le territoire et sur les relations qu'elles entretiennent.

---

1. Voir (Ozouf-Marignier *et al.* 2000) pour une discussion sur les sens variés de « territoire » au cours du temps et suivant les disciplines.

Celles-ci entraînent des changements opérant à différents niveaux (un bâtiment peut apparaître ou disparaître, une rivière peut changer de cours ou être canalisée, un système de villes peut se recomposer) suivant différentes temporalités (l'année pour la construction d'un pont, la décennie pour l'émergence d'un nouveau quartier ou la création d'une nouvelle autoroute, le siècle pour un changement dans l'organisation hiérarchique d'un système de villes). Ces transformations impliquent ainsi des objets géographiques de nature variée et résultent à la fois de décisions directes et indirectes d'acteurs divers, entraînant des changements planifiés ou auto-organisés. Le choix dans ce chapitre a été de nous concentrer sur deux types d'objets jouant un rôle central dans le fonctionnement des territoires sur la longue durée, à savoir les villes et les routes, et de les appréhender dans leur dimension spatiale, à différentes périodes et suivant différentes échelles.

Nous définirons d'abord le système complexe formé par les villes et les routes. Les interactions qui lient ces éléments font émerger des objets complexes et interdépendants observables à un niveau macrogéographique : les systèmes de villes et les réseaux routiers. Une fois les éléments « faisant système » définis d'un point de vue conceptuel, l'enjeu consiste à identifier les observables, c'est-à-dire les observations empiriques (et les sources qui leur sont associées), qui permettent de rendre opérationnelle la conceptualisation systémique proposée. Or les observables disponibles diffèrent en nature suivant les périodes : relevés topographiques, images satellites et statistiques de population pour des périodes plus contemporaines, vestiges et traces archéologiques et/ou témoignages historiques pour des périodes plus anciennes, ou encore cartes établies suivant différentes méthodes à différentes dates, etc. Plusieurs questions se posent alors. D'abord celle de la compatibilité des observables disponibles avec le cadre conceptuel proposé : les mêmes objets et relations peuvent en effet avoir des sens différents dans des contextes historiques différents. Pour l'Antiquité, par exemple, est souvent avancée l'hypothèse que la qualité de construction des routes (présence d'un revêtement favorisant la circulation par tous les temps en particulier) est une propriété matérielle nécessaire pour assurer un lien durable entre deux villes. L'absence d'une matérialité solide peut alors conduire à conclure qu'il n'existe pas de lien durable entre les villes alors qu'au Moyen Âge, en l'absence de routes construites, d'autres moyens sont mobilisés pour assurer la durabilité de tels liens (réseaux de relais par exemple). Pour assurer une comparabilité pertinente, il s'agit dans de tels cas de rechercher les observables rendant le mieux compte de la réalité d'un lien, qu'il s'agisse de la qualité du revêtement de la route ou d'autres facteurs faisant sens à la période et pour les lieux considérés. Pour ce faire, une approche ontologique sera adoptée, en explicitant les critères mobilisés pour mettre en lien un concept et une donnée empirique (observable sur le terrain ou enregistrée dans un texte, une carte ou un tableau statistique).

La démarche consiste d'abord à distinguer, sur un plan conceptuel, quels sont les ensembles d'éléments qui fonctionnent en système et à spécifier la nature des relations qui les lient. Nous proposons un modèle liant les villes et les routes à travers des mécanismes d'attractivité et d'efficacité et testons la généricité de ce modèle pour trois périodes historiques différentes : l'Antiquité, le Moyen Âge et la période préindustrielle[2]. Nous formalisons ensuite le système urbaviaire issu de ces relations. L'objectif est enfin d'identifier l'ensemble des observables permettant de rendre opérationnel le cadre conceptuel ainsi défini, en montrant la nécessité de prendre appui sur des sources variées, suivant les périodes considérées, pour rendre compte d'un même concept.

9.2. Villes en système, routes en réseau : le jeu des interactions spatiales

9.2.1. *Positionnement épistémologique : les villes comme objets*

Un système complexe est un système composé d'un grand nombre d'éléments, évoluant de manière auto-organisée loin de l'équilibre, sous l'impulsion des interactions entre ces éléments et des relations qu'ils entretiennent avec l'environnement. Un système est un construit du chercheur et résulte d'un ensemble de choix, notamment sur sa délimitation, tant en matière d'étendue spatiale que d'identification des objets qui le composent, ces derniers dépendant de l'objectif thématique de l'étude. Il s'agit ici d'étudier l'évolution de l'organisation spatiale du peuplement urbain sur le temps long, en repérant les formes de pérennité et les changements. De nombreux niveaux d'organisation interviennent dans cette dynamique : au niveau le plus fin, il y a des individus, qui s'établissent en un lieu ou migrent vers d'autres, des acteurs décidant d'investissements en matière d'aménagement et d'infrastructures de transport, les décisions des uns influant sur les comportements des autres ; à un niveau d'organisation plus agrégé, il y a des unités spatiales, des villages, des villes, des départements, liés par divers échanges matériels et immatériels. À chacun de ces niveaux, des transformations s'opèrent sous l'effet de divers processus. Le choix du niveau auquel il convient d'observer les unités élémentaires composant le système étudié pour rechercher quels sont les processus moteurs dans le changement dépend du positionnement épistémologique du chercheur. Celui de l'individualisme méthodologique, prégnant par exemple en microéconomie, l'amènera à rechercher les moteurs du changement urbain au niveau des comportements des individus et acteurs de la ville. Suivant ce point de vue, seuls les individus existent d'un point de vue ontologique et ce sont les actions individuelles qui sont motrices dans le changement, les villes étant considérées comme de simples agrégats d'individus et d'entreprises. Considérant que les forces auto-organisatrices jouent un rôle particulièrement important dans l'évolution des villes (Pumain 1997), le choix a au contraire été fait de considérer les villes comme des entités autonomes et indivisibles et l'on

2. À partir de la seconde moitié du XIXe siècle, le réseau routier devient moins déterminant dans l'accessibilité des villes au profit du réseau ferré, du transport fluvial et des canaux.

s'intéressera aux propriétés et relations repérables et faisant sens à ce niveau mésogéographique. Le choix est alors de ne pas considérer explicitement les éléments associés au niveau le plus fin dont la ville est le siège ainsi que les multiples interactions existant entre ces éléments, qu'il s'agisse du vécu des citoyens (choix résidentiels, déplacements domicile-travail, fréquentation des commerces et des services), des fonctions intra-urbaines assurées par des acteurs urbains (planification, commerces, établissements publics par exemple) ou encore des objets matériels composant l'espace (bâtiments, infrastructures routières). Ces éléments seront ici considérés et formalisés au seul niveau des villes prises dans leur ensemble, en tant qu'entités collectives. C'est la position adoptée dans la famille de modèles à base d'agents Simpop (Sanders *et al.* 1997 ; Pumain *et al.* 2009 ; Cottineau *et al.* 2015), où la ville elle-même est représentée par un agent alors que dans un modèle s'inscrivant dans l'individualisme méthodologique, les agents représenteraient les différents acteurs présents dans la ville (résidents, entrepreneurs, acteurs politiques). L'adoption de cette position rend nécessaire de spécifier le statut ontologique de la ville.

9.2.2. *Systèmes de villes et réseaux routiers : objets émergeant au niveau macrogéographique*

Le choix épistémologique consistant à considérer comme élémentaire un objet relevant d'un niveau mésogéographique, la ville, mène assez naturellement à s'intéresser aux interactions entre de tels objets et aux systèmes de villes qui émergent de ces interactions. Par ailleurs, ayant pour objectif de prendre en compte ces interactions sur la longue durée, nous avons choisi de considérer un des supports matériels les plus anciens des échanges entre les villes : les routes. Il s'agit alors d'examiner les relations et interactions qui sont associées aux villes et aux routes afin de les « mettre en système » et de conceptualiser les objets macrogéographiques qui en émergent. Ceux-ci sont de deux types :

– un ou plusieurs systèmes de villes, composés d'ensembles de villes dont les interactions « font système ». Un système de villes est ainsi un « ensemble de villes dont les évolutions sont devenues interdépendantes » par leurs connexions plus intenses qu'avec les « villes situées dans l'environnement du système » (Pumain 2004). Ces interactions font émerger, au niveau de l'ensemble, une certaine structure qui n'a pas nécessairement été planifiée : une certaine organisation rang-taille (primatiale, polycentrique ou proche de la loi de Zipf[3]), une organisation fonctionnelle (avec des spécialisations

3. La loi de Zipf correspond à une relation particulière entre le rang d'une ville et sa taille : la ville de rang 1 est deux fois plus grande que celle de rang 2 et trois fois plus grande que celle de rang 3, etc. L'équation matérialisant la relation rang-taille s'écrit : $P = k\ r^{-a}$, où P désigne la population, r le rang, k est une constante et a un paramètre spécifiant le degré de hiérarchie du système de villes. La loi de Zipf correspond à une valeur de $a = 1$.

plus ou moins fortes), une forme du semis urbain (concentrée ou dispersée dans l'espace). Un territoire donné peut comporter un ou plusieurs systèmes de villes. La figure 9.1 illustre ainsi un cas théorique où coexistent trois systèmes de villes au sein desquels les villes sont fortement interconnectées alors qu'aucune ou seulement une faible relation existe entre ces trois systèmes ;

– un ou plusieurs réseaux routiers, composés d'un ensemble d'« éléments linéaires, permanents ou temporaires, qui traduisent l'existence de relations et en garantissent la possibilité » (Chapelon 2004). Le réseau est compris ici dans son sens initial comme filet ou « ensemble de lignes qui s'entrecroisent plus ou moins régulièrement »[4]. Dans ce texte, le réseau routier est considéré dans sa faculté à permettre le déplacement de biens, de personnes, d'informations entre des villes, c'est-à-dire comme moyen de transport. Il comprend donc des routes, mais aussi les équipements associés au transport (relais permettant de changer de véhicule, de se sustenter, etc.).

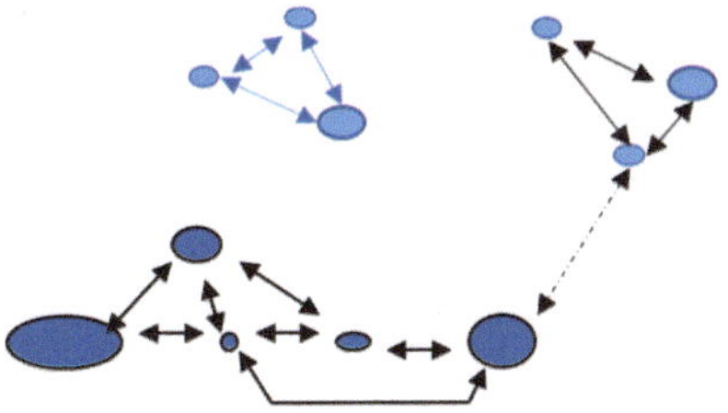

Figure 9.1. *Représentation schématique de trois systèmes de villes dont deux sont connectés par un lien faible alors que le troisième est isolé (cas qui pourrait correspondre à l'existence d'une forte barrière politique ou naturelle). Les traits pleins représentent les liens forts, le pointillé, les liens faibles.*

Suivant les périodes, le tracé, le type de construction et l'équipement de ces réseaux routiers, dont dépendent notamment la continuité et les vitesses de circulation, relèvent d'acteurs variés. Ces derniers peuvent correspondre à des pouvoirs centralisés ayant la capacité de construire, de réguler des routes sur de vastes espaces, mais il peut s'agir également d'acteurs locaux aménageant et entretenant localement des tronçons du réseau, sans qu'il y ait nécessairement de concertations formelles avec d'autres acteurs que ceux présents dans un voisinage proche. Ces actions locales peuvent faire émerger, de manière auto-organisée et *bottom-up*, des réseaux informels de chemins permettant des transports de longue distance.

Les termes de *réseau* et de *système* sont parfois utilisés comme synonymes, mais nous choisissons ici de les différencier clairement et de nous concentrer sur les relations

4. Voir la définition du TLFi : https://cnrtl.fr/definition/r%C3%A9seau (consulté le 7 octobre 2024).

et interactions entre villes prenant appui sur les routes. Celles-ci ont en effet joué un rôle clé dans l'émergence des villes et des premiers systèmes de villes (Archaeomedes 1998 ; Bretagnolle 2009) et l'objectif est de mettre en lien ces objets macrogéographiques que sont le système de villes et le réseau routier à partir des relations entre villes et routes.

9.2.3. *Efficacité des voies et attractivité des villes : une mise en relation par l'accessibilité*

Ces deux ensembles, le système de villes et le réseau routier, sont en étroite connexion, liés par une relation fonctionnelle fondée notamment sur l'accessibilité. La qualité du réseau routier assure l'accessibilité d'une ville et sa capacité à échanger avec les autres villes, ce qui contribue à l'attractivité de chacune d'entre elles. Cette attractivité renforce sa dynamique et favorise en retour les décisions en faveur du maintien et de l'amélioration du réseau routier. L'efficacité de la circulation sur le réseau routier dépend d'une propriété majeure : sa continuité. En effet le maintien de la circulation dans l'espace et dans le temps ne va pas de soi, car elle est susceptible de rencontrer de nombreux obstacles. On pense, en premier lieu, aux perturbations d'origine naturelle pouvant affecter la matérialité des routes : mauvaises conditions de circulation, perturbations climatiques affaiblissant l'infrastructure, érosion, etc. Des perturbations d'origine sociale peuvent atteindre l'intégrité du voyageur et des biens transportés (vols, violences, prises[5], réclamations indues de péages, détours forcés, etc.) ou constituer des obstacles indirects à travers le manque d'entretien du réseau. La sécurité apparaît ainsi comme un élément déterminant pour permettre la continuité de la circulation et a souvent été prise en charge très tôt par les pouvoirs publics[6]. L'empiétement d'aménagements privés (commerciaux par exemple) sur l'assiette des voies[7] constitue aussi, de tout temps, un obstacle à la circulation. La circulation régionale doit donc composer avec une succession de situations locales. Le spécialiste d'archéologie mésoaméricaine Ross Hassig insiste sur le fait que la construction de routes rendues accessibles par tous les temps et la garantie de la sécurité lors des voyages permettent de maintenir la continuité des liens entre les centres. Les routes renforceraient la connexion entre les villes et celles-ci, en retour, consolideraient leur investissement dans ces infrastructures. Elles contribuent au maintien des fonctions d'une société urbaine complexe d'un point de vue militaire, économique, religieux, etc. (Hassig 1991).

---

5. Les prises désignent les prélèvements effectués par les seigneurs sur les marchandises transportées, voire sur l'équipement des transporteurs.

6. En Italie, par exemple, les pouvoirs communaux des grandes villes légifèrent dès le XIIe siècle pour assurer la sécurité des marchands, avant de prendre en charge également l'entretien de la matérialité des routes (Szabò 2020).

7. L'assiette des voies correspond à la surface utile au bon fonctionnement de la voirie. Elle comprend la chaussée elle-même et ses accotements (Pavard 2020).

Au-delà de la continuité des tracés et de la sécurité du transport, il faut ajouter la vitesse de circulation pour assurer une bonne efficacité aux routes. Les différences de vitesses sont en effet « une base fondamentale de la structuration de l'espace géographique, puisqu'elles sont un facteur essentiel des relations des lieux entre eux, donc aussi des interdépendances et des interactions spatiales » (Durand-Dastès 2004, p. 10). La vitesse permet l'existence d'échanges denses entre les villes d'un système, des allers et retours pouvant être opérés dans un laps de temps assez court. Pour la circulation de certains biens, la vitesse d'acheminement est même la condition indispensable au maintien du système. Elle est traditionnellement associée à la qualité des infrastructures (optimisation des tracés, des revêtements, avancées techniques sur les véhicules, etc.), mais elle passe aussi par le contrôle de la circulation, des points de passage, l'encadrement de la vente des produits, etc. (voir encadré 9.1).

La continuité des axes régionaux, la sécurité des voyages et la vitesse des déplacements sont ainsi trois qualités essentielles assurant l'efficacité des routes et favorisant les échanges entre les villes qu'elles relient. La position d'une ville en tant que nœud dans un réseau routier possédant ces qualités contribue à la maintenir dans son statut et ses fonctions et à augmenter son attractivité. Au fur et à mesure que ses fonctions se diversifient et que son statut et son niveau hiérarchique se consolident, les acteurs urbains et/ou le pouvoir central vont agir pour renforcer ces bonnes propriétés de continuité, de sécurité et de vitesse des routes reliant la ville aux autres. À l'inverse, une absence d'action dans ce sens va rendre la ville moins accessible et diminuer son attractivité. Villes et routes ont ainsi des évolutions interdépendantes (voir figure 9.2). L'hypothèse est que ce schéma conceptuel de base, avec les mécanismes décrivant les relations entre les développements respectifs des villes et des routes, est générique, même s'il se décline différemment suivant le contexte historique. Afin de le discuter et de le tester, nous examinons trois périodes différentes : l'Antiquité, le Moyen Âge et la période préindustrielle.

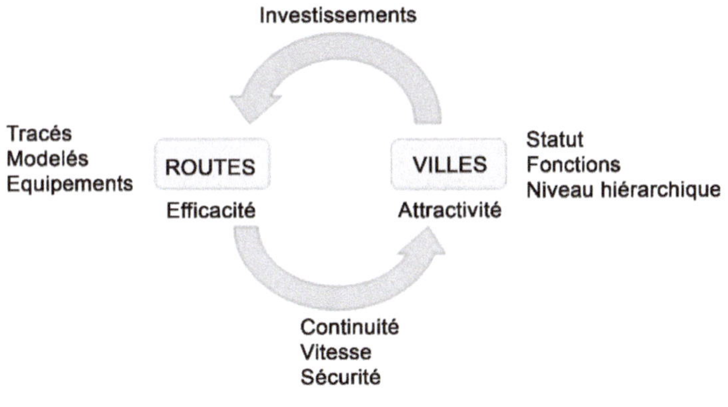

Figure 9.2. *Interdépendances entre routes et villes. Les flèches grises représentent une relation d'influence*

9.2.3.1. *Antiquité*

Un examen de la littérature montre que ce modèle conceptuel a effectivement été mobilisé dans de nombreux travaux, mais souvent sous forme implicite. On peut en trouver une origine ancienne dans *Histoire des grands chemins de l'Empire romain*, ouvrage écrit par le magistrat Nicolas Bergier en 1622. Il y élabore un modèle qui lie les villes et un type de route en une relation réciproque. Il a fortement inspiré les travaux des archéologues jusqu'à aujourd'hui, tant dans la manière d'appréhender les routes du point de vue théorique que dans le choix des prescriptions de fouille[8]. Il est ainsi intéressant de l'examiner dans le détail.

Dans son ouvrage, Bergier propose de lire le territoire de l'Empire romain comme un maillage cohérent reliant la ville de Rome avec « les capitales des provinces, les ports et les points vitaux de l'empire » et organisé sous la forme d'un réseau étoilé émanant d'un centre principal (Rome) avant d'être relayé par des centres intermédiaires (Milan, Lyon, Reims, etc.). Des routes présentant un type de construction et un équipement particulier (bornage, relais régulièrement disposés dans l'espace, etc.[9]) permettraient d'« unir » les provinces conquises et la capitale romaine. Les routes seraient ainsi un moyen pour la capitale romaine d'innerver de sa culture et de son pouvoir le territoire conquis tout en recevant de celui-ci des services en matière d'approvisionnement, d'aide militaire, etc. Cette organisation fonctionnelle passerait donc par la construction et l'entretien d'un réseau de « voies » qui posséderaient des propriétés particulières permettant de lier Rome aux villes de l'Empire romain.

Pour la période antique, l'accessibilité est donc pensée surtout à travers la dimension matérielle du réseau routier. C'est avant tout la présence de routes construites, susceptibles d'être utilisées en toutes saisons et pérennes dans le temps, qui est supposée permettre la continuité et la vitesse de la circulation entre les centres urbains de l'empire. Le maintien de ces caractéristiques matérielles est essentiellement attribué à l'action des pouvoirs centraux dans une perspective relativement *top-down*[10].

---

8. Pour une analyse critique détaillée de ce modèle et de ses limites, voir les travaux réalisés dans le cadre du programme « Dynamique et résilience des réseaux routiers en Île-de-France » (Dynarif) (Robert et Verdier 2014 ; Robert 2021).

9. Ceux-ci étaient inscrits dans le *cursus publicus*, réseau organisé par l'État romain associant des stations de poste, des lieux d'accueil pour les hauts fonctionnaires, des entrepôts, etc.

10. Nous relayons ici les principes établis par Bergier et qui régissent la recherche sur les voies antiques depuis le XVIIe siècle. Ce modèle d'organisation n'est pas réellement décrit dans son ensemble par les auteurs antiques eux-mêmes et Bergier pourrait s'inspirer surtout de la pensée sur la ville à la Renaissance. Les données archéologiques donnent à voir une organisation du réseau routier antique plus complexe que ne le suppose le modèle bergien.

9.2.3.2. *Moyen Âge*

À cette période, la route n'est pas conçue comme un tracé unique bien localisé dans l'espace, mais est constituée de chemins multiples. Les chercheurs proposent de mobiliser la notion d'« aires de route » pour désigner le territoire dans lequel des faisceaux de voies parallèles suivent une même direction pour rejoindre des lieux éloignés[11] (Dompnier et Perol 2009). L'organisation matérielle de la route dépend surtout de seigneurs locaux et régionaux qui récoltent les revenus des péages pour, en théorie, les réinvestir dans l'entretien des routes[12]. L'influence réciproque des routes et des bourgs dits « castraux », car générés par la présence d'un château, passe souvent par l'investissement des seigneurs locaux ou régionaux dans des marchés associés à la route (Fray 2006). La stratégie des élites locales pour accaparer les revenus issus de la route peut constituer un obstacle pour les villes qui tendent au contraire à favoriser la continuité, voire la vitesse, de la circulation à un niveau interurbain, en particulier dans le cadre du développement économique des foires et de l'approvisionnement des villes. Il n'est pas rare que certains seigneurs locaux accaparent ainsi le matériel des transporteurs ou la marchandise destinée à la ville. L'action des élites urbaines, si elle est souvent relativement limitée en ce qui concerne la matérialité de la route, peut se déployer par l'exercice du droit. La pratique des conduits, par exemple, permet aux seigneurs territoriaux de canaliser la circulation sur certains tracés parmi les multiples voies possibles d'un itinéraire. Ces lettres de sauvegarde accordées aux voyageurs par un seigneur justicier permettent de garantir leur sécurité dans l'espace traversé. Des conduits royaux étaient accordés, par exemple, aux marchands se rendant sur les foires de Champagne (Bautier 1987). Certains droits et associations de transport imposaient aussi aux voituriers de remplir un service de transport par tous les temps (Yante 2020). L'examen détaillé de différents types d'approvisionnement montre que les pouvoirs urbains (parfois associés aux pouvoirs centraux) ont la capacité d'organiser le transport des denrées nécessaires depuis des régions parfois très éloignées. Leur action porte alors sur la sécurité des transporteurs, l'organisation de la vente et de la redistribution dans de grands marchés urbains (voir encadré 9.1).

9.2.3.3. *Période préindustrielle*

La période préindustrielle connaît une augmentation de la circulation des biens et des personnes en relation avec l'approvisionnement des villes de plus en plus peuplées et le développement des messageries qui s'appuient sur un réseau de relais. Le roulage

---

11. Les chemins de pèlerinage pratiqués encore à l'époque actuelle illustrent un tel fonctionnement : ils sont conçus comme des cheminements multiples convergeant vers des relais, carrefours, sanctuaires ou points de passage plutôt que comme des routes à l'assiette bien délimitée dans l'espace (Yante 2020, p. 7).

12. Sauf pour les ouvrages d'art comme les ponts, par exemple, qui peuvent dépendre du pouvoir royal ou de princes territoriaux.

pour les marchandises et les transports collectifs de voyageurs se développent, prenant appui sur des avancées techniques. À partir du XVIIIe siècle, l'investissement des pouvoirs centraux dans la dimension matérielle du réseau routier conduit à la fixation de son assiette au sol, au développement de la route construite, notamment grâce à la généralisation de la corvée sur les routes[13] et à la création d'un corps de métier spécialisé : les ingénieurs des Ponts et Chaussées (Arbellot 1973 ; Reverdy 1997).

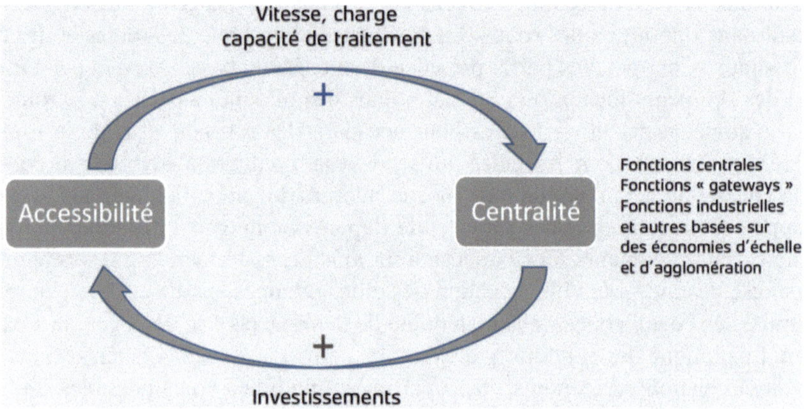

Figure 9.3. *Boucle de rétroaction entre accessibilité et centralité (Bretagnolle et al. 2020)*

Même si le mot n'est pas utilisé, le XVIIIe est considéré comme le siècle d'apparition de la pensée en réseau à travers les représentations cartographiques, l'organisation hiérarchique du réseau des postes ou le vocabulaire utilisé par les ingénieurs des Ponts et Chaussées[14] (Verdier 2007). Pour Bretagnolle *et al.* (2020), c'est aussi le siècle de l'émergence de systèmes de villes intégrés fondés sur la boucle de rétroaction positive qui s'est mise en place à partir de la révolution industrielle entre le niveau d'accessibilité dans les réseaux de transport et le niveau de centralité d'un lieu (voir figure 9.3). L'augmentation de la vitesse de déplacement et de la charge maximale véhiculée

13. Journées de travail gratuites (d'hommes et de bêtes de somme) dues par les habitants pour l'entretien des routes.

14. Les ingénieurs remobilisent largement l'héritage de N. Bergier, dont l'ouvrage est résumé dans le premier traité moderne de construction des chemins (Gautier 1693). La circulaire de Philibert Orry, directeur général des Ponts et Chaussées, datée du 13 juin 1738 associe dans un modèle cohérent une hiérarchisation routière construite en fonction de la relation à une ville établie comme point de départ (Paris à la place de Rome chez Bergier), jusqu'aux frontières d'un territoire (le royaume de France à la place de l'Empire romain), et s'appuyant sur un réseau de villes secondaires.

produit une contraction de l'espace-temps. Celle-ci se traduit par une attractivité accrue de certaines villes, avec une capacité à rayonner à des portées plus importantes, entraînant un renforcement de leur centralité, avec une concentration accrue de leurs fonctions commerciales, industrielles ou administratives. Cette contraction se traduit généralement aussi par un court-circuitage des villes de plus petite taille susceptibles de ralentir la vitesse de relation entre les villes principales. Le gain économique obtenu par ces dernières dans l'élargissement de leur rayonnement peut être réinvesti dans le maintien et l'amélioration des infrastructures, ce qui renforce encore la centralité des villes.

Pour Bretagnolle *et al.* (2020), la boucle de rétroaction entre accessibilité et centralité conduit ainsi à un processus de rétraction de l'espace-temps sous l'effet de l'accélération de la vitesse des communications. Cette approche correspond à une vision dynamique des relations entre les villes et le réseau routier. Elle repose sur des estimations et des mesures de la vitesse des transports qui permettent de mettre en évidence un renforcement progressif de la centralité et de l'accessibilité des villes les plus importantes au détriment de celles des plus petites.

À partir du XIIIe siècle et jusqu'au développement du chemin de fer, la ville de Paris était approvisionnée en poisson frais par des transporteurs dits « chasse-marée » provenant des ports de Picardie, de Normandie et du Nord, comme Dieppe, Le Tréport, Honfleur et même Calais et Dunkerque. Ils acheminaient la marée[15] par la route en 34 h en moyenne, soit 133 km par jour, délai comparable à celui des courriers à pied et chevaucheurs dépendants de l'écurie royale pour le roi et ses Conseils. La marée pouvait ainsi être vendue aux Halles entre 1,5 jour et 5,5 jours après le retour de la pêche au port. Le transport s'effectuait sur une succession de chemins locaux qui convergeaient vers des points de passage principaux (Beauvais par exemple). Les chasse-marées parvenaient à maintenir leur vitesse grâce à l'existence de ces multiples branches leur permettant d'éviter les obstacles et à l'existence d'un réseau de relais nécessaire au changement de leur monture (Robert 2018).

La prise en charge de l'entretien des voies semble avoir été assurée très tôt par les chasse-marées eux-mêmes[16], mais leur quête de rapidité était largement relayée par le roi et le prévôt de Paris. À partir du Moyen Âge, ils produisirent une législation avantageuse pour fluidifier l'achat dans les ports et la vente à Paris, pour limiter les obstacles rencontrés par les chasse-marées sur la route et pour inciter les transporteurs picards et normands à faire de la capitale une de leurs principales destinations malgré la distance et la fragilité du produit transporté (Abad 2002). L'historienne Caroline Bourlet souligne que dès le Moyen Âge : « La nécessité d'assurer un approvisionnement régulier et de bonne qualité à des prix raisonnables conduisit

15. « Produit de la pêche d'une marée à l'autre, fournissant du poisson de mer frais et des crustacés destinés à la consommation du jour (par opposition au poisson qu'on fume et qu'on sale) » (TLFi).

16. En 1543, par exemple, un contrôleur de la marée, payé sur une caisse constituée par les chasse-marées et qui sert aussi à payer les réparations des chemins, est chargé de faire travailler les habitants des bourgs ou villages qui sont voisins des chemins (Delamare 1719, p. 334).

les pouvoirs publics à intervenir plus fréquemment qu'ailleurs, à accorder de nombreux privilèges à ceux qui l'acheminaient et à établir plusieurs institutions de contrôle et d'encadrement commercial » (Bourlet 1995, p. 5).

Cette organisation du transport pourrait avoir eu une incidence dans la fonction de certaines villes (et inversement). La consommation de la marée, qui auparavant était surtout réservée aux élites laïques et ecclésiastiques, connaît un changement d'échelle (qualifié de *fish event horizon*) à partir du Xe siècle en Europe du Nord, en raison de l'application des prescriptions religieuses, mais aussi du développement général du commerce et de l'émergence de réseaux de circulation à longue distance articulés avec les villes. Les populations urbaines deviennent, à côté des élites traditionnelles, les principales consommatrices de ce type de denrée (Barrett *et al.* 2009). Dès le XIIIe siècle, le marché des Halles à Paris s'impose comme le pôle de redistribution pour la ville et la région parisienne[17]. La vente y est centralisée et le délai de vente et d'acheminement est encadré, ce qui a une incidence directe sur la vitesse d'acheminement.

Les interactions entre Paris, les villes portuaires et les territoires traversés par les chasse-marées sont nombreuses. Le Parlement et la prévôté de la ville de Paris légifèrent dans les ports pour établir la priorité des chasse-marées au moment de la vente. À partir du XIVe siècle, une série d'arrêts du Parlement et d'ordonnances royales tentent de soustraire également les chasse-marées au pouvoir des seigneurs ecclésiastiques locaux qui effectuent des prélèvements sur la marchandise, exigent des péages en nature ou imposent des péages forcés qui éloignent les chasse-marées de leur route. Le pouvoir royal affirme leur liberté de circuler et de relayer où ils le souhaitent. Les échanges s'opèrent également de la capitale vers les ports et les lieux traversés par les chasse-marées, car jusqu'au XVIIe siècle, ils sont autorisés à acheminer des personnes et des marchandises, au retour (Delamarre 1719, p. 341). Certaines prises faites sur leur panier à l'aller sont payées au retour en fonction du prix fait aux Halles et pourraient contribuer ainsi à diffuser le prix fait par le roi[18] au-delà de la capitale (Robert 2011, p. 142).

L'organisation du marché, le droit, etc., peuvent donc aussi être des leviers déterminants pour permettre de réduire la distance entre les villes et d'assurer la continuité des relations. Ici, cela passe par le renforcement de la sécurité du voyage et par l'organisation de la vente, agissant ainsi indirectement sur la vitesse d'acheminement. La ville de Paris, située théoriquement hors de la zone de chalandise du poisson frais (à la vitesse moyenne des transporteurs médiévaux, estimée à 35 à 45 km par jour), s'approvisionne ainsi dans des villes distantes de plus de 200 km.

Encadré 9.1. *Les chasse-marées : une organisation fondée sur l'imbrication de mécanismes top-down et bottom-up*

17. Les poissonniers qui vendent au détail ne doivent pas aller à la rencontre du poisson pour l'acheter avant qu'il n'arrive à Paris. Cela n'est permis qu'au-delà de la rivière Oise, ou dans les villes possédant un marché.

18. Le prix est fixé par des jurés vendeurs dont les offices sont délivrés par le roi. Ils procèdent aux enchères de la marée aux Halles.

Pour chacune des trois périodes examinées, le modèle synthétisé sur la figure 9.2 a ainsi ses modalités propres. Pour l'Antiquité, Bergier mobilise des métaphores anatomiques[19] pour décrire un processus de création et de maintien des centres urbains et des routes, toujours au bénéfice des plus grands qui assurent ainsi leur attractivité et leur rayonnement. Dans ce cas, tout comme dans celui de la période préindustrielle, l'action des pouvoirs publics pour assurer la continuité, la vitesse et la sécurité des communications entre les villes se fonde surtout sur la matérialité des routes. Au Moyen Âge, en revanche, d'autres logiques, faisant intervenir des acteurs plus locaux, entrent en jeu dans la relation entre les villes et le réseau routier. Dans le cas de certains réseaux d'approvisionnement des villes (voir encadré 9.1), ou des réseaux de poste, les pouvoirs publics laissent l'organisation matérielle du transport et des équipements aux transporteurs eux-mêmes et interviennent pour leur part à travers le droit, pour favoriser l'efficacité des transports.

9.3. Vers la formalisation d'un système urbaviaire

Si les modalités des interdépendances entre les villes et les routes diffèrent suivant le contexte historique, l'examen des trois périodes évoquées précédemment montre que les principes représentés en figure 9.2 font sens pour chacune d'entre elles. La diversité de ces trois périodes nous amène à supposer que ces principes sont suffisamment génériques pour caractériser toute situation où la route est prédominante pour le transport rapide, soit avant la révolution industrielle. Le choix a été fait de formaliser ce que nous appelons le système urbaviaire, à partir de l'ensemble des entités élémentaires le composant, les villes et les routes. La figure 9.4 représente ainsi une spécification des principes représentés sur la figure 9.2. Y sont représentées les villes en système, les routes en réseau ainsi que les interactions entre ces deux ensembles inscrits dans un même territoire. Les hypothèses sont que : 1) les interactions entre les villes et les routes, que ce soit au niveau local d'une ville ou d'un système de villes, sont motrices dans l'évolution du système pris dans son ensemble ; 2) la dynamique de ce système urbaviaire fonctionne dans différents contextes, que la relation entre les villes et le réseau routier soit plus ou moins forte et résulte d'un pouvoir centralisé dans une perspective *top-down* ou encore qu'elle soit le résultat de mécanismes *bottom-up* faisant intervenir différents types d'acteurs locaux, ou, plus généralement, le résultat conjugué de ces deux types de mécanismes. L'idée sous-jacente au fonctionnement d'un système urbaviaire est que les dynamiques des villes et des systèmes de villes coévoluent dans la longue durée avec celles du réseau routier. La suite de ce chapitre est consacrée à la mise en place d'une démarche qui permette de rendre cette construction systémique opérationnelle. Nous adoptons pour cela un cadre ontologique afin d'interroger la nature des objets et la forme des interactions en jeu dans ce système urbaviaire. Il s'agit ensuite d'identifier quels

19. Dans ses travaux, il évoque ainsi un cœur et ses artères, ou un tronc et ses branches pour rendre compte des liens entre Rome et les routes.

sont les observables disponibles à des périodes historiques différentes pour rendre compte de ce fonctionnement systémique.

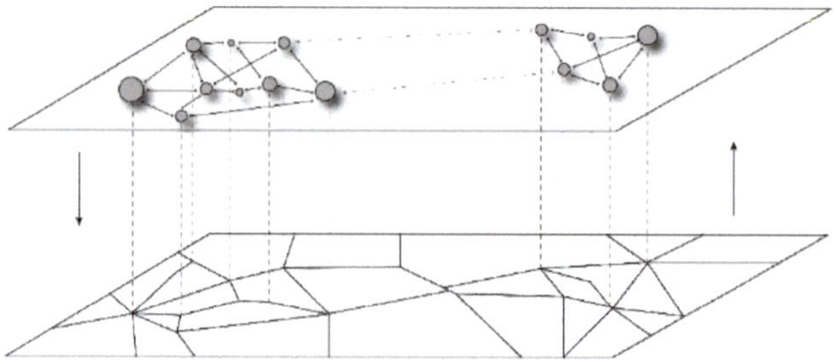

Figure 9.4. *Le système « urbaviaire », avec une étroite interconnexion entre le système de villes (en haut) et le réseau routier (en bas). Les flèches en trait plein représentent des interactions fortes, celles en pointillé des interactions faibles*

9.3.1. *Des concepts aux observables : perspective ontologique*

Pour rendre opérationnelle la construction du système urbaviaire proposée, il s'agit d'expliciter quelles sont les entités élémentaires qui le composent et la nature des relations qui les lient. Pour ce faire, nous avons mobilisé une approche ontologique qui nous a permis de mettre en relation les concepts utilisés pour la construction du système et les observables disponibles à différentes périodes pour en vérifier la validité dans le domaine empirique. Pour Barry Smith (2003), l'ontologie est : « La science de ce qui est, des types et des structures des objets, propriétés, événements, processus et relations en tout domaine de la réalité [...] [et] de ce qui pourrait exister. »

Nous nous fonderons sur cette proposition dans la suite de ce chapitre en consacrant d'abord une section sur l'explicitation des objets considérés, villes et routes, et leurs propriétés. Nous aborderons ensuite les relations et les processus associés à ces objets et à leurs transformations, en portant une attention particulière au passage des relations aux interactions, essentiel dans une perspective systémique (Livet et Sanders 2014 ; Mathian et Sanders 2014). Il s'agira dans chaque cas de distinguer le concept, l'hypothèse étant qu'il est fixe au cours du temps (Plumejeaud-Perreau *et al.* 2022), et l'observable correspondant, variable selon les périodes et les sources disponibles. Un enjeu consiste à s'assurer de la cohérence d'un point de vue ontologique entre le concept et ces différents observables.

9.3.1.1. *Objets et propriétés : « villes » et « routes »*

Dans la définition de Barry Smith, les objets et les propriétés sont les premiers éléments à spécifier lors d'une approche ontologique. Les objets sont de nature diverse et

Smith et Varzi (2000) proposent de distinguer les objets *bona fide*, qui ont une dimension matérielle, physique, dont chacun pourra identifier les limites, et les objets *fiat*, dont l'existence et la délimitation relèvent d'une convention sociale ou politique. Un être humain, un bâtiment, une île sont du premier type, un État, un département, du second. Ainsi, la Corse prise dans son ensemble en tant qu'île est du premier type, alors que les deux départements la composant sont, en tant qu'unités administratives, du second type.

9.3.1.2. *Objet « ville »*

La ville n'est *a priori* pas un objet *bona fide*, mais elle a une matérialité, elle est visible par tous et elle perdure dans le temps. Il ne s'agit donc pas d'une pure abstraction comme l'État (Hay 2014), elle a en effet un référent physique. En revanche, si chacun pense pouvoir l'identifier dans le paysage, il ne lui sera pas évident d'en repérer les frontières et de la délimiter en tant qu'objet dans l'espace (comme on peut facilement le faire pour une île ou un lac). Par ailleurs, un simple coup d'œil ne permettra pas de la distinguer d'autres objets composés d'une agrégation de bâtiments et de rues comme un village ou un bourg. Il s'agit donc plutôt d'un objet *fiat*, qui correspond à une construction, qui peut être d'ordre politique, administratif ou scientifique. Sur le plan administratif, une ville peut ainsi être fondée par décret royal ou identifiée selon des critères statistiques[20]. Sur le plan scientifique, elle est définie par ses propriétés, d'ordres variés suivant le point de vue : elle est un espace de fortes densité et diversité (Lévy et Lussault 2013), un lieu d'accumulation de richesses (Brunet 1992) et maximisant les interactions sociales (Claval 1984), évolutif et aux capacités d'adaptation (Pumain 1997). Les propriétés des villes qui nous intéressent dans la perspective systémique de la figure 9.2 sont leur attractivité et leur capacité à interagir avec d'autres villes et de faire système avec elles, ces capacités dépendant de leur statut, de leur niveau hiérarchique et de leurs fonctions.

Sur le plan empirique, il s'agit de repérer quels sont les observables disponibles pour rendre compte du concept de ville tel que le chercheur l'envisage. Il peut soit adopter des critères administratifs définis au niveau de l'État si ceux-là sont compatibles avec sa conceptualisation[21] ou être amené à construire lui-même des objets « villes » pertinents. Tel a été le cas de Guérois *et al.* (2014) par exemple lorsque cette équipe a élaboré une base de données harmonisée des villes européennes à partir des UMZ (*Urban Morphological Zones*) ou de Berroir *et al.* (2011) lorsqu'ils ont construit les pôles d'emploi de la région Île-de-France. Les premiers sont ainsi partis d'observables

20. En France, par exemple, l'Insee a successivement défini la ville par la commune, l'unité urbaine (définie par des critères de proximité du bâti) ou l'aire urbaine (définie par des critères portant sur les flux domicile-travail). La mobilisation de tels critères renvoie à la notion d'« observable » qui fait l'objet de la section 9.4.

21. Les aires urbaines par exemple sont compatibles avec une perspective de système de villes alors que les communes ne le sont pas pour la période contemporaine.

sous forme d'images, des taches urbaines extraites des catégories « bâties » de CORINE Land Cover qui ont ensuite été agrégées, alors que les seconds ont combiné des données sur la concentration des emplois dans les communes et les flux domicile-travail entre elles. Une fois les aires délimitées, les attractivités des villes correspondantes peuvent être estimées à partir d'informations empiriques sur leur nombre d'habitants et leur profil socio-économique (obtenues en agrégeant des informations communales). Pour les périodes antérieures, les observables disponibles sont de nature différente et se présentent essentiellement sous la forme de témoignages écrits ou de représentations sur des cartes, où le statut des villes peut être précisé : par exemple « préfectures et tribunal d'appel » (PTA), « sous-préfecture et tribunal de première instance » (SPTPI), etc., sur les cartes du XVIIIe siècle. Ces observables permettent d'avoir une idée du niveau d'importance des villes, de leur fonction et d'évaluer leur attractivité. Ces quelques exemples illustrent la variété des observables mobilisables pour définir les villes dans le domaine empirique.

9.3.1.3. *Objet « route »*

D'un point de vue conceptuel, il s'agit *a priori* d'un objet *bona fide*, identifiable et repérable dans le paysage. Le Trésor de la langue française informatisé (TLFi) en donne la définition suivante : « Voie de communication importante (par opposition à chemin) qui permet la circulation de véhicules entre deux points géographiques donnés, généralement deux agglomérations (par opposition à rue). »[22]

L'objet route peut ainsi être construit et délimité d'un point de vue empirique à partir des voies menant d'une ville à une autre. Trois propriétés matérielles permettent de décrire l'objet route à différentes périodes : son tracé, son modelé et la présence d'équipements associés.

Une route comporte ainsi une emprise au sol, ou « tracé », qui est la forme en deux dimensions, perceptible par la vue d'en haut, ainsi qu'un « modelé », le volume qu'occupe l'objet routier dans l'espace. Ce dernier concerne plutôt la superstructure des voies, en particulier leur mode de construction (Robert 2021). Il faut ajouter aux observations faites sur l'objet linéaire routier celles portant sur les équipements qui lui sont associés. En effet, sont indispensables au transport les ponts, les éléments de bornage et d'indications routières, ou encore les établissements qui permettent de servir de relais (on pense par exemple aux relais du *cursus publicus* romain, aux lieux d'hospitalité sur les chemins de pèlerinage, aux relais du réseau des postes préindustriel, etc.). On trouve de nombreuses traces de ces équipements dans l'archéologie, la toponymie et les sources écrites.

22. Voir : https://cnrtl.fr/definition/route, consulté le 7 octobre 2024.

Concernant le modelé des routes, l'étude des voies anciennes a longtemps reposé sur la distinction que Bergier a opérée entre des chemins non revêtus et des chemins revêtus et constitués de plusieurs couches superposées. Pour l'auteur, cette construction destinée à assurer la stabilité et l'imperméabilité des voies caractériserait les routes antiques les plus importantes. En archéologie, la présence d'un revêtement imperméable qui permettrait d'assurer la continuité de la route par toutes saisons et la largeur sont des critères couramment utilisés pour définir l'importance d'une voie (Hassig 1991). Les recherches de terrain postérieures ont cependant montré que la corrélation entre la largeur, la construction de la route et son importance n'est pas systématique. Dans le cadre du programme Dynarif, la proposition a donc été faite d'utiliser plutôt une mesure du taux d'investissement pour établir une hiérarchie entre les routes. Ce taux repose sur la combinaison du type de matériau utilisé et des creusements effectués pour évaluer l'effort fourni pour la construction d'une route, ce qui permet de distinguer des voies à fort investissement de voies à investissement plus léger ou inexistant (Robert et Verdier 2014).

La rectitude du tracé, souvent corrélée à l'indépendance de la route par rapport à la topographie, est aussi un critère utilisé depuis le XVIIe siècle comme un indice de la présence d'une route antique importante. Bergier évoquait déjà l'idée de voies allant de « droit fil » de ville à ville à partir de l'exemple des grandes routes antiques rectilignes, repérées notamment dans le nord de la Gaule. À partir du XIXe siècle, la recherche de rectitude a été déterminante dans les reconnaissances systématiques de tracés antiques entrepris aux échelles nationale et locale par les sociétés savantes naissantes. Le tracé de la route était alors souvent recherché à partir de la liaison entre les deux cités antiques qu'elle était censée réunir, le modèle précédant l'observation[23].

Les tracés routiers présentent cependant rarement un axe rectiligne d'un seul tenant reliant deux villes antiques. L'observateur doit associer plusieurs tronçons plus ou moins rectilignes ou présentant des inflexions d'orientation pour proposer un tracé continu. En ce sens, la route, lorsqu'elle est reconstituée pour les périodes anciennes sans qu'il subsiste de vestiges matériels continus, se présente aussi comme un objet *fiat*. En effet, c'est une construction que l'on opère après avoir préalablement convenu des « deux points géographiques donnés » (voir la définition du TLFi, section 9.2.2) que la route est censée relier. Le choix d'associer tel ou tel tronçon pour constituer un axe continu avec un point de départ et un aboutissant est donc, comme la ville, en grande partie, une construction de la part des chercheurs.

23. « Marquez sur une carte tous les chefs-lieux de *civitates*, réunissez par des lignes droites les chefs-lieux voisins, vous êtes assuré que ces lignes correspondent à des voies romaines », écrit par exemple l'archéologue Seymour de Ricci (1881-1942) (cité par (Grenier 1934, p. 6)).

9.3.2. *Processus et relations : passage des relations aux interactions*

Les objets élémentaires étant identifiés avec leurs propriétés respectives, il reste à spécifier la nature des relations entre eux et à identifier celles conduisant à un fonctionnement systémique. Les relations font référence à un champ très vaste, elles peuvent être matérielles ou immatérielles, directes ou indirectes, univoques ou réciproques, pour prendre quelques catégories relatives au questionnement de ce chapitre. L'existence d'une route entre deux villes A et B établit une relation matérielle entre ces villes et conditionne l'existence de flux matériels de personnes et de marchandises. Des relations immatérielles entre ces mêmes villes peuvent provenir d'échanges d'information entre personnes résidant respectivement en A et en B, même si le transport d'information en tant que tel peut impliquer des échanges matériels, par le biais de la poste par exemple. Certaines relations impliquent des connexions avec d'autres villes, les produits commerciaux originaires de A et vendus en B pouvant être passés par une ville C, grâce à l'existence d'une route plus sécurisée par exemple, avant de parvenir à B (relation indirecte). Le réseau des chasse-marée (à la période préindustrielle) dans la France du Nord-Ouest en fournit des exemples (voir encadré 9.1). La multiplication et l'enchevêtrement d'un grand nombre de relations au niveau des différents acteurs urbains (représentants du pouvoir, marchands, transporteurs, artisans) peuvent avoir un effet sur la dynamique du système urbaviaire, et ce, surtout lorsque ces relations sont des interactions.

En effet, l'existence d'une relation n'implique pas toujours celle d'une interaction, essentielle dans un fonctionnement systémique. Une interaction nécessite que des actions menées en A aient des conséquences en B et *vice versa*. Tel est par exemple le cas si les échanges commerciaux entre A et B induisent un effet sur chacune des villes A et B, l'arrivée de certaines marchandises de A en B rendant B plus attractive et favorisant sa croissance, et réciproquement, l'enrichissement des commerçants de A leur permettant des investissements se traduisant ensuite par une activité en croissance. L'intensification de ces échanges peut à son tour entraîner des investissements accrus sur la qualité de la route reliant A à B, ce qui améliorera les conditions matérielles des transports de marchandises. Cet exemple décrit une double rétroaction positive, entre les villes A et B d'une part et entre elles et la route les reliant d'autre part. Il est aussi possible que le caractère dégradé de la route entre A et B réduise les flux commerciaux de A à B et contribue au contraire à affaiblir l'attractivité de B, qui pourrait être concurrencée par des villes plus accessibles pour la ville A[24]. Il y a ainsi des boucles qui peuvent se mettre en place, conduisant au renforcement d'un phénomène (rétroaction positive) ou le régulant (rétroaction négative). Ces boucles de rétroaction, opérant sur

24. Tel est par exemple le cas pour le transport de la marée, pour lequel le pouvoir royal et le prévôt de Paris développent une politique incitative (par des contraintes et avantages sur la vente dans la capitale induisant la vitesse par exemple) pour amener les chasse-marées à court-circuiter les villes intermédiaires (voir encadré 9.1).

divers aspects caractérisant les villes et les routes, peuvent activer des processus amenant la transformation du système. Il s'agit donc de différencier les interactions des relations plus banales, en identifiant celles qui vont déclencher un processus et être motrices dans l'évolution du système considéré.

La relation entre les villes et les routes passe quant à elle par le flux qui circule d'une ville à l'autre grâce aux routes liant ces villes. L'importance de ce flux dépend de la taille des villes d'origine et de destination et de la qualité du support routier. En effet, l'intensité d'un flux et la fluidité de la circulation dépendent en grande partie de la forme des tracés et des modelés qui servent de support au flux. Inversement, le volume du flux qui circule sur les tracés et les modelés est un critère déterminant pour leur transformation. En effet, l'augmentation de la circulation sur les voies entraîne généralement des décisions d'acteurs. Celles-ci portent sur des transformations dans leur construction et leur emprise au sol : amélioration de la viabilité, élargissement, déplacement, ajout d'une nouvelle voie, etc. Il existe donc des boucles de rétroaction articulant d'un côté le flux, et de l'autre le tracé et le modelé, dans le sens où les transformations des tracés et modelés à l'échelle micro ont un effet sur le flux à l'échelle macro et inversement. On a démontré, en archéogéographie, que ces boucles de rétroaction permettaient la résilience des réseaux routiers dans le temps long et qu'elles sont donc une condition de la durabilité des relations entre les villes (Robert 2021). Qu'elles soient créées par l'usage ou construites volontairement par les élites, les routes créent les conditions pour faciliter les échanges entre des lieux distants en permettant le déplacement de personnes, de biens et par extension d'informations. La présence d'une route entre deux villes laisse supposer l'existence de relations sociales entre ces villes et éventuellement le long de son parcours. La continuité et la vitesse associées à la route sont des atouts essentiels pour assurer un lien durable entre les villes qu'elle joint.

9.4. Quels observables pour construire les systèmes urbaviaires ?

Pour construire ces systèmes que nous avons qualifiés d'urbaviaires, constitués de l'interconnexion entre des systèmes de villes et des réseaux routiers, l'enjeu consiste à identifier l'existence et l'importance des interactions, qui sont au cœur de tout fonctionnement systémique, à partir de sources disponibles et d'indicateurs adaptés. Pour illustrer la variété des observables qui peuvent être utilisés pour rendre compte des interactions entre les villes d'un système et de la place des infrastructures de transport dans ces travaux, nous exposons brièvement les démarches mobilisées dans différents travaux en géographie et archéologie (voir section 9.4.1). Nous intéressant plus particulièrement aux interactions entre les villes opérant par l'intermédiaire des routes, nous passons ensuite en revue de manière plus approfondie l'ensemble des observables disponibles pour caractériser l'efficacité des routes, en précisant les périodes pour lesquelles ils le sont et en discutant la nature de l'information qu'ils apportent (voir section 9.4.2).

9.4.1. « *Observables* » *divers pour étudier les systèmes de villes à différentes périodes*

Un bref état de l'art permet d'avoir une première idée de la diversité des démarches adoptées par les chercheurs pour évaluer quelles sont les interactions entre un ensemble de villes permettant de révéler un fonctionnement systémique et d'identifier des systèmes de villes. Nous évoquons ainsi trois études, ayant chacune le même objectif d'identifier un ou plusieurs systèmes de villes, mais correspondant à des périodes différentes et utilisant des observables très variés.

Dans une étude cherchant à identifier des sous-systèmes de villes en France à l'époque actuelle, Berroir *et al.* (2017) choisissent d'observer toutes les aires urbaines correspondant à la définition de l'Insee (voir section 9.3.1). Les auteurs mobilisent sept observables pour identifier les relations existantes entre ces aires urbaines. Ces relations de nature très variée contribuent à rendre les évolutions de ces villes interdépendantes : certaines concernent l'existence de flux de personnes (mobilités domiciletravail, migrations résidentielles, résidences principales/secondaires), d'autres l'existence d'une infrastructure (transports à grande vitesse), d'autres encore des liens entre des établissements (établissements économiques, partenariats scientifiques). Chaque indicateur donne une image sensiblement différente des relations interurbaines. La méthode a ensuite consisté à cumuler les scores associés aux liens entre couples de villes afin d'obtenir une image synthétique des interdépendances entre les aires urbaines. Les systèmes de villes correspondant à trois échelles sont identifiés : les systèmes de proximité (26 au total sont dénombrés, comprenant entre 5 et 30 aires urbaines chacun), les « transversales intermétropolitaines » reliant les plus grandes aires urbaines, et les liens à Paris.

Étudiant l'évolution des hiérarchies urbaines régionales entre la France de la fin du XVIIIe siècle et celle du début du XIXe siècle, période au cours de laquelle se développent les routes construites en dur, entraînant une augmentation de la vitesse du transport et donc de la portée des centres régionaux, Bretagnolle et Franc (2017, 2020) partent de la définition que donne Juillard d'un « système régional » : il s'agit de l'ensemble des « localités pouvant atteindre le centre régional en moins d'une journée, aller et retour » (Juillard 1974). La démarche a consisté dans un premier temps à repérer les centres régionaux à partir de l'évaluation de la taille des villes[25] et dans un second temps à identifier, pour chaque localité, le centre régional dont elle était le plus proche (en matière de temps de parcours) par le réseau des routes de la poste à cheval. En comparant les situations en 1794 et 1831, les auteurs décrivent le passage d'une situation où une « multitude de petits réseaux régionaux » sont répartis sur l'ensemble du territoire à l'émergence dans le nord de la France d'un système de villes intégré, avec un emboîtement de différents réseaux. Ils mettent notamment en évidence la place importante des villes

25. D'après Bairoch et Lepetit (voir (Bretagnolle et Franc, p. 335)).

moyennes entre les plus grandes et les plus petites, échelon quasi absent lors de la période précédente.

S'intéressant à l'évolution de la ville de Noyon sur 2 000 ans (c'est-à-dire l'entièreté de son existence), Julie Gravier (2018) cherche à identifier les villes avec lesquelles Noyon a « fait système » à différentes périodes. Ses observables sont principalement des documents iconographiques et textuels, l'archéologie disposant de relativement peu de vestiges permettant d'identifier la nature des objets échangés[26]. Elle identifie deux types de liens : les liens fonctionnels, qui peuvent être religieux, économiques ou politico-administratifs, avérés par des écrits ; l'existence d'une infrastructure de transport témoignant d'un potentiel d'échange. Afin de déterminer l'ensemble des villes ayant eu un fonctionnement systémique avec Noyon, l'autrice se fonde sur le cumul de plusieurs liens de mêmes types et/ou de types différents. Cette démarche l'amène à écarter la ville de Tournai, bien que le siège du diocèse de Tournai soit rattaché à celui du Noyon du VIIe siècle au XIIe siècle, entraînant des migrations de religieux entre les deux villes. Le fait que cette relation ne soit associée à aucune autre, ni politique, ni administrative, ni économique, la conduit à la juger insuffisante pour conclure à l'existence de rétroactions motrices entre ces deux villes. Les liens avec Vermand, appartenant à la même cité antique des Viromanduens que Noyon, sont en revanche multiples et variés sur la période Ier-VIIe siècle, et l'amènent à conclure à l'existence de liens systémiques avec Noyon. La figure 9.5 montre quelles villes dans le voisinage de Noyon font système avec elle suivant cette démarche.

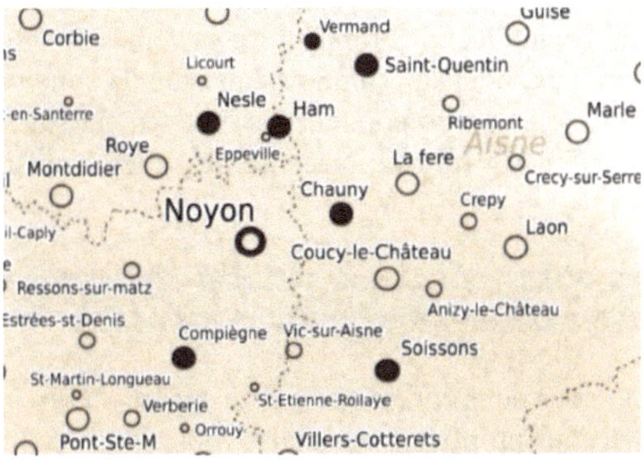

Figure 9.5. *Extrait d'une carte de l'environnement urbain de Noyon (les cercles représentent des lieux repérés comme « villes » ou « bourgs » sur la carte d'état-major, le remplissage noir indiquant les villes fonctionnant en système avec Noyon). Pour donner une idée de l'échelle, la distance entre Noyon et Compiègne est de 22 km (source : d'après (Gravier 2018)).*

26. On peut toutefois identifier la circulation de certains objets, les céramiques par exemple.

Dans deux des cas que nous venons d'évoquer (le premier et le troisième), la démarche consiste à cumuler des faits observables variés : des flux de personnes dans le seul cas 1, des relations économiques, administratives ou politiques dans les cas 1 et 3. Ce cumul, que ce soit par le calcul d'un score ou le raisonnement sur des écrits, permet aux auteurs d'estimer l'intensité de la relation entre les villes et d'établir leur appartenance ou non à un même système. Dans le cas 2, des calculs sont réalisés à partir des vitesses permises par les routes, afin d'identifier les villes qui sont potentiellement en relation avec le centre régional.

Dans chacun de ces trois cas, la place des données est très différente. Dans le cas 1, correspondant à l'époque actuelle, elles sont disponibles en quantité pour mesurer l'intensité de la relation entre deux villes. L'enjeu n'est pas alors de repérer la trace d'un échange réel ou potentiel comme dans les cas 2 et 3, mais de sélectionner parmi toutes les informations existantes celles qui rendent le mieux compte d'un fonctionnement propre à un système de villes. Dans un tel cas de surabondance d'informations, l'essentiel du travail préliminaire consistera en une sélection pertinente des données. Dans les cas 2 et 3, la situation est inverse, dans la mesure où aucune observation directe sur les flux n'est disponible. Les auteurs mobilisent alors des témoignages écrits sur des échanges économiques ou administratifs qui ont eu lieu entre les villes à des dates données, ou bien estiment quels sont les potentiels d'interaction qu'offrent l'existence et l'efficacité des infrastructures routières. Dans les trois cas évoqués, les auteurs aboutissent à la construction de plusieurs sous-systèmes de villes, mais les routes, lorsqu'elles sont présentes, n'interviennent que comme support des échanges entre les villes. Les observables permettant d'appréhender les interactions fondant les systèmes de villes ayant ainsi donné lieu à de nombreux travaux, nous approfondissons dans la suite une dimension moins étudiée du système urbaviaire, celle portant plus directement sur les propriétés des réseaux routiers et leurs effets sur les relations entre les villes (voir figure 9.4).

9.4.2. *Identifier des observables pour étudier l'efficacité des routes reliant entre elles les villes à différentes périodes du passé*

Dans cette section, nous nous concentrons ainsi sur les observables disponibles pour reconstituer, d'une part, les propriétés des objets routes et, d'autre part, l'existence de relations et d'interactions permettant de lier les routes et les villes (voir figure 9.4) suivant les principes conceptuels exposés dans la figure 9.2. Les observables sont de nature très diverse : comptages, cartes, images aériennes, vestiges archéologiques, textes historiques, actes juridiques, etc. Certains apportent des témoignages sur la circulation d'objets, de personnes, d'informations, d'autres fournissent des traces à partir desquelles on peut déduire l'existence d'interactions qui ont eu lieu entre les villes et les routes, d'autres enfin renseignent sur l'existence et les propriétés d'efficacité des routes, que l'on peut mettre en relation avec l'importance et/ou le statut des villes jointes.

Les observables permettant d'étudier les interactions entre les villes et les routes sont utilisés parfois séparément, parfois de manière combinée, pour reconstituer à différentes périodes les routes joignant entre elles les villes et estimer leur efficacité. La mobilisation de ces observables permet de construire des connaissances que nous présentons dans le tableau 9.1 suivant quatre catégories : connaissances directes sur les tracés routiers ; connaissances sur les itinéraires joignant les villes entre elles ; connaissances sur des faits ponctuels touchant un axe particulier ou la relation d'une ville particulière avec le réseau routier. La quatrième catégorie concerne la combinaison des catégories précédentes sur des cartes archéologiques, des cartes compilées ou bases de données géohistoriques.

9.4.2.1. *Connaissances sur les tracés routiers entre les villes*

Les cartes représentent des observables privilégiés pour produire des connaissances sur les tracés routiers entre les villes. À l'échelle régionale, elles sont surtout utilisables à partir du XVIIIe siècle avec la naissance de la cartographie topographique, élaborée sur une base scientifique. Cette dernière représente plus systématiquement les routes[27] dans leur tracé précisément localisé sur le terrain. Auparavant, les routes ne sont pas représentées de manière systématique à cette échelle, et lorsqu'elles le sont, c'est souvent de manière schématique. Les cartes topographiques permettent de repérer les tracés empruntés par les circulations entre les villes. La présence, l'importance du flux et la vitesse peuvent être déduites à partir des légendes des cartes et des types de représentations utilisées[28]. L'odonymie, qui précise le nom des voies de communication, peut donner aussi une indication sur les villes qui constituent les tenants et aboutissants de ces axes.

Les images aériennes, quant à elles, donnent à voir des tracés de routes, d'une part sous la forme de tracés qui sont actifs au moment de la prise de vue et d'autre part sous la forme de traces témoignant de tracés anciens disparus. Si les cartes et les images aériennes représentent des routes qui sont fonctionnelles au temps t de leur réalisation, elles enregistrent aussi des traces de routes anciennes qui sont conservées soit sous le tracé des routes plus récentes, soit sous la forme d'autres éléments paysagers.

Cette première catégorie de connaissances produites permet de donner à voir une représentation topographique continue de la route dans l'espace, mais de telles sources directes sur les tracés restent souvent limitées pour les périodes anciennes et difficiles à manipuler. Par ailleurs, dans de nombreux cas, la reconstitution des tracés topographiques n'est pas réalisable. Une solution consiste alors à supposer la continuité des tracés à partir de l'observation de relations dans des itinéraires donnés.

---

27. Notamment à partir de la carte d'état-major au début du XIXe siècle.

28. Sur ces types de représentations et leur utilisation, voir (Bèzes *et al.* 2014).

9.4.2.2. *Connaissances sur les itinéraires entre villes*

A Rouen.

Pontoiſe, & *deſſus*	vii l. R.
Piſeulx	i l.
La Villeneufue	i l.
Le bordeau de Vigny	i l.
Paſſe par au long.	
Clery	ii l.
Maigny b.	i l. g.
Sainct Geruais	d. l.
La Chappelle	d. l.
Sainct Cler, *ſur Aine* b.	i l.
Tillier	i l. d.
Richeuille	i l. d.

Figure 9.6. *Itinéraires de Paris à Rouen, extrait de* La Guide des chemins de France *de Charles Estienne (1552), p. 8 (source : gallica.bnf.fr, BnF)*

COMMENTAIRE SUR LA FIGURE 9.6.– *Ce type de source indique les itinéraires sous la forme d'une succession de lieux entre deux points (ici, entre Paris et Rouen). Les lettres en début de ligne indiquent l'importance du lieu (« b ». pour bourg dans cet exemple), les lettres en fin de ligne indiquent la distance à parcourir (mesurée en nombre de lieues de poste[29]), la présence de gîtes et lieux de repos (« g. », « R. »). Exemple : Clery se trouve à 2 lieues de poste de Vigny ; Maigny, bourg, se trouve à une lieue de poste de Clery et dispose d'un gîte.*

Une connaissance plus indirecte sur les relations routières entre les villes peut être construite à partir des itinéraires, écrits ou graphiques, qui constituent depuis l'Antiquité un témoignage de la circulation entre les villes. Ces documents sont parfois organisés sous la forme de listes indiquant un point de départ et un point d'arrivée et les différents lieux par lesquels il faut passer pour y arriver, avec éventuellement une indication des distances et des équipements disponibles sur la route. Entrent dans la catégorie des itinéraires-listes, par exemple, l'*Itinéraire d'Antonin*, ensemble de textes du VIIIe au XVe siècle copiés à partir de textes du IIIe siècle apr. J.-C., les guides et récits de voyages des pèlerins (XIIe-XVe siècle) ou encore *La Guide* de Charles Estienne éditée en 1552 (voir figure 9.6). On peut trouver également des documents graphiques représentant l'itinéraire sous la forme d'une ligne entre deux points. La ligne figure l'existence potentielle d'un flux de circulation sans que le tracé ne soit représenté topographiquement

29. La lieue de poste est une mesure de distance valant 3 898 m (TLFi).

et géométriquement. Il s'agit d'une représentation de l'itinéraire sous forme de graphe. La table de Peutinger, représentation graphique de l'Empire romain, sur un document datant du XIIIe siècle qui serait la copie d'un ou plusieurs documents datés entre le Ier et le IVe siècle apr. J.-C., donne à voir ainsi des icônes représentant les principales villes reliées par des lignes portant des indications de distance[30] (voir figure 9.7). Ces itinéraires-listes et itinéraires-graphes sont généralement établis à partir du recueil du témoignage des marchands ou des pèlerins qui circulent entre les lieux cités, témoignant d'une relation entre les villes citées, avec une circulation passant par des chemins et des routes.

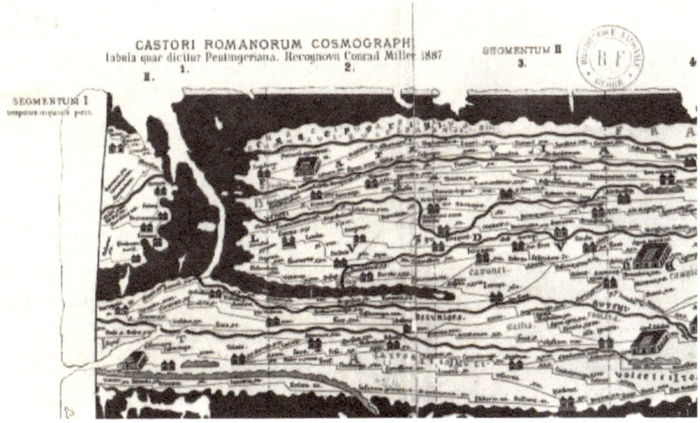

Figure 9.7. *Extrait de la table de Peutinger, copie d'un document du XIIIe siècle qui reprendrait différentes sources d'origine antique*

COMMENTAIRE SUR LA FIGURE 9.7.– *L'itinéraire est schématisé ici sous la forme d'une ligne entre différents lieux indiqués par leurs noms et parfois une icône stylisée. Source :* Weltkarte des Castorius gennant die Peutinger'sche tafel in den farben des originals herausgegeben und eingeleitet, *von Dr. Konrad Miller, 1888, gallica.bnf.fr, BnF).*

Une autre manière d'attester la circulation et les échanges entre différentes villes est de reconstituer les éventuels déplacements à partir des observations successives de la présence d'un artefact, d'une information ou d'une personne en différents lieux. Pour les périodes anciennes, de telles reconstitutions peuvent être faites à partir de distributions

30. Les lignes figurées sur ce document sont parfois identifiées à tort comme des tracés routiers (confusion introduite par N. Bergier dès le XVIIe siècle), mais il s'agit d'itinéraires plus que d'objets routiers.

spatiales d'artefacts, par exemple celles d'un type de céramique antique ou de monnaie médiévale, ce qui permet de déduire leurs circulations à partir de leur lieu de production. À partir du Moyen Âge, la géolocalisation de certains actes écrits, témoignant de la circulation de personnages importants, de transporteurs, de marchands, etc., donne également des informations sur les relations entre les villes. Des témoignages sur le déplacement d'individus d'une ville A à une ville B en passant éventuellement par d'autres villes peuvent, par exemple, être déduits des signatures qu'ils ont portées sur des actes mentionnant le lieu et la date et permettre de reconstituer leurs voyages. Si les dates sont précises, ces signatures peuvent donner des indications sur le temps nécessaire pour aller d'une ville à l'autre, et on peut alors éventuellement en déduire la vitesse associée à l'itinéraire suivi. La géolocalisation des lieux où sont signés les actes royaux permet par exemple de retracer assez précisément les itinéraires de la cour royale entre les principales villes au Moyen Âge, voire d'en déduire des vitesses de déplacement (Bove et Costa 2021).

9.4.2.3. *Connaissances tirées d'observables ponctuels*

Des connaissances sur les relations entre villes et routes peuvent parfois être déduites à partir d'informations ponctuelles. Les comptages, pour l'époque actuelle, fournissent des informations sur le flux circulant à des endroits déterminés à des moments donnés. Pour les périodes plus anciennes, ce type de comptage n'est pas réalisable, mais d'autres types de connaissances peuvent être dégagées à partir des vestiges archéologiques ou de la microtoponymie et des actes écrits.

Certaines traces archéologiques peuvent témoigner ponctuellement de la présence de routes. Les fouilles stratigraphiques permettent de dater et d'interpréter précisément la forme des voies à l'emplacement des sites archéologiques. La qualité du modelé, la forme du revêtement, la largeur de la route, sont des critères utilisés par les archéologues pour repérer le degré d'investissement par les pouvoirs publics et estimer l'importance d'une route. Les vestiges archéologiques donnent aussi des informations sur la présence d'équipements associés à la route. Dès l'Antiquité, des bornes et indicateurs permettent de se repérer, facilitant le trajet. Les ponts constituent des lieux de passage privilégiés sur les cours d'eau. Les relais et auberges permettent de changer de monture, de se restaurer, etc., et donnent une indication sur la continuité et la vitesse de la circulation entre les villes. Pour les périodes anciennes, la recherche porte donc en grande partie sur l'identification de ces équipements en lien avec différents types de transports ou de circulations (stations du *cursus publicus* pour l'Antiquité, lieux d'accueil des pèlerins au Moyen Âge, relais postaux à la période préindustrielle, par exemple).

La microtoponymie constitue également une source d'information utilisée dès le XIXe siècle par les archéologues pour rechercher les indices de routes anciennes. En effet, les noms de lieux-dits que l'on trouve sur les cadastres, les cartes anciennes, les actes écrits peuvent témoigner de la présence d'une route ou d'équipements associés comme les ponts, les relais, les auberges, les bornes, etc. Pour la reconstitution des chemins de chasse-marée évoquée dans l'encadré 9.1, l'utilisation de la toponymie se révèle essentielle, par exemple, pour repérer le passage des transporteurs. Par ailleurs, les toponymes peuvent donner aussi une information sur l'importance du chemin ou sa portée (par exemple chemin du Roi, chemin de Saint-Jacques, etc.).

Les actes écrits produits par les pouvoirs centraux et les pouvoirs urbains sur l'aménagement des routes sont également des observables produisant des connaissances ponctuelles. Ils se développent surtout à partir du XVIIIe siècle. Ces actes témoignent directement des décisions d'acteurs opérées en faveur de la continuité, de la vitesse ou de la sécurité des transports en des lieux précis. Certains écrits portent sur les actions concernant l'amélioration de l'infrastructure routière dans son tracé ou son modelé. On peut trouver aussi des témoignages de décisions prises par les élites urbaines et les pouvoirs centraux pour organiser le transport des biens et des personnes, pour favoriser la continuité des routes et éventuellement la vitesse, ou encore pour assurer la sécurité du transport. Les actes concernent par exemple la résolution de conflits au passage des transporteurs, l'approvisionnement ou la vente des denrées transportées, etc. (voir encadré 9.1).

9.4.2.4. *Combinaison d'informations variées pour reconstituer l'existence et l'efficacité des routes reliant entre elles les villes*

Le tableau 9.1 récapitule l'ensemble des catégories de connaissances et d'observables qui peuvent être utilisés pour reconstituer les routes reliant entre elles les villes. La première colonne spécifie le type de connaissance produite et les colonnes suivantes caractérisent l'observable mobilisé ainsi que ses sources. Les lignes sont classées suivant les trois catégories de connaissances produites présentées dans cette section. Comme l'illustre ce tableau, à un type de connaissance donné ne correspond pas un unique observable. Chacun d'entre eux apporte une information précieuse sur l'existence et/ou les propriétés de tracés routiers. La combinaison de plusieurs observables est cependant nécessaire pour rendre compte du fonctionnement systémique que l'on cherche à reproduire. En effet, plus on s'éloigne dans le temps, moins les observables sont directs, et les données ponctuelles, si elles émanent de sources variées et complémentaires, doivent être associées à des informations sur les tracés et/ou les itinéraires pour que l'on puisse les replacer dans l'espace géographique. C'est par le cumul et la combinaison de plusieurs des observables répertoriés (cartes, images aériennes, vestiges archéologiques, microtoponymes et actes écrits) que les chercheurs peuvent reconstituer une connaissance sur la présence et l'importance des relations entre les villes par l'intermédiaire des routes.

L'enjeu consiste à cumuler ces différentes informations géolocalisées sur un fond cartographique unique ou dans une base de données géohistoriques traitée dans un système d'information géographique. Les informations ponctuelles peuvent être mises en série et comparées aux informations fournies par les cartes, graphes et images aériennes.

On peut distinguer deux niveaux de cartes. Le premier est constitué par la carte archéologique, où sont géolocalisées des observations ponctuelles issues d'opérations archéologiques, des microtoponymes et éventuellement des lieux cités dans les sources historiques, et qui permet de les associer aux tracés connus d'anciennes routes. Sur les cartes archéologiques ne sont portés généralement que les éléments attestés pour la période étudiée (sites archéologiques datés et tracés routiers identifiés comme existants pour ladite période reportés sur des éléments du relief et de l'hydrographie jugés pérennes). Un deuxième niveau correspond à la « carte compilée »[31], utilisée en archéogéographie, qui consiste à associer sur un même fond de plan des données du présent et du passé. L'analyse des tracés porte alors sur les tronçons routiers ponctuellement attestés par la fouille archéologique, sur les traces perceptibles sur les images aériennes, mais aussi sur les tracés transmis dans des tronçons actuels, des limites parcellaires, des limites administratives, des objets paysagers mis en évidence par l'analyse morphologique.

Toutes ces informations se complètent et, prises ensemble, elles permettent de reconstituer les tracés routiers et de construire des connaissances sur les conditions de circulation des personnes, des informations et des marchandises entre les villes. La recherche d'une forme rectiligne, utilisée traditionnellement dans la recherche sur les voies antiques, peut être utilisée par exemple pour déceler le tracé d'une voie antique importante à partir de l'alignement de tracés routiers existants, mais aussi d'éléments paysagers (haies, limites parcellaires, etc.), ou même de limites administratives qui transmettent la forme de la route disparue.

Pour appliquer le modèle urbaviaire à un cas empirique précis, un tableau similaire pourrait être réalisé pour rendre compte des observables nécessaires pour reconstituer l'attractivité des villes en fonction de leur statut, de leurs fonctions et de leur niveau hiérarchique (voir figure 9.2). Plusieurs des sources sont les mêmes que pour les routes (cartes, témoignages écrits, statistiques), et comme les travaux dans ce domaine sont plus nombreux (voir section 9.4.1), nous n'avons pas développé cette étape dans ce texte pour nous concentrer sur les observables liés spécifiquement aux routes.

31. Sa construction et la recherche sur les routes qu'elle permet par l'analyse morphologique sont décrites dans (Robert 2011).

Catégorie de connaissance	Catégorie d'observable	Nature de la source	Propriété d'efficacité de la route
Tracé routier	Lignes représentant des routes	Cartes topographiques à partir du XVIIIe siècle avec représentation des routes et odonymie	Continuité Vitesse
	Formes et traces interprétées comme routes	Imagerie aérienne	Continuité
	Lignes variées issues d'objets paysagers divers, qui sont le témoin de l'existence de routes dans le passé	Analyse morphologique à partir de cartes, cadastres et d'images aériennes	Continuité Vitesse
Itinéraire	Suite de noms de lieux organisant un itinéraire	Itinéraires-listes	Continuité
	Ligne reliant des lieux	Itinéraires-graphes	Continuité
	Artefacts distribués dans l'espace	Observation archéologique	Continuité
	Suite de noms de lieux associés aux déplacements de personnes	Actes écrits géolocalisés	Continuité Vitesse
Ponctuelle	Comptage	Données statistiques, recensement, enquête	Continuité
	Vestiges de couches de construction, revêtement, largeur	Observation archéologique	Continuité Vitesse
	Microtoponymes (équipements)	Cartes, sources écrites	Vitesse Continuité
	Décisions assurant l'amélioration de l'infrastructure en des lieux donnés	Actes écrits	Continuité Vitesse Sécurité
	Décisions assurant la sécurité des transporteurs et éléments transportés en des lieux donnés	Actes écrits	Sécurité
Générale	Décisions en faveur de l'organisation du transport	Actes écrits	Continuité Vitesse
Tracé et itinéraire	Données ponctuelles géolocalisées, lignes sur cartes et images aériennes, décisions, listes de noms de villes, etc.	Cumul des différentes sources dans des cartes archéologiques, cartes compilées ou bases de données géohistoriques	Continuité Vitesse Sécurité

Tableau 9.1. *Récapitulatif des connaissances et des observables et sources associées permettant de reconstituer l'existence et l'efficacité des routes reliant entre elles les villes à différentes périodes*

9.5. Conclusion

Étudier des systèmes de peuplement dans la longue durée implique une réflexion sur le sens qu'ont les objets, dans ce chapitre les villes et les routes, et leurs relations dans différents contextes historiques. Alors qu'il est possible de construire un modèle conceptuel générique, relativement stylisé, sur les relations et interactions entre un ensemble de villes et le réseau routier, l'opérationnalisation d'un tel modèle dans le domaine empirique nécessite de mobiliser des observables qui sont à la fois variés dans leur nature et variables dans le temps. D'un côté il y a la question des sources et de la disponibilité des informations, variable suivant les périodes, et de l'autre il y a la question du sens des objets et des relations empiriques que l'on peut observer et qui peut varier selon le contexte historique. Par exemple, parmi les cas mobilisés dans ce chapitre, il apparaît que l'identification d'un lien durable entre deux villes passe par différents moyens qui ne sont pas tous forcément présents aux différentes périodes ou qui sont différemment connus : route construite (Antiquité, période préindustrielle), système de relais (toutes périodes), encadrement de la circulation de certains biens, informations ou personnes par le droit (facteur jouant un rôle important aux périodes médiévale et préindustrielle, par exemple).

Après avoir proposé un modèle générique d'un système urbaviaire, abordant le système de peuplement par la mise en relation des systèmes de villes avec le réseau routier, nous avons dans ce chapitre discuté de manière approfondie, à partir de cas portant sur la France à trois périodes clés, un certain nombre de questions se posant lors de l'opérationnalisation d'un tel modèle. Cet exposé montre combien la route est longue entre la conceptualisation d'un système et son opérationnalisation dans le domaine empirique. Il s'agit d'estimer l'existence et l'importance des différentes relations en jeu, étape essentielle pour mettre en évidence la dynamique de fonctionnement de ce système, d'en estimer les formes de continuité et de rupture, d'en repérer les périodes de transition d'un fonctionnement à un autre. Ce chapitre a consisté à examiner comment des observables de nature différente pouvaient être mobilisés pour différentes époques (de l'Antiquité à la période préindustrielle) pour rendre compte de manière cohérente d'une même relation conceptuelle entre villes et routes. Pour opérationnaliser un modèle qui s'étendrait au-delà de la révolution industrielle, il s'agirait d'appliquer le même cadre conceptuel à d'autres infrastructures de transport comme les réseaux ferroviaires et aériens.

9.6. Bibliographie

Arbellot, G. (1973). La grande mutation des routes de France au milieu du XVIIIe siècle. *Annales*, 28(3), 765–791.

Archaeomedes (1998). *Des oppida aux métropoles*. Anthropos, Paris.

Barrett, J.H., Locker, A.M., Roberts, C.M. (2009). "Dark Age Economics" Revisited: The English Fish-Bone Evidence, 600-1600. Dans *Beyond the Catch: Fisheries of the North Atlantic, the North Sea and the and the Baltic, 900-1850*, Sicking, L., Abreu-Ferreira, D. (dir.). Brill, Boston, 31–61.

Bautier, R.H. (1987). La route française et son évolution au cours du Moyen Âge. *Bulletin de la classe des lettres et des sciences morales et politiques*, 73(1/2), 70–104.

Bergier, N. (1622). *Histoire des grands chemins de l'Empire romain*. C. Morel, Paris.

Berroir, S., Le Néchet, F., Mathian, H., Saint-Julien, T., Sanders, L. (2011). Les pôles d'emploi dans l'aire urbaine de Paris en 2006. Rapport.

Berroir, S., Cattan, N., Dobruszkes, F., Guérois, M., Paulus, F., Vacchiani-Marcuzzo, C. (2017). Les systèmes urbains français : une approche relationnelle. *Cybergeo*, 27945.

Bèzes, B., Verdier, N., Robert, S. (2014). La représentation des routes sur les cartes anciennes. Dans *Dynamique et résilience des réseaux routiers en région Île-de-France*, Robert, S., Verdier, N (dir.). Supplément à la *Revue archéologique du centre de la France*, 52, Tours, 95–113.

Bourlet, C. (1995). L'approvisionnement de Paris en poisson de mer aux XIVe et XVe siècles, d'après les sources normatives. *Journal of the British Institute in Paris*, 20, 5–23.

Bove, B., Costa, L. (2021). Hiérarchie sociale et classement des routes. Ce que les itinéraires royaux nous apprennent sur les déplacements au XIVe siècle. *Revue historique*, 698, 463–499.

Bretagnolle, A. (2009). Villes et réseaux de transport : des interactions dans la longue durée (France, Europe, États-Unis). Habilitation à diriger des recherches, université Paris 1, Paris [En ligne]. Disponible à l'adresse : https://tel.archives-ouvertes.fr/tel-00459720 [Consulté le 16 mars 2022].

Bretagnolle, A., Franc, A. (2017). Transition 9 : vers des systèmes de villes intégrés (France, XVIIIe-XIXe siècles). Dans *Peupler la Terre : de la préhistoire à l'ère des métropoles*, Sanders, L. (dir.). Presses universitaires François-Rabelais, Tours, 333–359.

Bretagnolle, A., Franc, A. (2020). Émergence d'un système de villes dans la moitié nord de la France. Dans *Le Temps long du peuplement : concepts et mots-clés*, Sanders, L., Bretagnolle, A., Brun, P., Ozouf-Marignier, M.V., Verdier, N. (dir.). Presses universitaires François-Rabelais, Tours.

Bretagnolle, A., Verdier, N., Arnauld, C., Baudet-Michel, S., Nissen-Jaubert, A. (2020). Dynamiques : effondrement, déclin, décroissance. Dans *Le Temps long du peuplement : concepts et mots-clés*, Sanders, L., Bretagnolle, A., Brun, P., Ozouf-Marignier, M.V., Verdier, N. (dir.). Presses universitaires François-Rabelais, Tours, 330–419.

Brunet, R. (1992). Villes. Dans *Les Mots de la géographie*, Brunet, R., Ferras, R., Théry, H. (dir.). La Documentation française, Paris.

Chapelon, L. (2004). Réseau. Hypergeo [En ligne]. Disponible à l'adresse : http://www.hypergeo.eu/spip.php?article80.

Claval, P. (1982). *La Logique des villes*. Litec, Paris.

Cottineau, C., Chapron, P., Reuillon, R. (2015). Growing Models from the Bottom Up. An Evaluation-Based Incremental Modelling Method (EBIMM) Applied to the Simulation of Systems of Cities. *JASSS*, 18(4), 9.

Delamarre, N. (1719). *Traité de la police, où l'on trouvera l'histoire de son établissement, les fonctions et les prérogatives de ses magistrats ; toutes les lois et tous les règlements qui la concernent*. M. Brunet, Paris.

Dompnier, B., Perol, C. (2009). *Faire la route : IIIe-XXe siècle*. Presses universitaires Blaise-Pascal, Clermont-Ferrand.

Durand-Dastès, F. (2004). Temporalités et échelles : définitions et premières articulations. Centre national d'enseignement à distance, Vanves.

Estienne, C. (1552). La Guide des chemins de France [En ligne]. Disponible à l'adresse : http://gallica.bnf.fr/ark:/12148/bpt6k102662d.

Fray, J.L. (2006). *Villes et bourgs de Lorraine : réseaux urbains et centralité au Moyen Âge*. Presses universitaires Blaise-Pascal, Clermont-Ferrand.

Gautier, H. (1693). *Traité de la construction des chemins*. Jean-Dominique Camusat, Toulouse.

Gravier, J. (2018). Deux mille ans d'une ville en système : proposition d'une démarche appliquée au cas de Noyon [En ligne]. Disponible à l'adresse : https://tel.archives-ouvertes.fr/tel-02407999.

Grenier, A. (1934). *Manuel d'archéologie gallo-romaine. L'archéologie du sol. Les routes*. Picard, Paris.

Guérois, M., Bretagnolle, A., Mathian, M., Pavard, A. (2014). Functional Urban Areas (FUA) and European Harmonisation. A Feasibility Study from the Comparison of Two Approaches: Commuting Flows and Accessibility Isochrones. Rapport, ESPON Database, Paris.

Hassig, R. (1991). Roads, Routes, and Ties that Bind. Dans *Ancient road networks and settlement hierarchies in the New World*, Trombold, C.D. (dir.). Cambridge University Press, New York, 17–27.

Hay, C.S. (2014). Neither real nor fictitious but "as if real": a political ontology of the state. *The British Journal of Sociology*, 65(3), 459–480.

Juillard, E. (1974). *La « région » : contributions à une géographie générale des espaces régionaux*. Éditions Ophrys, Strasbourg.

Lévy, J., Lussault, M. (2013). *Dictionnaire de la géographie et l'espace des sociétés*. Belin, Paris.

Livet, P., Sanders, L. (2014). Le « test ontologique » : un outil de médiation pour la modélisation agent. Dans *Ontologies et modélisation par SMA en SHS*, Phan, D. (dir.). Hermès-Lavoisier, Paris, 95–110.

Mathian, H., Sanders, L. (2014). *Objets géographiques et processus de changement : approches spatio-temporelles*. ISTE Editions, Londres.

Moine, A. (2006). Le territoire comme un système complexe : un concept opératoire pour l'aménagement et la géographie. *L'Espace géographique*, 2, 115–132.

Pavard, A. (2020). Optimiser la gestion conjointe de la voirie et des réseaux enterrés à l'aide de la géomatique : conception d'un référentiel spatial de voirie. Constructibilité à l'interface entre route et réseaux enterrés. Thèse de doctorat, université Paris Est, Paris.

Plumejeaud-Perreau, C., Nahassia, L., Gravier, J. (2022). Appréhender le changement des catégories pour l'étude d'une dynamique spatiale sur le temps long. *Revue internationale de géomatique*, 31(1/2), 47–80.

Pumain, D. (1997). Pour une théorie évolutive des villes. *L'Espace géographique*, 26(2), 119–134.

Pumain, D. (2004). Système. Hypergeo [En ligne]. Disponible à l'adresse : http://www.hypergeo.eu/spip.php?article5.

Pumain, D., Sanders, L., Bretagnolle, A., Glisse, B., Mathian, H. (2009). The Future of Urban Systems. Dans *Complexity perspectives on innovation and social change*, Lane, D., Pumain, D., Van der Leeuw, S., West, G. (dir.). Springer, Berlin, 331–359.

Reverdy, G. (1997). *L'Histoire des routes de France du Moyen Âge à la Révolution*. Presses de l'École nationale des ponts et chaussées, Paris.

Robert, S. (2011). La ville de Pontoise au Moyen Âge : entre impensé et stratégie des élites. *Archéologie médiévale*, 41, 77–121.

Robert, S. (2018). Les chasse-marée et la route du poisson. Réduire la distance pour approvisionner Paris du XIIIe siècle au XVIIIe siècle [En ligne]. Disponible à l'adresse : http://journals.openedition.org/tc/8931.

Robert, S. (2021). *La Résilience : persistance et changement dans les formes du paysage*. ISTE Editions, Londres.

Robert, S., Verdier, N. (dir.) (2014). Synthèse. Dans *Dynamique et résilience des réseaux routiers. Archéogéographes et archéologues en région Île-de-France*. Supplément à la *Revue archéologique du centre de la France*, 52, Tours, 11–70.

Sanders, L., Pumain, D., Mathian, H., Guérin-Pace, F., Bura, S. (1997). SIMPOP: a multi-agent system for the study of urbanism. *Environment and Planning B: Planning and Design*, 287–305.

Smith, B. (2003). Ontology. Dans *Blackwell Guide to the Philosophy of Computing and Information*, Floridi, L. (dir.). Blackwell, Oxford, 155–166.

Smith, B., Varzi, A. (2000). Fiat and Bona Fide Boundaries. *Philosophy and Phenomenological Research*, LX(2).

Szabò, T. (2020). La route dans la législation des communes italiennes. Dans *La Route au Moyen Âge : réalités et représentations*, Corbiau, M.H, Van den Abeele, B., Yante, J.M. (dir.). Brepols, Turnhout, 89–103.

Verdier, N. (2007). Le réseau technique est-il un impensé du XVIIIe siècle : le cas de la poste aux chevaux. *Flux*, 68, 7–21.

Yante, J.M. (2020). La route au Moyen Âge : historiographie et perspectives de recherche. Dans *La Route au Moyen Âge : réalités et représentations*, Corbiau, M.H., Van den Abeele, B., Yante, J.M. (dir.). Brepols, Turnhout, 1–21.

PARTIE 4

Enjeux épistémiques de la modélisation

10

Modélisation de la coévolution transport/territoire : perspectives multiscalaires

Florent LE NÉCHET[1] et Juste RAIMBAULT[2]
[1] *LVMT, Université Gustave Eiffel, Champs-sur-Marne, France*
[2] *LASTIG, IGN-ENSG, Université Gustave Eiffel, Champs-sur-Marne, France*

10.1. Introduction

Depuis un demi-siècle en France, on estime que la population résidente et le linéaire du réseau routier ont augmenté d'un tiers et que le nombre de bâtiments à usage résidentiel ainsi que le niveau général de mobilité intérieure – mesuré en voyageurs-km – ont doublé[1]. L'occupation de l'espace géographique par les constructions et les flux de mobilité s'est donc intensifiée bien plus vite que la croissance démographique ne semblerait le justifier. Les bâtiments et les linéaires d'infrastructures laissent des traces dans les territoires, c'est-à-dire que celles-ci, par leur durée de vie importante se comptant en décennies, influencent les possibilités de localisation des ménages, des entreprises, et plus généralement les trajectoires territoriales. Ainsi les dynamiques des systèmes de peuplement, des réseaux de transport et des pratiques de mobilité s'entremêlent sur le temps long. Les réseaux de transport sont un élément important de ces dynamiques conjointes, faisant l'objet d'une littérature scientifique abondante à l'intersection entre géographie, économie, sciences de l'aménagement autour de la question des « effets structurants » (Bonnafous et Plassard 1974 ; Antoni *et al.* 2011 ; Bretagnolle

1. Calculs réalisés à partir de sources diverses dont Insee, SDES (Barré 1997 ; Hubert *et al.* 2013 ; Dejoux *et al.* 2018) pour la période 1970-2020.

La coévolution transport, mobilité, territoire,
coordonné par Florent LE NÉCHET. © ISTE Editions 2026.

2014). Ces travaux interrogent spécifiquement la contribution des réseaux de transport aux trajectoires territoriales et aux changements des pratiques de mobilité.

D'autres pans de la littérature scientifique interrogent des segments différents de ces dynamiques croisées, notamment l'approche économique des réseaux et l'approche géographique de l'évolution de l'usage du sol. Les études portant sur la mobilité restent bien souvent limitées à une description empirique des trajectoires, sans prendre place pleinement dans les théories et modèles de dynamiques territoriales.

De nombreux processus ont été intégrés dans des démarches de modélisation et de simulation spatiale, de la part de disciplines scientifiques différentes. Il est difficile de se repérer dans ce paysage tant les communautés scientifiques sont variées et semblent séparées les unes des autres. L'objectif de ce chapitre est de formaliser un cadre permettant de se repérer dans la diversité des approches existantes en matière de modélisation des interactions entre transport et territoire. Quels liens peut-on faire avec le contexte dans lequel elles opèrent (contexte de croissance démographique et économique ou contexte de crises, à titre d'exemples) ? Quels modèles rendent compte de quelles interactions, avec quels objectifs ? Quelles capacités ont ces modèles à s'adapter aux enjeux nouveaux, par exemple liés au changement climatique et à ses impacts sur les réseaux d'infrastructures, sur les dynamiques de population et sur les mobilités ?

Par la suite et pour rendre compte du caractère pluridisciplinaire de la plupart des communautés scientifiques traitant de la coévolution entre transport et territoire, nous utiliserons le terme de « communauté épistémique » au sens de Holzner (1968), c'est-à-dire, ainsi que le rappellent Meyer et Molyneux-Hodgson (2011), des « communautés de travail pour lesquelles les critères épistémiques priment sur d'autres intérêts ou orientations, [...] partagent une foi dans les méthodes scientifiques pour produire la vérité »[2]. Ainsi nous utilisons dans ce chapitre de façon différente le terme de « discipline scientifique » au sens classique des grandes disciplines constituées et relativement stables au fil du temps (géographie, archéologie, sciences physiques, informatique, etc.), quand bien même chacune possède une forte hétérogénéité de pratiques, et le terme de « communautés épistémiques » au sens de groupe de chercheurs et chercheuses partageant des méthodes scientifiques, des façons de faire, des critères de validité scientifique et des objectifs généraux de production de connaissance. Notons qu'en ce sens, les membres desdites « communautés » ne forment pas des groupes de recherche travaillant

2. Notons que Meyer et Molyneux-Hodgson (2011) soulignent que cette acception est moins utilisée que celle de Haas (1992), qui adjoint à la communauté de pratiques scientifiques de Holzner (« des notions communes de validité ») l'articulation entre conditions de production de la connaissance scientifique, conditions de diffusion et lien avec le domaine politique « produire des connaissances utilisables ». Cette seconde acception est tout à fait compatible avec les questions posées dans ce chapitre, mais nous nous focalisons ici sur les ontologies de modélisation et non sur leur usage en lien avec la décision publique (voir à ce sujet le chapitre 11).

directement ensemble ; ils participent d'une production collective, en amenant les compétences et les œillères de pensée propres à chacune des disciplines au sein desquelles ils s'inscrivent, qu'ils hybrident au sein d'une communauté épistémique donnée. On peut penser à la communauté des géomaticiens qui a émergé depuis quelques décennies, croisant géographie et informatique autour d'outils comme les systèmes d'information géographique (SIG) ou des modèles de géosimulation.

Souhaitant aller plus loin dans la diversité des approches concernant l'articulation entre transport et territoire, nous donnons à voir dans ce chapitre une vue relativement précise des processus étudiés au sein de différentes communautés épistémiques, de leurs proximités et des ponts qui existent entre elles. Nous avons recours à une analyse de modèles selon une méthode de « modélographie » (Varenne 2010 ; Schmitt et Pumain 2013), par l'analyse détaillée d'un corpus de vingt modèles de simulation spatiale.

10.1.1. *Pratiques de modélisation de la coévolution à l'intersection de plusieurs disciplines scientifiques*

De nombreuses disciplines se sont intéressées aux liens entre réseaux de transport et territoires, comme l'aménagement de l'espace/urbanisme (Cervero 2006 ; Silva *et al.* 2020), l'archéologie (McGlade et Van der Leeuw 2013), l'architecture (Son *et al.* 2023), l'écologie (Li et Gong 2016 ; Pijanowski *et al.* 2002), l'économie (Duranton et Puga 2020), la géographie (Torrens 2000 ; Parker *et al.* 2003 ; Batty *et al.* 2013 ; Frankhauser et Pumain 2022), l'informatique (Axtell *et al.* 2002 ; Arcaute *et al.* 2021), les sciences de l'ingénieur (Felsenstein *et al.* 2010), les sciences physiques (Lenormand *et al.* 2015) et la sociologie (Kaufmann et Jemelin 2003).

Il existe des intersections entre ces approches disciplinaires, notamment entre l'économie, la géographie et les sciences de l'ingénieur (famille des modèles LUTI, *Land Use Transport Interaction*), entre la géographie et l'informatique (modèles d'automates cellulaires ou à base d'agents). Notons que certaines disciplines comme l'aménagement, la sociologie ou les sciences politiques semblent relativement à l'écart de ces approches de simulation spatialisée, tant dans la littérature francophone qu'anglophone. Ce que nous appelons dans ce chapitre « modèles de coévolution transport/territoire » sont les modèles de simulation où des mécanismes explicites prennent en compte d'un côté l'influence des réseaux sur les territoires et d'un autre côté la manière dont les territoires suscitent des évolutions des réseaux, les mécanismes étant nécessairement spatialisés.

Les communautés épistémiques répondant à cette définition ont tendance à travailler de façon privilégiée sur un segment particulier de la coévolution entre réseaux et territoires. Entre autres travaux de modélisation, l'économie et la géographie s'intéressent ainsi aux effets des réseaux sur le développement territorial lorsque les sciences physiques, par exemple, formalisent des modèles de croissance de réseaux sous l'influence de la répartition spatiale des populations et/ou du bâti. Les approches par simulation de la coévolution, qui font l'objet de ce chapitre, sont rares et disséminées au sein des nombreuses disciplines évoquées (Levinson *et al.* 2007 ; Raimbault 2021a).

Dans un contexte où les évolutions des modes de vie et l'augmentation des portées spatiales des déplacements quotidiens mettent les villes en systèmes « de proximité » (Berroir *et al.* 2017) et puisque le coût de fonctionnement et *in fine* la perdurance des infrastructures de transport et des bâtiments sont mis à l'épreuve par les effets du changement climatique, on peut s'interroger sur l'appareillage méthodologique permettant d'appréhender ces changements. À titre d'exemple, des modèles qui ont été conçus dans un contexte de croissance des infrastructures (Commenges 2013) peuvent-ils être utilisés à l'identique pour étudier des dynamiques de rétrécissement des réseaux (Florentin 2019) ?

Ce chapitre cherche à éclairer la question de recherche suivante : quelles sont les convergences et les différences existant dans la littérature scientifique dans les façons de modéliser la coévolution transport/territoire par des modèles de simulation ? Quelles influences des disciplines scientifiques, des données disponibles, du contexte d'application de ces modèles (Cottineau *et al.* 2024) ? Au-delà d'un diagnostic, nous cherchons des pistes d'explication et nous posons en particulier la question des raisons de ces séparations scientifiques : est-ce car les questions qui se posent sont différentes ? Est-ce parce que les méthodologies à disposition sont peu compatibles ou mal connues des uns et des autres (Bouleau 2014) ? Quels dispositifs pourraient faciliter de tels échanges interdisciplinaires ?

Première hypothèse : il existe un ensemble de ressources, de processus déjà identifiés par la littérature, mais ces ressources sont pour l'instant trop fragmentées au sein de communautés épistémiques fermées les unes aux autres pour que des modèles plus intégrés ou plus modulaires puissent voir le jour. Deuxième hypothèse : les ontologies de modélisation diffèrent fondamentalement entre les approches existantes et ne peuvent être combinées au sein d'une approche couplée à cause d'incompatibilités intrinsèques. Troisième hypothèse : le manque de données, notamment sur le temps long, et la complexité des méthodes de validation des modèles conduisent les différentes équipes de recherche à se concentrer sur des processus sociospatiaux de court ou de moyen terme. Enfin dernière hypothèse : les modèles eux-mêmes sont des objets sociotechniques sujets au phénomène de dépendance au chemin, c'est-à-dire qu'ils sont forgés dans un certain contexte, puis évoluent selon des processus spécifiques, n'étant pas aisés à renouveler si le contexte initial change drastiquement, certaines hypothèses sous-jacentes n'étant que difficilement remises en cause. Commenges (2024) parle par exemple pour les modèles d'« objets caméléons » du fait de leur capacité à s'adapter à leur contexte sans changer de nature.

10.1.2. *Échelles de temps et d'espace*

Dans ce chapitre, nous mettons au cœur de l'inventaire puis de la réflexion les échelles de temps et d'espace impliquées dans les processus modélisés au sein de la littérature existante. Afin de réduire notre champ d'investigation et la diversité des processus étudiés, nous choisissons de nous focaliser sur les échelles de temps et d'espace « intermédiaires » de la coévolution transport/territoire. Concernant les échelles de temps, il s'agit de modèles portant sur plusieurs décennies au minimum, sur quelques siècles au maximum. Concernant les échelles spatiales, nous nous situons entre l'échelle du quartier et l'échelle d'un pays ou d'un petit groupe de pays voisins. Nous excluons de fait les travaux concernant les échelles d'espace internes aux quartiers, comme la *space syntax* ou la microsimulation du trafic routier, qui s'intègrent bien aux sciences de la complexité, mais s'intéressent à des processus trop différents selon nous. Nous ne nous intéressons pas non plus aux travaux concernant le système de villes à l'échelle mondiale, comme le *world city network*, pour qui la question des réseaux de transport n'est que rarement traitée explicitement – à l'exception de quelques articles comme (Dai *et al.* 2016). Notre corpus est très varié, allant de la question des effets structurants à l'échelle locale à celle des dynamiques d'échanges économiques à l'échelle nationale. Bien sûr, les processus implémentés dans les modèles, détaillés ultérieurement, sont de natures différentes et les ontologies permettant d'en rendre compte ne peuvent se correspondre exactement. Nous cherchons à établir des liens entre ces travaux, car ils ont en commun un certain nombre de processus fondamentaux comme les effets d'inertie ou de dépendance au chemin (la trajectoire d'un réseau de transport est influencée par sa trajectoire passée, de même que la spécialisation économique d'un quartier est influencée par sa spécialisation économique passée). En fonction des objectifs de modélisation, on se projettera dans le temps et dans l'espace de façon différente, à titre d'exemple une vingtaine d'années pour les modèles LUTI alors que les modèles de croissance urbaine de type automate cellulaire ou les modèles de systèmes de villes pourront se déployer sur des échelles de temps plus longues.

Le chapitre est organisé en trois sections : tout d'abord, nous présentons l'historique de la modélisation de la coévolution transport/territoire. Nous présentons dans un deuxième temps l'approche de modélographie retenue au moyen d'une grille dite « UAIM » (urbain, activités, infrastructures, mobilités) à travers laquelle sera analysé le corpus de 20 modèles. Enfin, nous analyserons les résultats de cette approche au prisme de la problématique formulée, nous permettant de mettre en perspective, entre autres, les différents chapitres de cet ouvrage.

10.2. Modéliser la coévolution entre transport et territoire

Avant de procéder à une catégorisation des modèles et des communautés épistémiques articulant territoire et réseaux, nous proposons un aperçu disciplinaire de la littérature scientifique, qui se recoupe avec la manière dont sont appréhendées les relations entre les territoires et les réseaux. Nous discutons ici à la fois des évolutions récentes dans les modèles d'interaction spatiale macroscopique (modèles de coévolution réseau/ territoire, modèles de dynamique de réseau de villes, techniques de simulation et de calibration) et de la manière dont des approches de modélisation centrées sur l'individu sont apparues dans ce champ (Antoni *et al.* 2011), à la fois du fait des changements de paradigmes induits par la nouvelle économie géographique, par l'économie présentielle, du fait des progrès dans la récolte et le traitement de données spatialement et socialement fines, et de cadres théoriques renouvelés.

Notre champ d'études est l'ensemble des modèles de simulation croisant dynamiques des réseaux et dynamiques des territoires, qui cherchent à capturer des influences réciproques. En particulier, la question des effets rebond ou effets induits occupe une place assez centrale dans cette littérature qui s'intègre bien dans le paradigme des systèmes complexes (Holland 1992). Les manières d'appréhender cette coévolution diffèrent grandement selon les auteurs. Une compréhension d'effets croisés entre dynamique de peuplement et dynamique des réseaux sur plusieurs décennies s'avère nécessaire pour concevoir de façon pertinente les dynamiques territoriales à venir.

Une première différenciation est à faire entre les modèles statistiques « zonaux » et les modèles à base d'agents. La première catégorie de modèles évalue l'évolution de certaines dimensions (population, accessibilité) sur la base de règles statistiques issues le plus souvent de modèles économétriques, au sein desquels les modèles d'interaction spatiale occupent une place importante (Wegener 2004). Les problèmes de calibration des paramètres gravitaires ou de localisation sont complexes (voir chapitres 1 et 3) et requièrent des données précises.

Les modèles à base d'agents (Bura *et al.* 1996) isolent quant à eux des objets ayant un rôle particulier, appelés « agents », ayant une certaine rationalité dans leurs comportements, comme leurs stratégies de localisation (Torrens 2000). Ces agents peuvent être des investisseurs comme des promoteurs immobiliers, des villes, des ménages, etc. Les réseaux peuvent servir de support à ces interactions, en portant par exemple les temps de trajets, la qualité de la desserte, etc., et l'évolution du réseau peut répondre à différentes règles : autorenforcement, rupture de potentiel, par exemple.

10.2.1. *Interactions spatiales aux modèles LUTI*

Traditionnellement, la modélisation des interactions entre transport et territoire provient des travaux américains en géographie, sciences physiques et sciences de l'ingénieur autour du modèle gravitaire et des modèles d'interactions spatiales (Haggett 1965 ; Tobler 1970 ; Ullman 1974 ; Roy et Thill 2004). Ces modèles d'abord théoriques ont connu une série d'applications opérationnelles et sont toujours utilisés aujourd'hui dans les bureaux d'études en transport, par exemple modèles dits à « quatre étapes » (génération, distribution, choix modal, affectation) (Commenges 2013) (voir chapitre 11). Ces modèles « statiques » ont une portée prédictive limitée dans le temps du fait de l'absence de prise en compte d'effets induits sur les territoires, par exemple les relocalisations résidentielles subséquentes au prolongement d'une infrastructure. Ils ont été complétés par des approches au croisement des sciences de l'ingénierie et de l'économie – s'appuyant notamment sur la théorie de la base économique (Gross 1982) (voir chapitre 6) – pour former une chaîne de modélisation appelée *Land Use Transport Interaction models* (LUTI). Pour ces modèles, les infrastructures de transport sont le plus souvent fixées de façon exogène et les dynamiques de population, d'usage du sol et d'activité découlent largement des modifications apportées au réseau de transport (Echenique *et al.* 1990 ; Wegener 2011 ; Russo et Musolino 2012 ; Viguié et Hallegatte 2012) (voir chapitre 3). Ces modèles sont principalement utilisés pour simuler l'impact de scénarios pour les infrastructures de transport sur les dynamiques métropolitaines, sur des échelles de temps moyennes (environ 20 ans). Un cadre théorique d'économie urbaine (Putman 1975) est généralement utilisé, et le cadre conceptuel spécifique (notamment la boucle de rétroaction entre usage du sol, localisation des activités, système de transport à infrastructure fixe et accessibilité) est bien établi (Wegener 2004). Les approches sont variées du point de vue des processus pris en compte (Kryvobokov *et al.* 2013) et des niveaux d'opérationnalisation, notamment pour l'évaluation socio-économique des projets de transport (Paulley et Webster 1991 ; Wegener *et al.* 1991 ; Iacono *et al.* 2008). En dehors de ce cadre opérationnel et afin d'explorer certaines dimensions plus théoriques, certains travaux sont issus de la géographie ou de l'économie géographique (Krugman 1997 ; Fujita *et al.* 1999 ; Zhang et Levinson 2007).

10.2.2. *Modèles à base d'automates cellulaires*

D'autres approches sont apparues dans la littérature ultérieurement, notamment par les sciences computationnelles (informatique, mathématique) comme les approches par automate cellulaire (Torrens 2000). Dans ces approches, le territoire est formalisé par une grille d'usage du sol et son évolution se fait selon des lois empiriques locales, calibrées par des observations satellites à différentes dates. Selon l'échelle (urbaine ou régionale/nationale), ces modèles sont appelés modèles de croissance urbaine (*urban growth*) ou modèles d'usage du sol (*land use change*). Ce sont des approches en informatique qui connaissent actuellement des développements à mesure que les techniques d'apprentissage statistique se développent (Wang *et al.* 2022), sans que la compréhension thématique des interactions transport/territoire ne progresse. Du fait notamment de leur adossement aux données disponibles, les travaux se sont principalement concentrés sur des effets spatiaux locaux. En particulier, les infrastructures de transport sont le plus souvent absentes de ces approches, même à un niveau relativement abstrait, à l'exception de quelques travaux (Basse 2013). Sous un angle plus théorique, et en lien avec cette littérature, Achibet *et al.* (2014) décrivent un modèle de coévolution des bâtiments et du réseau routier dans lequel un agent développeur arbitre entre densité de population et topologie du réseau.

D'un autre point de vue, le modèle de Levinson et Chen (2005) est aussi présenté comme un modèle de coévolution, mais repose sur un modèle prédictif à chaîne de Markov, et est donc plus proche d'une analyse statistique que d'un modèle de simulation basé sur des processus. Rui et Ban (2011) décrivent un modèle pour l'évolution de l'usage du sol qui est conditionné par la croissance d'un réseau à la dynamique exogène.

10.2.3. *Modèles multi-agents*

Depuis l'ouvrage de Torrens (2000) sur la géosimulation, la modélisation multi-agents s'est développée dans plusieurs directions : dans le champ de l'ingénierie avec les modèles de microsimulation du trafic et d'activités (Mastio *et al.* 2016 ; Yin *et al.* 2024), dans le champ de l'informatique avec des formalisations théoriques du comportement des agents, par exemple le paradigme BDI (*Belief, Desire, Intention*) (Taillandier *et al.* 2012), dans le champ de la théorie géographique avec des modèles jouets portant l'accent sur des phénomènes particuliers (Banos *et al.* 2011 ; Bonin et Hubert 2014), dans le champ des approches économiques.

Levinson *et al.* (2007) proposent une approche économique centrée sur les processus de développement du réseau, semblable à un modèle à quatre étapes (c'est-à-dire incluant une génération de flux origine-destination et une attribution du trafic dans le réseau) qui inclut coût de transport et congestion, couplé avec un module d'investissement routier qui simule les revenus des péages pour les agents qui construisent ainsi qu'avec un module d'évolution d'usage du sol qui simule les relocalisations des actifs et des emplois. Les expériences d'exploration de ce modèle montrent que l'usage du sol et le réseau en coévolution conduisent à des rétroactions positives renforçant les hiérarchies. En revanche, la topologie du réseau n'évolue pas à proprement parler puisque seuls les flux et les capacités changent dans le réseau, ce qui signifie que des mécanismes plus complexes (comme la planification de nouvelles infrastructures) sur de plus longues échelles de temps ne sont pas pris en compte.

Une description détaillée des processus de planification peut être introduite (Levinson *et al.* 2012), avec par exemple une comparaison entre centralisation et décentralisation (Xie et Levinson 2009). Zhang et Levinson (2017) calibrent un modèle de croissance de réseau qui superpose les décisions d'investissement aux motifs d'utilisation du réseau, en utilisant les données de l'étude empirique par Levinson et Karamalaputi (2003). Yerra et Levinson (2005) couplent des processus d'autorenforcement avec des règles d'investissement, pour reproduire l'émergence d'une hiérarchie des liens routiers.

Il faut mentionner également des approches au croisement des sciences de l'environnement, de l'archéologie et de la géographie qui mettent au cœur l'interaction entre la société et l'environnement, notamment la façon dont l'humain, en dégradant son environnement local, influence les dynamiques de population alentour (Kohler *et al.* 2012 ; Banos *et al.* 2017). Ces approches se soucient en général d'interactions de long terme, c'est-à-dire sur plusieurs siècles. Si elles bénéficient de données fines spatialement en ce qui concerne l'environnement physique, elles sont en général beaucoup plus frustes dans leur prise en compte de phénomènes sociospatiaux complexes, comme la croissance urbaine ou les échanges économiques.

10.2.4. *Modèles de systèmes de villes*

Une des familles de modèles multi-agents s'intéresse aux entités géographiques en tant qu'agents dans les modèles, c'est-à-dire qu'elles peuvent effectuer des choix, de spécialisation économique par exemple, en fonction de leurs trajectoires propres et de celles des autres villes (Sanders *et al.* 1997). À une échelle macroscopique, la coévolution est parfois prise en compte dans des modèles de systèmes urbains. Baptiste (1999) propose de coupler un modèle de croissance urbaine basé sur les migrations – introduit par l'application de la synergétique aux systèmes de villes par Sanders (1992) – avec un mécanisme d'autorenforcement des capacités pour le réseau routier sans modification topologique. Les conclusions générales qui peuvent être tirées de ce travail sont que ce couplage permet de faire émerger une configuration hiérarchique et que l'ajout du réseau produit un espace moins hiérarchique, permettant à des villes moyennes de bénéficier de la rétroaction du réseau de transport.

Le modèle proposé par Blumenfeld-Lieberthal et Portugali (2010) peut être vu comme un pont entre l'échelle mésoscopique et les approches de type système urbain, puisqu'il simule les migrations entre villes et la croissance du réseau induite par une rupture de potentiel lorsque les détours sont trop grands. Dans la continuité des modèles Simpop (Sanders *et al.* 1997) (voir chapitre 2) pour modéliser les systèmes de villes, Schmitt (2014) décrit le modèle SimpopNet, qui vise à précisément intégrer les processus de coévolution dans les systèmes de villes à longue échelle temporelle, typiquement par des règles pour un développement hiérarchique du réseau comme fonction des dynamiques des villes, couplées à celles-ci qui dépendent de la topologie du réseau. Cottineau (2014) propose une croissance endogène des réseaux de transport comme la dernière brique de construction du cadre de modélisation MARIUS, mais cela reste à un niveau conceptuel puisque cette brique n'a pas encore été spécifiée ni implémentée. Ces différents travaux peuvent s'inscrire dans le champ de la théorie évolutive des villes (Pumain 1997), qui peut se rapprocher de la « science des villes » proposée par (Batty 2013) et de la *GIS science* (science des données spatialisées).

L'irruption de données spatialisées massives ayant trait aux réseaux et à la mobilité notamment semble donner une place nouvelle aux approches par les sciences de l'ingénieur et à l'informatique. La plupart de ces travaux de modélisation s'intéressent à un segment particulier de la croissance des réseaux ou des dynamiques de population, mais très rarement à leurs interrelations.

10.2.5. *Modèles de croissance de réseaux vus par les physiciens et les biologistes*

Il faut mentionner les approches de physiciens, le plus souvent baignés dans un contexte multidisciplinaire (communauté du *Sante Fe Institute* aux États-Unis ou en France de l'Institut des systèmes complexes), qui s'intéressent de façon croissante, en lien avec une communauté de géographes quantitativistes, aux dynamiques de l'environnement bâti. Au sein de cette littérature, les réseaux sont appréhendés par des graphes (Feuillet *et al.* 2019 ; Hachi 2020 ; Barthelemy 2023). Les approches en sciences physiques ont introduit récemment des modèles de croissance des réseaux d'infrastructures, en s'inspirant largement de la littérature économique : un modèle est donné par Louf *et al.* (2013) avec des fonctions coûts-bénéfices simples. Étant donné une distribution de nœuds (villes) dont la population suit une loi puissance, deux villes seront connectées par un lien routier si une fonction d'utilité coût-bénéfice, combinant linéairement flux gravitaire potentiel et coût de construction, a une valeur positive. Zhao *et al.* (2016) appliquent ce modèle de manière itérative pour connecter des zones intra-urbaines et montrent que la prise en compte des populations dans la fonction de coût change significativement les topologies obtenues.

Une autre approche de modélisation se base sur des processus d'optimisation géométrique locale, avec pour objectif de reproduire la topologie de réseaux réels. Bottinelli *et al.* (2017) étudient ainsi un modèle de croissance d'arbre appliqué aux pistes de fourmis, dans lequel coût de maintenance et coût de construction influencent tous les deux les choix de nouveaux liens. Le modèle de morphogenèse de Courtat *et al.* (2011), qui utilise un compromis entre réalisation des potentiels d'interaction et coût de construction ainsi que des règles de connectivité, reproduit de manière stylisée des motifs réels des réseaux de rues.

Un modèle très proche de celui de Courtat *et al.* (2011) est décrit dans (Rui *et al.* 2013), tout en incluant des règles supplémentaires pour l'optimisation locale (prise en compte du degré pour la connexion de nouveaux liens). La conception optimale de réseau, plutôt pratiquée par l'ingénierie, utilise des paradigmes similaires : Vitins et Axhausen (2010) explorent l'influence de différentes règles d'une grammaire de formes (notamment les motifs de connexion entre les liens de différents niveaux hiérarchiques) sur les performances de réseaux générés par algorithme génétique. Barthelemy et Flammini (2008) décrivent un modèle basé sur une optimisation locale de l'énergie qui génère des réseaux routiers à l'aspect globalement crédible. Le modèle suppose des « centres », qui correspondent à des nœuds d'un réseau routier, et des segments de route dans l'espace reliant ces centres. Ce modèle a l'avantage d'être simple, d'avoir peu de paramètres (distribution de probabilité pour les centres, taille des tronçons construits), de reposer sur des règles locales crédibles.

Une généralisation du modèle d'optimisation locale géométrique décrit précédemment est développée dans (Barthelemy et Flammini 2009), et cherche à caractériser la coévolution entre topologie du réseau et densité de ses nœuds. La localisation de nouveaux nœuds est influencée à la fois par la densité et la centralité, permettant de boucler le couplage fort. Les centres se localisent quant à eux selon une fonction d'utilité qui est une combinaison linéaire de la centralité de chemin moyenne dans un voisinage et de l'opposée de la densité (dispersion due aux prix plus élevés en fonction de la densité). Le modèle permet de montrer que la centralité accentue les phénomènes d'agrégation (notamment par une résolution analytique sur une version en une dimension du modèle) et reproduit par ailleurs des profils exponentiels décroissants pour la densité (loi de Clarke), observés empiriquement. Des approches voisines de ces modèles géométriques (Yamins *et al.* 2003 ; de Leon *et al.* 2007) sont proches de la modélisation procédurale (Lechner *et al.* 2004 ; Watson *et al.* 2008) : il s'agit de générer des structures à la manière des grammaires de forme, mais avec pour objectif une reproduction locale de la forme, sans tenir compte des propriétés macroscopiques émergentes, ce qui empêche ces modèles d'être utilisés comme modèles explicatifs.

Une autre approche originale pour la simulation de la croissance des réseaux est le réseau biologique (Honda 1971). Cette approche appartient au champ de l'ingénierie morphogénétique, qui vise à concevoir des systèmes complexes artificiels inspirés de systèmes complexes naturels et sur lesquels un contrôle des propriétés émergentes est possible (Doursat *et al.* 2012). Les *machines Physarum*, qui sont des modèles d'une moisissure auto-organisée (*slime mould*), résolvent de manière efficiente des problèmes difficiles (au sens de leur complexité computationnelle) comme des problèmes de routage (Tero *et al.* 2006) ou des problèmes de navigation NP-complets comme le problème du voyageur de commerce (Zhu *et al.* 2013). Ce type de modèle peut être d'intérêt dans notre cas puisque les processus d'autorenforcement basés sur les flots sont analogues aux mécanismes de renforcement de lien en économie des transports. Ce type d'heuristique a été testé pour générer le réseau ferré français par Mimeur (2016), faisant un pont intéressant avec les modèles d'investissement de Levinson *et al.* (2012).

10.2.6. *Synthèse : vers des modèles de coévolution au croisement de plusieurs disciplines ?*

Cette revue de littérature nous permet en définitive de différencier une petite dizaine de communautés épistémiques travaillant sur l'interaction entre transport et territoire, au sens large, et de montrer les proximités *a priori* entre ces approches, selon qu'elles traitent les réseaux de transport et/ou les mobilités de façon statique ou dynamique, et de même pour l'usage du sol et plus généralement la géographie du système de peuplement. La figure 10.1 récapitule les différentes littératures étudiées et suggère des cheminements possibles pour aller vers des modèles de coévolution. Ainsi, des modèles de croissance urbaine qui intégreraient explicitement les réseaux de transport pourraient être qualifiés de modèles de coévolution. Notons que le positionnement de chaque communauté épistémique est évidemment discutable, les modèles LUTI étant par exemple principalement dynamiques de façon endogène concernant l'usage du sol, mais dynamique uniquement de façon exogène (c'est-à-dire selon des scénarios fixés à l'avance) pour les infrastructures de transport (Commenges 2013).

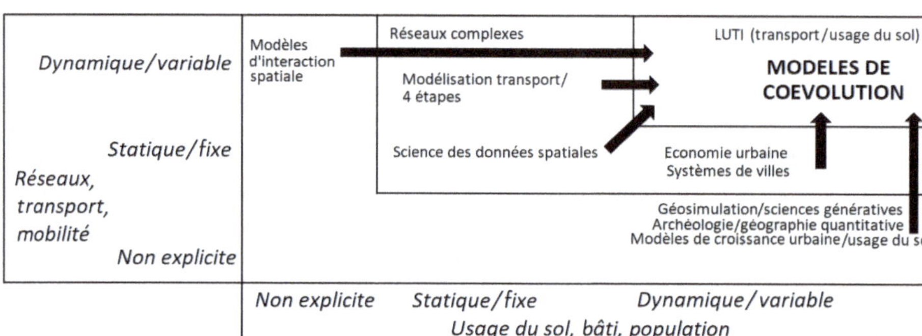

Figure 10.1. *Principales communautés épistémiques travaillant sur la coévolution entre transport et territoire. Les flèches indiquent des trajectoires possibles de modèles statiques vers des modèles plus intégrés de coévolution*

10.3. Approche modélographique : proposition d'une grille de classification par type de processus

Pour répondre à la question de recherche formulée dans ce chapitre, nous avons décidé de produire une analyse détaillée et systématique d'une vingtaine d'articles provenant des différents champs disciplinaires mentionnés afin de montrer la diversité des échelles de temps, d'espace et des ontologies mobilisées. Il s'agit également de poser la question de leurs éventuelles complémentarités. Nous proposons une méthode générique permettant de décrire les modèles de notre corpus de manière systématique, pour appréhender la diversité des ontologies sous-jacentes et vérifier l'hypothèse de pratiques variées des différentes communautés épistémiques ayant des objectifs différents, par exemple le renforcement de la compréhension d'un processus précis, qui est à l'opposé de l'opérationnalisation de multiples processus appréhendés ensemble.

De manière générale, établir une typologie de modèles peut répondre à divers besoins, de la comparaison (*benchmark*) de modèles ou de la cartographie de la littérature à la découvrabilité et à l'interopérabilité entre modèles (Masson *et al.* 2020). Il n'existe pas de méthodologie générique de typologie de modèles, puisque des dimensions très variées peuvent être prises en compte, incluant par exemple :

– la discipline scientifique de rattachement, communautés de citations ou communautés sémantiques (Raimbault *et al.* 2021) ;

– la méthodologie et les outils utilisés : équations différentielles, modèles agents, automates cellulaires, modèles d'équilibre, réseaux complexes, systèmes dynamiques, statistiques, etc. ;

– les fonctions des modèles (Varenne 2018) (les modèles étudiés ici peuvent être explicatifs, mais aussi de prise de décision par exemple) ;

– le degré d'opérationnalisation ou de validation et l'ancrage dans un dispositif sociotechnique (Commenges 2013) : faits stylisés, cas d'étude, échelles de temps et d'espace : niveau de complexification ou de complexité (Wegener 2004) ; type de processus pris en compte.

Dans ce chapitre, nous avons décidé de détailler 20 modèles, retenus selon trois critères principaux :

– à un certain degré, le modèle peut être qualifié de « modèle de coévolution transport/territoire », c'est-à-dire qu'il explore certains mécanismes liant réseaux d'infrastructures et système de peuplement ;

– les processus sont suffisamment détaillés dans l'article présentant le modèle et les objectifs de modélisation, les conditions initiales, les indicateurs de sortie et les éventuelles échelles de temps et d'espace sont spécifiés ;

– les processus, méthodes mobilisées et finalités sont aussi différents que possible, s'inscrivant dans une diversité de communautés épistémiques.

Une large revue de littérature a permis de stabiliser la liste qui est présentée dans le tableau 10.1. Nous proposons ici, en nous inspirant des approches de modélographie de Schmitt et Pumain (2013), de simplifier l'information contenue dans ces articles en un formalisme unifié. La grille qui est proposée vise à positionner les modèles de coévolution les uns par rapport aux autres quant à leur traitement spatialisé des systèmes de peuplement et des réseaux de transport. Il s'agit d'une part de dépasser une vision disciplinaire qui serait figée et d'autre part d'appréhender la diversité des échelles d'espace et de temps présente dans les modèles. Nous proposons de décomposer chacun des modèles en processus élémentaires, démarche pouvant être rapprochée des cadres de modélisation de types UML ou ODD (Grimm *et al.* 2010). Notre méthode a toutefois la particularité de mettre l'accent sur les processus comme *interactions entre classes d'objets*. Nous faisons une succession d'hypothèses qui permettent de décomposer les modèles :

1) tout modèle peut se décomposer en objets élémentaires O_i (par exemple : le bâti, la population, les emplois, les réseaux routiers, les réseaux de transport en commun, les flux de mobilité, etc.) ;

2) il existe une classification couvrante des objets O_i par des « classes » X_j ;

3) suivant Livet *et al.* (2010), un processus est une action entre objets qui agit sur ceux-ci, et tout processus intégré dans un modèle peut ainsi s'exprimer sous la forme $\{O_i,...\} \rightarrow \{O_j,...\}$;

4) par induction, un processus peut être classé comme une interaction entre sous-ensembles de classes $\{X_i,...\} \rightarrow \{X_j,...\}$;

5) donc un modèle, en tant qu'ensemble de processus, est un graphe dirigé entre sous-ensembles de classes.

Nous considérons des liens dirigés uniquement pour simplifier, de possibles processus intégrés $X_i \leftrightarrow X_j$ pouvant correspondre à des réalités et/ou des modélisations trop diverses (modèles d'équilibre ou modèles de coévolution) et étant alors exprimés par deux liens dirigés.

En pratique, nos classes sont les catégories thématiques de la modélisation urbaine et des transports, conduisant à une grille qui sera dénommée « UAIM » : *U* et *A* pour « urbain » et « activités », I et M pour « infrastructures » et « mobilités », ces éléments sont détaillés ci-après (voir figure 10.2). Par exemple, des objets typiques de *U* sont les bâtiments et les aménités, de *A* les actifs et les emplois, de *I* les infrastructures de transport et de *M* les flux de mobilité ou flux économiques. Des concepts composites comme l'accessibilité (Levinson 1998) ou la centralité intermédiaire impliquent de combiner plusieurs classes. Pour l'accessibilité aux emplois par exemple, il convient de mobiliser à la fois la distribution spatiale de la population et des aménités (*A*), les performances des réseaux de transport (*I*) et les flux de mobilité (*M*) pour la calibration du paramètre gravitaire (voir chapitre 1). L'accessibilité s'exprime donc sous la forme *A–I–M* dans les schémas de description des modèles[3].

Dans le but de préciser cette grille, nous proposons de dérouler la décomposition d'un modèle en particulier, le modèle *transport link scanner* (Jacobs-Crisioni et Koopmans 2016). Ce modèle a été développé afin de comprendre comment des réseaux de transport

3. Voire *U–A–I–M* ou *U–I–M* selon les choix de modélisation effectués par les auteurs.

évoluent dans un contexte de croissance démographique sur le temps long. Il s'appuie sur des bases de données aux Pays-Bas entre 1830 et 1930 et vise à spatialiser la croissance des 3 000 km d'infrastructures ferrées construits à cette période, en fonction de différents paramètres territoriaux, à différentes échelles. Plusieurs processus sont proposés pour la croissance des infrastructures, qui consistent à sélectionner des investissements sur la base de leur rentabilité espérée en matière d'évaluation socio-économique, c'est-à-dire, au vu de la structure du modèle, qui repose sur des estimations gravitaires des flux, les infrastructures qui assurent le gain de temps le plus élevé.

Le modèle fonctionne de la façon suivante : 1) prise en compte des préférences et capacités financières des investisseurs ; 2) génération de l'espace de choix pour la construction d'une nouvelle infrastructure (*I*) ; 3) estimation de la pertinence des différents investissements ; 4) sélection effective de l'investissement. Le modèle a été validé sur la base d'indicateurs de comparaison entre les liaisons construites et non construites (proximité topologique entre deux graphes). La décomposition de ce modèle en processus élémentaires pourra s'écrire ici $A - I \rightarrow I$: ce processus prévoit la prochaine infrastructure I à construire d'après une fonction objectif intégrant notamment les flux potentiels à capter, modélisés par une interaction gravitaire ne prenant pas en compte la congestion, notée $A - I$.

10.3.1. *Caractériser les échelles de temps et d'espace et les objectifs de modélisation*

Avec la grille, nous recueillons, lorsque l'information est spécifiée, les échelles de temps et d'espace prises en compte dans le modèle. Notons que certains des modèles ne renseignent aucune échelle particulière et peuvent être qualifiés de modèles « jouets ». Dans d'autres cas, l'information est implicite et fait l'objet d'une interprétation de notre part (par exemple un modèle de croissance urbaine à partir d'un centre d'emploi unique sera renseigné comme étant à l'échelle de l'agglomération, même si ce n'est pas explicité par les auteurs). Lorsqu'elles existent, les informations disponibles sont de types différents : dans certains cas, les échelles spatiales sont précisées dans le monde du modèle (une grille de X × X cellules), dans d'autres cas elles le sont en termes de superficie dans le monde empirique (Y km^2), enfin dans d'autres cas, ce sont des objets géographiques qui sont spécifiés (modèle national, modèle à l'échelle d'une agglomération, etc.). Nous choisissons pour remplir la grille de retenir cette dernière manière de résumer l'information (une ou plusieurs échelles parmi les suivantes : quartier, agglomération, régionale, nationale) et procédons lorsque c'est nécessaire à des interprétations pour transformer l'information selon ces catégories. À titre d'exemple, un modèle portant sur un espace de 50 km × 50 km sera qualifié dans notre grille de modèle « régional », même s'il existe des pays mesurant moins de 2 500 km^2. Concernant les échelles de temps, qui ne sont pas toujours spécifiées (soit parce que le modèle est un modèle d'équilibre, soit parce qu'il ne prévoit pas de fin prédéfinie à la simulation), nous retenons les catégories suivantes, qui sont nécessairement quelque peu approximatives : 20 ans (5 à 40 ans environ), 50 ans (40 à 80 ans environ), 100 ans (80 à 150 ans environ), 200 ans (150 à 500 ans environ), 500 ans et plus, et là encore renseignons l'information au mieux en fonction des descriptions disponibles dans l'article. Enfin, nous spécifions dans la grille quels sont les faits stylisés à reproduire et les données mobilisées pour la validation lorsqu'il y en a une. La majorité des modèles étudiés ici n'ont pas été utilisés dans un contexte opérationnel, et ce qui est spécifié est surtout une attention particulière pour telle ou telle dimension d'analyse de ce qui est produit par la simulation. Dans certains cas, ce qui compte pour les auteurs est la capacité à produire des réseaux ayant une forme réaliste (réseau en étoile, réseau maillé par exemple) ou des ordres de grandeur convenables en matière de linéaire de réseau. Dans d'autres cas, il s'agit de produire des dynamiques territoriales correspondant à des situations réalistes du point de vue démographique, comme une configuration spatiale des villes respectant la loi de Zipf (Pumain 1997). Plus exceptionnellement, ce sont le rythme ou les formes de la coévolution en elles-mêmes qui sont retenus comme critères pour créer de la confiance dans le modèle.

Là encore, pour donner un exemple, le modèle MayaSim (Heckbert 2013) a été développé pour reproduire la dynamique de population maya sur le temps long (plusieurs siècles) et en particulier comprendre l'effondrement de population qui a été observé, à la suite de la dégradation des conditions climatiques, notamment. Des liens sont proposés entre croissance de population (*A*), productivité agricole, dégradation des sols (*U*), changements climatiques, échanges économiques (*M*). La simulation se déroule sur 500 000 km^2 (avec une résolution spatiale de 20 km) et sur 1 300 ans (avec une résolution temporelle de 2 ans). La population croît si la productivité croît et des effets rebond sur l'usage des sols sont pris en compte. Au sein de ce modèle, une connexion au réseau d'échanges implique un accroissement des échanges. Une des hypothèses fondamentales est que les évolutions climatiques ont joué sur la productivité agricole et donc sur la capacité des populations à habiter cet espace. Toutefois un accent important est mis sur les échanges économiques entre lieux, qui ont certainement permis une rationalisation des ressources disponibles et un partage pour mieux résister à la dégradation de l'environnement climatique que si les systèmes productifs avaient été déconnectés les uns des autres.

Le modèle exploratoire proposé croise de nombreux modules différents, certains étant alimentés par des données précises comme les données climatiques et d'autres dans une logique abductive comme les réseaux d'échanges (qui sont entièrement fictifs, construits par modélisation). La confiance dans le modèle provient d'une validation par « faits stylisés », c'est-à-dire que le modèle a la capacité de reproduire une inversion de tendance dans la dynamique de population de façon adéquate, à la fois dans le temps et dans l'espace, en phase avec les données archéologiques. Toutefois, le modèle ne propose pas d'analyse détaillée de l'ensemble des combinaisons processuelles qui auraient pu être implémentées ou qui ont été testées au cours de son élaboration.

Le tableau 10.1 récapitule l'ensemble des échelles et objectifs de modélisation pour les 20 modèles étudiés, qui ont été classés par catégories en fonction des communautés épistémiques identifiées dans la figure 10.1 : celle des réseaux complexes, plutôt portée par les physiciens (Yamins *et al.* 2003 ; Yerra et Levinson 2005 ; Barthelemy et Flammini 2009 ; Courtat *et al.* 2011 ; Ding *et al.* 2017 ; Zhao *et al.* 2019), celle des modèles d'usage du sol/de croissance urbaine (Achibet *et al.* 2014) pour un des rares modèles de cette communauté s'étant intéressés aux dynamiques des réseaux de transport, les modèles LUTI, détaillés dans le chapitre 3 (Echenique *et al.* 1990 ; Wegener 2011 ; Russo et Musolino 2012 ; Viguié et Hallegatte 2012), provenant surtout de la communauté des ingénieurs, les modèles au croisement de la géographie quantitative et de l'économie urbaine (Caruso *et al.* 2011 ; Raimbault et Le Néchet 2021), les modèles de temps long, provenant surtout de géographes et d'archéologues (Heckbert 2013 ; Schmitt 2014), les modèles que nous appelons « sciences sociales génératives » (Moreno *et al.* 2012 ; Raimbault 2021a) dans la lignée des travaux d'Epstein (2012), et enfin des travaux interdisciplinaires, entre géographie et économie, s'appuyant sur des données spatiales innovantes (Jacobs-Crisioni et Koopmans 2016 ; Mimeur 2016 ; Batty et Milton 2021).

10.3.2. *Présentation de la grille UAIM*

Ce corpus provenant de disciplines, d'approches et de modes de modélisation différents, le vocabulaire diffère également. Nous proposons d'analyser les interactions transport/territoire selon quatre classes d'objets. Bien entendu les modèles peuvent être soumis à des influences exogènes au cours du temps de la simulation ou bien lors de la formalisation des conditions initiales, et la grille « UAIM » n'épuise pas l'ensemble des dimensions prises en compte par le modèle. C'est en particulier vrai pour les modèles qui simulent l'interaction entre activités et environnement, l'environnement n'étant pas renseigné en tant que tel dans la grille UAIM, c'est un facteur exogène parmi d'autres.

Nous distinguons deux classes ayant principalement trait à l'urbain et deux dimensions ayant principalement trait aux transports et à la mobilité. Cette dualité est liée au fait que des communautés épistémiques disjointes se sont emparées de sujets proches, mais avec des données et des ontologies différentes.

La classe *A* correspond aux activités et aux populations présentes sur le territoire. Il s'agit d'une formalisation socio-économique des territoires pouvant impliquer une description fine des populations présentes (revenu, âge par exemple, pour les modèles LUTI) ou au contraire s'en tenir à des comptages très agrégés (population totale d'une ville par exemple, pour la famille des modèles Simpop). D'autres aspects des territoires peuvent également entrer dans cette catégorie comme le nombre d'équipements publics, le nombre d'emplois et leurs caractéristiques, etc., même si un tel niveau de précision sur la description des territoires est rarement disponible pour les modèles de temps long. Les approches socio-économiques peuvent souvent être décrites avec des objets *A*.

La classe *U* renvoie à l'urbain, à l'usage du sol, à l'environnement bâti, aux équipements lourds, aux hétérogénéités spatiales des prix de l'immobilier. Il s'agit d'objets ayant un ancrage plus fort dans l'espace que les entités *A*. La durée de vie d'un bâtiment est du même ordre de grandeur que celle d'un humain, mais sa mobilité spatiale est inexistante. Les physiciens et des géographes se sont particulièrement intéressés à des entités *U*.

Pour les transports et la mobilité, nous avons décidé de différencier les infrastructures physiques, ayant une perdurance temporelle importante, de la mobilité (réelle ou potentielle), car nous constatons dans la littérature une grande différence entre les approches mettant au cœur les réseaux en tant que graphes, simplifiant grandement la topologie, et d'autres approches ayant une vision plus empirique, contenant à la fois l'emprise des réseaux et leur usage (flux réels ou flux issus d'un modèle gravitaire). Là encore les modèles plus théoriques auront tendance à porter l'accent sur l'une ou l'autre de ces approches, alors que les modèles plus opérationnels pourront traiter des deux et de leurs interrelations.

Nous faisons entrer dans la catégorie *I* tous les aspects liés aux réseaux. Les réseaux peuvent être décrits de la plus simple façon par leur présence dans l'espace sous forme de graphe ou par des caractéristiques plus fines comme la « capacité » (nombre de véhicules pouvant y circuler pendant un certain laps de temps), la vitesse, le coût, etc. *M* correspond aux flux d'échanges, aux mobilités réelles ou potentielles. Nous regroupons ainsi sous le terme *M* tout ce qui concerne les flux de personnes ou de marchandises, mais également les interactions spatiales, c'est-à-dire des flux potentiels modélisés par exemple par des modèles gravitaires. Il nous apparaît que les quatre dimensions *A*, *U*, *I*, *M* permettent d'appréhender une très grande diversité d'approches (voir figure 10.2).

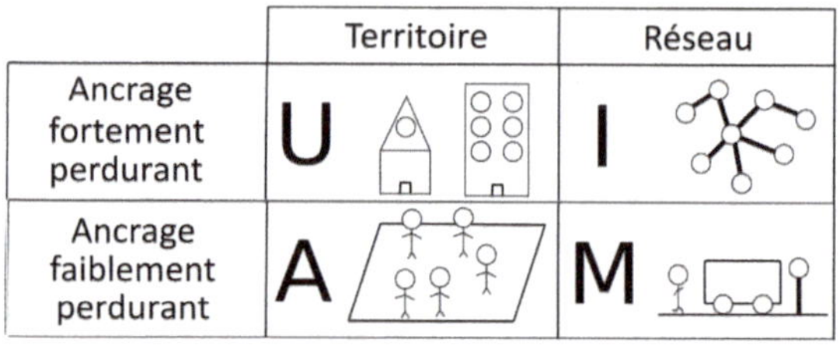

Figure 10.2. *Une grille de lecture des modèles de simulation : l'approche « UAIM »*

COMMENTAIRE SUR LA FIGURE 10.2.– *A correspond à la population et aux activités présentes sur le territoire. U correspond à l'urbain et à une formalisation de l'immobilier en général, qu'il s'agisse de bâtiments, d'équipements perdurant ou du prix du foncier. I correspond aux infrastructures de transport. M correspond à la mobilité ou aux échanges économiques.*

Modèle	Échelle temps	Échelle espace	Objectifs
Réseaux complexes Barthelemy et Flammini (2009)	NA	NA	Forme du réseau
Courtat *et al.* (2011)	NA	Quartier ou agglo.	Forme du réseau
Zhao *et al.* (2019)	NA	NA	Forme du réseau
Yamins *et al.* (2003)	NA	Agglomération	Forme du réseau
Yerra et Levinson (2005)	NA	Région	Hiérarchie des flux
Ding *et al.* (2017)	NA	Région	Forme du réseau
LUTI Wegener (2011) (IRPUD)	*c.* 20 ans	Agglo. ou région	Densité et réseau
Russo et Musolino (2012) (SETI)	NA	NA	NA
Echenique *et al.* (1990) (MEPLAN)	*c.* 20 ans	Agglo. ou région	Modes de transport
Viguié et Hallegatte (2012) (NEDUM)	50 ans	Agglo. ou région	Usage du sol
Géographie quantitative et économie urbaine Caruso *et al.* (2011) (S-GHOSTS)	NA	Agglomération	Densité et réseau
Raimbault et Le Néchet (2021) (Lutecia)	*c.* 50 ans	Région	Forme du réseau
Dynamiques spatiales temps long Schmitt (2014) (SimpopNet)	*c.* 200 ans	National	Coévolution
Heckbert (2013) (MayaSim)	500 ans et plus	Régional ou national	Dynamique de population
Sciences sociales génératives Moreno *et al.* (2012) (Raumulus)	NA	Agglomération	Temps de trajets
Raimbault (2021a)	*c.* 50 ans	Régional ou national	Coévolution
GIS Sciences Batty et Milton (2021) (QUANT)	NA	National	Dynamique de population
Mimeur (2016)	100 ans	National	Forme du réseau
Jacobs-Crisioni et Koopmans (2016) (TLS)	100 ans	National	Forme du réseau
Automate cellulaire Achibet *et al.* (2014)	NA	Agglomération	Forme du réseau

Tableau 10.1. *Échelles de temps et d'espace des modèles de simulation étudiés. La dernière colonne figure les principaux objectifs de la simulation, c'est-à-dire le ou les critères utilisés pour calibrer et/ou valider le modèle*

Nous proposons de renseigner dans la grille à la fois les objets présents dans l'ontologie de la simulation et les processus (relations entre objets). Au-delà d'une liste de processus, nous nous servons de cette formalisation pour déterminer si des boucles de coévolution sont présentes dans les modèles.

10.4. Résultats

Les principaux résultats que nous tirons de cette approche modélographique sont les suivants : 1) la relativement faible diversité de processus implémentés dans le corpus étudié ; 2) la représentation des processus semble liée aux échelles de temps et d'espace ; 3) les communautés disciplinaires restant assez marquées.

10.4.1. *Complexité des modèles et diversité des processus*

Un des premiers résultats de ce travail est l'identification de huit familles de processus différentes, qui sont le plus souvent implémentées dans les modèles étudiés (voir tableau 10.2). Cette liste n'est pas très longue, attestant du relativement faible ancrage théorique de cette littérature. Notons que chaque modèle n'inclut qu'une partie des processus proposés par la littérature – en moyenne par modèle 3,2 processus et même au maximum 6 processus.

Des choix ont été faits pour regrouper des processus nous semblant proches du point de vue des approches et des concepts mobilisés. Nous avons réuni les processus d'autorenforcement $A \rightarrow A$, $I \rightarrow I$, $U \rightarrow U$, même s'ils portent sur des classes différentes, car ils relèvent selon nous d'une même logique, locale, d'attachement préférentiel à des entités déjà présentes dans le modèle. Nous avons également réuni des processus proches par leur modélisation (par exemple $AIM \rightarrow M$ ou $AI \rightarrow M$, appelés processus « gravitaires », car il s'agit dans les deux cas de modéliser les flux, avec ou sans prise en compte de la congestion – l'effet spécifique de M sur M). Dans le même ordre d'idées, $U \rightarrow I$ et $UI \rightarrow U$ ont été regroupés, car il s'agit de processus locaux et parfois déterministes de connectivité (s'il y a un réseau, il peut y avoir croissance urbaine ; s'il y a croissance urbaine, il doit y avoir un réseau qui dessert le nouveau quartier). Notons que le nombre d'occurrences parmi les articles du corpus (donné entre parenthèses) ne doit pas être vu comme représentatif de la littérature ; il ne s'agit pas ici de produire des statistiques, mais une vision aussi diverse que possible des processus implémentés. Se dégage tout de même l'impression d'une faible diversité sur le plan conceptuel, les différences entre disciplines apparaissant davantage du ressort de l'implémentation et des techniques de croisement avec les observations plutôt que d'ancrages théoriques qui seraient fondamentalement incompatibles. Notons le caractère presque exclusivement « passif » de la dimension M : les processus impliquant la mobilité comme variable d'entrée sont très peu fréquents ; la mobilité est surtout un résultat des modèles et au mieux un intermédiaire de calcul pour des estimations plus fiables de l'accessibilité, sans tenir compte explicitement d'un lien systémique aux autres dimensions du système. On peut faire l'hypothèse à ce sujet que le *mobility turn* n'a pas encore atteint le champ de la simulation de la coévolution transport/territoire. Il s'agit d'une dimension qui historiquement ne figure pas dans les approches de modélisation, apparaissant souvent plutôt comme une conséquence de l'ensemble des dispositions spatiales et sociales d'un territoire que comme une cause.

Gravitation (11). AI → M (5) ou AIM → M (4) ou UIM → M (1) ou AU → M (1) : calcul de la mobilité par un modèle de demande de transport statique, issu du modèle gravitaire
Développement du réseau hors connectivité locale (10). AI → I (3) ou AIM → I (2) ou M → I (2) ou AM → I (1) ou A → I (1) ou I → U (1) : croissance du réseau en lien avec le potentiel d'interaction, par une fonction d'utilité
Développement urbain (9). U → A (5) ou A → U (4) : choix d'acteurs A ou U selon une fonction d'utilité (investisseurs, localisation)
Centralité ou accessibilité aux activités (8). AIM → A (4) ou AI → A (1) ou AU → U (1) ou UI → A (1) ou UIM → A (1) : effet de la centralité intermédiaire ou de l'accessibilité aux emplois sur l'attractivité résidentielle et économique
Centralité ou accessibilité à l'urbain (6). AIM → U (2) ou AIU → U (2) ou AU → U (1) ou UI → U (1) : effet de la centralité intermédiaire ou de l'accessibilité sur le tissu bâti
Connectivité et desserte (8). U → I (5) ou UI → U (3) : croissance locale du réseau de transport ou du bâti sur la base de la connectivité du réseau
Diffusion ou autorenforcement (8). A → A (6) ou U → U (1) ou I → I (1) : autorenforcement de la population et/ou des emplois (attachement préférentiel) ; processus de diffusion locale du réseau ou du bâti
Circulation (2). M → A (1) ou AM → A (1) : croissance de population en lien avec la position dans les flux de circulation

Tableau 10.2. *Ensemble des 28 processus relevés dans la grille UAIM pour les 20 modèles étudiés, catégorisés en 8 familles de processus*

10.4.2. *Échelles de temps et d'espace impliquées*

La figure 10.3 récapitule les principaux résultats obtenus dans ce chapitre, les principales échelles de temps et d'espace, et fournit des informations sur les communautés épistémiques, le nombre moyen de processus implémentés dans ces modèles ainsi que la présence de boucles de coévolution. Nous observons qu'une moitié des modèles n'ont aucune échelle de temps spécifiée (soit parce qu'il s'agit de modèles d'équilibre, soit parce que les itérations dans le monde des modèles ne peuvent être reliées directement à des temporalités réelles). D'autre part, les échelles de temps et d'espace sont assez logiquement corrélées, c'est-à-dire que les modèles portant sur les agglomérations ont des temporalités de moyen terme exclusivement, alors que les modèles de long terme portent sur des échelles spatiales plus vastes. Des modèles opérationnels, avec beaucoup de processus implémentés de façon simultanée, correspondent à l'échelle de temps 20-50 ans et aux échelles régionale et nationale, celles pour lesquelles un cadre de planification (schéma directeur) et un cadre de modélisation reconnu (LUTI) sont déjà présents.

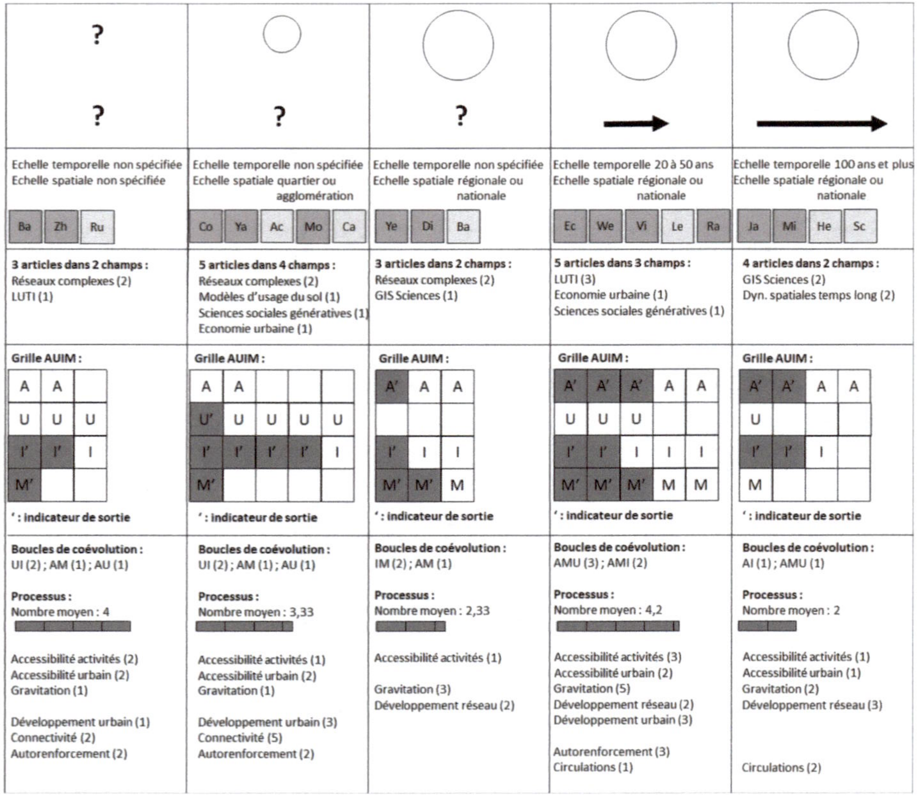

Figure 10.3. *Principaux résultats issus de la grille UAIM. Échelles de temps et d'espace prises en compte dans ces modèles et types de processus pris en compte*

Les approches de temps très long (par exemple des archéologues ou des linguistes) travaillent sur des siècles avec un ancrage fort dans les données d'environnement et faible dans les données socio-économiques et de réseau. Ces approches se déploient à des échelles de temps assez larges – typiquement sur un siècle –, correspondant peu ou prou à la durée de vie dans un cycle d'innovation d'un type d'infrastructure donné, comme le chemin de fer et les autoroutes (voir chapitre 7). Nous observons que ces modèles moins opérationnels sont plutôt centrés sur l'interaction systématique entre *A* et *I*, dimensions pour lesquelles le plus de données de temps long sont disponibles. Nous pouvons également observer que de nombreux modèles « jouets » ne spécifient pas d'échelle de temps, surtout concernant les dimensions *I* ou *M*.

10.4.3. Œillères disciplinaires renforcées par les données disponibles

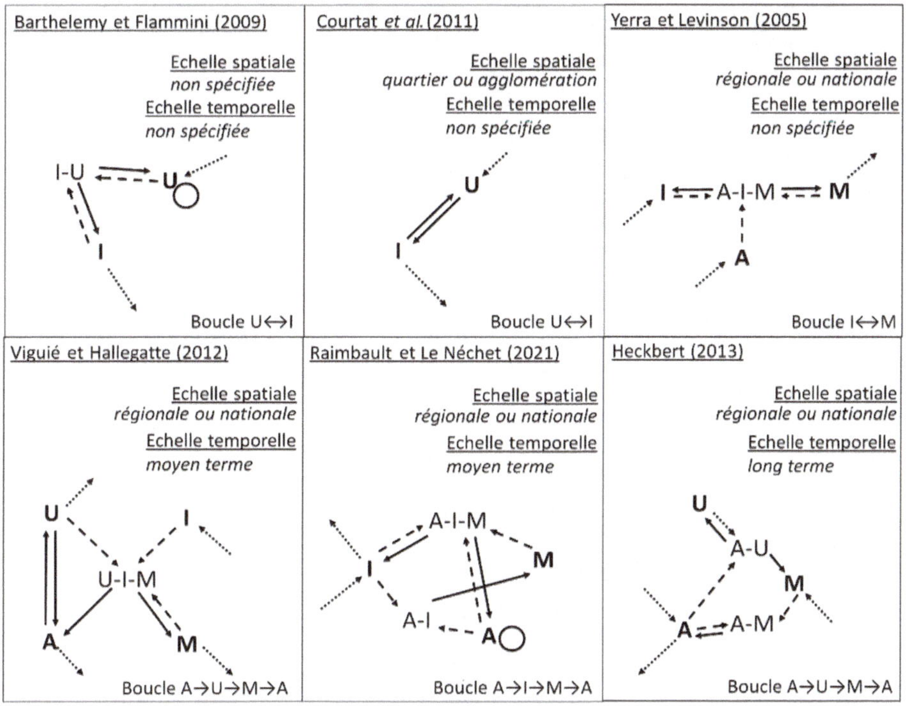

Figure 10.4. *Représentation modélisée par la grille UAIM des processus au cœur de six des modèles du corpus. Légende : trait plein ou cercle = processus implémenté directement ; trait tireté = processus conjoints ; pointillé = entrées ou sorties du modèle*

Le corpus étant *a priori* constitué de modèles de coévolution, il est logique d'observer un certain nombre de boucles de rétroaction au sein des modèles. La figure 10.4

montre une représentation schématique des processus implémentés dans 6 des 20 modèles du corpus, choisis pour montrer une diversité d'échelles d'espace ou de temps. Dans le tableau 10.3, nous avons listé ce que nous appelons des « boucles », distinguant celles qui croisent système de peuplement et transport (*A* ou *U* avec *I* ou *M*) – ce qui est le plus proche de la coévolution transport/territoire –, et les autres.

Modèle	UAIM	Boucle AU/IM	Autre boucle
Réseaux complexes Barthelemy et Flammini (2009)	UI	U ↔ I	–
Courtat *et al.* (2011)	UI	U ↔ I	–
Zhao *et al.* (2019)	UAI	U ↔ I	A ↔ U
Yamins *et al.* (2003)	UI	–	–
Yerra et Levinson (2005)	AIM	–	I ↔ M
Ding *et al.* (2017)	AIM	–	I ↔ M
LUTI Wegener (2011) (IRPUD)	UAIM	A → M → U → A	–
Russo et Musolino (2012) (SETI)	UAIM	A ↔ M	A ↔ U
Echenique *et al.* (1990) (MEPLAN)	UAIM	A → M → U → A	–
Viguié et Hallegatte (2012) (NEDUM)	UAIM	A → U → M → A	–
Géographie quantitative et économie urbaine Caruso *et al.* (2011) (S-GHOSTS)	UAI	A → U → I → A	–
Raimbault et Le Néchet (2021) (Lutecia)	AIM	A → M → I → A	–
Dynamiques spatiales temps long Schmitt (2014) (SimpopNet)	AI	A ↔ I	–
Heckbert (2013) (MayaSim)	AUM	A → U → M → A	–
Sciences sociales génératives Moreno *et al.* (2012) (Raumulus)	UI	U ↔ I	–
Raimbault (2021a)	AIM	A → M → I → A	–
GIS Sciences Batty et Milton (2021) (QUANT)	AIM	A ↔ M	–
Mimeur (2016)	AI	–	–
Jacobs-Crisioni et Koopmans (2016) (TLS)	AI	–	–
Automate cellulaire Achibet *et al.* (2014)	UAIM	U ↔ I	A ↔ U

Tableau 10.3. *Formalisation des modèles de simulation étudiés selon la grille UAIM : processus implémentés et présence, ou non, de « boucles » de coévolution transport/territoire*

Concernant le nombre de processus implémentés par modèle, nous observons un maximum de 6 processus implémentés en simultané (au sens de la grille : si plusieurs processus $I \rightarrow A$ différents sont implémentés, un effet de connectivité locale et un effet de desserte régionale, par exemple, cela compte pour un seul « processus » dans la grille). Les nombres les plus élevés sont le plus souvent observés pour les modèles opérationnels, notamment les modèles LUTI, même si ce n'est pas une règle stricte ((Achibet *et al.* 2014 ; Raimbault 2021a) comme contre-exemples). Ce travail nous permet de relever certains points par rapport à la problématique formulée, notamment une spécialisation par disciplines (Marchionni 2004). Les physiciens de ce corpus travaillent sur l'interaction $U \leftrightarrow I$ et les évolutions intrinsèques de U, les géographes sur l'interaction $A \leftrightarrow I$ et les évolutions intrinsèques de A, les modèles LUTI quant à eux sur les interactions $A \leftrightarrow U \leftrightarrow M$ et la façon dont I influence les dynamiques (I restant assez passif dans les simulations, variant de façon exogène), les économistes des réseaux travaillent spécifiquement sur la relation $A \rightarrow I$ et les évolutions intrinsèques de I.

Les quatre classes UAIM sont systématiquement représentées pour les modèles LUTI et le nombre de processus moyen est élevé (4), ce qui est lié selon nous au caractère opérationnel de cette littérature. Enfin, nous observons que la temporalité est de façon générale assez peu travaillée par les modèles étudiés et que les données disponibles influencent les processus. Ainsi, les classes d'objets U sont presque exclusivement présentes dans des modèles sans temporalité (modèles jouets) ou à temporalité courte, alors que les modèles de long terme (50 ans ou plus) s'appuient bien plus sur les aspects sociodémographiques des territoires (A), pour lesquels beaucoup plus de données diachroniques sont disponibles.

10.4.4. *Synthèse*

En résumé, les modèles de coévolution aux échelles microscopique et mésoscopique suivent globalement la structure suivante : 1) processus de localisation ou de relocalisation des activités (population, bâtiments) influencés par leur propre distribution et les caractéristiques du réseau ; 2) évolution du réseau de transport, concernant ses caractéristiques et/ou sa topologie, répondant à des règles très diverses : optimisation locale, règles fixes, planification par des agents décideurs. Cette diversité suggère la nécessité de prendre en compte la superposition de multiples processus régissant l'évolution du réseau et de mieux connaître la diversité des processus pris en compte par la littérature.

À l'échelle macroscopique, les modèles existants se basent sur des évolutions des agents (souvent les villes) en conséquence de leurs interactions, portées par le réseau, tandis que l'évolution du réseau peut répondre à différentes règles : autorenforcement, rupture de potentiel. La structure générale est globalement la même qu'à des niveaux inférieurs, mais les ontologies sont différentes.

10.5. Discussion

Ce tour d'horizon des modèles de coévolution confirme en grande partie nos hypothèses, ce qui suggère des perspectives de développement. La construction de modèles « manquants » dans la grille permettrait de faire des ponts entre types de processus et échelles, et nous semble nécessaire au regard des problématiques de transition et de planification durable des territoires.

10.5.1. *Modèles de coévolution face aux enjeux de transition*

L'action des sociétés sur l'environnement a des conséquences à court, moyen et long terme sur les territoires et les réseaux, qu'il s'agisse de questions d'habitabilité, de coût d'exploitation des ressources, etc. Il est loisible d'imaginer que la tendance de fond des deux derniers siècles à la suite de la révolution industrielle, à savoir une baisse forte des coûts de construction et des coûts de transport, pourrait s'inverser. Rappelons qu'en France, entre 1970 et 2020, on estime que le nombre de bâtiments et le niveau de mobilité – mesuré en distance – ont doublé. Qu'en sera-t-il en 2070 ? Ainsi, face aux forts enjeux de transition qui laissent présager de nombreux effets rebond (impact du futur coût de l'énergie sur la mobilité et sur les systèmes de peuplement), les réflexions épistémologiques sur l'ontologie des modèles permettent d'identifier les capacités d'adaptation des modèles (Sanders *et al.* 2018).

En particulier, il apparaît fondamental de décortiquer les hypothèses implicites ou cachées des modèles. À titre d'exemple, pour l'ensemble des 20 modèles, à l'exception de (Yerra et Levinson 2005 ; Heckbert 2013), il y a une hypothèse sous-jacente de croissance de la population et/ou du réseau qui apparaît au fil du temps (ou bien d'un bloc pour les modèles d'équilibre). Il serait discutable de se servir directement de ces modèles pour naviguer dans les dynamiques complexes qui pourraient advenir si le coût de l'énergie se mettait à augmenter significativement et si la question de l'héritage du poids des infrastructures se posait avec encore plus d'acuité à l'avenir. Pourtant, presque aucun modèle de simulation spatialisée des liens entre décroissance des réseaux et réorganisation spatiale n'existe à notre connaissance.

10.5.2. *Enjeux de construction et de croisement de données*

Nous avons identifié des liens entre les contextes de modélisation, les données disponibles et les ontologies de modèles, ainsi que le proposent de façon théorique Livet *et al.* (2010) avec leurs trois sphères en interaction : modèles, concepts et monde empirique. Dans cette section, nous cherchons à nous projeter dans les données disponibles ou souhaitables pour renforcer la modularité et l'adaptabilité des modèles de coévolution transport/territoire.

Pour ce qui concerne les populations et les activités économiques (*A*), il existe de nombreuses bases avec une profondeur temporelle importante et elles sont d'ailleurs utilisées dans les modèles du corpus, mais ce sont surtout les recensements de population de chaque pays qui ont une granularité spatiale en général assez peu élevée. On voit bien que les ontologies de modélisation sont liées aux données disponibles et qu'il y a un enjeu à produire d'autres données, adaptées aux problèmes de planification pouvant se poser à moyen terme. Quant aux activités économiques, cela dépend évidemment beaucoup de l'appareil de recensement de chaque pays, mais on est plutôt dans une configuration favorable pour des études de moyen terme, notamment pour étudier un passé relativement récent (quelques décennies).

Concernant les données *U*, il convient de différencier les données de bâti, sur lesquelles il existe dans certains pays un recul temporel important (même si l'usage des bâtiments n'est pas renseigné ou très lacunaire), et d'autres objets urbains comme les équipements et services publics, pour lesquels la connaissance sur le temps long est très difficile à reconstruire. Citons aussi les données de prix immobilier, qui sont plutôt disponibles à une date donnée, sans possibilité de comparaison de long terme à une échelle spatiale très fine. Il y a manifestement un enjeu à augmenter la connaissance de *U* sur le temps long, donc du bâti notamment, afin de pouvoir intégrer des processus socio-économiques plus fins que ce que permet l'observation satellite à des mailles peu fines (voir grille de densité CORINE Land Cover d'Eurostat).

Concernant les réseaux de transport (*I*), il y a une tendance de fond vers plus de données harmonisées à l'échelle nationale, sur le temps long (voir chapitre 8). Ces données pourraient potentiellement être intégrées à des modèles dynamiques – il faut toutefois noter que la plupart de ces bases de données sont monomodales.

Nous identifions plusieurs sortes de données de mobilité (*M*), mais elles sont récentes et statiques (ou quasi statiques : des séries temporelles très détaillées, sur un an ou deux par exemple). Non seulement nous n'avons pas de cohorte de long terme, mais il n'est pas facile d'harmoniser les catégories (Commenges et Le Néchet 2024). Le chapitre 9 illustre bien l'intérêt et la complexité de travailler sur le temps long pour les mobilités.

Enfin, il convient également de prendre en compte et d'intégrer aux données à constituer sur le temps long la variabilité des périmètres géographiques, voire des sens des objets géographiques en tant que tels, sur des durées de moyen terme et à plus forte raison de long terme (Thomas *et al.* 2018 ; Commenges et Le Néchet 2024) (voir chapitre 4).

10.5.3. *Couplage de modèles, multimodélisation et modularité*

Un verrou scientifique, autant qu'une direction de recherche cruciale pour la construction de modèles « à l'interface », consiste en l'aspect méthodologique du couplage de modèles. D'un point de vue théorique, il n'existe pas de définition standardisée d'un couplage et pas de moyen opérationnel pour distinguer différents « degrés » de couplage. Un couplage faible ou fort par exemple peut être pris au sens informel utilisé par Raimbault (2018) de niveau d'interdépendance entre dynamiques des modèles, alors que les métriques existantes sont introduites dans le cas de programmes informatiques, mais pas spécifiques aux modèles de simulation (Tempero et Ralph 2018). Une autre définition possible d'un couplage est un modèle étendant les deux modèles couplés dans une certaine plage de leurs paramètres. Dans le cas de notre grille, l'existence ou non d'indicateurs composites (de type « AIM » pour l'accessibilité) est liée à cette question (un modèle très intégré utilise-t-il de nombreuses composantes ou plutôt des indicateurs très composites ?), et la recherche de « modèles minimaux » couplant les quatre composantes avec ou sans composite également. Une approche robuste du couplage permettrait également de déterminer ce qui est « couplable » ou fondamentalement incompatible, en matière d'ontologies et d'échelles.

Ces réflexions sur le couplage sont aussi en lien avec la méthodologie de la multimodélisation. Cette approche visant à inclure divers mécanismes pouvant être activés ou non au sein des modèles de simulation permet l'intégration d'ontologies diverses au sein d'un même modèle. Raimbault (2019) a montré qu'une telle prise en compte des complémentarités permettait de mieux rendre compte de la croissance des réseaux routiers en interaction avec les territoires. L'utilisation de multimodèles pose toujours des enjeux méthodologiques, par exemple la construction d'indicateurs de performance prenant en compte le surajustement (Raimbault 2020).

Les deux précédents aspects sont essentiels pour une approche modulaire de la modélisation de la coévolution transport/territoire. Les questions techniques liées à cette modularité restent également assez ouvertes, et des outils comme le logiciel OpenMOLE (Reuillon *et al.* 2013) sont des outils prometteurs pour une intégration de divers modèles au sein d'une implémentation commune.

10.5.4. *Vers des modèles multi-échelles*

Enfin, l'obstacle principal pour une intégration entre les différentes composantes des modèles transport/territoire est la construction de modèles multi-échelles. En effet, les processus que nous avons listés lors de notre modélographie concernent des échelles de temps et d'espace distinctes. De même, chaque communauté épistémique concernée travaille avec ses propres processus aux échelles correspondantes. Un pont entre approches, par la construction de « modèles intermédiaires », devra nécessairement passer par la combinaison d'échelles au sein des nouveaux modèles. Un certain nombre de difficultés théoriques et techniques existent dans la mise en place de tels modèles urbains (Raimbault 2023) (comme le besoin d'une ontologie de couplage, une sensibilité accrue à la stochasticité, la quantification du degré d'émergence, etc.). Le couplage « fort » (au sens de dynamiques croisées) entre échelles reste une question ouverte (Raimbault 2021b). De tels modèles multi-échelles restent centraux pour l'élaboration de politiques durables pour les territoires (Rozenblat et Pumain 2018), et l'approfondissement des recherches sur les plans thématique, théorique et méthodologique est une piste essentielle dans la construction d'approches intégrées des interactions transport/territoire.

10.6. Bibliographie

Achibet, M., Balev, S., Dutot, A., Olivier, D. (2014). A model of road network and buildings extension co-evolution. *Procedia Computer Science*, 32, 828–833.

Antoni, J.P., Morency, C., Cambien, A. *et al.* (2011). *Modéliser la ville : formes urbaines et politiques de transport*. Economica, Paris.

Arcaute, E., Barthelemy, M., Batty, M., Caldarelli, G., Gershenson, C., Helbing, D., Moreno, Y., Ramasco, J.J., Rozenblat, C., Sánchez, A. (2021). Future cities: why digital twins need to take complexity science on board [En ligne]. Disponible à l'adresse : https://www. researchgate. net/publication/354446988.

Axtell, R.L., Epstein, J.M., Dean, J.S., Gumerman, G.J., Swedlund, A.C., Harburger, J., Chakravarty, S., Hammond, R., Parker, J., Parker, M. (2002). Population growth and collapse in a multiagent model of the kayenta anasazi in long house valley. *Proceedings of the National Academy of Sciences*, 99(suppl_3), 7275–7279.

Banos, A., Moreno, D., Pivano, C., Taillandier, P. (2011). Christaller, still alive!. *Cybergeo: European Journal of Geography.*

Banos, A., Le Néchet, F., Marie-Jeanne, O., Franc, A. (2017). Simuler des transitions : une introduction aux modèles spatio-temporels. Dans *Peupler la Terre : de la préhistoire à l'ère des métropoles*, Sanders, L. (dir.). Presses universitaires François-Rabelais, Tours, 89–110.

Baptiste, H. (1999). Interactions entre le système de transport et les systèmes de villes : perspective historique pour une modélisation dynamique spatialisée. Thèse de doctorat, Université de Tours, Tours.

Barré, A. (1997). Le réseau autoroutier français : un outil rapidement valorisé, des effets controversés. *Annales de géographie*, 106(593/594), 81–106

Barthelemy, M. (2023). *Le Monde des réseaux*. Odile Jacob, Paris.

Barthelemy, M., Flammini, A. (2008). Modeling urban street patterns. *Physical review letters*, 100(13), 138702.

Barthelemy, M., Flammini, A. (2009). Co-evolution of density and topology in a simple model of city formation. *Networks & spatial economics*, 9, 401–425.

Basse, R.M. (2013). A constrained cellular automata model to simulate the potential effects of high-speed train stations on land-use dynamics in trans-border regions. *Journal of Transport Geography*, 32, 23–37.

Batty, M. (2013). *The new science of cities*. MIT Press, Cambridge.

Batty, M., Milton, R. (2021). A new framework for very large-scale urban modelling. *Urban Studies*, 58(15), 3071–3094.

Batty, M., Vargas, C., Smith, D., Serras, J., Reades, J., Johansson, A. (2013). Simulacra: Fast land-use–transportation models for the rapid assessment of urban futures. *Environment & Planning B: Planning & Design*, 40(6), 987–1002.

Berroir, S., Cattan, N., Dobruszkes, F., Guérois, M., Paulus, F., Vacchiani-Marcuzzo, C. (2017). Les systèmes urbains français : une approche relationnelle. *Cybergeo: European Journal of Geography*.

Blumenfeld-Lieberthal, E., Portugali, J. (2010). Network cities: A complexity-network approach to urban dynamics and development. Dans *Geospatial analysis and modelling of urban structure and dynamics*, Jiang, B., Yao, X. (dir.). Springer, Dordrecht, 77–90.

Bonin, O., Hubert, J.P. (2014). Modélisation morphogénétique de moyen terme des villes : une schématisation du modèle théorique de Ritchot et Desmarais dans le cadre du modèle standard de l'économie urbaine. *Revue d'économie régionale et urbaine*, 3, 471–497.

Bonnafous, A., Plassard, F. (1974). Les méthodologies usuelles de l'étude des effets structurants de l'offre de transport. *Revue économique*, 208–232.

Bottinelli, A., Louf, R., Gherardi, M. (2017). Balancing building and maintenance costs in growing transport networks. *Physical Review E*, 96(3), 032316.

Bouleau, N. (2014). *La Modélisation critique*. Quæ, Versailles.

Bretagnolle, A. (2014). Les effets structurants des transports, une question d'échelles ? *L'Espace géographique*, 43(1), 63–65.

Bura, S., Guérin-Pace, F., Mathian, H., Pumain, D., Sanders, L. (1996). Multiagent systems and the dynamics of a settlement system. *Geographical analysis*, 28(2), 161–178.

Caruso, G., Cavailhès, J., Frankhauser, P., Peeters, D., Thomas, I., Vuidel, G. (2011). S-GHOST : un modèle d'auto-organsiation de l'étalement urbain et du réseau de transport. Dans *Modéliser la ville : formes urbaines et politiques de transport*, Antoni, J.P. (dir.). Economica, Paris.

Cervero, R. (2006). Alternative approaches to modeling the travel-demand impacts of smart growth. *Journal of the American Planning Association*, 72(3), 285–295.

Commenges, H. (2013). L'invention de la mobilité quotidienne : aspects performatifs des instruments de la socio-économie des transports. Thèse de doctorat, université Paris Diderot-Paris VII, Paris.

Commenges, H. (2024). L'usage des modèles pour l'aménagement. Habilitation à diriger des recherches, université Paris 1 Panthéon-Sorbonne, Paris.

Commenges, H., Le Néchet, F. (2024). Écueils catégoriels pour l'analyse de la mobilité urbaine. Dans *Systèmes de mobilité urbaine dans le monde*, Lesteven, G. (dir.). ISTE Edition, Londres, 219–256.

Cottineau, C. (2014). L'évolution des villes dans l'espace post-soviétique : observation et modélisations. Thèse de doctorat, université Panthéon-Sorbonne-Paris I, Paris.

Cottineau, C., Batty, M., Benenson, I., Delloye, J., Hatna, E., Pumain, D., Sarkar, S., Tannier, C., Ubarevičienė, R. (2024). The role of analytical models and their circulation in urban studies and policy. *Urban Studies*, 61(12), 2370–2398.

Courtat, T., Gloaguen, C., Douady, S. (2011). Mathematics and morphogenesis of cities: A geometrical approach. *Physical Review E*, 83(3), 036106.

Dai, L., Derudder, B., Liu, X. (2016). Generative network models for simulating urban networks, the case of inter-city transport network in Southeast Asia. *Cybergeo: European Journal of Geography*.

Dejoux, V., Valageas, M., Gaimard, M. (2019). Panorama de l'évolution des conditions de logement en France depuis la fin des années 1960. *Espace populations sociétés*, 2019/3.

Ding, R., Ujang, N., bin Hamid, H., Abd Manan, M.S., Li, R., Wu, J. (2017). Heuristic urban transportation network design method, a multilayer coevolution approach. *Physica A: Statistical Mechanics & its Applications*, 479, 71–83.

Doursat, R., Sayama, H., Michel, O. (2012). Morphogenetic engineering: Reconciling self-organization and architecture. Dans *Morphogenetic engineering: Toward programmable complex systems*, Doursat, R., Sayama, H., Michel, O. (dir.). Springer, Heidelberg, 1–24.

Duranton, G., Puga, D. (2020). The economics of urban density. *Journal of economic perspectives*, 34(3), 3–26.

Echenique, M.H., Flowerdew, A.D., Hunt, J.D., Mayo, T.R., Skidmore, I.J., Simmonds, D.C. (1990). The MEPLAN models of Bilbao, Leeds and Dortmund. *Transport reviews*, 10(4), 309–322.

Epstein, J.M. (2012). *Generative social science: Studies in agent-based computational modeling*. Princeton University Press, Princeton.

Felsenstein, D., Axhausen, K., Waddell, P. (2010). Land use-transportation modeling with UrbanSim: Experiences and progress introduction to the special issue. *Journal of Transport & Land Use*, 3(2), 1–3.

Feuillet, T., Cossart, E., Commenges, H. (2019). *Manuel de géographie quantitative : concepts, outils, méthodes*. Armand Colin, Malakoff.

Florentin, D. (2019). Vers la ville sobre des réseaux ? L'urbanisme des réseaux face aux transitions. *L'Information géographique*, 2, 58–71.

Frankhauser, P., Pumain, D. (2022). Fractals and geography. Dans *Machine learning & the city: Applications in architecture & urban design*, Carta, S. (dir.). Wiley Blackwell, Hoboken, 31–55.

Fujita, M., Krugman, P., Mori, T. (1999). On the evolution of hierarchical urban systems. *European Economic Review*, 43(2), 209–251.

Grimm, V., Berger, U., DeAngelis, D.L., Polhill, J.G., Giske, J., Railsback, S.F. (2010). The odd protocol: a review and first update. *Ecological modelling*, 221(23), 2760–2768.

Gross, M. (1982). The Lowry model of land use simulation and its derivatives. *Computers, Environment & Urban Systems*, 7(3), 197–211.

Haas, P.M. (1992). Introduction: epistemic communities and international policy coordination. *International organization*, 46(1), 1–35.

Hachi, R. (2020). Explorer l'effet de la morphologie des réseaux viaires sur leurs conditions d'accessibilité : une approche empirique fondée sur la théorie des graphes. Thèse de doctorat, université Panthéon-Sorbonne-Paris I, Paris.

Haggett, P. (1965). *Locational analysis in human geography*. Edward Arnold, Londres.

Heckbert, S. (2013). MayaSim: an agent-based model of the ancient Maya social-ecological system. *Journal of Artificial Societies & Social Simulation*, 16(4), 11.

Holland, J.H. (1992). Complex adaptive systems. *Daedalus*, 121(1), 17–30.

Holzner, B. (1968). *Reality Construction in Society*. Schenkman Publishing Co, Cambridge.

Honda, H. (1971). Description of the form of trees by the parameters of the tree-like body: Effects of the branching angle and the branch length on the shape of the tree-like body. *Journal of theoretical biology*, 31(2), 331–338.

Hubert, J.P., Meissonnier, J., Madre, J.L., Roux, S. (2013). La pause méridienne : un facteur clé de l'évolution de la mobilité en France depuis 35 ans. *Économie et statistique*, 457, 35.

Iacono, M., Levinson, D., El-Geneidy, A. (2008). Models of transportation and land use change: A guide to the territory. *Journal of Planning Literature*, 22(4), 323–340.

Jacobs-Crisioni, C., Koopmans, C.C. (2016). Transport link scanner: simulating geographic transport network expansion through individual investments. *Journal of Geographical Systems*, 18, 265–301.

Kaufmann, V., Jemelin, C. (2003). Coordination of land-use planning and transportation: how much room to manoeuvre? *International Social Science Journal*, 55(176), 295–305.

Kohler, T.A., Bocinsky, R.K., Cockburn, D., Crabtree, S.A., Varien, M.D., Kolm, K.E., Smith, S., Ortman, S.G., Kobti, Z. (2012). Modelling prehispanic pueblo societies in their ecosystems. *Ecological Modelling*, 241, 30–41.

Krugman, P.R. (1997). *Development, geography & economic theory*. MIT Press, Cambridge.

Kryvobokov, M., Chesneau, J.B., Bonnafous, A., Delons, J., Piron, V. (2013). Comparison of static and dynamic land use-transport interaction models: Pirandello and UrbanSim applications. *Transportation research record*, 2344(1), 49–58.

Lechner, T., Watson, B., Ren, P. *et al.* (2004). Procedural modeling of land use in cities. Dans *SIGGRAPH'06: ACM SIGGRAPH 2006 Research posters*. Boston.

Lenormand, M., Picornell, M., Cantú-Ros, O.G., Louail, T., Herranz, R., Barthelemy, M., Frías-Martínez, E., San Miguel, M., Ramasco, J.J. (2015). Comparing and modelling land use organization in cities. *Royal Society open science*, 2(12), 150449.

de Leon, F.D., Felsen, M., Wilensky, U. (2007). NetLogo urban suite. Tijuana bordertowns model. Center for Connected Learning and Computer-Based Modeling, Northwestern University, Evanston.

Levinson, D. (1998). Accessibility and the journey to work. *Journal of transport geography*, 6(1), 11–21.

Levinson, D., Chen, W. (2005). Paving new ground: a Markov chain model of the change in transportation networks and land use. Dans *Access to destinations*, Levinson, D., Krizek, K.J. (dir.). Emerald Group Publishing Limited, Leeds, 243–266.

Levinson, D., Karamalaputi, R. (2003). Induced supply: A model of highway network expansion at the microscopic level. *Journal of Transport Economics & Policy (JTEP)*, 37(3), 297–318.

Levinson, D., Xie, F., Zhu, S. (2007). The co-evolution of land use and road networks. Dans *Transportation & traffic theory*, Allsop, R.E., Bell, M.G.H., Heydecker, B. (dir.). Emerald Group Publishing Limited, Leeds, 839–859.

Levinson, D., Xie, F., Oca, N.M. (2012). Forecasting and evaluating network growth. *Networks & Spatial Economics*, 12, 239–262.

Li, X., Gong, P. (2016). Urban growth models: progress and perspective. *Science bulletin*, 61, 1637–1650.

Livet, P., Müller, J.P., Phan, D., Sanders, L., Auatabu, T. (2010). Ontology, a mediator for agent-based modeling in social science. *Journal of Artificial Societies and Social Simulation*, 13(1).

Louf, R., Jensen, P., Barthelemy, M. (2013). Emergence of hierarchy in cost-driven growth of spatial networks. *Proceedings of the National Academy of Sciences*, 110(22), 8824–8829.

Marchionni, C. (2004). Geographical economics versus economic geography: towards a clarification of the dispute. *Environment & Planning A*, 36(10), 1737–1753.

Masson, V., Heldens, W., Bocher, E. *et al.* (2020). City descriptive input data for urban climate models: Model requirements, data sources and challenges. *Urban Climate*, 31, 100536.

Mastio, M., Zargayouna, M., Scemama, G., Rana, O. (2016). Modèles de distribution des simulations multi-agents de mobilité des voyageurs. *Technique et science informatiques*, 6, 675–694.

McGlade, J., Van der Leeuw, S.E. (dir.) (2013). Introduction: archaeology and nonlinear dynamics-new approaches to long-term change. Dans *Time, process & structured transformation in archaeology*. Routledge, Londres, 1–31.

Meyer, M., Molyneux-Hodgson, S. (2011). « Communautés épistémiques » : une notion utile pour théoriser les collectifs en sciences ? *Terrains et travaux*, 18(1), 141–154.

Mimeur, C. (2016). Les traces de la vitesse entre réseau et territoire : approche géohistorique de la croissance du réseau ferroviaire français. Thèse de doctorat, université de Bourgogne, Dijon.

Moreno, D., Badariotti, D., Banos, A. (2012). Un automate cellulaire pour expérimenter les effets de la proximité dans le processus d'étalement urbain : le modèle Raumulus. *Cybergeo: European Journal of Geography*.

Parker, D.C., Manson, S.M., Janssen, M.A., Hoffmann, M.J., Deadman, P. (2003). Multi-agent systems for the simulation of land-use and land-cover change: a review. *Annals of the Association of American Geographers*, 93(2), 314–337.

Paulley, N.J., Webster, F.V. (1991). Overview of an international study to compare models and evaluate land-use and transport policies. *Transport Reviews*, 11(3), 197–222.

Pijanowski, B.C., Brown, D.G., Shellito, B.A., Manik, G.A. (2002). Using neural networks and GIS to forecast land use changes: a land transformation model. *Computers, environment & urban systems*, 26(6), 553–575.

Pumain, D. (1997). Pour une théorie évolutive des villes. *L'Espace géographique*, 26(2), 119–134.

Putman, S.H. (1975). Urban land use and transportation models: A state-of-the-art summary. *Transportation Research*, 9(2/3), 187–202.

Raimbault, J. (2018). Caractérisation et modélisation de la coévolution des réseaux de transport et des territoires. Thèse de doctorat, université Paris 7 Denis Diderot, Paris.

Raimbault, J. (2019). An urban morphogenesis model capturing interactions between networks and territories. Dans *The Mathematics of Urban Morphology*, D'Acci, L. (dir.). Birkhäuser, Bâle, 383–409.

Raimbault, J. (2020). Indirect evidence of network effects in a system of cities. *Environment & Planning B: Urban Analytics & City Science*, 47(1), 138–155.

Raimbault, J. (2021a). Modeling the co-evolution of cities and networks. Dans *Handbook of cities & networks*, Neal, Z.P., Rozenblat, C. (dir.). Edward Elgar Publishing, Cheltenham, 166–193.

Raimbault, J. (2021b). Strong coupling between scales in a multi-scalar model of urban dynamics. Preprint arXiv:2101.12725.

Raimbault, J. (2023). Multiscalar models for systems of cities. Dans *European Colloquium on Theoretical* and *Quantitative Geography*. Braga.

Raimbault, J., Le Néchet, F. (2021). Introducing endogenous transport provision in a LUTI model to explore polycentric governance systems. *Journal of Transport Geography*, 94, 103115.

Raimbault, J., Chasset, P.O., Cottineau, C., Commenges, H., Pumain, D., Kosmopoulos, C., Banos, A. (2021). Empowering open science with reflexive and spatialised indicators. *Environment & Planning B: Urban Analytics & City Science*, 48(2), 298–313.

Reuillon, R., Leclaire, M., Rey-Coyrehourcq, S. (2013). OpenMOLE, a workflow engine specifically tailored for the distributed exploration of simulation models. *Future Generation Computer Systems*, 29(8), 1981–1990.

Roy, J.R., Thill, J.C. (2004). Spatial interaction modelling. *Papers in Regional Science*, 83(1), 339–361.

Rozenblat, C., Pumain, D. (2018). Conclusion: Toward a methodology for multiscalar urban system policies. Dans *International & Transnational Perspectives on Urban Systems*, Rozenblat, C., Pumain, D., Velasquez, E. (dir.). Springer, Singapour, 385.

Rui, Y., Ban, Y. (2011). Urban growth modeling with road network expansion and land use development. Dans *Advances in Cartography & GIScience: Selection from ICC 2011*, Ruas, A. (dir.). Springer, Londres, 399–412.

Rui, Y., Ban, Y., Wang, J., Haas, J. (2013). Exploring the patterns and evolution of self-organized urban street networks through modeling. *The European Physical Journal B*, 86, 1–8.

Russo, F., Musolino, G. (2012). A unifying modelling framework to simulate the spatial economic transport interaction process at urban and national scales. *Journal of Transport Geography*, 24, 189–197.

Sanders, L. (1992). *Système de villes et synergétique*. Economica, Paris.

Sanders, L., Pumain, D., Mathian, H., Guérin-Pace, F., Bura, S. (1997). Simpop: a multiagent system for the study of urbanism. *Environment & Planning B: Planning & design*, 24(2), 287–305.

Sanders, L. *et al.* (2018). *Peupler la Terre : de la préhistoire à l'ère des métropoles*. Presses universitaires François-Rabelais, Tours.

Schmitt, C. (2014). Modélisation de la dynamique des systèmes de peuplement : de SimpopLocal à SimpopNet. Thèse de doctorat, université Panthéon-Sorbonne-Paris I, Paris.

Schmitt, C., Pumain, D. (2013). Modélographie multi-agents de la simulation des interactions sociétés-environnement et de l'émergence des villes. *Cybergeo: European Journal of Geography*, 643.

Silva, C.A., Giannotti, M., de Almeida, C.M. (2020). Dynamic modeling to support an integrated analysis among land use change, accessibility and gentrification. *Land use policy*, 99, 104992.

Son, T.H., Weedon, Z., Yigitcanlar, T., Sanchez, T., Corchado, J.M., Mehmood, R. (2023). Algorithmic urban planning for smart and sustainable development: Systematic review of the literature. *Sustainable Cities & Society*, 94, 104562.

Taillandier, P., Therond, O., Gaudou, B. (2012). A new BDI agent architecture based on the belief theory. Application to the modelling of cropping plan decision-making. Dans *International environmental modelling & software society (iEMSs)*. Leipzig.

Tempero, E., Ralph, P. (2018). A framework for defining coupling metrics. *Science of Computer Programming*, 166, 214–230.

Tero, A., Kobayashi, R., Nakagaki, T. (2006). Physarum solver: A biologically inspired method of road-network navigation. *Physica A: Statistical Mechanics & its Applications*, 363(1), 115–119.

Thomas, I., Jones, J., Caruso, G., Gerber, P. (2018). City delineation in European applications of LUTI models: review and tests. *Transport Reviews*, 38(1), 6–32.

Tobler, W.R. (1970). A computer movie simulating urban growth in the Detroit region. *Economic geography*, 46(sup 1), 234–240.

Torrens, P.M. (2000). How land-use-transportation models work. CASA Working Papers 20, Centre for Advanced Spatial Analysis (UCL), Londres.

Ullman, E. (1974). Geography as spatial interaction. Dans *Transportation* geography, Eliot Hurst, M.E. (dir.). McGraw-Hill, New York, 29–39 [1954].

Varenne, F. (2010). Les simulations computationnelles dans les sciences sociales. *Nouvelles perspectives en sciences sociales*, 5(2), 17–49.

Varenne, F. (2018). *Théories et modèles en sciences humaines : le cas de la géographie*. Éditions matériologiques, Paris.

Viguié, V., Hallegatte, S. (2012). Trade-offs and synergies in urban climate policies. *Nature Climate Change*, 2(5), 334–337.

Vitins, B.J., Axhausen, K.W. (2010). Patterns and grammars for transport network generation. Dans *Proceedings of the 10th Swiss Transport Research Conference*. 14.

Wang, J., Bretz, M., Dewan, M.A.A., Delavar, M.A. (2022). Machine learning in modelling land-use and land cover-change (LULCC): Current status, challenges and prospects. *Science of the Total Environment*, 822, 153559.

Watson, B., Müller, P., Veryovka, O., Fuller, A., Wonka, P., Sexton, C. (2008). Procedural urban modeling in practice. *IEEE computer graphics & applications*, 28(3), 18–26.

Wegener, M. (2004). Overview of land use transport models. Dans *Handbook of transport geography & spatial systems*, Hensher, D.A., Button, K.J., Haynes, K.E., Stopher, P.R. (dir.). Emerald Group Publishing Limited, Leeds, 127–146.

Wegener, M. (2011). The IRPUD model [En ligne]. Disponible à l'adresse : http://www.spiekermann-wegener.com/mod/pdf/AP_1101_IRPUD_Model.pdf [Consulté le 1er décembre 2011].

Wegener, M., Mackett, R.L., Simmonds, D.C. (1991). One city, three models: comparison of land-use/transport policy simulation models for Dortmund. *Transport Reviews*, 11(2), 107–129.

Xie, F., Levinson, D. (2009). Jurisdictional control and network growth. *Networks & Spatial Economics*, 9, 459–483.

Yamins, D., Rasmussen, S., Fogel, D. (2003). Growing urban roads. *Networks & Spatial Economics*, 3(1), 69–85.

Yerra, B.M., Levinson, D.M. (2005). The emergence of hierarchy in transportation networks. *The Annals of Regional Science*, 39, 541–553.

Yin, B., Diallo, A.O., Seregina, T., Coulombel, N., Liu, L. (2024). Evaluation of low-traffic neighborhoods and scale effects: the Paris case study. *Transportation research record*, 2678(1), 88–101.

Zhang, L., Levinson, D. (2007). The economics of transportation network growth. Dans *Essays on transport economics*, Coto-Millán, P., Inglada, V. (dir.). Springer, Heidelberg, 317–339.

Zhang, L., Levinson, D. (2017). A model of the rise and fall of roads. *Journal of Transport & Land Use*, 10(1), 337–356.

Zhao, F., Wu, J., Sun, H., Gao, Z., Liu, R. (2016). Population-driven urban road evolution dynamic model. *Networks & Spatial Economics*, 16, 997–1018.

Zhao, F., Zhao, F., Sun, H. (2019). A coevolution model of population distribution and road networks. *Physica A: Statistical Mechanics & its Applications*, 536, 120860.

Zhu, L., Aono, M., Kim, S.J., Hara, M. (2013). Amoeba-based computing for traveling salesman problem: Long-term correlations between spatially separated individual cells of *Physarum polycephalum*. *Biosystems*, 112(1), 1–10.

11

Usage des modèles pour l'aménagement

Hadrien COMMENGES
Géographie-Cités, Université Paris 1 Panthéon-Sorbonne, Aubervilliers, France

11.1. Introduction

Au milieu des années 1950, le boulevard périphérique parisien est conçu et inscrit dans les documents de planification sans qu'aucun modèle numérique n'ait été utilisé pour en décider les tracés ou les caractéristiques. Bien sûr, le tracé est en grande partie contraint par l'emprise de l'ancienne fortification, l'enceinte de Thiers, vaste espace de foncier disponible (Flonneau 2003), mais il reste un ensemble de décisions – le type de voie, le type de chaussée, le nombre de voies, la présence d'échangeurs, la localisation des échangeurs – qui seront prises sans le support de dispositifs de modélisation. Plusieurs changements organisationnels interviennent ensuite, au tournant des années 1960. C'est d'abord la création du Service d'études et de recherches sur la circulation (SERC) qui canalise l'importation des méthodes américaines d'ingénierie du trafic, puis la création en 1960 du Service des affaires économiques et internationales (SAEI) au sein du ministère des Travaux publics et des Transports, et ensuite la fusion en 1966 de ce ministère et du ministère de l'Urbanisme et de la Reconstruction pour former le ministère de l'Équipement, piloté par le corps des ponts et chaussées[1] (Mazoyer 2011 ; Commenges 2013). Ces créations institutionnelles se traduisent par un changement de mode d'action : le boulevard périphérique, voie rapide urbaine précoce, est la seule voie

1. L'État français dispose de plusieurs corps d'encadrement techniques (mines, ponts, etc.) et administratifs (finance, administration, etc.). Le corps des ponts et chaussées, même s'il a une vocation interministérielle, a produit la plupart du personnel d'encadrement des ministères successifs chargés de l'équipement et des transports.

La coévolution transport, mobilité, territoire,
coordonné par Florent LE NÉCHET. © ISTE Editions 2026.

rapide d'importance, en région parisienne et en France, qui a été conçue sans le support des modèles de prévision de la demande de transport.

Ce rapide regard historique permet de poser des questions importantes : qu'est-ce qui explique l'irruption des modèles dans la décision publique ? Les actions et les décisions d'aménagement sont-elles meilleures avec que sans modèles ? L'usage des modèles a-t-il évolué, s'est-il spécialisé ou au contraire répandu dans divers domaines de l'aménagement et de l'urbanisme ?

Au cours des dernières décennies, plusieurs caractéristiques émergentes du gouvernement des villes ont été mises en avant avec un accent particulier sur les grandes métropoles (Evers et de Vries 2013). D'abord, les territoires urbains sont, depuis longtemps, l'objet de nombreux discours sur la rationalisation et l'optimisation des services, notamment des réseaux techniques (transport, approvisionnement en eau, assainissement). Ensuite, la nouvelle gestion publique[2] se diffuse et elle est étroitement liée au gouvernement des villes, en particulier des grandes villes. Or, la nouvelle gestion publique appelle au développement de dispositifs d'évaluation et d'optimisation. Pour ces raisons, il y a une injonction croissante à construire une science des villes qui puisse fournir des dispositifs de rationalisation, qui s'exprime par une multitude d'anglicismes synonymes d'intelligence : développer des *smart cities* munies de dispositifs d'*e-governance* et de réseaux techniques intelligents (*smart grids*, *intelligent transport systems*, etc.) (Batty *et al.* 2012).

Dans ce cadre, l'instrumentation de l'action publique – entendue comme « l'ensemble des problèmes posés par le choix et l'usage des outils [...] qui permettent de matérialiser et d'opérationnaliser l'action gouvernementale » (Lascoumes et Le Galès 2004, p. 12) – joue un rôle essentiel. S'il est possible de « rendre intelligents » les réseaux, les services, ou plus généralement les territoires urbains, ce processus passe nécessairement par la mise en place d'instruments d'action publique. Ces instruments doivent être choisis avec précaution (instruments législatifs, réglementaires, fiscaux, etc.) et ils doivent être calibrés (périmètre d'application d'une règle, seuils à atteindre, tarifs à appliquer, etc.). Parmi les techniques disponibles pour guider ces choix, la modélisation numérique joue un rôle grandissant (Andrews 2007). Pour éviter toute confusion de vocabulaire dans la suite du texte, il faut établir d'emblée une distinction entre instrument et dispositif. Le terme « instrument » renvoie aux instruments d'action publique dans le sens de

2. Le *new public management* (NPM) désigne une pratique, ou une doctrine, qui naît dans les années 1970 et qui se développe rapidement dans les années 1980-1990. À gros traits, elle consiste à remplacer la bureaucratie administrative et les monopoles sectorisés par des mécanismes de marché. Le discours technique et politique qui l'accompagne insiste sur l'*efficience* et l'*évaluation* (Merrien 1999).

Lascoumes[3] : dans le domaine de la mobilité, il peut s'agir d'une intégration tarifaire (passe Navigo, *Oystercard*), de l'établissement d'un péage urbain, d'un étiquetage des véhicules avec des permissions ou des interdictions associées (vignette Crit'Air). Le terme « dispositif » désigne un assemblage de techniques d'évaluation utilisées en amont (*ex ante*) et/ou en aval (*ex post*) de la mise en place de l'instrument. Parmi ces dispositifs, la modélisation numérique sera examinée plus particulièrement.

L'usage des modèles numériques s'est répandu depuis longtemps dans la plupart des secteurs de l'aménagement et de l'urbanisme, de sorte que les spécialistes de l'aménagement, de l'urbanisme ou de la gestion des services techniques interagissent régulièrement avec des modélisateurs et leurs modèles. Plusieurs questions se posent quant à cet usage, qui seront traitées successivement :

– comment les objectifs de rationalisation étaient-ils abordés avant l'introduction des dispositifs numériques d'évaluation, en particulier des modèles ?

– que savons-nous de l'usage et de la fonction des modèles pour l'aménagement, et comment le savons-nous ?

– les modèles sont-ils des dispositifs de rationalisation de la décision publique ?

– les modèles sont-ils des dispositifs de démarcation et de dépolitisation de la décision publique ?

– les modèles sont-ils des dispositifs d'intermédiation, et le cas échéant d'intermédiation entre qui/quoi ?

Avant de développer ces aspects, plusieurs précisions sont nécessaires pour circonscrire le domaine de ce texte. D'abord il traite des usages de la modélisation pour l'aménagement en contexte urbain et exclut donc les usages non urbains, en particulier agricoles et forestiers. Ensuite il traite des usages dans un contexte d'action publique. Cette restriction au contexte d'action publique n'exclut pas les acteurs privés : les modèles considérés peuvent être développés par des acteurs privés et ils peuvent également être commandités et utilisés par des acteurs privés si c'est dans l'exercice d'une activité d'intérêt public, dans le cadre d'une régie ou d'une délégation de service public. Justement, dans la gestion des services techniques urbains, les modèles sont souvent développés par des entreprises privées et utilisés par des personnes morales privées (société commerciale, société d'économie mixte, association loi 1901) chargées des transports, de l'assainissement, de l'approvisionnement en eau potable, etc.

3. L'instrument est défini comme « dispositif à la fois technique et social qui organise des rapports sociaux spécifiques entre la puissance publique et ses destinataires en fonction des représentations et des significations dont il est porteur » (Lascoumes et Le Galès 2004, p. 14).

11.2. Rationalité hors-sol

La modélisation numérique est souvent brandie comme un instrument de rationalisation. Il convient donc, avant de s'intéresser à la modélisation, de s'intéresser à la notion de *rationalité* dans l'aménagement et l'urbanisme. Cette étude pourrait remonter très loin dans le passé, nous la limitons ici à l'époque industrielle.

Françoise Choay, dans son anthologie des écrits d'urbanistes (Choay 1965), a distingué une catégorie qu'elle a appelée le « pré-urbanisme progressiste », dans laquelle elle regroupe plusieurs auteurs en général connus pour le nom de leurs propositions : Robert Owen avec New Harmony, Charles Fourier avec le phalanstère, Victor Considerant, qui poursuit l'œuvre de Fourier et écrit sur le phalanstère, Étienne Cabet avec Icarie et Benjamin Richardson avec Hygeia. Parmi ces propositions, certaines ont été réalisées (le phalanstère a servi de modèle à des colonies, par exemple la colonie de Condé-sur-Vesgre dans les Yvelines ou le familistère de Guise), d'autres sont restées sur le papier. Malgré la diversité de ces auteurs et de leurs propositions, ces pré-urbanistes progressistes ont plusieurs points communs qu'il convient de mettre en avant. En effet, tous cherchent à mettre en place des principes de rationalité, et ces principes de rationalité se diffuseront ensuite dans le mouvement de l'architecture moderne qui se développe au XXe siècle. Voici les principes communs partagés par ces auteurs (les citations qui suivent sont extraites de l'anthologie de Françoise Choay) :

– constat du chaos et du manque d'hygiène de la ville existante. Le mouvement hygiéniste est omniprésent dans les milieux de notables, de médecins et d'intellectuels du XIXe siècle et ses principes trouvent une traduction simple en termes d'urbanisme (Frioux 2013 ; Charvet 2015) ;

– double proposition urbaine et sociale. La proposition urbaine et la proposition sociale se confondent. À titre d'exemple, Victor Considerant écrit : « L'anarchie sociale que traduit en relief avec une hideuse fidélité cet amas informe de bâtiments. » Dans cette phrase, que l'on retrouve sous d'autres formes chez les autres auteurs, il fait très clairement le lien entre une certaine morphologie urbaine (chaotique) et une certaine organisation sociale (anarchique) ;

– vision fonctionnaliste de la ville. Chez tous ces auteurs, on retrouve ce double principe : on peut définir des fonctions dans l'organisation sociale, et à chacune de ces fonctions sera assigné un espace spécifique dans la ville. Ce zonage fonctionnel est à la fois présent chez les pré-urbanistes, puis, au XXe siècle, dans le mouvement de l'architecture moderne ;

– proposition de ville ou de quartier hors-sol. L'utopie urbaine existe indépendamment de la ville existante. Sur les schémas qui matérialisent les utopies urbaines, par exemple celui des cités-jardins de Howard, le tissu projeté est représenté comme une île, c'est-à-dire non incrusté dans un tissu urbain existant ;

– injonctions à la ligne droite et à l'angle droit. En lien direct avec le premier point, les villes existantes sont considérées comme chaotiques parce que leur réseau viaire n'est pas droit. La rationalité passe par la mise en place de formes architecturales droites, de voies rectilignes et d'intersections à angles droits (ou à angles réguliers sur une forme circulaire ou ovale). Cette vision partagée des formes rationnelles se maintiendra elle aussi jusqu'au mouvement de l'architecture moderne ;

– toute-puissance de la planification urbaine. Tout peut être planifié, les formes architecturales, bien sûr, mais aussi des dynamiques sociales ou démographiques. On trouve par exemple chez Richardson cette projection : « La population de la cité peut être évaluée à 100 000 personnes vivant dans 20 000 maisons construites sur 4 000 acres de terrain. » Dans ce calcul, l'auteur fixe donc à la fois la population, le nombre de logements et les surfaces, ce qui implique qu'il fixe la structure des ménages et leur occupation du sol, et qu'il n'y a pas d'évolution démographique prévue. C'est encore une fois une approche qui se diffusera jusqu'au XXe siècle : une planification complète et systématique de l'ensemble de la ville sans prendre en compte le fait que les villes existent aussi, et peut-être surtout, à travers un grand nombre de mécanismes non planifiés, dans l'auto-organisation (Pumain *et al.* 1989). Pour les pré-urbanistes l'auto-organisation mène au chaos alors que la planification produit de la rationalité. La planification rationnelle inclut les formes architecturales, les dynamiques sociales et démographiques, et même les usages des espaces publics et privés.

Tous ces points se retrouvent dans le mouvement de l'architecture moderne, mouvement qui peut être circonscrit à la période des congrès internationaux d'architecture moderne (CIAM), c'est-à-dire des années 1920 aux années 1960, en particulier dans les écrits de Charles-Édouard Jeanneret (Le Corbusier).

Dans les écrits des économistes contemporains sur les choix publics, c'est le marché qui garantit une forme d'optimisation en articulant les rationalités des différents acteurs en présence. À tel point qu'il devient nécessaire de rappeler que cette rationalité économique n'est pas autosuffisante : « Il n'est pas possible de réduire les choix publics à des phénomènes de marché, la référence à des valeurs extérieures à la rationalité du libre-échange s'impose » (Crozet 1987). Dans l'urbanisme du XIXe siècle et dans les écrits liés aux CIAM, c'est exactement l'inverse : l'expression de la rationalité se fait exclusivement en référence à des valeurs extérieures au marché. Cette rationalité hors marché peut être qualifiée, de façon plus générale, de rationalité « hors-sol ». Ce qui est rationnel est ce qui peut être planifié indépendamment de la structure de la ville existante, indépendamment des mécanismes d'auto-organisation qui fabriquent les villes et les systèmes de villes, indépendamment des pratiques et des rationalités individuelles.

Le qualificatif « hors-sol » s'applique également à la méthode : la presque totalité des écrits et des réalisations du XIXe siècle jusqu'à l'entre-deux-guerres se développe sans observation empirique méthodique de la société et de la ville (Gaudin 1989). Il y a cependant l'exception notable d'Ildefons Cerdà. Cerdà peut être rapproché du mouvement hygiéniste et rationaliste, sa réalisation principale, le plan d'extension de Barcelone, en partage certains attributs, en particulier le plan hippodamien plaqué sur la ville existante. Il faut noter cependant que cette réalisation est hors-sol par défaut, du fait qu'elle advient sur des terres agricoles et non sur un tissu urbain existant (Magrinyà 2002). Cerdà, à la différence des personnages cités précédemment, conduit des études que l'on qualifierait aujourd'hui de géographie sociale sur la ville de Barcelone. La théorie et la réalisation s'appuient donc sur des fondements empiriques conséquents.

Durant la première moitié du XXe siècle se construisent deux courants. Le premier étudie avec minutie l'état actuel des sociétés urbaines et met en valeur leur historicité, en opposition avec les planifications démiurgiques et les plans hippodamiens (Meller 2005). Plusieurs écrits, comme ceux de Patrick Geddes ou de Marcel Poëte en France, alimentent ce courant avec des études qui préfigurent la géographie sociale ou la sociologie urbaine. En France, un petit noyau d'institutions – l'École des hautes études urbaines, la Société française des urbanistes, le Musée social – tente de construire sur cette base hétéroclite une nouvelle science des villes (Magri et Topalov 1987). Le second courant, le mouvement de l'architecture moderne, malgré sa prétention avant-gardiste, suit les traces du pré-urbanisme du XIXe siècle et conserve son aspect hors-sol : 1) absence d'observation empirique préalable à la constitution d'une théorie ou d'une réalisation ; 2) approche *tabula rasa* de la planification urbaine (Gaudin 1989).

À partir de la seconde moitié du XXe siècle, deux évolutions majeures – politique et technoscientifique – transforment la façon d'écrire et de faire de l'aménagement et de l'urbanisme. Du point de vue politique, deux périodes se succèdent : des années 1940 aux années 1990, l'État keynésien ; des années 1990 à nos jours, l'État néolibéral (Desrosières 2003). Dans la période keynésienne, l'importance du marché n'est pas contestée, mais l'État assure une certaine dose de planification et de régulation pour assurer son bon fonctionnement. Dans la période néolibérale, l'État donne appui au marché sous forme d'orientations et d'incitations. Dans un cas comme dans l'autre, la rationalité est liée au marché et l'État doit produire une information quantitative empirique (des statistiques) pour appuyer la mise en place de dispositifs (de régulation puis d'incitation) qui permettent de produire des optimums.

Du point de vue technoscientifique, l'émergence de l'informatique dans les années 1940 et le rapide développement des disciplines associées (mathématiques appliquées, recherche opérationnelle, économétrie) produisent les moyens nécessaires à la constitution de dispositifs de quantification et d'optimisation (Volle 1982). C'est dans ce contexte que la modélisation numérique va prendre ses marques dans l'aménagement urbain (Dupuy 1978).

11.3. Contextes et objectifs de la modélisation en aménagement

La question des usages de la modélisation numérique pour l'aménagement est rarement examinée en détail. Il existe pourtant une vaste gamme de travaux qui décrivent les différents types de modèles numériques. En fait, dans toutes les disciplines utilisant des modèles, certains auteurs proposent, amendent ou enrichissent des typologies plus ou moins complètes sur la base de critères de distinction (Boulter et Buckley 2000) : modèle statique ou dynamique ; modèle déterministe ou stochastique ; modèle en une, deux ou trois dimensions ; modèle macro-, méso- ou microscopique ; modèle agrégé ou désagrégé ; modèle statistique, modèle de simulation à base d'agents, etc. Chacune de ces catégories peut ensuite être détaillée : pour un modèle statistique, est-ce un modèle à effets fixes et/ou à effets aléatoires ? Est-ce un modèle fréquentiste ou bayésien ? Pour un modèle à base d'agents, est-il très simple ou finement descriptif (KISS ou KIDS), les agents sont-ils réactifs et/ou cognitifs ? Toutes ces propositions de définitions, de critères et de classifications portent sur la nature des modèles, c'est-à-dire sur leur formalisation conceptuelle, mathématique ou informatique.

À côté de ces définitions, il existe des « cartographies » des modèles utilisés dans un certain domaine (Armatte et Dahan 2004 ; Banos et Sanders 2012 ; Blanchet *et al.* 2015). Ces cartographies sont des classifications empiriques, c'est-à-dire des regroupements de modèles existants, à la différence des typologies présentées précédemment, qui sont des classifications conceptuelles faisant exister des catégories au croisement de critères, sans que ces catégories possibles soient nécessairement remplies par des modèles existants (Bailey 1994). Ces classifications empiriques portent également sur la nature des modèles, mais elles présentent aussi parfois l'environnement scientifique ou technique qui justifie l'existence du modèle.

Ainsi, les typologies conceptuelles et les classifications empiriques se focalisent sur la nature des modèles et jamais sur leurs usages ou leurs fonctions dans un cadre de l'action publique. Dans la littérature scientifique française, à notre connaissance, la seule tentative existante est la classification proposée par Frank Varenne dans plusieurs publications (Varenne 2013, 2017). Varenne, comme d'autres avant lui, met l'accent sur la fonction de médiation du modèle : « Objet médiateur qui a pour fonction de faciliter une opération cognitive dans le cadre d'un questionnement orienté, opération cognitive qui peut être de cognition pratique (manipulation, savoir-faire, apprentissage de geste, de techniques de conduite, etc.) ou théorique (récolte de données, formulation d'hypothèses, hypothèses de mécanismes théoriques, etc.). » Voici quelques exemples de fonctions qu'il propose, fonctions qui sont ensuite déclinées en plusieurs sous-fonctions : faciliter une formulation intelligible ; faciliter une théorisation ; faciliter la communication et la coconstruction des savoirs ; faciliter la décision et l'action.

Offner (1987) a également proposé une typologie intéressante pour notre propos concernant les relations entre études et décisions dans le domaine des transports. Les études sont assorties de trois qualificatifs (p. 34) : économiques (affectation optimale des ressources), politiques (sujettes à des orientations politiques préétablies), idéologiques (façonnées par des postulats idéologiquement orientés). Les décisions correspondent à trois modèles : décision élitiste (prise par quelques individus de pouvoir), décision pluraliste (résultat d'une négociation entre acteurs sociaux), décision surdéterminée (produit des structures sociales).

Ainsi, Varenne présente une typologie qui se focalise sur la modélisation, mais qui n'inclut pas précisément le contexte décisionnel et Offner propose une typologie qui inclut le contexte décisionnel, mais qui ne traite pas spécifiquement de la modélisation. Dans ce texte, nous proposons une typologie conceptuelle de l'usage de la modélisation dans son contexte décisionnel, à partir du croisement de trois critères : l'objectif de la modélisation, l'objet modélisé et le contexte de modélisation.

1) Objet	2) Objectif	3) Contexte
a) Territoire	a) Macrostratégie	a) Technocratie *ex ante*
b) Infrastructure	b) Dimensionnement	b) Prospective *ex ante*
c) Service	c) Spatialité (localisation, densité)	c) Optimisation *ex ante*
d) Comportement	d) Temporalité (calendrier, fréquence)	d) Accompagnement *ex ante*
e) Dispositif de régulation	e) Coût (valeur et variation de la valeur)	e) Évaluation *ex post*

Tableau 11.1. *Typologie conceptuelle de l'usage de la modélisation dans son contexte décisionnel*

Au croisement de ces trois critères existent potentiellement 125 usages types, parmi lesquels un faible nombre de combinaisons dominantes :

– dimensionnement ou localisation d'une infrastructure dans une approche technocratique (combinaisons b-b-a et b-c-a). Il s'agit de combinaisons dominantes qui sont à l'origine de l'utilisation des modèles en aménagement, et en particulier en transport. Les exemples sont légion, des autoroutes interétatiques américaines aux voies rapides urbaines françaises (Dupuy 1975), en passant par le dimensionnement des stations d'épuration japonaises (Ichikawa 1988) ;

– planification stratégique d'un territoire, urbain ou régional, dans une approche technocratique ou prospective (combinaisons a-a-a ou a-a-b). C'est également une combinaison fréquente, qui englobe les schémas directeurs d'aménagement, de cohérence territoriale et en général la pratique intitulée *land-use planning* dans le monde anglo-américain (Isserman 1984). La planification s'appuie alors sur des prévisions démographiques et économiques établies par des modèles, prévisions qui peuvent même servir à la définition du périmètre de la planification (Gallez et Maksim 2007) ;

– optimisation temporelle ou financière d'un dispositif de régulation (combinaisons e-d-c ou e-e-c). L'exemple le plus ancien est celui de la régulation des feux de circulation, qui fait l'objet de calculs mathématiques dès les années 1930, de modèles de simulation dès la fin des années 1950 et de régulation systémique sur l'ensemble d'une ville dès les années 1970 (Webster 1957 ; Papageorgiou *et al.* 2003). Cette catégorie comprend aussi les modèles visant à calibrer les tarifs à appliquer pour certains dispositifs de régulation comme les péages urbains ou les zones de stationnement payant. Là encore, il s'agit d'optimiser une fonction objectif – augmenter le taux de rotation des véhicules sur les places, favoriser un report modal – tout en conservant une certaine acceptabilité publique (Schlag *et al.* 2008) ;

– accompagnement et concertation en vue d'une réflexion stratégique sur un territoire, une infrastructure ou un service (combinaisons a-a-d ou b-a-d). Il s'agit du domaine archétypique des sciences régionales, initiées par Walter Isard (1956) à la fin des années 1950, qui peut être nourri d'un vaste panel de modèles allant du calcul économique jusqu'aux schémas organisationnels (Baudelle *et al.* 2018).

L'intérêt d'une typologie conceptuelle, à la différence d'une classification *a posteriori* de l'existant (Bailey 1994), est de penser la potentielle existence de 125 usages types et de penser également les liens entre les critères et les items. Nous posons ici les bases d'une telle typologie avec des exemples qui permettent de faire des liens avec des travaux existants. Il reste un travail important pour systématiquement la confronter aux cas d'usage recensés.

Porosité des combinaisons : dans les combinaisons d'*objet* et de *contexte*, les dispositifs de régulation seront souvent modélisés dans un contexte d'optimisation, mais le contexte technocrate n'est jamais bien loin. Dans le cas des feux de circulation, il existe à la fois des modèles numériques et des contraintes réglementaires, comme la règle des 120 secondes, mais les enjeux d'acceptabilité sont liés exclusivement à la sécurité : un piéton qui attendrait plus de 120 secondes serait tenté de traverser au rouge, augmentant ainsi le risque d'accident (Cerema 2010). La régulation des phases de feux tricolores est ainsi vue comme de l'optimisation (fluidité des circulations, réduction de l'accidentalité), non comme de la technocratie, parce que cette régulation n'est pas considérée comme un rapport de force entre différentes catégories d'usagers. Considérer la régulation des feux comme un rapport de force impliquerait une politisation des décisions sur les phases, et cette politisation transformerait la décision technique en décision technocratique ou en décision collective (accompagnement, concertation). Cette relation entre le critère *objet* et le critère *contexte* varie en fonction du critère *objectif*. En effet, lorsque l'objectif du dispositif de régulation est financier et non plus temporel, la situation tend à se politiser : c'est le cas du stationnement payant ou du péage urbain (Souche 2003).

Exclusion des combinaisons : l'optimisation n'est techniquement possible que lorsque l'*objet* et l'*objectif* sont délimitables et réduits. En effet, l'optimisation est possible seulement si le système modélisé peut être considéré comme asocial et apolitique, ou du moins si l'on peut faire comme s'il était asocial et apolitique. C'est le cas lorsque l'on modélise l'eau qui ruisselle sur un bassin-versant, ou bien les eaux usées qui s'écoulent dans des collecteurs et des bassins, ou bien les véhicules qui circulent sur une voie : même si les terrains, les logements, les véhicules appartiennent à des individus et à des groupes sociaux qui entretiennent des rapports complexes et asymétriques, on peut modéliser les éléments du système sans prendre en compte ces rapports sociaux. Mais plus l'*objet* et l'*objectif* sont englobants, plus les rapports sociospatiaux sont nombreux, complexes et donc non occultables. Ainsi, il ne peut y avoir d'optimisation dans le cadre d'une macrostratégie sur l'ensemble d'un territoire, les combinaisons a-a-c et b-a-c n'existent donc pas ou ne devraient pas exister.

Incompatibilité entre la démarche *ex ante* et la démarche *ex post* : l'évaluation *ex post* des effets d'une infrastructure sur un territoire pose un problème complexe qui a été travaillé très tôt dans le cas des infrastructures de transport (Bonnafous et Plassard 1974 ; Plassard 1985 ; Offner 1993). Lorsque l'évaluation a lieu trop tôt, les potentiels effets ne sont pas encore là ; lorsque l'évaluation arrive trop tard, les potentiels effets sont mêlés de façon inextricable à la dynamique globale du territoire. Mais le lien, ou plutôt l'absence de lien, entre démarche *ex ante* et démarche *ex post* est rarement étudiée en tant que telle. Pourtant les travaux qui s'y sont attelés mettent en évidence deux points importants : la question de l'erreur de prédiction et la question de la fonction du modèle. En faisant une « rétrospective de la prospective » (Plassard 2004), c'est-à-dire en comparant la prévision d'un modèle *ex ante* avec l'évolution observée *ex post* dans le terme temporel de la prévision, on s'aperçoit que l'erreur de prévision est massive (Flyvbjerg *et al.* 2005). Cette erreur est tellement importante en moyenne qu'elle remet en cause la fonction prédictive du dispositif de modélisation[4], ce qui pose la question de la fonction du modèle et des acteurs impliqués. Cette question est développée dans la section suivante, mais on peut noter d'emblée que l'acteur qui a besoin d'une évaluation *ex ante* a rarement besoin d'une évaluation *ex post* et *vice versa*.

11.4. Usages et fonctions de la modélisation en aménagement

La question traitée dans ce texte, à savoir l'usage de la modélisation pour l'aménagement, est discutée dans les organismes chargés de modélisation et d'aménagement (agences d'urbanisme, bureaux d'études) et on en retrouve des traces dans les comptes rendus de réunions (Commenges 2013). En revanche, cette question a rarement émergé

4. Les auteurs analysent un corpus constitué de 27 projets ferrés et de 183 projets routiers. Concernant les projets ferrés, il y a presque toujours une surestimation de la demande future : 72 % des projets étudiés surestiment la demande de plus de deux tiers. Concernant les projets routiers, l'erreur va dans le sens de la sous- et de la surestimation. Dans la moitié des projets routiers étudiés, on constate une erreur supérieure à 20 % entre le trafic prévu et le trafic finalement observé.

de façon formalisée dans la littérature scientifique. Il existe pourtant un moment clé qui permet de planter le décor : le *requiem* de Douglas B. Lee.

11.4.1. *Affaire du* requiem

Aux États-Unis et au Royaume-Uni, une modélisation « intégrale » (*comprehensive*) apparaît dans les années 1960 : cette approche de modélisation consiste à combiner des modèles sectoriels concernant les usages du sol (logements, activités), la population et les transports. Cette décennie est riche en développements du point de vue de la modélisation urbaine, mais si l'on s'intéresse aux utilisations de ces modèles pour l'élaboration de politiques d'aménagement urbain, on en trouve peu de traces (Goldner 1971). À tel point qu'au début des années 1970, un article très discuté est publié, qui en annonce l'extinction : le « Requiem for large-scale models » (Lee 1973). Ce texte est le deuxième d'un ensemble de trois articles publiés sous le thème *Return from Wonderland.* Plusieurs auteurs, dont Lee, ont tenté d'expliquer l'échec des modèles intégraux d'un point de vue strictement technique : modèles complexes dans leur construction, mais qui ne rendent pas bien compte de la complexité des phénomènes qu'ils modélisent, modèles très gourmands dans un monde où les données numériques et la puissance de calcul sont des ressources rares et chères.

Rares sont ceux qui ont vraiment observé l'utilisation de ces modèles dans la mise en place de politiques d'aménagement (Brewer 1973 ; Pack 1975 ; Pack et Pack 1977). Brewer, le seul auteur qui ait observé *in vivo* l'utilisation des modèles dans les agences d'aménagement (à San Francisco et à Pittsburgh), propose une explication organisationnelle : l'échec des modèles intégraux réside dans la dissociation entre les produits de la modélisation et les attentes des aménageurs. Brewer conclut que « dans la mesure où le modèle pouvait répondre à des questions, il s'agissait de questions que personne ne posait »[5].

L'article du requiem provoque des réactions nombreuses et conflictuelles, le *Journal of American Planning Association* (JAPA) publie des lettres à l'éditeur dans les deux numéros suivants (numéros 4 et 5 de l'année 1973) incluant les réponses de Douglas B. Lee. Vingt ans plus tard, ce même journal publie un numéro de rétrospective avec des articles reprenant les éléments de la controverse à la lumière des évolutions constatées (Batty 1994 ; Harris 1994 ; Klosterman 1994a, 1994b), numéro incluant encore une fois un texte de Lee (1994). À nouveau, l'argumentaire des articles publiés repose principalement sur des éléments techniques (augmentation de la puissance informatique, arrivée des systèmes d'information géographique) et non sur des observations de l'usage des modèles dans l'aménagement et l'urbanisme.

5. « To the extent that it [the model] could answer questions, they were questions that nobody was asking » (Brewer 1973, p. 165).

Cette affaire du requiem est le symptôme d'un décalage non encore résolu entre modélisation et aménagement. Lorsque des chercheurs ou des professionnels de l'aménagement extérieurs aux pratiques modélisatrices critiquent les modèles, ils ne comprennent souvent pas les logiques, les intérêts et les limites de cette pratique. Leur critique tend souvent à souligner que les modèles sont inutiles, car ils sont faux, ce qui est par définition toujours le cas. Lorsque les chercheurs ou les professionnels de la modélisation produisent des modèles, ils ont tendance à se focaliser sur la complexité des phénomènes à modéliser et sur la complexité des modèles résultants. Ce faisant, ils ignorent complètement la complexité des processus décisionnels qui pourraient mener à l'utilisation ou à la non-utilisation de leurs modèles. Finalement, d'un côté comme de l'autre, la question de l'usage est un angle mort alors qu'elle pourrait être la clé de voûte permettant un dialogue fructueux entre ces deux mondes.

11.4.2. *Usage et fonction*

Lorsque l'on interroge des professionnels de l'aménagement ou de la modélisation et qu'on leur pose des questions sur l'« utilisation », ou sur l'« utilité », ou sur le « rôle » des modèles, il est très rare qu'ils s'attardent à définir ces notions (Commenges *et al.* 2016, 2017). De même, dans la littérature scientifique autour de la modélisation et de l'aménagement, rares sont les travaux qui abordent la question et on ne trouve pas de travail définitionnel lié à ces notions. Les premières tentatives sérieuses de définition arrivent avec la création de la revue *Knowledge* en 1979 (Weiss 1980 ; Dunn 1983).

Composition	Effet	Domaine	Concept
Individuel	Conceptuel	Général	*Usage conceptuel*
		Spécifique	*Usage indexical*
	Comportemental	Général	*Usage comportemental*
		Spécifique	*Usage décisionnel*
Collectif	Conceptuel	Général	*Usage d'éclairement*
		Spécifique	*Théories en usage*
	Comportemental	Général	*Usage interactif*
		Spécifique	*Usage instrumental*

Tableau 11.2. *Typologie des usages de la connaissance (source : d'après (Dunn 1983))*

Dunn propose par exemple une grille de lecture qui distingue huit usages de la connaissance (voir tableau 11.2). Certains de ces items sont restés confidentiels alors que d'autres ont été largement repris, comme l'éclairement (*enlightened use*) : connaissance qui se diffuse lentement et finit par transformer à moyen terme les cadres conceptuels de la décision.

Ce travail est intéressant à plus d'un titre, en particulier parce qu'il cherche à identifier des catégories d'utilisation et à produire des définitions opérationnelles. Certaines de ces catégories seront reprises dans les sections suivantes, mais le travail de Dunn est trop générique : le domaine de la connaissance et le domaine de l'utilisation qu'il envisage ont des contours indéfinis et trop vastes pour notre propos. Par ailleurs, Dunn ignore un aspect fondamental de l'utilisation des modèles, aspect impossible à omettre dès que l'on examine cette utilisation dans une approche ethnographique[6] : d'où parle l'agent qui décrit et justifie l'utilisation du modèle ? Pour préciser ce point, nous proposons une distinction en couches d'utilisateurs, dans une métaphore informatique de l'empilement des basses et des hautes couches (ou niveaux) :

– l'utilisateur de bas niveau est l'agent qui agit à la source du modèle par sa conception, par son développement et/ou par son calibrage ;

– au niveau supérieur est l'agent qui exécute le modèle et qui peut intervenir à la marge sur son paramétrage ;

– puis vient l'agent qui sélectionne, organise et présente les sorties du modèle ;

– enfin, l'utilisateur de haut niveau est l'agent qui mobilise les sorties du modèle dans un discours technique et/ou politique.

Selon les contextes, ces rôles peuvent être endossés par des personnes seules ou par des équipes, ils peuvent être fusionnés au sein d'une même organisation ou bien exécutés par plusieurs organisations. Dans une configuration courante pour la gestion des services techniques et des transports (Debizet 2004), le premier niveau de conception et développement est occupé par une entreprise privée qui vend le modèle, les niveaux intermédiaires sont occupés par un organisme parapublic (agence d'urbanisme, syndicat) qui produit des scénarios et met en forme les sorties du modèle, le niveau supérieur est occupé par l'organisme public qui détient la compétence d'aménagement (collectivité territoriale, autorité organisatrice). Dans cet empilement de niveaux, il faut garder à l'esprit que seuls les utilisateurs de bas niveau ont vu le modèle lui-même, les utilisateurs de plus haut niveau ne voient qu'une sélection de sorties du modèle. Tout discours sur l'utilisation du modèle devrait donc prendre en compte cette diversité des points de vue du locuteur.

6. Dunn propose trois grandes catégories de méthodes pour produire un matériau empirique sur les usages de la connaissance : l'observation, l'analyse de contenu de corpus documentaires, la réalisation d'entretiens et de questionnaires. En 1983, il note que l'observation, directe ou participante, est très peu utilisée, commentaire qui reste vrai 40 ans plus tard.

Pour décrire le discours produit par les utilisateurs sur leur utilisation, on peut mobiliser la distinction entre causes proximales et causes distales, distinction issue de l'éthologie de Konrad Lorenz (Campan et Scapini 2002). Un animal mange parce que ce comportement lui procure un plaisir immédiat (cause proximale). Un animal mange aussi parce que ce comportement assure sa survie (cause ultime). La cause ultime peut également s'étendre au-delà de l'individu concerné, en particulier lorsqu'un comportement assure la reproduction de l'animal ou de sa lignée. Les causes proximales sont des mécanismes qui collent au comportement analysé et que l'individu concerné invoquerait immédiatement, alors que les causes distales sont des interprétations faites par des observateurs extérieurs (les éthologues).

Dans le cadre de l'usage des modèles en aménagement, le même raisonnement s'applique et permet d'opérer des distinctions au-delà de la confusion induite par le vocabulaire du but et de la raison exprimé en général par la préposition « pour » :

– l'usage est la cause proximale déclarée par l'utilisateur de bas niveau : « j'utilise le modèle pour estimer le nombre de déplacements dans un horizon de 10 ans » ;

– l'utilité est la cause distale encore à portée de l'utilisateur ou exprimée par un utilisateur de plus haut niveau, par exemple : « j'utilise le modèle pour tester différents scénarios d'aménagement » ;

– la fonction est la cause distale exprimée par un observateur externe au processus de modélisation et d'aménagement, par exemple : « ils utilisent le modèle pour assoir techniquement une décision politique ».

Dans ces assertions, plus l'agent qui exprime et qui justifie l'utilisation du modèle en est loin, plus il a tendance à exprimer des causes distales. Dans la section 11.5, nous cherchons chaque fois à replacer la cause décrite dans le gradient allant de la cause proximale (usage) à la cause ultime (fonction).

11.5. Causes distales de la modélisation

11.5.1. *Dimensionnement*

L'objectif originel des travaux de socio-économie des transports, qui restera prégnant jusqu'au début des années 1980, est le dimensionnement des infrastructures de transport. Ce dimensionnement est réalisé sur la base du flux maximal moyen, ce qui explique l'attention toute particulière portée à l'estimation des flux en heure de pointe du jour ouvrable type. L'heure de pointe est l'« heure dimensionnante », elle fait l'objet d'une étude approfondie dès le début des années 1960.

La gestion des services techniques urbains est un domaine historique qui mêle modélisation et aménagement. Cette gestion est souvent médiée par des documents législatifs ou réglementaires. Par exemple, dans le domaine de l'assainissement, la formule de Caquot est ancrée dans une instruction technique de 1977 : $Q = cIA$. L'instruction technique élève donc au rang réglementaire un modèle calibré, c'est-à-dire que c'est une équation reliant des quantités entre elles (débit Q, coefficient de ruissellement c, pente moyenne I, surface du bassin-versant A) et les paramètres d'ajustement de ces quantités, qui prennent la forme d'exposants (Petrucci 2012). Dans le domaine des transports, plusieurs textes fixent des valeurs tutélaires, par exemple pour l'estimation des déplacements générés ou attirés dans les modèles à quatre étapes ou pour la monétarisation de la valeur du temps (Commenges 2013).

On peut avancer deux raisons à cet ancrage réglementaire des modèles. D'abord, dans une ère prénumérique où les données empiriques étaient rares et où le calcul était coûteux, il était difficile de faire des estimations *ad hoc*, adaptées à chaque espace d'étude. Lorsqu'une formule ou un modèle étaient établis, ils s'appliquaient partout, même s'ils étaient simplistes et inadaptés aux autres contextes. Une autre raison peut être avancée : comme le dimensionnement annoncé par le modèle se traduit par une dépense publique à la fois très importante et très variable selon le modèle utilisé et son calibrage, il peut être intéressant pour l'autorité responsable de fixer des formules et des paramètres applicables partout. L'inadaptation du modèle est finalement le prix payé pour garantir une forme d'égalité de traitement.

Concernant le dimensionnement du réseau routier, Dupuy (1975) considère que le fait de prendre l'heure de pointe comme heure dimensionnante fait partie de l'idéologie du modèle de trafic qui garantit ainsi un dimensionnement maximal et donc un développement accru des infrastructures routières. Cette interprétation peut être nuancée puisque l'on retrouve le principe de dimensionnement maximal dans d'autres types de réseaux qui n'ont rien à voir avec le réseau routier, par exemple le réseau électrique (Coutard 1997) ou le réseau d'évacuation des eaux pluviales (Chatzis 1997). Quoi qu'il en soit, ce dilemme montre que le dimensionnement peut être vu aussi bien comme une utilité (cause distale encore à portée de l'utilisateur) que comme une fonction (cause distale exprimée par un observateur externe).

11.5.2. *Optimisation*

L'optimisation est le concept central de la recherche opérationnelle et celle-ci a nourri des générations de modélisateurs dans la plupart des domaines liés au développement des réseaux techniques urbains. En France, durant les années 1950-1960, les ingénieurs du corps des ponts et chaussées étaient envoyés dans les universités américaines pour se former à l'ingénierie du trafic, mais plus généralement pour se former en recherche opérationnelle (Commenges 2013). Les modèles ont été utilisés pour optimiser des choses variées : les modèles de régulation des phases de feux tricolores optimisent la circulation routière, les modèles hydrauliques optimisent l'utilisation des collecteurs et des stations de traitement des eaux usées, etc.

L'optimisation peut être considérée comme usage (cause proximale déclarée par l'utilisateur de bas niveau) et comme utilité. En première analyse, il ne s'agit pas d'une fonction dans le sens où un observateur extérieur n'apporte pas d'éclairage supplémentaire à la cause exprimée.

Cependant, il est quand même possible de replacer l'optimisation dans un contexte social, politique et économique plus vaste et d'en tirer des conclusions qui ne sont pas toujours exprimables par les utilisateurs du modèle (Rosenhead et Thunhurst 1982). Dans le cas de l'assainissement par exemple, on peut considérer qu'en se concentrant sur l'optimisation du réseau, les modèles ont fait l'impasse sur un pan entier du problème, à savoir l'infiltration des eaux pluviales. Dans le modèle de Caquot susmentionné, l'infiltration est un paramètre global fixé réglementairement, ce qui interdit d'inclure dans l'optimisation du réseau les dispositifs de contrôle à la source (Petrucci 2012). Cette remarque est presque toujours vraie : les modèles qui recherchent l'optimisation d'un système considèrent la délimitation du système à optimiser comme une donnée d'entrée et il est toujours possible de discuter de la pertinence de cette délimitation.

11.5.3. *Éclairement*

De nombreux travaux de sciences politiques ont déconstruit depuis longtemps le mythe de la décision (Sfez 1992), remettant en cause à la fois l'existence d'un décideur au singulier et l'existence d'une décision clairement identifiable : « La décision apparaît comme un processus insaisissable au cours duquel des acteurs de nature différente vont contribuer à une sorte de décantation progressive des choix » (Muller 2000, p. 191).

Si la décision n'existe pas, alors il est difficile d'affirmer qu'il existe un usage décisionnel de la modélisation. En revanche, il est possible d'observer des agents impliqués dans la « décantation progressive des choix » qui apprennent des résultats de la recherche, dont la modélisation fait partie. Ces agents apprennent par une grande variété de canaux et ils doivent tenir compte des connaissances contradictoires produites par la recherche pour leur application. Ce lien est d'autant plus indirect que la temporalité qui régit l'action de ces agents diffère de celle des producteurs de connaissances. Plusieurs auteurs considèrent que la connaissance tend à s'infiltrer dans l'élaboration des politiques en modifiant progressivement les notions qui encadrent le processus d'élaboration des politiques publiques (Weiss 1980 ; Bulmer 1981) : elle contribue à modifier les cadres cognitifs de l'environnement décisionnel. Cette cause distale de l'utilisation des modèles (entre autres) est désignée sous le nom d'éclairement (*enlightenment*) depuis le travail séminal de Janowitz (1969).

11.5.4. *Démarcation*

La démarcation est une fonction de la modélisation dans le sens où c'est nécessairement une interprétation faite par un observateur extérieur. C'est une idée ancienne développée en sciences politiques et en sociologie de l'action publique (Gieryn 1983 ; Jasanoff 1987) qui s'applique à tous les dispositifs techniques, mais plus particulièrement aux dispositifs quantitatifs d'évaluation, dont la modélisation fait partie. Ces dispositifs jouent un rôle dans le tracé des frontières entre la science, la politique et les citoyens. Cette délimitation des frontières (*boundary work*) est essentielle pour la construction de l'expertise conçue comme la production de connaissances pour l'action (Roqueplo 1997). Les experts, dans le sens des sciences politiques, sont des individus qui disposent d'une connaissance scientifique spécifique et qui engagent cette connaissance dans la décision et dans l'action. Ce faisant ils sortent de l'arène scientifique, mais ils en conservent l'autorité, et le modèle peut servir à le rappeler.

Poussée dans son retranchement antidémocratique, la démarcation peut devenir de la dépolitisation, mouvement qui vient transférer des décisions politiques dans le champ technique en les confiant à des comités techniques équipés de techniques quantitatives spécifiques (Flinders et Buller 2006).

11.5.5. *Intermédiation*

L'intermédiation, comme la démarcation, est une fonction, c'est-à-dire une interprétation faite par un observateur extérieur. Mais cette fonction s'oppose à la démarcation dans le sens où la modélisation ne sert pas à marquer des frontières (*boundary work*), mais comme passeur des frontières (*boundary object*). Le modèle facilite le dialogue entre des communautés différentes en fournissant un ensemble stable d'informations standardisées (Star et Griesemer 1989 ; Wenger 2000).

Ce rôle d'intermédiation est observable dans les « forums hybrides », nouveaux lieux de la démocratie technique qui réunissent des acteurs variés : élus, techniciens, militants, etc. (Barthe *et al.* 2001). L'intermédiation est également observable au sein des comités techniques, même lorsque ces comités ne réunissent que des acteurs spécialistes des domaines modélisés. Ce second point est à la fois moins attendu et moins connu, du fait que l'observation directe du fonctionnement des comités techniques est un procédé relativement rare dans les travaux de sciences sociales (Commenges *et al.* 2017).

Dans ce cadre, le modèle permet de maintenir une cohérence de concepts dans la fabrication du consensus : on y assiste à une forme d'indexicalité (Garfinkel 1967), les conversations se construisent sur des mots dont les significations ne sont pas explicitées et pour lesquels les personnes impliquées pensent (à tort) partager les mêmes significations. Dans le cas d'une conversation technique devant mener à des actions précises, cette entente implicite et approximative doit parfois être affinée, surtout lorsque tous les acteurs ne partagent pas les mêmes connaissances et le même vocabulaire. Le modèle joue alors le rôle de repère et de langue véhiculaire : le flou de la conversation est dissipé en faisant référence à des entrées, à des sorties ou à des mécanismes du modèle. Ce sont, au sein du comité, les seuls éléments définis de façon univoque, auxquels tous peuvent se rattacher.

11.6. Conclusion

Les modèles sont des objets polymorphes. De nombreux travaux en ont souligné la variété : modèles statiques, dynamiques, stochastiques, agrégés ou désagrégés, etc. Mais, si la nature des modèles a fait l'objet d'une grande attention, leur usage dans l'aménagement a été moins étudié. Or, en matière d'usage, c'est aussi la variété qui prime.

Pour conclure ce tableau des usages de la modélisation en aménagement, on peut réinterpréter une phrase rétrospective de J.-M. Offner (2014) : « Je concluais il y a vingt ans en justifiant le mythe politique des effets structurants par sa rationalité instrumentale : tout est bon pour trouver des raisons d'agir. Et je condamnais sans appel la mystification scientifique. » De même, tout est bon pour alimenter la base rationnelle de ces raisons d'agir. Cette conclusion est beaucoup plus lâche que le mythe positiviste affirmant que le modèle est directement injecté dans la décision publique pour l'optimiser ou la rationaliser. Le modèle est utile pour délimiter, pour encadrer, pour éclairer, pour médier, et toutes ces actions alimentent l'action publique dans des termes et des degrés très variables.

11.7. Bibliographie

Armatte, M., Dahan, A. (2004). Modèles et modélisations, 1950-2000 : nouvelles pratiques, nouveaux enjeux. *Revue d'histoire des sciences*, 57(2), 243–303.

Bailey, K.D. (1994). *Typologies and taxonomies: an introduction to classification techniques*. SAGE, Thousand Oaks.

Banos, A., Sanders, L. (2012). Vers une cartographie sémantique des modèles urbains : des individus aux systèmes de villes. Dans *Modélisation urbaine : de la représentation à l'objet*, Hégron, G. (dir.). Commissariat général au développement durable, Paris.

Barthe, Y., Callon, M., Lascoumes, P. (2001). *Agir dans un monde incertain. Essai sur la démocratie technique*. Le Seuil, Paris.

Batty, M. (1994). A chronicle of scientific planning: the Anglo-American modeling experience. *Journal of the American Planning Association*, 60(1), 7–16.

Baudelle, G., Brugioni, I., Lepetit, A. (2018). L'impact de la LGV Bretagne-Pays de la Loire sur le développement régional : une évaluation prospective à l'horizon 2040. *Norois*, 248, 15–36.

Blanchet, D., Hagneré, C., Legendre, F., Thibault, F. (2015). Introduction. Microsimulations statique et dynamique appliquées aux politiques fiscales et sociales : modèles et méthodes. *Économie et Statistique*, 481(1), 5–30.

Bonnafous, A., Plassard, F. (1974). Les méthodologies usuelles de l'étude des effets structurants de l'offre de transport. *Revue économique*, 25(2), 208–232.

Boulter, C.J., Buckley, B.C. (2000). Constructing a typology of models for science education. Dans *Developing models in science education*, Gilbert, J.K., Boulter, C.J. (dir.). Springer Netherlands, Dordrecht, 41–57.

Brewer, G.D. (1973). *Politicians, bureaucrats and the consultant: critique of urban problem solving*. Basic Books, New York.

Bulmer, M. (1981). Applied social research. A reformulation of "applied" and "enlightenment" models. *Knowledge*, 3(2), 187–209.

Campan, R., Scapini, F. (2002). *Éthologie. Approche systémique du comportement*. De Boeck Supérieur, Louvain-la-Neuve.

Cerema (2010). Guide de conception des carrefours à feux. Cerema.

Charvet, M. (2015). *Les fortifications de Paris. De l'hygiénisme à l'urbanisme, 1880-1919*. Presses universitaires de Rennes, Rennes.

Chatzis, K. (1997). La régulation des systèmes socio-techniques sur la longue durée. Dans *Ces réseaux qui nous gouvernent*, Gariépy, M., Marié, M. (dir.). L'Harmattan, Paris.

Choay, F. (1965). *L'urbanisme, utopies et réalités. Une anthologie*. Le Seuil, Paris.

Commenges, H. (2013). L'invention de la mobilité quotidienne. Aspects performatifs des instruments de la socio-économie des transports. Thèse de doctorat, université Paris 1 Panthéon-Sorbonne, Paris.

Commenges, H., Tomasoni, L., Seigneur, C., Bonin, O., Leurent, F., Bonhomme, C., Deroubaix, J.F. (2016). L'expertise est-elle soluble dans la modélisation intégrée ? Dans *Les Instruments de l'action publique et les dispositifs territoriaux*, Némery, J.C., Thuriot, F. (dir.). L'Harmattan, Paris.

Commenges, H., Tomasoni, L., Seigneur, C., Bonin, O., Leurent, F., Bonhomme, C., Deroubaix, J.F. (2017). Who is the expert? Integrated urban modeling and the reconfiguration of expertise. *Journal of Urban Technology*, 24(2), 89–108.

Coutard, O. (1997). L'organisation industrielle des systèmes électriques sur la longue durée : régularités et variations. Dans *Ces réseaux qui nous gouvernent*, Gariépy, M., Marié, M. (dir.). L'Harmattan, Paris.

Crozet, Y. (1987). Les Minguettes ou l'analyse de la rationalité des choix en matière d'urbanisme. *Sociologie du travail*, 29(3), 267–88.

Debizet, G. (2004). Déplacements urbains de personnes : de la planification des transports à la gestion durable de la mobilité. Mutations d'une expertise. Thèse de doctorat, université Paris 1 Panthéon-Sorbonne, Paris.

Desrosières, A. (2003). Historiciser l'action publique : l'État, le marché et les statistiques. Dans *Historicités de l'action publique*, Laborier, P., Trom, D. (dir.). Presses universitaires de France, Paris.

Dunn, W.N. (1983). Measuring knowledge use. *Knowledge*, 5(1), 120–133.

Dupuy, G. (1975). Une technique de planification au service de l'automobile. Les modèles de trafic urbain. Ministère de l'Équipement, Paris.

Dupuy, G. (1978). *Urbanisme et technique*. CRU, Paris.

Evers, D., de Vries, J. (2013). Explaining governance in five mega-city regions: rethinking the role of hierarchy and government. *European Planning Studies*, 21(4), 536–55.

Flinders, M., Buller, J. (2006). Depoliticisation: principles, tactics and tools. *British Politics*, 1(3), 293–318.

Flonneau, M. (2003). *L'Automobile à la conquête de Paris : chroniques illustrées*. Presses de l'École nationale des ponts et chaussées, Paris.

Flyvbjerg, B., Holm, S.M.K., Buhl, S.L. (2005). How (in)accurate are demand forecasts in public works projects? The case of transportation. *Journal of the American Planning Association*, 71(2), 131–46.

Frioux, S. (2013). *Les Batailles de l'hygiène*. Presses universitaires de France, Paris.

Gallez, C., Maksim, H.N. (2007). À quoi sert la planification urbaine ? *Flux*, 69, 49–62.

Garfinkel, H. (1967). *Studies in ethnomethodology*. Prentice-Hall, Englewood Cliffs.

Gaudin, J.P. (1989). La genèse de l'urbanisme de plan et la question de la modernisation politique. *Revue française de science politique*, 39(3), 296–313.

Gieryn, T.F. (1983). Boundary-work and the demarcation of science from non-science: strains and interests in professional ideologies of scientists. *American Sociological Review*, 48(6), 781–795.

Goldner, W. (1971). The Lowry model heritage. *Journal of the American Institute of Planners*, 37(2), 100–110.

Harris, B. (1994). The real issues concerning Lee's Requiem. *Journal of the American Planning Association*, 60(1), 31–34.

Ichikawa, A. (1988). Japan's sewerage system. *International Journal of Water Resources Development*, 4(1), 35–39.

Isard, W. (1956). *Location and space-economy: a general theory relating to industrial location, market areas, land use, trade, and urban structure*. Wiley, Cambridge.

Isserman, A.M. (1984). Projection, forecast, and plan. On the future of population forecasting. *Journal of the American Planning Association*, 50(2), 208–221.

Janowitz, M. (1969). Sociological models and social policy. *ARSP: Archiv für Rechts- und Sozialphilosophie/Archives for Philosophy of Law and Social Philosophy*, 55(3), 305–321.

Jasanoff, S.S. (1987). Contested boundaries in policy-relevant science. *Social Studies of Science*, 17(2), 195–230.

Klosterman, R.E. (1994a). An introduction to the literature on large-scale urban models. *Journal of the American Planning Association*, 60(1), 41–44.

Klosterman, R.E. (1994b). Large-scale urban models retrospect and prospect. *Journal of the American Planning Association*, 60(1), 3–6.

Lascoumes, P., Le Galès, P. (2004). *Gouverner par les instruments*. Presses de Sciences Po, Paris.

Lee, D.B. (1973). Requiem for large-scale models. *Journal of the American Institute of Planners*, 39(3), 163–178.

Lee, D.B. (1994). Retrospective on large-scale urban models. *Journal of the American Planning Association*, 60(1), 35–40.

Magri, S., Topalov, C. (1987). De la cité-jardin à la ville rationalisée. Un tournant du projet réformateur (1905-1925) dans quatre pays. *Revue française de sociologie*, 28(3), 417–451.

Magrinyà, F. (2002). La théorie urbanistique de Cerdà et son application à l'Ensanche de Barcelone : une genèse d'urbanisme de réseaux. Thèse de doctorat, École nationale des ponts et chaussées, Champs-sur-Marne.

Mazoyer, H. (2011). Les calculs de la puissance. Socio-histoire d'une science de gouvernement : l'économie des transports (1960-1982). Thèse de doctorat, Institut d'études politiques de Lyon, Lyon.

Meller, H. (2005). *Patrick Geddes: social evolutionist and city planner*. Routledge, Londres.

Merrien, F.X. (1999). La nouvelle gestion publique : un concept mythique. *Lien social et politiques*, 41, 95–103.

Muller, P. (2000). L'analyse cognitive des politiques publiques : vers une sociologie politique de l'action publique. *Revue française de science politique*, 50(2), 189–208.

Offner, J.M. (1987). *L'expertise locale en transports urbains des années 1970. L'ère des nouveaux technocrates*. INRETS, Arcueil.

Offner, J.M. (1993). Les « effets structurants » du transport : mythe politique, mystification scientifique. *L'Espace géographique*, 22(3), 233–242.

Offner, J.M. (2014). Les « effets structurants » du transport : vingt ans après. *L'Espace géographique*, 1, 51–67.

Pack, J.R. (1975). The use of urban models: report on a survey of planning organizations. *Journal of the American Institute of Planners*, 41(3), 191–199.

Pack, H., Pack, J.R. (1977). Urban land-use models: the determinants of adoption and use. *Policy Sciences*, 8(1), 79–101.

Papageorgiou, M., Diakaki, C., Dinopoulou, V., Kotsialos, A., Wang, Y. (2003). Review of road traffic control strategies. *Proceedings of the IEEE*, 91(12), 2043–2067.

Petrucci, G. (2012). La diffusion du contrôle à la source des eaux pluviales urbaines : confrontation des pratiques à la rationalité hydrologique. Thèse de doctorat, université Paris Est, Paris.

Plassard, F. (1985). Infrastructures de transport et transformations de l'espace. Le cas de la région du Creusot-Montceau-les-Mines entre 1780 et 1980. Laboratoire d'économie des transports, Lyon.

Plassard, F. (2004). Rétrospective de la prospective dans les transports et l'aménagement du territoire. *Travaux et Recherches de Prospective*, 20, 2–120.

Pumain, D., Sanders, L., Saint-Julien, T. (1989). *Villes et auto-organisation*. Economica, Paris.

Roqueplo, P. (1997). *Entre savoir et décision, l'expertise scientifique*. INRA Éditions, Paris.

Rosenhead, J., Thunhurst, C. (1982). A materialist analysis of operational research. *The Journal of the Operational Research Society*, 33(2), 111–122.

Schlag, B., Gehlert, T., Nielsen, O., Rich, J. (2008). Public acceptability change of urban road pricing schemes. *Proceedings of the Institution of Civil Engineers-Transport*, 161, 111–121.

Sfez, L. (1992). *Critique de la décision.* Presses de Sciences Po, Paris.

Souche, S. (2003). Péage urbain et équité : une revue de la littérature. *Les Cahiers scientifiques du transport*, 43, 119–146.

Star, S.L., Griesemer, J.R. (1989). Institutional Ecology, Translations and Boundary Objects: Amateurs and Professionals in Berkeley's Museum of Vertebrate Zoology, 1907–39. *Social Studies of Science*, 19(3), 387–420.

Varenne, F. (2013). Modèles et simulations dans l'enquête scientifique : variétés traditionnelles et mutations contemporaines. Dans *Modéliser et simuler. Épistémologies et pratiques de la modélisation et de la simulation*, Varenne, F., Silberstein, M. (dir.). Éditions matériologiques, Paris, 11–49.

Varenne, F. (2017). *Théories et modèles en sciences humaines. Le cas de la géographie.* Éditions matériologiques, Paris.

Volle, M. (1982). *Histoire de la statistique industrielle.* Economica, Paris.

Webster, F.V. (1957). Traffic signal settings. *Road Research Lab Tech Papers*, 39, 1–45.

Weiss, C.H. (1980). Knowledge creep and decision accretion. *Knowledge*, 1(3), 381–404.

Wenger, E. (2000). Communities of practice and social learning systems. *Organization*, 7(2), 225–246.

Conclusion

Quels modèles dans un contexte de transition écologique ?

Florent LE NÉCHET
LVMT, Université Gustave Eiffel, Champs-sur-Marne, France

Il y a de nombreux modèles à enrichir, à concevoir pour mieux comprendre les divers processus à l'articulation des dynamiques de territoires, des réseaux et des interactions spatiales. Il y a de nombreuses données existantes à mieux valoriser, à mieux croiser, à mieux faire circuler pour appréhender ces processus sur le temps long, particulièrement dans un contexte de transition écologique susceptible de provoquer des changements systémiques importants, qui sont autant de défis pour la recherche académique. Il y a aussi des données à construire, des ontologies à repenser, des cadres de modélisation à renouveler, un usage des modèles à élargir, et pour ce faire, un besoin aigu de travailler entre disciplines, au-delà des promesses des nouvelles données urbaines ou des modèles d'apprentissage statistique avancés. Il faut aborder ces nouveaux défis de recherche de façon ouverte, ainsi que nous y invite Banos (2013).

Si les dernières décennies sont globalement marquées à l'échelle mondiale par une croissance démographique, une augmentation générale des mobilités et une construction abondante de linéaires de réseaux de transport, les enjeux de transition écologique et les transformations démographiques laissent présager des trajectoires territoriales renouvelées. D'impératifs de dimensionnement des infrastructures, les enjeux de modélisation pourraient pour partie basculer vers la gestion de ressources en raréfaction, l'organisation d'une redistribution spatiale voire d'une décroissance ou d'une dégradation de certains réseaux, de certaines ressources territoriales. Les approches méthodologiques

coordonné par Florent LE NÉCHET. © ISTE Editions 2026.

disponibles dans la littérature scientifique sur ces thématiques sont variées, mais se focalisent peu sur les enjeux de décroissance, par exemple (Sanders *et al.* 2020).

La notion de mobilité est particulièrement interrogée au sein de la littérature scientifique actuelle ; il s'agit de la resituer à la fois par rapport aux enjeux des transports, mais aussi plus généralement aux enjeux d'aménagement et d'urbanisme, dans un contexte où des formes urbaines perdurent et nécessitent donc une capacité à se projeter dans le futur. Quelles mobilités et quelles évolutions des territoires peut-on envisager dans un contexte possible d'augmentation considérable des coûts énergétiques, des coûts de construction, des coûts d'entretien des réseaux, des logements et des villes ? Quelles capacités à interroger la place de la mobilité dans les politiques territoriales, dans différents secteurs d'intervention, notamment en lien avec les enjeux de justice sociale, déjà très prégnants, et qui pourraient encore s'amplifier (Gallez 2022) ?

Les chapitres de cet ouvrage apportent des éléments méthodologiques et épistémologiques importants pour la formalisation et la modélisation des interactions spatiales, champ de recherche ancien et qui se renouvelle. En géographie, plus généralement en sciences sociales et dans le champ pluridisciplinaire des systèmes complexes, des questions se renouvellent pour mieux décrire et prédire les trajectoires territoriales, pour mieux tenir compte du fait que les échelles de temps et d'espace s'entremêlent de façon complexe (Drevon et Kaufmann 2022). Ces travaux soulignent l'importance des configurations territoriales dans la dynamique des réseaux de villes, la capacité des réseaux d'échanges et des infrastructures physiques (réseaux de transport, notamment) à influencer en retour la dynamique des systèmes territoriaux. C'est la « coévolution des transports et des territoires » (Raimbault 2018 ; Laterrasse 2019). Les trois chapitres de la partie 1 (voir chapitres 1 à 3) fournissent des éléments de réflexion récents sur trois familles de modèles : le modèle gravitaire, les modèles de dynamique de systèmes de villes et les modèles d'interaction transport-territoire. Ces chapitres portent une grande attention au niveau de formalisation (agrégé *versus* désagrégé), à la granularité spatiale et temporelle souhaitée, et aussi à la nécessité de mettre en lien des cadres de modélisation complexes avec des enjeux sociaux spécifiques, en matière d'inégalités sociales d'accessibilité, par exemple.

Dans la partie 2, ce sont les catégories d'espaces mobilisées par les modèles qui sont analysées. Leur statut épistémique est important, car elles peuvent constituer un élément structurant de ces modèles. La délimitation des villes et des systèmes de villes s'est enrichie d'un ensemble de techniques désormais éprouvées (Bretagnolle *et al.* 2008 ; Berroir *et al.* 2017). Leur utilité est renouvelée du fait des profondes transformations des mobilités et de la diversité des formes de circulations matérielles et immatérielles dans les territoires (voir chapitres 4 à 6). En effet, les circulations entre entités construites révèlent souvent des fonctionnements complexes, à plusieurs échelles, moins dichotomiques que les simples dualités urbain/rural et système urbain/hors système urbain. Ces travaux contribuent à renouveler des méthodes de discrétisation de l'espace, et plus généralement les enjeux de catégorisation en géographie et en aménagement (Commenges et Le Néchet 2024).

Alors que les nouvelles données d'observation des mobilités tendraient à privilégier des temporalités très courtes, les chapitres de la partie 3 rappellent toute l'importance de considérer le temps long dans la coévolution entre transport et territoire (voir chapitres 7 à 9), question déjà ancienne (Brotchie 1984). Il s'agit de travaux portant sur des échelles de temps de l'ordre du siècle, échelles auxquelles on peut observer des cycles dans la dynamique conjointe des réseaux et des territoires et plus généralement des trajectoires complexes. Les temporalités dépassent le cadre de l'évaluation socio-économique des projets de transport (de 50 ans environ à l'échelle nationale (Meunier 2020)), et donc la plupart des outils développés dans ce cadre peuvent se révéler pour partie inopérants. Les chapitres de cet ouvrage apportent des éléments de réflexion portant sur les ontologies et sur les données nécessaires pour appréhender ces processus dans toute leur complexité (Livet *et al.* 2014 ; Sanders *et al.* 2018).

Les derniers chapitres (voir chapitres 10 et 11) traitent d'enjeux plus généraux de fonctionnement pluridisciplinaire de la recherche et d'usage des modèles dans ces champs. En particulier, on peut s'interroger sur le rôle des acteurs publics territoriaux, sur la capacité qu'ils auront à s'approprier, à spécifier auprès de communautés de chercheurs et chercheuses de nouveaux besoins d'objectivation ou de projection dans le futur en lien avec des problématiques opérationnelles. Le travail rétrospectif de Cottineau *et al.* (2024) montre bien les interrelations entre enjeux de décision publique, écoles de pensée académique et cadres de modélisation, histoire qui va bien entendu se poursuivre.

Le champ pluridisciplinaire des systèmes complexes (Portugali 2006), en particulier la modélisation multi-agents, offre un cadre prometteur pour ces enjeux renouvelés de modélisation. Même si les contributions dans le champ de la physique et des sciences de l'ingénieur sont moins fréquemment abordées dans cet ouvrage, il convient de souligner leur intérêt, leur actualité et leur complémentarité avec le champ de la géographie (Levinson *et al.* 2007 ; Barbosa *et al.* 2018).

C'est au fond vers des réflexions théoriques qu'il faut revenir, ainsi que nous y invitent par exemple la « théorie évolutive des villes » de Pumain (1997) et le travail pluridisciplinaire concernant les dynamiques des systèmes de peuplement de Sanders *et al.* (2018). Aménageurs, archéologues, architectes, écologues, économistes, géographes, informaticiens, ingénieurs, mathématiciens, philosophes, physiciens, politistes, sociologues, urbanistes et d'autres champs de recherche encore ont chacun quelque chose à apporter pour éclairer ensemble les trajectoires possibles des systèmes territoriaux, pour répartir avec une certaine justice les potentiels de mobilité dans un monde où l'énergie serait moins abondante, pour poser les termes de discussions inévitables sur l'avenir des réseaux déjà constitués, sur les manières d'aborder les mutations techniques et sociétales à venir.

Bibliographie

Banos, A. (2013). Pour des pratiques de modélisation et de simulation libérées en géographie et SHS. Habilitation à Diriger des Recherches, Université Paris 1 Panthéon Sorbonne, Paris.

Barbosa, H., Barthelemy, M., Ghoshal, G., James, C.R., Lenormand, M., Louail, T., Menezes, R., Ramasco, J., Simini, F., Tomasini, M. (2018). Human mobility: Models and applications. *Physics Reports*, 734, 1–4.

Berroir, S., Cattan, N., Dobruszkes, F., Guérois, M., Paulus, F., Vacchiani-Marcuzzo, C. (2017). Les systèmes urbains français : une approche relationnelle. *Cybergeo: European journal of geography.*

Bretagnolle, A., Giraud, T., Mathian, H. (2008). La mesure de l'urbanisation aux Etats-Unis, des premiers comptoirs coloniaux aux Metropolitan Areas (1790-2000). *Cybergeo: European Journal of Geography.*

Brotchie, J.F. (1984). Technological change and urban form. *Environment and Planning A*, 16(5), 583–596.

Commenges, H., Le Néchet, F. (2024). Écueils catégoriels pour l'analyse de la mobilité urbaine. Dans *Systèmes de mobilité urbaine dans le monde*, Lesteven, G. (dir.). ISTE Editions, Londres, 219–256.

Cottineau, C., Batty, M., Benenson, I., Delloye, J., Hatna, E., Pumain, D., Sarkar, S., Tannier, C., Ubarevičienė, R. (2024). The role of analytical models and their circulation in urban studies and policy. *Urban Studies*, 61(12), 2370–2398.

Drevon, G., Kaufmann, V. (2022). *Échelles spatiales et temporelles de la mobilité.* ISTE Editions, Londres.

Gallez, C. (2022). La justice de la mobilité comme objet politique. Dans *Échelles spatiales et temporelles de la mobilité*, Drevon, G., Kaufmann, V. (dir.). ISTE Edtions, Londres, 39–64.

Laterrasse, J. (2019). *Transport et urbanisme : la ville en quête de développement soutenable.* ISTE Editions, Londres.

Levinson, D.M., Xie, F., Zhu, S. (2007). The co-evolution of land use and road networks. *Transportation and traffic theory*, 839–859.

Livet, P., Phan, D., Sanders, L. (2014). Diversité et complémentarité des modèles multi-agents en sciences sociales. *Revue française de sociologie*, 55(4), 689–729.

Meunier, D. (2020), Risques et incertitudes dans l'évaluation socio-économique des projets d'infrastructures de transport. Dans *Quand l'incertitude s'invite dans les projets d'aménagement : nouveaux contextes, nouvelles pratiques*, Zembri-Mary, G. (dir.). Iggybook, 229–252.

Portugali, J. (2006). Complexity theory as a link between space and place. *Environment and Planning A*, 38(4), 647–664.

Pumain, D. (1997). Pour une théorie évolutive des villes. *L'Espace géographique*, 119–134.

Raimbault, J. (2018). Caractérisation et modélisation de la co-évolution des réseaux de transport et des territoires. Thèse de doctorat, Université Paris 7 Denis Diderot, Paris.

Sanders, L. (dir). (2018). *Peupler la terre : De la préhistoire à l'ère des métropoles*. Presses universitaires François-Rabelais, Tours.

Sanders, L., Bretagnolle, A., Brun, P., Ozouf-Marignier, M.V., Verdier, N. (2020). *Le temps long du peuplement. Concepts et mots-clés*. Presses universitaires François Rabelais, Tours.

Liste des auteurs

Anne BRETAGNOLLE
Géographie-Cités
Université Paris 1
Panthéon-Sorbonne
Aubervilliers

Hadrien COMMENGES
Géographie-Cités
Université Paris 1
Panthéon-Sorbonne
Aubervilliers

Benoit CONTI
LVMT
Université Gustave Eiffel
Champs-sur-Marne

Clémentine COTTINEAU
CMH, CNRS
Paris
France
et
TU Delft
Pays-Bas

Nicolas COULOMBEL
LVMT
ENPC
Institut Polytechnique de Paris
Université Gustave Eiffel
Marne-la-Vallée

Matthieu DE LAPPARENT
School of Engineering
and Management Vaud
HES-SO
Yverdon-les-Bains
Suisse

Claude GRASLAND
Géographie-Cités
Université Paris Cité
Aubervilliers

Marianne GUEROIS
Géographie-Cités
Université Paris Cité
Aubervilliers

Florent LE NÉCHET
LVMT
Université Gustave Eiffel
Champs-sur-Marne

Marion LE TEXIER
LAGAM
Université Paul Valéry
Montpellier

Rémi LEMOY
IDEES
Université de Rouen Normandie

Christophe MIMEUR
MATRiS
CY Cergy Paris Université
Cergy-Pontoise

Philippe POINSOT
LVMT
Université Gustave Eiffel
Champs-sur-Marne

Denise PUMAIN
Géographie-Cités
Université Paris 1
Panthéon-Sorbonne
Aubervilliers

Juste RAIMBAULT
LASTIG
IGN-ENSG
Université Gustave Eiffel
Champs-sur-Marne

Sandrine ROBERT
Géographie-Cités
EHESS
Aubervilliers

Lena SANDERS
Géographie-Cités, CNRS
Aubervilliers

Michel SAVY
Lab'urba
Université Paris-Est Créteil
Champs-sur-Marne

Laurent TERRAL
LVMT
Université Gustave Eiffel
Champs-sur-Marne

Thomas THÉVENIN
UMR Théma
Université de Bourgogne Europe
Dijon

Index

O, P

R, S

T, U